JN080850

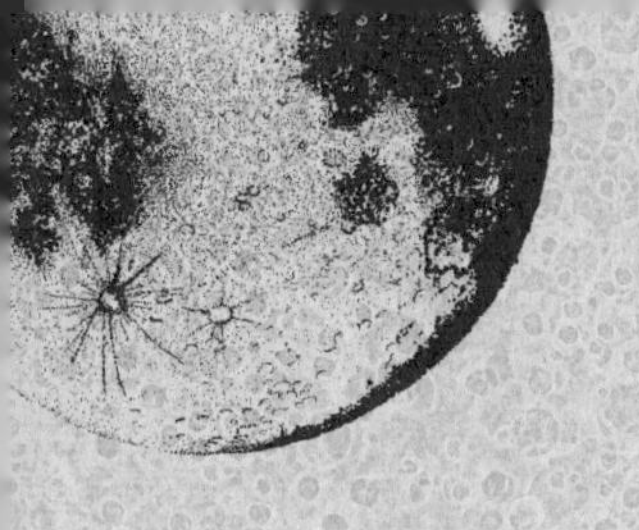

地球に月が2つあったころ

When the Earth Had Two Moons

Cannibal Planets, Icy Giants, Dirty Comets, Dreadful Orbits, and the Origins of the Night Sky

エリック・アスフォーグ
Erik Asphaug
熊谷玲美 訳

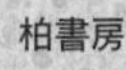
柏書房

地球に月が２つあったころ

ヘンリー、ガレン、フェーベに

目次

木星

太陽からの距離：5.2AU
直径：139,822km
質量：1.898×10^{27}kg
太陽を回る公転周期：11.86年
自転周期：9.9時間

イオ

惑星からの距離：6.03木星半径
直径：3,643km
質量：8.93×10^{22}kg
木星を回る公転周期：1.8日

エウロパ

惑星からの距離：9.59木星半径
直径：3,130km
質量：4.79×10^{15}kg
木星を回る公転周期：3.6日

ガニメデ

惑星からの距離：15.30木星半径
直径：5,268km
質量：1.48×10^{23}kg
木星を回る公転周期：7.2日

カリスト

惑星からの距離：26.93木星半径
直径：4,806km
質量：1.08×10^{23}kg
木星を回る公転周期：16.7日

土星

太陽からの距離：9.6AU
直径：116,464km
質量：5.683×10^{26}kg
太陽を回る公転周期：29.44年
自転周期：10.7時間

ミマス

惑星からの距離：3.18土星半径
直径：398km
質量：3.75×10^{19}kg
土星を回る公転周期：0.942日

エンケラドゥス

惑星からの距離：4.09土星半径
直径：504km
質量：1.08×10^{20}kg
土星を回る公転周期：1.37日

テティス

惑星からの距離：5.06土星半径
直径：1,072km
質量：6.17×10^{20}kg
土星を回る公転周期：1.89日

ディオネ

惑星からの距離：6.48土星半径
直径：1,125km
質量：1.10×10^{21}kg
土星を回る公転周期：2.74日

レア

惑星からの距離：9.05土星半径
直径：1,528km
質量：2.31×10^{21}kg

主な惑星と衛星のリスト

太陽系には少なくとも9個の惑星があり（この数は数える人によって異なる）、合計200個近い衛星がある（人工衛星ではなく天然の衛星）。その中で特に興味深く、重要なものを下にまとめた[1]。奇妙な形状の衛星や、自転が速いためにつぶれた形の惑星もあるため、ここにあるのは平均の直径である。惑星の軌道の距離はAU（天文単位）で表す。1AUは太陽から地球までの平均距離（1億4,960万キロメートル）。衛星の軌道の距離は、惑星半径を単位として表す。

水星

太陽からの距離：0.39AU
直径：4,878km
質量：3.301×10^{23}kg
太陽を回る公転周期：0.24年/88日
自転周期：58.6日

金星

太陽からの距離：0.72AU
直径：12,104km
質量：4.867×10^{24}kg
太陽を回る公転周期：0.62年/226日
自転周期：243日（逆行）

地球

太陽からの距離：1AU（定義より）
直径：12,742km
質量：5.972×10^{24}kg
太陽を回る公転周期：1年/365.26日
自転周期：23.93時間（恒星日）

月

惑星からの距離：60.3地球半径
直径：3,474km
質量：7.35×10^{22}kg
地球を回る公転周期：27.3日（恒星月）

火星

太陽からの距離：1.52AU
直径：6,779km
質量：6.417×10^{23}kg
太陽を回る公転周期：1.88年
自転周期：24.6時間

フォボス

惑星からの距離：2.8火星半径
直径：22km
質量：10.8×10^{15}kg
火星を回る公転周期：7.7時間

ダイモス

惑星からの距離：7.0火星半径
直径：12km
質量：1.48×10^{15}kg
火星を回る公転周期：30.3時間

プロテウス
惑星からの距離：3.77海王星半径
直径：420km
質量：4.4×10^{19}kg
海王星を回る公転周期：1.1日

トリトン
惑星からの距離：14.4海王星半径
直径：1,682km
質量：2.14×10^{22}kg
海王星を回る公転周期：5.9日

ネレイド
惑星からの距離：224海王星半径
直径：340km
質量：3.09×10^{19}kg
海王星を回る公転周期：360日

冥王星
太陽からの距離：39.5AU
直径：2,377km
質量：1.303×10^{22}kg
太陽を回る公転周期：248年
自転周期：6.39日（逆行）

カロン
惑星からの距離：16.5冥王星半径
直径：1,212km
質量：1.55×10^{21}kg
冥王星を回る公転周期：6.39日

ニクス
冥王星・カロン系の重心からの距離：41冥王星半径
直径：74km
質量：4.5×10^{16}kg
冥王星・カロン系を回る公転周期：24.9日

ヒドラ
冥王星・カロン系の重心からの距離：54.5冥王星半径
直径：38km
質量：4.8×10^{16}kg
冥王星・カロン系を回る公転周期：38日

ハウメア
太陽からの距離：43AU
直径：1,436km
質量：4.0×10^{21}kg
太陽を回る公転周期：284年
自転周期：3.9時間

ナマカ
惑星からの距離：48.2ハウメア半径
直径：170km
質量：1.8×10^{18}kg
ハウメアを回る公転周期：34.7日

ヒイアカ
惑星からの距離：60.7ハウメア半径
直径：310km
質量：1.8×10^{19}kg
ハウメアを回る公転周期：49.1日

土星を回る公転周期：4.52日

タイタン
惑星からの距離：21.0土星半径
直径：5,150km
質量：1.34×10^{23}kg
土星を回る公転周期：15.9日

ハイペリオン
惑星からの距離：25.7土星半径
直径：270km
質量：1.08×10^{19}kg
土星を回る公転周期：21.3日

イアペトゥス
惑星からの距離：61.1土星半径
直径：1,469km
質量：1.81×10^{21}kg
土星を回る公転周期：79.3日

天王星

太陽からの距離：19.2AU
直径：5,126km
質量：8.681×10^{25}kg
太陽を回る公転周期：84.02年
自転周期：17.2時間（逆行）

ミランダ
惑星からの距離：5.08天王星半径
直径：472km
質量：6.59×10^{19}kg
天王星を回る公転周期：1.41日

アリエル
惑星からの距離：7.47天王星半径
直径：1,160km
質量：1.3×10^{21}kg
天王星を回る公転周期：2.52日

ウンブリエル
惑星からの距離：10.4天王星半径
直径：1,170km
質量：1.17×10^{21}kg
天王星を回る公転周期：4.14日

ティタニア
惑星からの距離：17.1天王星半径
直径：1,577km
質量：3.53×10^{21}kg
天王星を回る公転周期：8.71日

オベロン
惑星からの距離：22.8天王星半径
直径：1,523km
質量：3.03×10^{21}kg
天王星を回る公転周期：13.5日

海王星

太陽からの距離：30.0AU
直径：49,244km
質量：1.024×10^{26}kg
太陽を回る公転周期：165年
自転周期：16.11時間

イントロダクション

時間は真実の父である。真実の母はわれわれの精神である。

——ジョルダーノ・ブルーノ

私は一〇月のノルウェーで生まれたので、柔らかい草の上で寝返りを打って仰向けになり、日没後の空を見つめたのは、生後半年たってからだった（空をじっと見ている赤ちゃんを邪魔してはいけない）。それでも暗い冬の間には、しっかりくるまれた格好で外に連れ出され、乳母車であちこちへ散歩に連れられていったこともあっただろう。もちろん、実際に覚えてはいないが、初めて見た月は、宝石のような星が少しばかり輝く、濃い藍色の空にくっきりとかかった、冷たい三日月だった気がする。そんな光景に出会うたびに、いつも私は足を止めてきた。あのとき以来、たぶんあの光景のせいで、私は惑星に強い関心を抱いてきた。

娘が月と初めて出会ったときのことはもっと鮮明に覚えている。娘は気候が温暖な夏に生まれた。生後一〇日目に、月が最も明るくなる望[1]を楽しもうと、私たちは娘を連れて近所の丘を登った。月の光が夜空をすっかり洗い流してしまっていたが、それでも恒星が少し見えていて、惑星も一つあったかもしれない。空気はしんとして、冷たく、昆虫が何匹か飛び回っていた。夢のような月の光を浴びて、コットン製のスリングで抱かれた娘の小さな顔に、圧倒された表情が浮かんだのを私は決して忘れないだろう。娘は、それまで発したことのない単語のような音を口から出すと、空に浮かぶ青白い乳首に手を伸ばした。

幼い頃から、私たちは月を知っており、月を見つめ、その姿に心を動かされ、畏敬の念を抱いてきた。占星術では、私たちの性格や精神、魂には月の存在が刻み込まれているとしている。人類は数百万年にわたり、慈悲深くて、変わることなく存在する月の下で進化してきた。そして一〇〇万年の時間スケールで、月を詩や物語、神話や占星術、宗教の支えとする共通意識を生み出してきた。

人類は月を、科学的な方法でも、前科学的な方法でも理解してきた。そこには幾何学者や、計時係、潮汐の記録係、食の予言者といった人々が登場した。司祭や神官、建築家や都市の設計者、農民や猟師、漁民も月とかかわりが深かった。月を科学的に理解しようとするときには、そのすべてを急いで解き明かすことはできない。月の起源や進化をめぐる科学的な議論は文脈に満ちている。月には意味があり、それには地球物理学や天文学、あるいは宇宙化学のどんな分析も遠く及ばない。

　月を科学的に理解するためには、私たちはこれまでの道を逆にたどり、自然の秩序を初めて考えた学術研究までさかのぼる必要がある。それはつまり、直径（たとえば、指の太さの半分相当など）や空での位置といった、疑う余地のないものが観測対象であり、自然哲学がさまざまな思想や考え方の混合物だった時代に戻るということだ。そうした遠い昔の科学というのは、現代の科学のような説得力のある分析の供給経路ではなく、外に広がる思想が持つ全体的な圧力であり、人間の魂の探求とつながった、拡大する知識の領域であった。そのため、本書を読むうえでは、さまざまな章の文章に対応したイラストを参考にしながら、先の段落や章へと好きなように進んでかまわないことを心に留めておいてほしい。言語は直線的だが、物語は必ずしもそうではないのだから。

　私たちが知っている形の科学はずっと昔から存在してきた。ただし、扱う内容がどんどん深くなるにつれ、それぞれの分野の範囲は狭くなってきた。哲学者はかつて、天体物理学者であり、原子物理学者でもあった。占星術師は天文学者であり、世界の物差しとしての幾何学を学び、応用した。化学と錬金術は同義で、そのガラス瓶やビーカー、錬金炉（アタノール）からは、占星術に使われる材料やエーテル物質が生まれた。中国の五行思想では、木から火、土、金、水へとめぐる車輪[2]が、原始的な地質学と化学のありようを伝える。木が火によって土となり、金（金属）が水をもたらすのである。アフリカのベナンの伝承では、天体物理学的に対称な状態である食が起こるたびに、古代の神である月の神マウと太陽の神リサが子をもうけるとされる。そして食や彗星の到来などの天文現象は、石器時代のアーティストたちの解釈を経て、世界各地の砂漠に壁画（ピクトグラム）として残されている。そこにある知識体系を、私たちはほとんど理解できない。

あらゆる思想体系には、科学的な部分と宗教的な部分の両方が組み合わさっている。それこそが、自然界を頭脳と心の両方で最もうまく説明する方法だ。説明が宗教的すぎる心配はない。なにしろ月にある不規則な模様が、人の顔やウサギなどと説明されているくらいだから。ただ、そのどちらにもそんなに似ていない。しみとか、あざだろうか？　それとも、かつていわれていたように、月の女神セレネが馬に横乗りになった姿だろうか？

科学が登場する前の時代には、創造力を自由に羽ばたかせられた。昔の人は、視力がよかったかもしれないが、それでも月面を自分の目で見たことはなかったからだ。空気があると遠くのものはぼやけて見えるし、人間の目には限られた数の受容器しかない。さらに太陽にもしみがあって、数が増減することが知られていた。そうした「黒点」を、中国の自然哲学者が山火事の煙越しに目をこらして観測したという記録がある。これは危険なので、真似しないように。[3]

惑星が刻む、年や月、日といった基本的なリズムのかげには、不規則性や複雑性が隠れている。そういった性質を解き明かすまでには、数え切れないほどの人々の人生が費やされ、そこから天文学が始まった。太陽と月のサイクルがかみ合っていなくても、[4]一二回目の満月から新しい年の始まりまでに一〇日か一一日余っていても、それは地球上の動物には重要ではない。日や月、年が基本的なビートを決めて、その上にさらに複雑なリズムがあるからだ。しかし物事を書き留めたり、はっきりした秩序を説明したりしたい人間にとっては、そうしたパターンは重要だ。

惑星の位置の変化は大きく、かつ予測可能だ。火星は、暗く見える時期が一年以上続いた後で、衝の位置にくると赤くなり、光度も増す。衝の期間には、火星と地球は太陽の同じ側にあり、しばらく並んで進む。この時期の火星は頭上に大きく、明るく見える。この戦いの神アレスの季節は、戦争の兆候として予言されることが多かった。これはやがて、予言が現実になる実例と化した。つまり、火星が困難な時代の始まりの合図になったのだ。古代ギリシャの哲学者タレスには日食を予言したという逸話があるが、そうした予言にも同じような力があった。ときには、いくつもの星が空から落ちてきて、空中に光の筋を残しながら燃え上がる夜もあった。そうした星々は何を告げていたのだろうか？　そして世界中の人々が目にした大きなほうき星や、その色を帯びた尾が幾晩も燃え続ける様子はどうだろうか？やがて人々は、今と同じように、そうした物事をわれさきに説明しようとした。使われたのは、さまざまな神々、自然哲学、魔法、でたらめ、そして近代科学だ。

人間の文化には数十万年の歴史がある。最初に語られた物語の中には、私たちが見たこともないような壮大な彗星の物語があったかもしれない。近くの星が爆発して、一、二週間は満月よりも明るく輝き、その後は妖精の輪のようなものが残り、何十年もかけて徐々に消えていった出来事についても語られただろう。石器を使い、洞窟に住んでいた人たちは、その出来事をどう考えただろうか？　世界中のあらゆる人類がその現象をじっと見上げていたら、もう前と同じとはいかないだろう。

ところどころで奇妙で壮麗な現象が起こりつつも、地球と月、惑星の動きは全体として調和がとれている。ここから真なるものは調和がとれているはずだという、夢のような考えが生まれた。あるいは、若き日のジョン・キーツがいったように、「『美は真理であり、真理は美である』と。それが／おまえたちがこの世で知り、知らねばならぬすべてだ」（『キーツ詩集』、中村健二訳、岩波文庫より引用）ということになる。太陽系の根底にある調和、つまり絶えず刻むその脈は、私たちの文章や絵画、彫刻、音楽、デザインに反映されているし、構造の規則性のようなものを追求する、私たちの科学にも影響を与えている。

暦は、太陽系のリズムを表現しようという試みであり、その中で最も基本的なものが「日」だ。これは地球の自転一回として定義されていて、私たち人間にとっては食べ物と同じくらい重要な、睡眠サイクル一回分ともたまたま一致する。[6] 英語では、それぞれの曜日が惑星とかかわりがある。日曜日(Sunday)は太陽、月曜日(Monday)は月、火曜日〔ティウ(Tiw)の日〕は火星だ。水曜日〔オーディン(Ordin)、またはウォーデン(Woden)の日〕は水星、木曜日〔トール(Thor)の日〕は木星、金曜日〔フレイア(Friya)の日〕は金星、そして土曜日(サトゥルヌスの日)は土星だ。七日からなる週が四週集まって「月」になる。[7] これは月が地球を公転する周期とほぼ等しい。[8] 一二週と一週間のほぼ半分で一年になり、これは地球が太陽を公転する周期だ。こうしたリズムは、約一秒ごとに打つ人間の鼓動よりもゆっくりとしているが、月の暦で何千カ月にもなる人間の一生の長さよりも短い。

かつては、時計も暦も必要なかった。「トウモロコシはあと半月(フォートナイト)で実る」[9]「スノームーンの頃に戻ってくるよ」「あれは前の夏のことで、火星がとても明るい頃だった」というように、人々は月や太陽を使って時を表していた。そこにあいまいさはなかった。明るい星はどれもよく知られていて、夜空に新たに現れた星に誰も気づかないことはありえなかった。空は私たちが見たこともないほど暗かった。晴れていれば、誰でも、どこにいても、そんな夜空を目にすることができた。

月の暦、すなわち太陰暦は生き物だ。書き留めようとすれば拒まれる。一二回目の満月が過ぎると、太陽を基準にした一年に対して十一日ほど余りが生じる。一方で三六五日過ぎても、四分の一日ほど余るので、うるう年などの複雑な調整が必要だ。こうした余りの日や時間をどう扱うか、そして暦全体をどう組み立てるかは、聖職者が考えるべきことになった。初期の神殿は観測所も兼ねていて、地球の公転や自転、西や東の方角、食に合わせた配置になっていた。神の秩序を見つけ出し、一年の長さの変動や、月の不規則な模様、彗星や流星雨の意味に、誰かが満足のいく説明を与えた。そしてこうした宗教が生じた背景には必ず、事前の文脈が、すなわちすべての始まり以来蓄積されてきた人間の記憶があった。理解を超えたまれなる天界の光景がそれを目覚めさせたのである。

惑星科学者は物語の商人である。正しい物語もあれば、「われわれの知るかぎりでは」という注釈つきの物語もある。サイズが合うか試着している最中の物語もある。バーの紙ナプキンで試算したり、「もしも」の話をいくつも考えたりするのだ。そうした「もしも」の話は、物理学や地質学、化学、数学による制約を受けはする。しかし何かが誤りだと証明するには、誰かがそれが正しいと主張していなければならないことを考えれば、「もしも」の話に限界はない。その意味では、事実を発見し、それをもり立てることが惑星科学者の仕事だ。[10] 地球が作られる段階では巨大衝突がたびたび起こり（これは事実だ）月はその結果として生まれた。その事実からの推論によって、想像の世界と紙一重の仮説が生まれ、ある光景が浮かぶ。月が現在よりも一〇倍距離が近く、一〇倍大きく、空で一〇〇倍明るく光り[11]、月面はまだらで、火山があり、クレーターがたくさんあって、自転する月を見下ろしているという光景だ。その月によって、地球の海には高さ数キロメートルの潮汐が生じ、初めてできた大陸を洗い流した。この光景を私たちは見たわけではない。あくまでも推論だ。それが地質学の始まりである。「天の下の水は一つ所に集まり、かわいた地が現れよ」[12]

今度は、頭上に二つの月がある光景を想像してほしい。その間隔は両手を広げたくらいだ。見かけの大きさは、大きいほうの月が手のひらくらい、小さい方が握りこぶしくらいで、岩塊や小天体が浮かぶリングを通る軌道上にある。自転する地球の地平線から、一方の月が昇り、やがてもう一方の月が昇る。まるで動物の母子のように。むかしむかしのお話だ。

石ころ一つを値打ちものと考える御仁（ごじん）なら、どこへ行っても財宝にかこまれているはずではないか。

――ペール・ラーゲルクヴィスト著『こびと』
（『ノーベル賞文学全集11』、山口琢磨訳、主婦の友社より引用）

子どもが成長の過程でかっこいいとか、すてきだと思うものには、恐竜や消防車、花などがある。私の場合、それは論理であり、数学であり、惑星だった。考えごとをしながら散歩をしていれば（母にいわせれば、うわの空でいれば）幸せだった。ただし、物事を発見して、理解することにも夢中で、それには自分を包む泡から出てくる必要があった。そのために最初にしたのは教えることで（誰かに教えるのは、物事を本当の意味で理解できる唯一の方法だ）、次が勉強することだ。その結果、惑星形成と探査計画を専門とする科学者になった。そしてこの二つが本書のテーマである。

大学卒業後、私は高校一年生に地球科学を教えた。地質学の専門教育を受けたことはなかったが、教えられるまでになったのは、この科目がとても面白いからだ。地質学に引き込まれると、すぐに身の回りをそれまでと違った視点で見るようになる。授業で使っていた教科書は読み物として優れていて、見事なイラストと図もついていたので、[13]私は一部家にとっておいた。その教科書の表紙や裏表紙に載っていた、地形図や水深図をじっくりと見たものだ。そういえば、子どもの頃、自宅の居間にあった一九六〇年代発行の大きな地図帳を、そうやって同じように読みふけっていたものだ。その地図帳には、超音速飛行機のX-15が宇宙との境界を越えて飛んでいくところを表した垂直棒グラフが載っていたし、マーキュリー計画の宇宙飛行士たちがすぐに、それよりももっと高く飛行して、地球周回軌道に飛び込んでいくことを説明していた。惑星のページでは、金星はやや青みがかった、地球より大きな惑星として描かれていたが、これはイラストレーターの間違いか、独断でそうしたのだろう。本当は、金星は黄色で、地球よりわずかに小さい。さらにその地図帳には、惑星がどのようにして生まれたのかを描いたイラストも載っていた。五〇億年前に太陽に別の恒星が衝突すると、葉巻型の柱(これも青で描いてあった)が吹き出し、それがやがて粒状になって、中間部分では黄色っぽい大きな惑星が、端の部分では茶色を帯びた紫の小さな惑星が生まれた、という説明だった。[14]私は多くを学んできていたので、忘れていたことも多かったのだ!

天文学や、運動の法則についての知識を獲得することと、実際に歩くことのできる、異世界のランドスケープについて知ることは別物だ。授業で使っていた教科書は「地球科学」という書名だったが、終わりのほうには、地球外の地質学(私が最初に受け持った大学院生はそれを「奇妙な地質学」と呼んでいた)についても参考になる情報がたっぷり載っていて、新しい世代の宇宙探査機が火星や月、金星に着陸して撮影した写真や、ボイジャーが外太陽系の深宇宙を旅して撮影した写真が掲載されていた。それはカ

地球以外の惑星から送信された初めての画像。ベネラ9号は1975年に、地獄のような金星に着陸し、いくつもの観測をおこなった。そうした金星観測は1970年代と1980年代にソ連の宇宙プログラムによって6回おこなわれた。
Ted Stryk, data courtesy the Russian Academy of Sciences

ール・セーガンの『コスモス』で描かれている世界だった。私が特にすばらしいと感じたのが、金星の表面を撮影した広角のパノラマ写真だ。それまでにソ連が六機の探査機[15]を着陸させていた金星の表面では、気圧は潜水艦の船体を押しつぶせるほど高く（着陸した宇宙船は高圧に耐えられるカプセルになっていた）気温は鉛を溶かすほどだ。別の見開きページには、機器を満載したバイキング着陸機から朝霜に覆われたユートピア平原を見渡す、目を見張る光景が載っていた。私の心はもう火星に降り立っていて、戻ってくることはできなかった。

念のためにいうと、当時はインターネットが誕生する五年前で[16]、何かが写った画像をクリックすれば詳しいことがわかるような時代ではなかった。たいていの図書館にあるのは時代遅れの資料だったし、ワールド・ワイド・ウェブに最も近いものといえば、学術雑誌の過去分をすべて記録したマイクロフィッシュの箱だった。それでも当時最新の教科書には独自の価値があった。他に高校でよく使われていたのが、折り畳み式の実体鏡と、写真が二枚一組で載っているスパイラルバインダーで、これを使えば、地球の地形の「上空を飛ぶ」ことができるようになっていた（残念ながら、惑星画像はなかった）。口径二〇センチメートルのシュミット・カセグレン式望遠鏡一台と、一眼レフカメラが何台か、大学から譲ってもらった高性能顕微鏡も数台あった。学校の支援者が、白黒写真を現像するための暗室を寄付してくれていたので、私たちはそれを教室の間にある小さな実験室に設置してあった。詳しく調べたり、ひっかいてみたりできる鉱物のコレクションがあったし、どの生徒もルーペを持っていた。生徒たちは鉱物のスケッチを描いたり、ワークブックに書き込んだりした。私たちは自分たちでも、岩石の研磨キットを一セットと、炭酸塩を検出するための酸が入ったスポイト瓶を数本、ふるいを一セット、そして、目新しいものとして、アリゾナ州南東部の立体地形図を買った。この立体地形図は、私も含めて誰も彼もが山脈を指でなぞったので、最終的にはその部分がすり切れてしまった。それでも、まだ砂漠の部分はあった。

地質学を教えたことで、別の記憶もよみがえってきた。私が二歳ぐらいのときに、ロサンゼルスの東の丘陵地帯にある干上がった川で、父があれこれ探し回ったり、岩をひっくり返したりしている記憶だ。車はスズカケノキの下に止めてあって、その木漏れ日を今も覚えている。それは家族のピクニックか、小旅行だった。笑顔の父が、私に何かを見せようと手招きした。その日に焼けた顔、日差しに細めた目、シンプルなスラックスと涼しそうな乾いたシャツ、優雅な身のこなしを覚えている。私は慣れない地面をできるだけ頑張って歩いて、父の指さしている場所にたどり着いた。川底に引っかかった大きな流木が巨大な岩をせきとめていて、ちょっとした彫刻のようになっていた。父が指さしていたのは、木切れの間で影に絡みつくようにしているクロゴケグモだったと思う。私に触ってはいけないと教えてくれていたのだ。あるいは、トカゲだったかもしれない。トカゲは父がアメリカという新世界にやってきて夢中になったものの一つだった。しかし、何よりも記憶に残っているのは岩だ！　それまでそんな岩を見たことがなかったのだと思う。割れたり侵食されたりした岩は、私の手よりも大きく、緑や白、黒、薄い赤といった色をしていた。日陰の岩は冷たく、日向の岩は温かかった。大きな岩の間にはくぼみがあって、砂や小石、落ち葉なんかがたまっていた。

それは私にとって初めての地質学の野外調査だった。土星の衛星タイタンに着陸した探査機ホイヘンスが、タイタンの地表にある岩だらけの河原の画像を送ってきたときに、ふたたびこの日の記憶がよみがえった。私はずっとそういう場所に引きつけられてきたのだ。

私がこれまで地質学について学んできたことの半分は、授業で話せることを見つけようと準備する中で得られたものだ。残り半分は、私の指導役だった生物教師[17]のような、すばらしい人々と一緒にいて、やりとりをするうちにいつの間にか身についた。私は、誰にでもその人なりの教え方があることを理解するようになり、若い頭脳と接することができる機会をありがたく思うようになった。私はそうするうちに、科学の構造というものや、ガイア理論や進化のボトルネックのような議論を招く仮説の重要性、そして石炭紀、太古代、新生代といった「ディープタイム」（地質学的時間）の化石記録に慣れ親しむようになったのである。

私は高校三年生と四年生の物理も担当した。授業では、ニュートンの運動の方程式を導き出すために、何週もかけてストロボ写真撮影をやったり、エアホッケー台を傾けて設置したりした。[18]同時に微積分にも挑戦した。運動の法則は微積分の応用例では最も直感的に理解しやすいので、同時に学ぶのが一番いいのだ（野球のボールをキャッチするときは必ず、脳は何らかの微積分計算をしているはずだ）[19]。レンガを積んだスケートボードにゴムバンドを取り付け、それを決まった長さまで伸ばして速く走らせる実験では、生徒たちはスケートボードを追って走り回った。力が一定なら加速度（一秒あたりの速度の変化）も一定だというニュートンの法則を導くためだ。寄付された装置の改造もした。レーザーリトロリフレクター実験をやったり、風洞を組み立てて、風の流れを可視化するトレーサーとしてタバコの煙を流したりもした（いいアイデアとはいえない）。ピンホール写真を取り上げたときには、生徒が一台ずつピンホールカメラを作った。それをとおして生徒たちは、幾何光学や実験手順、そして暗室での写真現像法を学んだ。

暗室は、ネガを現像するための涼しくて真っ暗な部屋だ。ほの暗い赤い照明と印画紙を露光させるための投影機、その投影機に使う黄色から紫色までのフィルターホイール、写真を好みの明るさに変えるのに使う、覆い焼きの道具がぎっしりつまった引き出し。適当な濃度と温度にした現像液を入れるトレイもあった。その現像液に印画紙を決まった秒数だけ浸してから、定着液で洗うのだ。今は何でもデータの時代だ。暗室で化学実験のようなことをしたり、鉛筆でスケッチを描いたりする代わりに、モニターを見つめて、画素を調整する。それでは研究する対象との隔たりは広がるばかりだ。

大学教授になった後のことだ。ある日の夕方、惑星科学の講義への導入として、私は自分のオフィスの外で友人と望遠鏡を準備していた。そこに学生たちが、月と火星を観察して追加単位をもらうためにやってきた。十数人の学生たちが代わる代わる望遠鏡をのぞき込んでいるところへ、天文学科の博士候補者[20]の学生が、バス停にいく途中で通りがかった。私も見ていいですか？　どうぞ！　あれは月ですか？

いや、月はあっちだ（左にかなり離れたところにある明るい三日月を指さしながら）それは金星だよ。金星が月のように満ち欠けすること、ただし像はぼやけていて、かなり黄色に見えることを知った彼女は、ガリレオのように驚いた。今まで望遠鏡をのぞいたことがなかったんです、と彼女は叫んだ。

太陽光が金星の雲頂で反射して届く光子を直接検出すれば、金星と直接つながることになる。とはいえ、理論モデルを構築したり、デジタルデータやコンピューターを使ったりすることには、また別のメリットがある。間接的だが、強力な手段を用いることで、検出できるとは期待していなかったものを見ることや、大量のデータストリームをさまざまな方法で処理することが可能になる。研究者よりも先にコンピューターがデータストリームを管理し、まとめ、さらに意味の説明までおこなうことが増えてきている。それがビッグデータ時代の現実だ。コンピューターで赤色と青色の立体写真を３Ｄ画像に変換すると、複雑なデータのランドスケープを経験したり、その中を飛び回ったりもできる。大量の天文観測データや惑星探査データをオンラインで公開して、インターネットを利用できるすべての人にとって科学を身近なものにすることもできる。たとえば、ブラウザに「エンケラドゥス」（土星の衛星）と入力して検索すると、スクリーンに大理石模様の氷の世界が現れる。月の科学についてのページをクリックすれば、アポロ17号と一緒に月面に降下していける。ＮＡＳＡの惑星探査データシステムのアーカイブを詳しく調べていけば、火星の特定のクレーターを最初に研究することも可能だ。

本当の意味でのテレプレゼンスが実現するのはそれほど先ではない。そうなったら、立体地形図を指でなぞる代わりに、アバターを使って、月の溶岩洞のバーチャル現地調査に参加するようになる。アバターがゆっくりと歩いている月の溶岩洞は、天井までの高さが数百メートル、幅が一キロメートルあり、内部は数千個の照明（グローポッド）で照らされている。そこに月の土を材料として建設中の新たな居住地を、第一陣の宇宙飛行士よりも先に観測するのだ。これを現実にしたいと思えば、そのとおりになるだろう。

一九八〇年代中頃になると、スペースシャトルの打ち上げへの関心は、アポロ計画での歴史的な打ち上げと比べるとずっと低くなっていた。スペースシャトルが月にいくことはなかった。高度数百キロメートルの地球低軌道に打ち上げられて、人工衛星を軌道に投入したり、装置のテストや科学実験を実施したり、国際宇宙ステーションを建設したりするためのものだった。それは十分にすごいことだったし、打ち上げの様子は感動的だったが、ルーチンワークになりつつあった。実際、NASAはそれをルーチンワークにしたいと考えていた。「宇宙で仕事をしにいく」という感じだ。[21]それでも、私が教えていた学校では、チャレンジャー号の一〇回目の打ち上げにみんなが注目していた。クルーの一人として、初めて教師が宇宙にいくことになっていたからだ。[22]あの晴れた一月の朝、アメリカ人の六人に一人がテレビ中継を見ていた。打ち上げロケットの爆発が起こって、クルーは亡くなり、イカロスのように海に墜落した。

信じられないような事故に衝撃が広がり、[23]NASAの有人宇宙飛行プログラムは数年にわたって中断した。[24]スペースシャトルは、NASAの大型科学衛星などを宇宙に運ぶことのできる唯一のロケットだったので、科学プログラムも中断に追い込まれた。次に打ち上げ台に向かう予定だったガリレオは、数年間木星を周回する計画の宇宙探査機で、大型ではあるが、繊細な宇宙の鳥だった。NASAのジェット推進研究所で、最先端技術を駆使してきわめて精密に作られていて、[25]深宇宙を七年間かけてめぐるために設計されていたが、最終的には一四年間稼働し続けることになった。[26]

最重要（フラッグシップ）ミッションではよくあるスケジュールの大幅な遅れをすでに抱えていたガリレオは、さらに三カ月間余分に地球の重力の下で保管される羽目になった。その間、ジェット推進研究所からフロリダ州の打ち上げ場までトラックで輸送され、そこで打ち上げが中止になり、保管のためにトラックでジェット推進研究所に戻され、数年後にふたたびフロリダ州に戻されたので、そうした輸送による振動の影響も生じた。原子力電池には問題がなかったが、ある重要なメカニズムが故障していた。ガリレオがようやく打ち上げられると、データ送信用の傘のような形の高利得アンテナが展開しなかった。アンテナを開くための骨が数本壊れていたのだ。このせいで、木星探査データの送信は、送信速度が〇・一パーセント未満しかない補助アンテナに頼らざるをえなくなった（後にＪＰＥＧ[27]と呼ばれる革新的な画像圧縮技術が登場したことと、必要なデータだけを送信するようにした結果、ミッション目標のほとんどを達成できた）。私がその五年後に、その冒険的なミッションに新入りとして加わるとは思ってもいなかった。

チャレンジャー事故からまもない頃、地元に住む地質学の教授が、私たちを町の西にある砂漠での野外見学に連れていってくれた。[28]そこは、明確なコントラストと繊細さをたたえた風景が広がる美しい場所で、私はよく一人で歩き回っていた。ただしそれは詩人のウィリアム・ワーズワースを気取っていたのであって、地質学者のジェームズ・ハットンのように歩いていたわけではない。[29]私のクラスの生徒だけでなく、生物学や化学のクラスの生徒やその担当教師までがぎゅうぎゅうに乗り込んだスクールバスは、朝早い峠越えの細い道を走っていった。嬉しいことに、日の出前に二センチメートルほど雪が積もっていたので、サボテンが白い帽子をかぶっているという、貴重な光景が広がっていた。バスが泥だらけの駐車場に止まると、生徒たちは急いで降りて、雪玉を作ったり、だらだらとふざけたりしていたが、やがて私たちは、ウォッシュ（涸れ川）をたどる道を一キロメートルほど下っていった。[30] 川の湾曲部にたどり着くと（どういうわけか、私の記憶ではこの場所も凍っていた）砂岩と泥岩からなる、赤色と黄褐色の傾いた地層が広がっていて、そこには指が数本分の幅がある波の跡（砂紋）が深く刻まれていた。それは太古の砂浜の一部だった。教授の話によれば、その砂紋は何百万年も前のもので、一度地中に埋もれ、その後地表に現れたのだという。

　私はその岩の表面の形状に夢中になった。この野外見学で聞いた言葉がきっかけで、私の頭の中のある種の霧が消え、観念の上での停止状態から抜け出すことになった。教授によれば、私たちが立っていた場所は、一億年前は海の周辺部だった。一五〇キロメートルほど東から運ばれてきた土埃やシルト〔訳注：砂より小さく、粘土より大きい土粒子〕が、この場所に泥として堆積することで、この砂紋がついた地層が作られた。そうした土埃やシルトはもともと、隆起した山脈が浸食されてできたものだ。堆積物ははるか昔に消えた谷を通って、古代の川によって運ばれてきた。土埃は数え切れないほど発生した暴風に吹かれてきた。

　それが私の記憶していることだ。細かいところはきっと間違っていると思うが、つじつまはあっていた……川が流れて土地を浸食し、海が砂浜にひたひたと寄せる。そして山脈が隆起する……次の段階を私は知らなかった。砂や泥にできたさざ波の跡が、さらに運ばれてきた泥で埋まり、太古の海洋底の一部になり、さらに増える堆積物の下で固まる。それが岩になり、数百万年後にその岩全体の下の陸地が隆起したのだ。考えただけで目がくらんだ。空間と時間が広がっていった。

土星の衛星タイタンの表面。2005年1月14日に欧州宇宙機関／NASAのホイヘンス着陸機で撮影。
ESA/NASA/JPL/University of Arizona

日光が照りつけていた。生徒たちはもう少し見学してから、交代で写真を撮ったり、ぶらぶら歩いたり、ビーチでサーフィンをしている真似をしたりしたが、私は落ち着かなさを感じるようになっていた。その感覚はそれからの数日で大きくなっていき、やがてあることに思いいたる。私は以前、その場所を歩いて、丘や涸れ川（アロヨ）を眺め、山々を越えたことがあったが、自分の周りや足下に何があるかをわかっていなかったのだ。最後の一人としてそこを離れるとき、私はもう一度、一〇〇億日前の朝からそこにある砂紋を指でなぞった。現実は、私の想像する世界よりもはるかに大きかった。

　学者というのは、大きな疑問を一つか二つ考えながら歩き回るもので、彼らが時のたつのを忘れたり、木の枝にぶつかったりするのはそのせいだ。私が抱いている大きな疑問は、「惑星が太陽の周囲を回る始原的な物質の雲から生まれたのなら、雲の中で凝縮するたくさんの雨粒や、刈り取り後の畑に積まれた干し草の山のように、惑星がどれでもだいたい同じでないのはなぜなのか」というものだ。太陽系で一番目と二番目に大きい木星と土星は、実はやや似ている。どちらも主に水素（H）とヘリウム（He）からなる球体だ。次に大きい海王星と天王星は、さらに互いによく似ているようで、主に水（H_2O）と水素とヘリウムからなる巨大な天体である。ただし、公正を期すためにいえば、どちらの惑星にも専用探査機が送られたことはない。これらの惑星は大気がある巨大惑星だ。中サイズの天体（人間サイズと呼べる、少なくとも原理上は表面を歩くことのできる天体）では、惑星の種類はヨーロッパの国々のように多様だ。惑星としての地質学的定義をすべて満たす冥王星やタイタンなどの天体まで含めれば、その多様性はいっそう高まる。

私たちの住む惑星である地球は、太陽の周りにある氷や岩からなる天体の群れから始まり、それがやがて惑星に成長していった。最初に形成された惑星は互いに衝突し、より大きな惑星や衛星を形成し、デブリを生み出した。このデブリが、当初からあった氷や岩の残りと混ざって、ごちゃ混ぜ状態を生み出し、現在の彗星や小惑星になった。一億年ほどたつと、そんな熱狂状態はほぼおさまった。気まぐれな衝突もすっかり果てて、ついに惑星の軌道が交差しなくなった。起こるべき巨大衝突はすべて起こってしまい、太陽系は時計のように安定的になった。だいたいのところは、だが。

この本のテーマは、惑星の多様性の起源である。話を先取りしたくはないので、かつて太陽系内に存在した惑星や衛星のほぼすべてが、それより大きな天体に飲み込まれて、それがこの世界のあらゆる違いをもたらした、とだけいっておこう。大半の惑星は、今は巨大ガス惑星（木星または土星）か太陽の内部にあるのだ。天王星や海王星の内部にあるものもある。その他にも、海王星と同じくらいの質量を持つ惑星が二個か三個あったが、太陽に飲み込まれたか、太陽系から放り出されて、銀河系を放浪していると考えられている。多様性で重要なのは視点であり、何が残っているかということだ。私たちが見ている惑星の中に、平凡なものは一つもない。かつて存在したほぼすべての惑星が、より大きな天体に飲み込まれた。残ったのは幸運な惑星であり、例外的な生き残りなのだ。

科学に導かれ、巨大な望遠鏡によって強められた人間の好奇心は、これまでに数千億個の銀河を見つけてきた。その銀河のそれぞれに数千億個の恒星がある。宇宙全体にある恒星の数は、地球上にある砂粒の数より多い一兆×一〇〇〇億個（一〇の二三乗個）で、その大半に惑星があると考えられている。地球という複雑な青色の世界にいることは、実は特別なことであり、そこからは人間の論理の枠を超えるような疑問が風船のように浮かび上がってくる。現実とは何か？　時間とは何か？　私たちは特別な存在なのか？　宇宙のあちこちで姿を見せる地質活動を考えれば、金星やエンケラドゥス、木星の惑星イオ、海王星の外側を公転する準惑星ハウメアもありふれた天体に思える。宇宙にどんな奇妙なことがあっても、私たちが手にしているのは、そのぼんやりとした手がかりだけだ。

カタツムリは地質学者だ。岩の表面の粗さや温度、乾き具合を感じ取る。アライグマもそうだ。カタツムリがよく育つ緩やかな斜面を探索している。霊長類の地質学はもっと進んでいる。この岩はあの岩とこすれ合ったのだろうか？　これはひびが入るだろうか？　砕けたり、割れたりしやすい特定の方向があるだろうか？　岩の色や表面の形状、重さは？　どんな匂いがする？　これらは、感覚のある人間なら誰でも手が届く、知覚できる事実であり、すぐに役に立つ事実である。

知覚できない事実というのは、人間が感じることはできないが、先端技術であれば検知できる物事のことだ。典型的な例が望遠鏡（人間の知覚を拡大する）と顕微鏡（人間の知覚を縮小する）である。どちらもガラスのレンズを使って、光の感じ方を修正し、拡張するものであり、それを通して（特に旧式の装置の場合は）人間の目が感じ取っているのは、恒星や惑星、ガの翅から反射されたり、放射されたりした光子そのものである。

最新の研究用装置の場合は、顕微鏡は建物全体を占めるほど大きく、望遠鏡は重さ一〇トンの鏡を備えている。[31]　さらに今では光学や倍率といった世界から先に進み、さまざまな方法を使って、電磁波のすべての波長でリモートセンシングデータを集めるようになっている。遠くの惑星を回る探査機は、レーザー干渉計や熱撮像カメラ、蛍光X線分光計、中性子検出器、地中探査レーダーなどからデータストリームを取得することができる。最新の探査機は、科学にかんする意志決定はできないものの、利用できる知覚の種類は宇宙飛行士よりも多い。一方で宇宙飛行士は、バイザー越しにものを見たり、動きにくいグローブ越しにものを感じたりするのがせいぜいだが、その頭脳には、探査のためのビジョン（目で見る視覚(ビジョン)とは関係ない）があるし、その体で外界とやりとりできる。

人間の直接的な知覚のスケールを考えてみると、小さいほうの端は、触覚や視覚の限界である一〇分の一ミリメートルだ。これは細い髪の毛一本の太さや、粗いダスト一粒の大きさにあたる。とはいえ私たちは、分子レベルまで検知できる、もっと感度が高い特殊なセンサーもたくさん持っている。大きい

チュリュモフ・ゲラシメンコ彗星（67P）は、差し渡しが約4キロメートルで、探査機が周回軌道に入った初めての彗星である。この画像は、彗星核の中心から28キロメートルの位置で撮影された。この距離での撮影フレームのサイズは4.6×4.3キロメートル。
ESA/Rosetta/NAVCAM（CC BY-SA IGO 3.0）

ほうの端は、人間の体のサイズである一、二メートルだ。[32] それよりは目立たないが、やはり基本的な知覚のスケールであるのは、両目の平均的な間隔である約六センチメートルだ。この目は、左右にずらして配置したカメラに等しく、その後方では網膜が右脳と左脳に立体視用の映像を送っている。私たちは脳が持つ能力の半分を、視覚野内で左の映像と右の映像を合体させて、三次元の現実を作り出すのに使っていると推定されている。

それゆえに、人間にとって特に優先度が高い宇宙探査データは、約七度のずれのある位置で、同じ光の条件下で取得された（通常はほぼ同時刻に撮影される）二枚の画像だ。立体視メガネをかければ、手で持っている物体を立体的に見るように、その画像を見ることができる。[33] 私たちの体に備わる処理能力を使えば、火星のオリンポス山がまるで目の前にあるかのように見える。マウスを動かせば、チュリュモフ・ゲラシメンコ彗星（67P）の不思議な形の核を回転させたり、その上に分光計データや温度などの探査データを重ねて、カラフルな仮想天体を作り出したりできる。私たちは彗星をあらゆる視点から調べられる。彗星の内部を歩き回ることさえ可能だ。[34] それによって、現実をめぐる私たちの認識は広がっていく。

世界中の地下実験室では、より深い意味を持つ「知覚できない事実」が発見されている。そこでは、精密機器を使って、微量の岩石や隕石、月のサンプルに含まれる個々の原子を計測している。部屋全体を占めるほど大きい質量分析計では、砂一粒の一〇〇万分の一のかけらに含まれる元素の含有量を精密に測定できる。「「一粒の砂にも世界を……一時（ひととき）のうちに永遠を握る。[35]」（『対訳ブレイク詩集』、松島正一訳、岩波文庫より引用）」研究者はこのデータから、個々の結晶が成長した際の条件（化学組成、温度、圧力、タイミング、酸素や水素の存在）や、同位体元素の比率を読み取ることができる。こうした知識を使って、たとえば微惑星や惑星の形成プロセスについての仮説を立てることができるし、別の仮説に制約を与えたり、否定したりできる。最高の設備を備えた岩石分析室は、建設や運用にかかる費用の面では天文台と変わらない。違うのは、地球の外ではなく、岩石の粒子の中を見て、原子よりわずかに大きいナノメートルスケールの発見をしていることだ。

魔法のように思えるが、そこで使われる呪文は数学であり、その限界を推論する必要がある。科学の世界では、数学に導かれるまま進んでいく。そしてかなり頻繁に（ほぼ必ず、というべきかもしれない）犬が尾を振るのではなく、「尾が犬を振る」ような状況になっていることに気づく。つまり、想像しうる中で最小のものの測定結果や、最も遠くで実施された観測結果が、古くからの理論をひっくり返して、新たな理論を作り上げるのだ。推理小説でよくあるように、「あと一つだけ」と聞いて明らかになる事実が大きいのである。最小のものを科学的に計測するには、とてつもない技術的精度が求められる。たとえばそれは、ナノイオンビームをプローブとして利用したり、宇宙の果てから届く光をとらえたりといったことだ[36]。

地球の地質を当たり前のものと見なすのは、陥りやすい落とし穴だ。地球上にいる私たちは、酸素と窒素を中心に、アルゴンや二酸化炭素、その他の気体を吸ったり、吐いたりしており、呼吸という最も重要な生物学的機能によってその酸素分子（O_2）の一部を二酸化炭素分子（CO_2）に交換している。私たちは気体状態の酸素になじみがあるが、実をいえば、地球にある酸素はほぼすべてが岩石の中にある。

そのため、植物が二酸化炭素と水を使った光合成によって酸素をつねに放出しなかったら、大気から酸素はなくなるだろう。[37]

地球のケイ酸塩部（金属コアより上の部分すべて）の質量の半分は酸素であり、その酸素はかんらん石〔$(Mg,Fe)_2SiO_4$〕のような鉱物に含まれている。かんらん石は、マグネシウム原子か鉄原子が二個と、ケイ素原子が一個、酸素原子が四個からなる（宇宙化学では、岩石は「酸化物」の典型だ）。こう考えると、私たちは酸素の物語を少し探求していく必要があるが、理解できなくてもご心配なく。本当の意味で理解している人はいないのだから。

こうした原子はどれも、原始星のコア内での核融合反応によって作られたものだ。核融合の話題は数章後に出てくる。原子の種類は原子核にある陽子の数で決まる。たとえば酸素原子では、原子核に八個の陽子があり、その周囲に八個の電子が回っている（これで電気的に中性になる）。さらにいくつかの中性子がある。安定な酸素原子には、中性子の数が八個、九個、一〇個のもの（同位体）があり、質量数（中性子と陽子の数の合計）にしたがって、酸素16（^{16}O、最も多い）、酸素17（^{17}O）、酸素18（^{18}O）と表される。こうした同位体は化学的な性質がほぼ同じで、互いに入れ替え可能だ。ただし酸素17と酸素18はやや重く、化学反応がやや起こりにくい。

酸素同位体の相対的な存在比は、質量分析計（鉱物に含まれる各原子の割合を測定する装置）を使わなければ知ることができない。[38] しかし酸素同位体は質量が異なるので、自然界では質量によってふるい分けされる。酸素18で作られた水分子は、酸素16で作られた水分子よりもわずかに蒸発しにくい。たとえば氷河期には、海から蒸発した水が陸地に移動して、雪として広い氷床に堆積する。その結果、氷河には軽い酸素同位体が蓄積され、海には重い酸素同位体が増える。氷河期の最中に、海の底に細かな沈殿物や炭酸塩が降り積もっていくと、結果として生じる岩にも重い酸素同位体が多くなる。深海掘削調査で採取したコアを質量分析計にかければ、大学院生でもまるでグラフを読み取るように太古の気候を知ることができる。

最近は氷床の融解が進んでいるため、堆積物に刻まれる記録は、軽い酸素同位体が増える方向に変化している。氷の中に閉じ込められた軽い酸素同位体がついに海に戻っていっているのだ。陸や海、大気で起こった変化の記録は、将来の岩石に保存されるだろう。それこそが、形成当初の火星の堆積岩のサンプルを採取する理論的根拠である。その目的は、微生物の化石を見つけることだけではない。古い堆積岩には（慎重に採取すれば）火星にかつて存在した海や氷河の複雑な証拠が保存されている可能性があるのだ。たとえ生物の化石が見つからなくても、岩石中の有機物の同位体を調べれば、火星の生物の特徴がわかる。地球でもそうした種類の記録が、四〇億年前に存在した生物を探すために詳しく調べられている。

地球には隕石がたくさん散らばっている。そのほぼすべてが地球近傍天体（ＮＥＯ）の破片だが、そのＮＥＯ自体がメインベルトの小惑星や彗星の破片だ。しかし、火星の表面からきた隕石も驚くほどの数がある。それにはこんな証拠がある。隕石の分類方法の一つとして、酸素や他の元素の同位体比によってグループ分けする方法がある。それぞれのグループは、太陽の周囲のさまざまな領域で形成された母体の小惑星に対応している。[39]こうした酸素同位体による隕石グループの中に、主に玄武岩からなる珍しい隕石がある。酸素はどんな種類の岩石からも見つかるので、このグループは、火山活動が活発に起ころほど大きな天体に由来するはずだ。実際、火星の表面には巨大な火山がいくつもあり、さらに比較的地球に近い。月も同じだ。

決め手となったのは、現在では火星隕石と呼ばれる隕石に含まれる「貴ガス」の精密な地球化学的測定だった。貴ガスとは、アルゴンやキセノンのような、電子殻の一番外側に電子が最大数入っているために反応しにくい元素のことだ。貴ガスは分子を作らないので、大気がある惑星（月は除外される）で溶岩が結晶化すると、鉱物の中に貴ガスが閉じ込められる。その鉱物サンプルを数十億年後に加熱すれば、閉じ込められていた貴ガスを測定できる。この方法を使えば、数十億年前の火星の大気組成の値が得られる。火星隕石に含まれる貴ガスの同位体比は、一九七〇年代にＮＡＳＡのバイキング着陸機が測定した大気組成と一致していたのだ。

実際には、火星隕石は比較的よく見られる。博物館には手押し車一杯分の火星隕石が収蔵されているだろうし、それも最近落ちてきたものだけだ。地質学者がするように、時間をさかのぼってみると、四〇億年前に地球上に生命が生まれた頃には、火星に彗星や小惑星が爆撃のように降り注ぎ、それによって表面から吹き飛ばされた岩石が、何十億トンという規模で地球に運ばれてきた。火星は、地球というターゲットを狙うには条件のよい発射地点なのだ。それなら、隕石が岩石サンプルを無料で運んでくれるのに、わざわざ火星にいってサンプルを採取するのはどうしてだろうか？　それは、研究したい岩石がまだ火星にはあるからだ。

火星隕石の大半は、玄武岩などの地表にある固い火成岩だ。堆積岩は一般的にもろく、宇宙空間に放出されるときにばらばらになってしまう。放出時に壊れなくても、地球に到達するまでに、熱破壊によってばらばらになるだろう。[40] それを乗り越えても、秒速二〇キロメートルで地球大気に突入するときに爆発してしまう。玄武岩はそういったことを乗り越える可能性が高いが、堆積岩は生き残れない。

それでも、火星から地球への堆積岩の輸送はありえることで、それに必要なのは、大まかにいえば、岩石がもっと大きな塊として放出されることだけだ。それには直径数十キロメートルの小惑星の衝突が必要だったと考えられるが、そうした衝突は過去一〇億年間起こっていない。しかし、地球で生命が誕生した四〇億年前には、火星ではそうした衝突がひっきりなしに起こっていた。私たちが火星にいって堆積岩を採取する必要があるのは、そこにある生命（生きているものでも、化石でも）を発見するためだけでなく、生命が惑星系から別の惑星系へ、さらには銀河から銀河へと移動するという、パンスペルミア（胚種広布）説という概念を完全に理解するためでもある。

月は地球にずっと近いので、やはり隕石という形で、無料サンプルを火星以上にたくさん送ってきている。これまでに発見された月隕石は三〇〇キログラムを超える。見つかる場所は氷河や砂漠の砂の上だが、これは単に、地球の岩石がたくさんあるところに落下したら、発見される可能性が低くなるためだ。月隕石も火成岩であり、月に存在している間と、クレーターを形成するようなイベントで宇宙空間に放出されたときに受けた衝撃損傷の証拠がある。月隕石の多くには宇宙線による損傷があるほか、太陽風によって埋め込まれたイオンを含んでいて、大気のない世界の表面にきわめて長い間存在していたことを示している。[41] アポロ計画の宇宙飛行士が採取した数百キログラムの月の石があるので、月隕石であることを確実に証明することは簡単だ。

しかし酸素同位体の値では、火星の岩石のようには月の岩石を識別できない。月と地球の岩石は、酸素やその他の元素の同位体存在比では、百万分率のレベルでみてもそっくりなのだ。実際に月全体の組成は、地球の無水マントルと宇宙化学的にかなり一致する。この観測結果は、巨大衝突によって月が形成されたとする説をひっくり返した。標準的なモデルでは、月の大部分は衝突した惑星テイアの破片から最終的に形作られており、火星のように、地球とは化学組成が異なっているはずだからだ。現在も、コンピューターシミュレーションや理論の面の研究から、新しい月形成メカニズムやさまざまなアイデアが生まれ続けている。しかし月形成をめぐる論争全体としては、月は地球の太平洋海盆に相当する部分がちぎれて生まれたという仮説が提案されていた、一九世紀の戦線まで後退している。もしかすると、その説もそれほど間違っていなかったのだろうか？　こうした混乱はみじめだ。

道に迷ったら、きた道を引き返せばいい。川を水源までさかのぼるのだ。一個の陽子を持つ水素は、宇宙で最もありふれた元素で、その次は陽子が二個のヘリウムだ。この二つの元素はビッグバンによって生まれた。その次に多いのが酸素で、初期宇宙に存在した巨大恒星のコアで爆発が起こるにつれて、存在量が増えていった。そういったわけで、水は最も多い化合物に数えられる。

水はなんとすばらしい分子だろう！　惑星が存在しない段階でも、水は太陽系の構造を決めるのに大きな役割を果たした。太陽の周りにあって、惑星を形成した「原始太陽系星雲」は、もともとはガスが主成分だった。星雲内の圧力は低かったので、水は、固体として結晶化できる領域以外では、水蒸気として存在していた。太陽からの距離が二、三天文単位（AU）より外側の領域では、水は氷として固化でき、その氷が種となってさらに氷が集積し、彗星の遠い祖先である「微彗星」になった。それより太陽に近い領域では、温度が高く、ケイ素の凝縮物が優勢であり、岩の多い微惑星が形成された。この「スノーライン」と呼ばれる境界線の概念は、岩石からなる地球型惑星が太陽に近い領域にあり、氷巨大惑星やガス巨大惑星、氷準惑星が遠い領域にある理由を理解するための枠組みとして、よく用いられてきた。ただし太陽系外惑星系の構造を踏まえて、この枠組みを再考する動きが出てきている。

液体の水が大量に存在できるようになったのは、微惑星が十分に成長して重力が強くなり、水が凝結するための大気や地表を保つようになってからだった。そうしてできた最初の海は、太陽に近ければ太陽の熱で上から温められ、そうでなければ地中の放射性元素の熱を受けた。海は、生命を生み出す前生物的（プレバイオティック）キッチンとして、せっせと働いた。現在の私たちが寝そべっている惑星の地表環境は、水が三重点の付近で液体と気体、固体の間で絶えず変化するという水循環を可能にしている。地球表面の気圧と温度の範囲では、水は雨として降るか、雪となって積もり、やがて溶けて、蒸発することを繰り返す。そうすることで水は、地質学や生物地球化学[42]を特徴づけるあらゆる種類の物理的および化学的プロセスに影響を与えている。

万能溶媒といわれる水は、岩石に含まれる細かな鉱物の分子も溶かして、堆積岩を分解して輸送する。液体による固体の分解と輸送から始まる、ほぼ無限にある化学的プロセスや物理的プロセスは、そうした水の働きによって可能になったり、反応が促進されたりする。そうしたプロセスを通して、分子は自己複製的なプロセスで分解し、再結合するすべを身につけたのである。

液体の水は外太陽系でも珍しくはない。そこでは、熱源は氷衛星の表面かその下にある。惑星が引き起こす潮汐力によって、衛星の形が周期的に変形するため、表面の氷殻や岩石に摩擦が生じて、熱を発生させる。太陽系最大の衛星である木星のガニメデでは、この潮汐力による熱が、マントルの岩石に含まれる放射性元素の崩壊熱を補っている。月に近い大きさがある、木星の氷衛星エウロパでは、放射性崩壊の熱によって氷殻の下に水の海が凍らずに維持されている。その体積は地球の海と同じくらいあり、断熱材の役目を果たす氷殻によって、宇宙空間の極端な環境から保護されている。直径五〇〇キロメートルの土星の衛星エンケラドゥスでは、間欠泉から液体の水が輝く柱のように噴き出して、宇宙空間に広がり、土星の周りにかすかなリングを作っている。ガニメデや、太陽系で二番目に大きい衛星である土星の衛星タイタンにも、そのサイズや組成、内部で発生すると考えられる熱の量から、全球規模の地下の海があると考えられている。そうした内部海が多くの天体に見られることを考えると、銀河系全体では氷で覆われた海が何十億もあるのはほぼ確実だろう。その中に、生命を生み出す海がないとはとても思えない。

　太陽系では、地球だけが水の三重点に近い地表環境を備えている。[43] 水の三重点に近いことを生命が存在するための必須条件だと考えよう（自由な発想をすれば、生命は水を必要とせず、たとえば液体メタンなどの周辺で生存できるかもしれない。ここではとりあえず、水だけを考える）。この厳密な前提条件でもエウロパは除外されない。氷の下に気体が集まった部分があればいいだけだ。惑星上で生物が進化して、高いレベルの意識、ときに「知恵（sapience）」と呼ばれる[44]ものを持つには、他の条件も満たす必要があるだろう。たとえば、知恵の出現には、星空や、太陽や月、遠くの山脈のような、自らの存在をはるかに超越するものへの理解が求められるだろう。そうなると、スモッグで覆われた惑星や、氷殻の何キロメートルも下まで続く深くて暗い海といった惑星は候補から外れる。ただしどんなに深い海や、暗い洞窟でも、クジラやコウモリはソナーを使うことで、視覚に頼らずに距離や空間を感知している。生命が存在できる惑星には、山脈や大陸を形成し、海盆や火山島を生み出せるほど活発な地殻やマントルが必要かもしれない。多様な生物が生まれ、たくさんの種の中から、進化のはしごを登り詰める一つの種が現れるには、十分なニッチ（生物学的地位）が用意されていなければならないからだ。そしてもちろん、その惑星の太陽は、数十億年にわたって安定な状態でなければならない。そして衛星も必要だ。それもただあるのではなく、皆既食を起こすほど十分に近い位置を公転していなければならない。皆既食がその惑星に住む生物をひどく驚かせて、知恵が芽生えるきっかけを生むのだ。近い位置で超新星爆発が起こる必要もあるかもしれない。具体的な条件を必要なだけ増やしていって、そのうえで、「そうした惑星が存在する確率はどのくらいか？」と考えてみればいい。

五〇年前、私たちは「すべての人類のため」に月に降り立った〔訳注：月面に残された記念碑には「すべての人類のため、われわれは平和のうちにきた」と刻まれている〕。地球以外の天体に人類が足を踏み入れたのは、このときが初めてだった。それ以来、宇宙飛行士は地球低軌道上の実験室に滞在して、地球の周りをめぐってきた。一方で、ロボット探査機がはるか遠い宇宙の探査をおこなっている。それは理にかなったことだ。ロボット探査機は呼吸をしないし、地球に戻ってくる必要もない。そして遠い場所の画像やデータを集めるのがうまくなり、人間による監督が最小限ですむようになってきている。人間とロボットによって太陽系探査の第一波が完了し、あらゆる典型的な天体が調査された。地球の月や、惑星とその衛星、小衛星、惑星の環、準惑星、氷惑星、彗星、小惑星、ケンタウルス族天体〔訳注：木星と海王星の間の軌道を持つ小天体」。冥王星の窒素の平原や、火星の峡谷、エンケラドゥスの間欠泉、木星のカラメルソースのような渦。大型望遠鏡が地球軌道上に送られた。軍事ロケットを転用したロケットで打ち上げられた宇宙探査機が、冥王星の先へと旅をして、ヘリオポーズを越えた。ヘリオポーズは、星間空間の圧力によって太陽風が止まる位置であり、つまりは宇宙の果ての始まりである。

　宇宙探査の第二波は始まったばかりだ。その波はさらに遠くを目指すものではなく、これまでより小型で性能の高い宇宙探査機を使って、特に奇妙で興味深いたくさんの場所を訪れて、知識のギャップを埋めるためのものだ。そうすることで、太陽の周りに広がる世界を完全に描くことを目指している。そこには、これまで探査されていない衛星や小惑星、外惑星があり、惑星Ｘもあるかもしれない。月面の下に長さ数百キロメートルにわたって延びる溶岩トンネルもある。さらにその次の波では、ふたたび人間が主役になると私は考えている。月や火星、そしてもしかしたら金星にも入植するようになる。さらに、人工知能を使者として「近くの」惑星系に送ることになるだろう。

　月[45]はすでにかなりの地域が、〇・五メートルの分解能で撮影されている。同じように火星[46]も全球が一ピクセル[47]あたり約六メートルの分解能で撮影されているし、重点的な撮影が実施された地域では、三〇センチメートル強の物体まで見分けられる。ＮＡＳＡの科学データはすべてデータベースとして公開されていて[48]、実際に今いったような画像のほぼすべてが、誰かが見てくれるのを待っている。画像をクリックし、拡大すれば、何か特別なものの第一発見者になれる可能性がある。たとえば、微小隕石によって真っ二つになった大きな岩石などだ。新しい洞窟が見つかれば、火星探査や将来的な入植のときにはとても重要になるだろう。

天文学についていえば、一〇年前には夢でしかなかった機能を備えた新しい望遠鏡が稼働する予定だ。大型シノプティック・サーベイ望遠鏡は、小惑星の運行や、惑星の通過、恒星の爆発といった、歴史に残るような一時的現象を観測する中で、毎晩二〇テラバイトものデータを生成する。[49] これは認識の根本的な変化をもたらし、同時に大量の「ビッグデータ」が生まれるので、それを処理し、ひとまず理解するには人工知能が必要になる。私たちは、自分たちにデータの意味を教える方法を、コンピューターに教えようとしているのだ。

そう考えたところで、もう一度地質学に立ち返ってみる。地質学に必要なのは、好奇心とチャンス、そしてガイドだけだ。石を手にとってじっくり見てみよう。ハンマーで割って、ルーペを使ってよく観察しよう。写真を撮り、観察地の解説を読もう。野外実習に参加して、地層の傾斜を測定しよう。景観回復に取り組もう。古い石造りの建物の磨かれた壁を観察しよう。ハイキングや小旅行のときには、ガイドブックを読むか、アプリを用意して、過去への旅をしてみよう。グランドキャニオンにいって、ヴィシュヌ片岩という露頭を観察してみよう。これは変成を受けた基盤岩で、その名は、それ自体が原生代の泥というつつましい存在から作り出されたことを思い起こさせる。

観測や探査を重ねてきた中で、第二の地球と呼ぶべき惑星はまだ見つかっていない。いくつか候補はあるが、はっきりしたことがわかるまでには何十年もかかるだろう。そのときにはどうするのだろうか？地球に似た惑星が、近くの恒星の一つ（たとえば三〇光年以内と考えよう）を公転していることが確認されたら、人間はそこにいこうとするだろうか？ 数千年というタイムスケールで考えれば、人間がそうした惑星を目指すときは必ずやってくるように思える。[50] 私たちの何十世代も後の子孫が宇宙空間へと、

冥王星の山々の日没。2015年7月14日に宇宙探査機ニューホライズンズは、冥王星への最接近の15分後に、後を振り返ってこのお別れの写真を撮影した。右側の平らな部分はスプートニク平原。その左の山は、標高3500メートルのテンジン山。ヒラリー山が地平線の上に見えている。逆光で撮影したことで、冥王星の希薄だが膨張しつつある大気の中に、もやの層が浮かび上がって見える。風景全体の横幅は400キロメートル近くある。
NASA/Johns Hopkins University Applied Physics Laboratory/Southwest Research Institute

何百年もかかる片道旅行に出発するだろう。目的地にたどり着くのは数世代後だ。私には、それはひどく危険で孤独な旅に思える。それよりもずっと前に、人間は隣の惑星に第二の地球を作り上げると私は考えている。金星の大気から、温室効果ガスである二酸化炭素をバイオプレシピテーションによって取り除いて、そこに地球から持っていった生命の種をまき、奇妙な幻想的風景を生み出すのだ。そうやって惑星の地質を改変することの倫理面をいろいろと考えることもできるが、人間が自分たちの惑星の生物圏を好き勝手に改変していることを考えると、そうした議論は現実的な意味を失っている。

探査することが科学における陰陽の「陽」だとすれば、理解することは「陰」だ。どちらも、もう一方なしでは前進できない。私たちは宇宙探査に直感的なスリルを感じるが、探査結果をみて、何かがその状態になっている理由や、そこに至るプロセスやしくみを理解することにも、同じくらいの満足感を覚える。ニューホライズンズ[51]の開発にたずさわった人々は、観測機器や、他にないほど高速で飛行できる軽量の探査機の製造と、あらゆる種類の詳細な打ち上げ準備に五年を費やし、さらに一〇年にわたる約五〇億キロメートルの宇宙飛行の後に、九番目の惑星の地質学的特徴を目にした初めての人類になった。冥王星は一九三〇年に発見されて以来、写真乾板上の単なる点にすぎなかった。その一つの点が、一九九〇年代にハッブル宇宙望遠鏡による詳細な観測によって、二つの点であることがわかった。冥王星は、二つの光の塊、つまり二重惑星だったのだ。

二〇一五年にニューホライズンズが一五分間にわたるフライバイをおこなうと、冥王星とカロンという二重惑星は、数個の示唆に富む画素という存在から、キャンディーのような縞模様の山々と、チョコレートをまぶした海が一面に広がるおとぎの国に変わった。見たこともないような、不思議なほど活発な地質活動によって割れたり折れ曲がったりする山々や、氷が絶えず湧き上がってくる窒素の平原、そして冥王星にある明るい色をした美しいハート型の地形が観測された。こういった観測は、何十年にもわたって考え、観測し、整理し、物事を理解し、あれこれと調整し、計画を立て、提案をし、あちこちに働きかけ、設計をし、テストをし、製作した結果だ。つまり、次の宇宙探査という冒険は、世界中の研究室や研究所で、すでに人知れず始まっているのだ。

太陽系で探査ずみの天体はほんの一部にすぎない。海王星や天王星には専用探査機が送られたことがないし、水星や、太陽系最大の衛星であるガニメデに着陸したこともない。エンケラドゥスで間欠泉が吹き出しているあたりはどんな様子なのだろう？　月や火星には、地表にはまったく見えていない広大な地下洞窟がある。そういう場所に私たちはいくことができる。しかし、これまでにいろいろな場所を訪れてはきたが、私たちがよく知っているのは、人間を生み出したこの惑星だけだ。「世界はどうしてこのようになっているのか？」という疑問は少し広すぎる。「世界はどうしてこんなに多様なのか？」という疑問のほうが的を射ている。この疑問に答えるには、惑星が存在する前の時代にさかのぼらなければならない。

第1章
朽ち果てた建物

天網恢恢疎にして漏らさず

——老子

惑星研究は、世界各地に名高い哲学者や忘れられた賢人を生み出してきた。ビッグバンと同じで、その世界が拡大していく中心に誰かがいたわけではない。何人かの優れたビジョナリーが道標のように進むべき方向を指しており、私たちはそれを頼りに現在地までやってきた。[1]天文学における最大の変革期は古代ギリシャ時代初期だ。そこから話を始めてもいいし、もっと昔のインドや中国でもかまわない。というと、先を急いでいるようないい方だ。この本がまだ始まったばかりとは思えないが、話の流れがあるし、なじみ深くもあるので、一気にシェイクスピアの時代まで進もう。当時は、コペルニクス革命がすでにヨーロッパ全域に広がっていた。そしてヨハネス・ケプラーは、コペルニクスの著書『天球の回転について』[2]に書かれていた、「地球が太陽の周りを回る」というとりわけ危険な法則を熱心に擁護していた。

ケプラーは、当時最も用途の広い望遠鏡を数台設計したものの、その研究は望遠鏡の登場以前の観測に基づいており、[3]天空上での惑星の精密な幾何学（ジオメトリー）的配置を調べる位置天文学（アストロメトリー）に軸足を置いていた。幾何学、それは世界を測る物差しだ。火星は星の間を西に進んだ後、しばらく東に進み（明るさも増す）、ふたたび西に進むという逆行運動をする。この逆行現象は、地球と火星の相対的な動きによるものとして説明されていた。それは馬に乗っているときに、丘を背景にして別の馬に乗っている人を見るようなものだ。二頭の馬がコースの内側と外側をギャロップで進む場合、内側の馬から見るとそのときどきで、相手が後ろに下がっていったり、前に進んでいったりして見える。自分の馬が曲線部分を通過するときには、相手が素早く弧を描いて方向転換するように見える。太陽はコースの中央にある。

こうした相対的な見え方の変化は、物理学における幾何学的用語として「視差」と呼ばれる。古代ギリシャ人はこの視差を使って太陽までの距離を測った。サモスのアリスタルコスなどは、紀元前三世紀にはすでに、惑星は中心の火の周りを回っていること、その火は月の何倍も遠くにあること、そして天球の星々はさらに遠くにあることを理解していた。しかし帝国は崩壊するものだ。古代ギリシャの知識はほとんど忘れられた。それは後に西洋で再発見され、やがて現代物理学につながった。

ケプラーは、惑星の位置に一定の誤差が生じることに悩んでいた。そして、惑星が太陽の周りを円ではなく楕円を描いて公転しているなら、そして太陽に近い軌道上では速く動いているなら、この誤差が解消されることを証明した。天界の幾何学的配置について、そうした大胆な提案をするのは勇気ある行動であり、教会はその説を快く受け入れなかった。そのわずか九年前、イタリアの哲学者であり、ときおり天文観測もしていたジョルダーノ・ブルーノは、「無数の太陽が存在する。この太陽の周りを、われわれの太陽の周りを七つの惑星がめぐるのと同じように、無数の地球がめぐっている。そしてそれぞれの世界には生物が住んでいる」と主張した罪で処刑されていた。望遠鏡が発明される前のことだ。古代ギリシャの哲学者タレスの時代の証拠以外には自説を裏付けるものはないという状況の中、ブルーノ

17世紀に描かれたと考えられる、宇宙の境界を表した作者不明の版画。1888年のカミーユ・フラマリオンの著書『大気：一般人のための気象学』に掲載されたもの。〔訳注：フラマリオン自身の作という説もある〕絵の人物は、1600年に処刑されたジョルダーノ・ブルーノに似ている。
Camille Flammarion, L'atmosphère: météorologie populaire（Paris, 1888）, p. 163

は自らの主張を守り抜き、一六〇〇年に火刑に処せられた。[4]

一方のケプラーは、自分の母が魔女として火刑にされかけた経験から、急進的な思想を説くことの危険性をしっかりとわかっていた。ブルーノと比べて、ケプラーの科学に対する姿勢は確固とした証拠に基づいており、それほど派手なところもなかった（ただし後年、歴史上初のSFとも呼ばれる、人類による月旅行を描いた『夢』[5]を書いている）。このケプラーを悩ませた誤差がなぜ重要だったのだろうか？ケプラーが考案した惑星運動の方程式は、後に「ケプラーの法則」と呼ばれ、やがてアイザック・ニュートンによって「重力」と「運動量」の形で物理的な枠組みに組み込まれた。そこから物理学が誕生したのだ。

念のためにいえば、ケプラーについては、事実の熱心な唱道者のような人物という印象があるかもしれないが、彼が身を置いていたのは前科学的な文化だった（最近は非科学的な風潮がある。これは前科学的とは異なる、ずっと嘆かわしい状況だ）。一七世紀初頭には、一貫性のある物理法則も、定量的な法則に続く真の道もなかった。自然哲学は啓示的な学問だった。「これは私が見たものだ」とか「これは私が正しいと思うものだ」という話だったのだ。

ケプラーは、結晶構造と宇宙の関連性を見いだし、それに強くこだわった。これは、六個の惑星と太陽の距離はそれぞれ、プラトン立体に外接する球の半径に対応しているという考え方だ。プラトン立体とは正多面体のことで、正四面体、正六面体（立方体）、正八面体、正十二面体、正二十面体の五種類がある。[6] ケプラーはこの説を、『宇宙の神秘』という随筆と科学的発見をまとめた書物として発表した。この本の副題は、「宇宙誌論への手引き――天体軌道の称讃すべき見事な比と、天体の数、大きさ、および周期運動の真正にして適切な根拠について、幾何学の五つの正立体により明らかにされた宇宙形状誌の神秘を含む――」（『宇宙の神秘』、大槻真一郎・岸本良彦訳、工作舎より引用）と非常に長い。[7]

シェイクスピアが活躍していたこの時代、それまで知られていた以外にも惑星が存在するというのは、一週間にもう一つ別の曜日があるというくらい思いもよらない話であり、ケプラーは惑星に関する当時の常識を疑うことなく一生を送った。この状況が完全にひっくり返ったのが、ケプラーが亡くなってかなりたってから、古代以来の新惑星として、天王星が発見されたときだ。この発見によって、ケプラーが『宇宙の神秘』で唱えた説も含めて、惑星に関するさまざまな説が通用しなくなった。まさに曜日が増えるような事態に人々は困惑したものの、そこで頼りにしたのがニュートンの運動法則だった。

そしてその先に、今の私たちがいる。ケプラーがどれだけ想像をたくましくしても、自分の名を冠した望遠鏡が宇宙に打ち上げられるとは思いもしなかっただろう。このケプラー宇宙望遠鏡はこれまでに、さまざまなサイズや軌道の太陽系外惑星を数千個発見している。その多くが生命居住可能な領域にあり、地球に似た惑星も見つかっている。系外惑星が一つ残らず、自分が著書『宇宙の調和』で説明した法則〔訳注：ケプラーの法則のこと〕にしたがっていることも、ケプラーは夢にも思わなかっただろう。ケプラーは、自らの惑星軌道の説のうち、実際にはどれを信じていたのだろうか。『宇宙の神秘』で主張した、現実とは違っていた説なのか。それとも、後に自然法則の基礎となり、多くの近代科学の土台にもなった説だったのだろうか。

ポーランド系フランス人の物理学者マリ・キュリーは、自分を惑星科学者だと考えてはいなかっただろうが、彼女による放射性元素の発見がもたらした新たな現実は、一九世紀の地質学体系を根本からくつがえし、惑星や恒星についての革命的な理論を生み出した。マリ・キュリーは、放射性元素が崩壊系列をたどって崩壊を続け、最終的に安定な娘元素にたどり着くことを示した。ウランの同位体のうち、存在比の大きいウラン２３５（^{235}U）とウラン２３８（^{238}U）は、数十億年というタイムスケールで崩壊して[8]鉛同位体（^{206}Pbと^{207}Pb）になる。ウランは岩石中に比較的多く存在するので、ウランの崩壊によって鉱物結晶内の鉛同位体比に偏りが生じ、時間とともに変化する。これを利用すると、岩石の年代を驚くほど精密に測定できる。

そうした放射性崩壊起源の鉛が発見される以前は、地球や太陽が誕生したのはせいぜい数千万年前と考えられていた（そのもとになる議論についてはこの後で説明する）。それに対して少数意見を述べたのがチャールズ・ライエルだ。スコットランドの地質学者であり、チャールズ・ダーウィンとも親しかったライエルは、堆積学という定量的科学の草分けという立場から、地球の年齢はもっと古いと主張していた。ライエルのグループは、各地の露頭を海洋底の隆起によるものだと考え始めていて、堆積によってその露頭の地層全体ができあがるには数十億年かかると考えたのだ。地質年代学という分野の発展とともに、地球の年齢や地形の進化をめぐる議論は激しさを増していった。同時に、生命は莫大な時間をかけて進化すると主張する、ダーウィンの歴史的に重要な著作『種の起源』がもとになった生物進化論も大きな議論を呼んだ。

放射性元素の性質や、ウランと鉛の関係が理解されたことによって、地球の年齢を確実に計算することが可能になった。一九三〇年代には、鉛の存在比の単純なグラフから、地球には少なくとも二〇億年前の岩石があることが判明していた。天文学者が、宇宙空間の途方もない広がりを発見しつつあったのと同じように、地質学的時間の知られざる途方もない広がりも新たに発見されつつあった。

一九二〇年代にアメリカの天文学者エドウィン・ハッブルは、私たちの銀河系が、宇宙全体にあふれかえっている数多くの銀河の一つであるという、近代的な見方にたどり着いた。さらに、銀河があらゆる方向に遠ざかりつつあること、そして遠くの銀河ほど高速で遠ざかっていることも明らかにした。この発見からハッブルは、宇宙は等方的に膨張しており、銀河はちょうど、膨らませている最中の風船の

ALMAが撮影したおうし座HL星と原始惑星系円盤。地球から約450光年の距離にある若い恒星で、年齢はわずか10万歳と推定されているが、惑星形成はかなり進んでおり、新しい巨大惑星が公転軌道上のダストやガスを掃き集めている。ALMA（ESO/NAOJ/NRAO）; C. Brogan, B. Saxton（NRAO/AUI/NSF）

表面に描かれた点のようなものだと推論した。どの点をとってみても、風船はその点を中心にして膨張しているように見えるが、実際には中心となる特別な点は存在しない。

ハッブルは、時間と空間が始まった理論上の臨界点（風船が膨らんでいない時点）をスタート地点として、すべての銀河が現在の距離に到達するのにかかった時間を計算することで、宇宙の年齢を推定した。この年齢（その意味を私たちが理解しているとはいえないが）も、地層の堆積や、岩石内のウラン—鉛崩壊系列が示す年代、生物進化と同じように、数十億年というタイムスケールになることがわかった。宇宙は想像していたよりもはるかに古く、生物が消滅してもさらに続くということが、きわめて現実的な考えになった。それも、きわめて短期間のうちに。

一七世紀半ばに生まれ育ったアイザック・ニュートンは、ケプラーの法則をよく知っていた。ニュートンの重要な功績の一つとされるのが、ケプラーの方程式を一般化して、質量と時間、空間の関係式で表したことだ。二個の物体はそれぞれの質量に比例し、距離の二乗に反比例する力で互いに引き合うという、「重力の逆二乗則」を考え出したのである。この重力の法則は考案されて以来、どんなときでも基本的に正しいとされてきた。あまりにも簡潔で美しいので、この法則は昔からずっと存在していて、自然の中に刻み込まれており、ただ発見されるのを待っていた気さえする。[9] しかし、重力の法則は完全に正しいわけではなく、その意味では発見されるのを待っていたわけではない。シンプルな理論を好む心理に合わせた人間の創造物というべきだろう。アインシュタインの一般相対性理論も終点ではない。これも新たな人間の創造物であり、ニュートンの法則に生じた小さな揺らぎであり、より正確な予測と、方程式の下に潜む異なる現実をもたらした。さらに同じように、新たなデータを説明し、知識を高めるには、それに続く理論が必要になるだろう（それ自体が摂動と連鎖を深める）。とはいえ、物理についての議論は、明確に定義された質量、時間、距離という量を用いて、数学的な観点から進められた。

科学における最大の進歩は、ささいな矛盾に注意を払うところから生まれる。ケプラーを悩ませていたのは、円軌道を考えると観測をうまく説明できないことだった。やがて一九世紀末になると、水星の軌道の歳差運動が速すぎることが同じように問題になった。水星の軌道は離心率が大きく、公転周期のたびに近日点（太陽に最も近い点）の位置がわずかに変化する。そのため、水星は「近日点移動」をしており、公転軌道がスピログラフのようなパターンを描く。こうした近日点移動のほとんどは、他の惑星の引力が原因だが、水星の場合はそれではつじつまが合わなかった。ニュートンの法則では説明されない、別の大きな摂動がなければならなかった。大量の「エーテル」（宇宙のすみずみまで満ちている物質）が水星を引きずっているのだろうか？ そうではない。それなら、水星の軌道は徐々に小さくなっていって、太陽に落下するはずだ。未発見の惑星ヴァルカンが水星の軌道に影響しているのだろうか？ それも違った。ヴァルカンがあるのならすでに発見されていなければおかしい。

やがて登場したのが、物理学者のアルベルト・アインシュタインだった。アインシュタインが一九一六年に発表した重力理論、いわゆる一般相対性理論を使うと、観測の矛盾を生んでいた水星の歳差運動がうまく予測できた。天文学者はこれに満足して、次の矛盾に取りかかった。しかし物理学者にとって、それは自分たちの世界観を永遠に変え、宇宙に新たな次元を加えるものだった。一般相対性理論は、ニュートンの法則が間違いであることを証明するものではない。ニュートンの法則に幾何学的基礎、つまり時空の湾曲という概念を与えるものだ。重力は力ではない。「ポテンシャル場」の勾配である。とはいえ、多くの人にとってその違いは重要ではない。惑星や月の毎日の動きや、ハンモックに横たわっている私や、宇宙に向かうロケットまで、さまざまなものを規定するには、ニュートンの重力の法則は十分に精度が高く、正しいといえるからだ。

ニュートンのような天才は、石器時代以降のどの世代もいた。化石は、およそ一〇〇万年前に頭蓋の大きさが二倍になったことを示している。その本当の意味は決してわからないだろう。私たちの祖先はこの新しい脳を使って、それまでよりも精巧な石器を作った。より平らな形をしていて、上質な材料を使っており、刃先が鋭く、デザインがしっかりしている石器だ。よい道具を使うことで、エネルギー密度の高い食品を利用できるようになった。エネルギーを大量消費する脳には、そうした食品を与えてやる必要があったのだ。道具を作るのは毎回、かなりの難題だった。狩りも、新しい土地への移住もそうだった。私たちの祖先は岩石の性質を学ぶとともに、月や星、そして後に惑星と呼ばれる天体の運行パターンを見つけ出した。

　啓蒙時代になると、とびぬけて賢い人間が才能を発揮できるようになり、世界に対して意識が開かれるようになった。ニュートンがロバート・フックへの手紙で書いたとおり、私たちは「巨人の肩に立って」いる。科学研究を可能にしたのは、つながり合った一つの文化が築かれたことだ。そうした文化が科学を前進させ、シエネの深井戸や太行山脈の崖、マゼラン雲など、あちこちから届く新たな詳しい観察結果を理解できるようにしたのだ。さらに、啓蒙時代の科学者たちが生まれた世界には、新たな世界観を受け入れる用意が整っていた。それは、宗教教義に妨げられることが比較的少なく[11]、詳しく調べ、議論し、協力して構築した知識を伝えるシステムを中心に構成され、数学に代表されるような、形式にのっとった推論に支えられた世界だ。そうした推論が、惑星の質量や、電子の電荷を測定することを可能にしていく。

土星の巨大な衛星タイタンが発見されたのは一六五五年で、このときニュートンは一二歳だった。ガリレオが発見した木星の四個の衛星（ガリレオ衛星）の運動はその半世紀前から知られていたので、ニュートンは子どもの頃から、惑星をめぐる衛星軌道や、太陽の周囲の惑星軌道の定量的な側面を知っていた。そして、木星や土星は太陽ほど巨大ではないので、衛星に及ぼす引力も弱いことを説明すれば、衛星もケプラーの法則にしたがう（公転軌道半径の短い衛星ほど公転周期が短い）ことにニュートンは気づいた。物体は重力を引き起こす。それがニュートンの理論だ。そして物体は重力によって加速され、それによって衛星は母惑星を公転する。

ニュートンは、重力の法則を惑星や衛星の公転周期に適用することで、木星や土星、地球、月、そして太陽の相対的な質量を計算した。ケプラーの第三法則を使うと、軌道周期の二乗は、公転軌道半径の三乗を太陽と惑星（または惑星と衛星）の質量の和で割ったものに比例する（つまり軌道半径が大きいほど一周に時間がかかる）[12]。そのため、公転周期と軌道半径を測定して、この計算式に代入すれば、惑星の質量がわかるのだ（この本の冒頭にある太陽系天体の一覧表で確かめてみよう）。

次にニュートンは、惑星や衛星の質量とサイズから密度を求めて、それをもとに惑星や衛星を作っている物質の特徴を明らかにした。ガリレオ衛星の公転は、土星の衛星タイタンの公転と比べると速度がかなり速いため、木星は土星の一・五倍の密度があり、重い物質でできているか、圧縮されているかのどちらかだと推定できた。さらに地球の質量を計算すると、その密度が木星の三・五倍であり、岩石と金属でできている可能性が最も高いことがわかった。また、地球上の潮汐現象の原因である月の引力を推定することで、月の質量を計算しようとした。ただしこの計算はひどく複雑だったので、すぐには成功しなかった。数年にわたってすばらしい研究を重ねたニュートンは、惑星の組成が驚くほど多様であることを明らかにした。これはまさに、私たちが理解しようと努力している謎である。

惑星科学のもう一つの重要な要素である地球物理学は、ケプラーやニュートンから一世紀遅れて登場した。ほぼ何もない宇宙空間のしくみや、夜空をさまよう天体の運動と比べると、足下にある地球のことは、長い間あまりよく理解されていなかった。空はいつでも見ることができるが、地球の内部は観察できないからだ。最も深い海溝でも、深さは地球半径の〇・二パーセントでしかない。リンゴの表面についた傷より浅いくらいだ。今でも、地球内部の組成や構造はあまり知られていない。

地球内部を知るヒントの一つが、地下深く掘っていくと、一キロメートルで約二五度という一定のペースで温度が上昇していくことだ。一九世紀末にウィリアム・トムソン（ケルビン卿）は、この「地温勾配」が生じるのは、地球の内部から低温の地球外部に向かって熱が流れるためだと結論した。地温勾配の大きさ（25℃/kmと表す）[13]は、オーブンで焼いた七面鳥を冷凍庫に入れたときと同じで、地球が冷却された期間に対応している。無限の時間が過ぎると、すべての部分が等温（同じ温度）になり、地温勾配はゼロになるだろう。つまり、地温勾配は時計の代わりになるのだ。

ケルビン卿は、神が世界を作ったとき[14]、地球は固まったばかりの球体だったと仮定して、地球が固体になったのは二〇〇〇万年から四億年前だと推定した。次にこれとは独立に、太陽の年齢もやはり約二〇〇〇万年から六〇〇〇万年であることを、太陽が放出してきた熱（光）の量と、利用可能なエネルギーの理論的な量から計算した。これですべてがうまく説明できるとケルビン卿は考えたのである。

ケルビン卿がこれほど間違った見積もりをしたのはなぜだろうか？　地球と太陽のどちらについても、

核反応の重要性を考慮していなかったからだ。地球の場合は、地殻が形成されるときに、ウランやトリウムなどの放射性元素が花崗岩（かこうがん）などの深部地殻岩石内に濃集し、[15] そこで徐々に自発的な放射性崩壊をして熱を発生させる。このことは、地殻内での連鎖的な放射性崩壊で生成される、ラドンや鉛などの娘元素が豊富に存在することからわかる。この放射性崩壊で得られる大きな熱源を、ケルビン卿は考慮していなかったのである。一方、太陽でも、核反応による熱生成メカニズム（水素の核融合）が数十億年にわたって起こる。さらにいえば、地球内部の熱の移動は、ケルビン卿が考えた熱伝導だけでなく、熱対流（テクトニクス）によっても起こるので、彼の計算は基本的な部分が間違っていたといえる。

偶然にも、一八七〇年代にジョージ・ダーウィン（チャールズ・ダーウィンの息子）が考え出した月の潮汐の理論からは、ケルビン卿の見積もりとかなり一致する値が得られた。ただしケルビン卿の場合と違ったのは、ダーウィンは物理学の部分では基本的には正しく、ただ計算を間違えていただけだった。ジョージ・ダーウィンは、当時としては間違いなく風変わりな地質学理論の一部として、過去の地球が高速で自転していたため、マントルがちぎれて飛んでいって月になったという説を提案していた（「リンゴは木から遠くには落ちない」というように、やはり子どもは親に似るのだ）。この説は、月の密度が地球のマントルの密度とほぼ同じという、当時すでに得られていた知識とも一致していた。

ダーウィンの理論には、大事な部分が二つある（これらは月にかんする考察においてとても重要なので、後でまた考える）。一つ目は、地球がかつて高速で自転していたため、かなり大きな塊が地球から分離して、何らかの方法で地球の周りを回り始めたという仮定にたっている点だ。二つ目は、この塊、つまり月が地球に大規模な潮汐を引き起こし、さらにこの潮汐バルジ〔訳注：潮汐による海の膨らみ部分〕が月を引っぱることを示した点である。この理論では、月と地球の距離が地球半径の数倍以上ある場合、潮汐力が月をさらに遠くへ移動させる。自転する地球が月を投げ縄のように振り回して、遠くの軌道に飛ばすのだ。ただし地球半径の数倍以下の場合、月はふたたび地球に落ちてくることになる。

ダーウィンは、さしあたりはこの問題を無視して、長い間の潮汐力を計算できれば、月の公転軌道の半径から月の年齢がわかると推論した。そして、月が現在の公転軌道（地球半径の六〇倍）まで移動させられるのにかかった時間を約五六〇〇万年と見積もった。ただし論文では念のため、これは不確かなパラメーターに基づいた推定値だという注釈をつけた。ダーウィンは潮汐力を多めに見積もっていたため、月の年齢の見積もりが一桁小さくなってしまい、それがケルビン卿の結果とたまたま一致したのだ[16]。これは、まったく独立な仮定から得られた三とおりの科学的な推定値が近い値に収束したが、結局はどの推定値も間違っていたという、驚くような例だ。

ケルビン卿は、実に輝かしい研究者人生の残りの大部分を、目新しい考え方に頭を悩ませて過ごした。その後、一九二〇年代には、ウランの放射性崩壊で生成される鉛の分析結果から、堆積岩の年齢が数十億年だと見積もられた。一九五〇年代には、カリフォルニア工科大学の地球科学者クレア・パターソンによるすばらしい実験から、地球の岩石内でウランが鉛に変化する崩壊系列が、始原的隕石のものと重なることを示した。これはつまり、地球の年齢は（プレートテクトニクスによって付け加えられた部分をすべて無視すれば）隕石の年齢とほぼ同じということだ。パターソンはこの発見から、地球の年齢を約一パーセントの精度で四五億五〇〇〇万年と算出した[17]。この値は今も有効である。

これまで発見された中で最も古い地球起源の岩石は、オーストラリアの西オーストラリア州ジャック

月
NASA/GSFC/ASU

ヒルズで採取されたものだ。この岩石に含まれるジルコンという鉱物から、四四億年前という信頼性の高い年代が得られている。[18] 四四億年前といえば、最初の地質年代である冥王代にあたる。それに対して、最も古い隕石に含まれる最古の鉱物は四五億六七二〇万年前のものだ。ただし、一〇万年の桁については議論がある。ほとんどの隕石の年代は、この年代から数百万年以内である。一方、比較的最近の地質年代については、崩壊と娘元素の生成が現在も続いている、短寿命の放射性同位体の存在比から求められる。たとえば炭素14は、大気圏上層部で宇宙線の照射によって生成されると、炭素を含んだあらゆるものに混ざり込み、約六〇〇〇年の半減期で崩壊する。これが短期間用の同位体時計の一つとして使われている。[19]

その間にあたる、太古代から原生代初期までのかなり長い年月は、砂に書いた消えかけのスケッチと同じくらいはっきりしない。信頼性の高い時計として使える年代測定法がほとんど存在しないからだ。[20]とはいえ、記録がないからといって、その数十億年間が退屈な時代だったわけではない。むしろその反対で、あらゆることが起こっていた。大陸が生まれ、プレートテクトニクスが始まり、生物が進化し、彗星や小惑星が衝突していたのだ。単にそうした出来事が起こった時期がわからないというだけである。数十億年前の地球上で起こったことはすべて、プレートテクトニクスと沈み込み帯というリサイクル用ベルトコンベアで運ばれて、地球内部に飲み込まれてしまった。小さなかけらが地球上のあちこちに残ってはいるが、そのパズルを組み立てるのはとうてい不可能だ。ただし、冥王代の地球には隕石が容赦なく降り注いでいたので、地球の最古の物質の中には月面に到達したものもある。月にいけばそれが見つかるだろう。

歴史に刻まれるような概念は、たとえ崩壊しても、古代都市の朽ち果てた建物と同じで、瓦礫からより分けられて、ふたたび組み立てられ、別の概念としてさらに長く残るものだ。誰かが考えた概念が捨て去られることはない。別の目的を与えられ、融合されて、よりよく機能するものになる。そうやって概念が発展するのだ。ケルビン卿の熱モデルや、ダーウィンの潮汐モデルのような、大量に集められた論理要素や関係性、事実は、柱や、その上の笠石となって、別の理論を構築するときに使われる。つまりは再利用だ。論理要素などを一つにまとめる理論がばらばらになることはあっても、その根底にある要素は真実なのだ。

歴史に刻まれる概念の中には、正しいとも間違いともいえないものがある。それにどうやって答えるべきかが理解されていないからだ。暗黒物質は、そうした全体像がつかめていない概念の一つだ。そうした概念でもっと身近なのが、太陽系惑星の幾何学的配置である。これは現実に基づいているように思えるが、そうではないかもしれない。物理学的根拠があるかもしれないが、ないかもしれない。

ケプラーの著書『宇宙の神秘』では、惑星はそれぞれ、プラトン立体と中心点が重なる球体の上を公転しており、それはひとえに神の意志によるものとされていた。一八世紀には、惑星の並び方をめぐって、ケプラーの説よりもしっかりとした物理的根拠のある別の数列が注目を集めた。私たちはそれをボーデの法則と呼んでいる[21]。まず、0、3、6、12、24、48、96という、それぞれの数が前の数の二倍になっている数列〔訳注：等比数列または幾何数列という〕を考える（0は除く）。それぞれの数に4を足して、10で割ると、当時知られていた惑星の距離がかなり正確に得られるのだ。これによれば、水星から土星までの惑星は太陽からそれぞれ、〇・四、〇・七、一・〇、一・六、二・八、五・二、一〇・〇天文単位（AU）の距離にあると予測された（一AUは太陽から地球軌道までの距離で、約一億五〇〇〇万キロメートル）。実際の惑星は、〇・四、〇・七、一・〇、一・五、五・二、九・五AUの距離にある。

パターンというのは、見つけようとすればたいてい見つかるものだ。それが人間の習性である。さらに、パターンを見つけようとしていると、欠落があっても大目に見てしまいがちだ。たとえば、さきほどのボーデの法則では、二・八ＡＵの位置に行方不明の惑星があることに気づいていなかっただろう。その意味では、『宇宙の神秘』のほうがうまく機能していた。球体と惑星がすべて対応していたからだ。惑星の数が古代から初めて増えることになった天王星の発見（一七八一年に確認）は、世界を変えるだけでなく、すばらしい出来事でもあった。天王星は地球よりもはるかに大きく、その軌道は一九・二ＡＵと推定されたが、これはボーデの法則で予測されていた一九・六ＡＵと近い値だった。このようにしてボーデの法則は確認されたが、証明はされてはいなかった。物理的な説明が不足していたし、惑星の列に終わりがないのも問題だった。さらに、二・八ＡＵにあるはずの惑星が行方不明だった。探索は続いた。

行方不明の惑星探しをもっと組織的におこなった天文学者グループもいた。ハンガリー人のウォン・ツァハ男爵が率いる「ヒンメルス・ポリツァイ」（「天界の警察」の意味）と自称していた一団もその一つだった。彼らは夜空を二四の区画に分割して、一区画ずつ探索していった。同じくらい熱心な探索キャンペーンをおこなったグループは他にもあった。しかし、実際に発見したのは、神父のジュゼッペ・ピアッツィだった。実はピアッツィは、行方不明の惑星を見つけようとしていたのではなく、パレルモ天文台で新しい天体カタログをこつこつと作成している最中だった。

ピアッツィの一八〇一年一月一日付けの観察記録には、「彗星よりもよいもの」を発見したとある。それはふらふらと動く天体で、惑星のようだった。ピアッツィは、追跡観測で確認できるまで発見を秘密にしておくつもりだったが、うわさが広まってしまい、自分自身の発見を急いで追いかける羽目になった。二月までになんとか見積もることができた惑星の軌道半径は、約二・八ＡＵだった！　しかしその天体は地球よりも公転が遅かったので、空の昼間側に移動した時点で、ピアッツィはこの天体を見失ってしまった。ピアッツィの手元にあったのは、途中で途切れたわずかな観察記録だけで、空のどこを探すべきか正確に予測することは難しかった。天体写真のない時代に、ピアッツィがその天体を発見したという証拠すらなく、あるのは彼自身の記録だけだった。

確認ができないままの状況に、天文学者たちは大混乱に陥った。行方不明の惑星が予測どおり見つかったのに、見失ってしまったのだ！　夜側に戻ってきているはずの時期になっても誰も見つけられず、発見そのものを疑う人たちも出てきた。この課題に取り組んだのが、当時二〇代のカール・フリードリッヒ・ガウスだった。過去の観測から未来のデータを予測する最小二乗法という数学的手法を開発することで、ガウスは数週間でこの問題を解決したのである（天文学上の必要性が数学を大きく発展させたケースは、これが最初でも最後でもない。もっと最近の例が、すでに詳しく述べた、木星探査機ガリレオの故障がＪＰＥＧの開発を後押ししたケースだ）。

最小二乗法は、多くの近代的なデータ分析法の基礎になっており、人工知能のベースでもある。数学モデル（ここではケプラーの法則）がある場合に、この行方不明の惑星が将来のある時点でどこにあるかを予測するとしよう。過去の位置が正確にわかっていれば、ケプラーの法則からその将来の位置を正確に予測できる。しかし現実には、過去の位置の観測は数が限られているし、その観測データには誤差もある。経験に基づいて最も妥当な予測をするとしたらどうなるだろうか？　ガウスは、予測値と観測データの誤差の二乗を最小化する（「最小二乗法」という名称はここからきている）ことで、行方不明の惑星の軌道を予測する方法を考え出した。ガウスが天文学者たちにどこを探すべきかを示した結果、惑星は再発見された（その直後、この天体はセレスと命名されている）。

こうした大騒ぎの末、この新しい天体は月よりもずっと小さいことがわかった。[22] すぐに、太陽からの距離がボーデの法則の予測に近い天体が他にも複数発見されたが、セレスより大きなものはなかった。ガウスはこうした天体を「われわれが惑星と呼ぶ土の塊」と呼んだ。現在ではメインベルト小惑星帯と呼ばれているこの領域は、火星と木星の間にある小さな天体の集まりであり、最終的には、破壊された惑星の残りと考えられるようになった（正しいのはこの基本的な説の変形版かもしれないが、後で説明するように、この話には、木星と土星の移動や、火星の起源、そしてセレスサイズの始原的な小惑星が何百個も失われたことが関係している）。

やがて新たな巨大惑星である海王星が発見されたが、その軌道半径は三〇ＡＵだった。外れだ。ボーデの予測は三九ＡＵなのだ。次に冥王星が四〇ＡＵの位置に見つかった（これは平均値だ。冥王星の軌道は離心率が大きい楕円形である）。予測は七七ＡＵにあるはずだった。しかし、たとえボーデの法則が行き詰まりつつあるとはいえ、惑星が幾何数列的な間隔で存在するのは、物理プロセスが介在している証拠だと見なされた。なにしろ、ニュートンの逆二乗則は幾何学的な法則なのだから。その物理プロセスが何らかの方法で、太陽からの距離の数乗に相当する位置に惑星を形成させるのかもしれない。ある惑星が距離xに形成されれば、それが近傍での惑星形成に影響し、隣の惑星との間隙の大きさを決める。それぞれの間隙が前の間隙の二倍なら、ボーデの法則のようなx、2x、4x、8xという法則が得られる。そう考えれば、この法則をただ捨ててしまうよりも、これを修正して、より深遠な物理学に基づいた説明を追求するのがよいかもしれない。

現在では、後ほど説明する理由から、惑星はどこで誕生したとしても、その位置からかなり移動したと考えられている。したがって、ボーデの法則が適用されるとすれば、それが関係するのは惑星が形成された位置ではなく、最終的に落ち着いた位置だ。さらに、どこかでボーデの法則の幾何数列が終わらなければならない。つまり、最後の惑星がなければならないのだ。海王星が予測から少し外れているのは大目に見よう。最近では、太陽系の外の惑星系において、惑星の軌道と間隙の幾何学的間隔を調べることが、ボーデの法則をめぐる研究の最前線になっている。[23]

夜空は一億年前からあまり変わっていない。月は今より一パーセント近い位置にあって、その分だけ大きく見えており、満ち欠けの一周期は一日短かった。ティコ・クレーターはできたばかりで、噴出物がつけた輝条が月の表側全体を飾っており、それは今でもくっきりと見えている。しかし哺乳類が登場して以来、空のパターンはずっと同じだ。例外は、ときどき現れる彗星や小惑星、地球の地軸（北の方向）の周期的な変化、そして星の世界のご近所で起こる超新星や赤色巨星、星雲の活動くらいのものだ。ジョージ・ダーウィンがしたように、時計をさらに巻き戻せば、星座は見てもわからなくなり、月は今より五倍近くなる。さらにさかのぼると、月は一〇倍近くなり、さらにその前では二〇倍近くなって、最終的には地球と月が形成された日にたどり着く。

もっと時間を巻き戻すと、初期の巨大衝突があった。この巨大衝突で生まれた天体がさらに衝突を繰り返したのだ。その前には太陽の誕生があり、その母体である分子雲の凝縮と恒星の形成があり、銀河系の起源があった。ここまでくるとついに、どんな天文学の本も役立たずになるので、時間の始まりにちょっと寄り道してみよう。それは宇宙がそれ自身を飲み込み始めたときだ。その最初の数分間に、クォークと電子が融合して最初の原子になり、物質が優勢となって、認識可能な形をとる時代が始まったのである。

それからの数百万年間で宇宙の夜明けが進むにつれて、ランダムに生じる不確実性によって周囲より密度の高い領域が生まれた。その領域の重力が「ローカル」スケールでは膨張エネルギーとは反対向きに作用して、荒れ狂い、泡立つ海のような初期銀河を何兆個も作り出した。膨張が続いていくと、そうした銀河が発展し、宇宙は穏やかになった。銀河が一つずつ合体していく様子は、惑星が巨大衝突で合体するのとそう違わず、結果として現在[24]では約一〇〇〇億個の銀河[25]が存在している。

天体物理学で最初に教わることの一つが、重力は不安定だということだ。いつ、どの程度不安定かということが、銀河や恒星、惑星、衛星、そして彗星や小惑星の構造や分布、質量を決める。重力が強すぎたら、つまり質量が大きすぎたら、宇宙は、風船がしぼむように収縮を始めて、特異点に戻っていただろう（膨張しようとした多元的宇宙にはよく起こっていることかもしれない）。かといって、重力が十分でなければ、ビッグバンによる膨張はどこまでも続き、物質の凝集は起こらなかった（多元的宇宙を信じるなら、あるいは信じようと信じまいと、おそらくこれもよく起こっているだろう）。実際の宇宙（少なくとも私たちの宇宙）が生まれたときの重力は、全体ではなく、局所的に密度が高い領域が収縮していき、その領域の大きさは宇宙の張力でさまざまに決まるような均衡状態にあった。

惑星形成に話を戻すと、無限に大きい仮説上の分子雲があると想像しよう。この分子雲は、水素分子やヘリウム分子を成分としていて、恒星や惑星を形成する準備ができている。分子雲は重力によって収縮しようとするが、温度や圧力がそれを阻止する。小さな摂動領域（他よりもわずかに密度が高い領域）は質量が大きいので、重力も大きい。このため、分子雲は温度が下がるにつれて、あるサイズの塊に分かれ、これがさらに収縮して恒星になる。[26] 太陽は、そうしたプロセスによって、数百もの新しい恒星からなる星団の一部として誕生したと考えられている。この星団は、太陽が銀河系内を二・五億年周期で二〇回公転する間にばらばらになっていった。[27] 星団内の恒星はその後、マフィン生地に加えたベリーのように完全に混ぜ合わされているので、近傍の恒星で太陽と何らかの関連があるものはほんのわずかだろう。

宇宙に最初に含まれていた成分は、ビッグバン後にバリオンの再結合で生成された水素とヘリウム、そしてわずかなリチウムだ。初代星が生まれると、その深部の成分はずっと興味深い状況になった。まるですぐに取りかかれる計画がすでにあって、オーブンで最初の一焼き分として、酸素やケイ素、マグネシウムのような重い元素を焼いているようだった。そうした元素はやがて、地球型惑星にとって、そして最終的には生命にとって必要なものになる。本当に神秘的な話だ。

初代星は生まれながらに巨大で、そのコアは「核融合」というプロセスを通して、重い元素を身ごもっていた。核融合は、水素爆弾で起こるのと同じ種類の核反応だが、恒星での核融合は、途方もない圧力と熱をつねに加えられることによって起こり、その温度は数千万度にも達する。太陽の内部でも核融合が起こっていて、毎秒六億トンの水素がヘリウムに変換されている。さらに、毎秒四〇〇万トンの水素が消えていっている。その質量が、アインシュタインの等価原理（$E = mc^2$）によってエネルギーに変換されているのだ（mは質量、cは光速）。信頼できるモデルによれば、太陽に似た恒星では核融合反応が約一〇〇億年継続するので、私たちにはあと五〇億年ほど時間がある計算になる。

太陽より巨大な第一世代の恒星は、それほど幸運ではなかった。何百倍も温度が高く、何百倍も速く燃焼し、やがて燃料が尽きるとコアが収縮し、恒星全体が爆発した。そうした恒星が何十億個も、大量のポップコーンのようにはじけた。その過程で星屑の噴水（炭素や窒素、酸素、ケイ素、マグネシウム、リン、鉄）を合成して、そこから岩石や氷、そして惑星や海、人間が作られた。恒星の収縮に伴う、この非常に強烈で、放射線を激しく放出する現象は「超新星爆発」と呼ばれており、魔法が起こって、宇宙化学のごちそうが作られるのは、このポップコーンの膨張殻の内部である。とはいえ今は、寿命の長い惑星系を作ることのできる、太陽に似た恒星について考えよう。

恒星になる前の塊は収縮するときにランダムな固有の運動をする。そのため収縮に伴って塊は自転を始める。そしてケプラーの法則と同じ根本的な理由によって、収縮するにつれて「角運動量」（全質量に回転速度をかけた量）が大きくなる。中心に近い物質ほど速く回転するため、塊は平らになって、氷とダストを豊富に含む原始惑星系円盤ができる。円盤中心部のガスが凝縮して、自転運動をする原始星になり、すぐに核融合を起こして燃焼し始める。

ここから先は、分子雲がいつ、どのようにして消え去り、生まれたての恒星の影響の下で、原始惑星系円盤がどのように分かれて惑星になるか、という話だ。こんな光景を想像してみよう。土手から離れた川面に小さな渦があり、そこに木の葉や小枝、ミズグモが閉じ込められている。その渦には、イトトンボもやってきて休む。惑星への物質の集積はそんなふうに、角運動量によって物体が遠くに飛ばされる一方で、重力が物体をその場にとどめるような平衡点から始まる。

惑星形成というのは、角運動量が、ガスが、そして衛星が解き放たれるプロセスだ。そこには、複雑で、魔法のような構造がある。つまり、銀河がクモの巣状に集まり、そこにあるガスやダストの集積部分が何十億個もの塊になる。それぞれの塊が一個か二個の恒星を生み出す可能性があり、その恒星が惑星系に光と熱をもたらすのである。こうしたことが起こるしくみの詳細を私たちが解明できているのは、望遠鏡を使えば、多くが太陽に似た質量や組成を持つ近傍の恒星が見え、その進化のさまざまな段階を観測できるからだ。それは地下鉄に飛び乗れば、赤ちゃんやお年寄り、買い物客、通勤者など、あらゆる年代や種類の人たちに出会うのに似ている。

一八世紀初頭の最新の望遠鏡が、十分な性能を持つようになって、天の川が独立した星の帯だと明らかにできるほどになると、回転する円盤が渦や副渦に分かれるという考え方が生まれた。天の川の星はそれ以外の星に比べて小さいか、何倍も遠くにあるか、どちらかだった。近くの銀河の星はまだ解像されていなかったが、一部の天文学者は、空にあるいくつかのしみは、遠方にある星の帯ではないかと推測した。ヨーロッパの人々は、南天にある大マゼラン雲や小マゼラン雲を見たことがなかったが[28]、どちらも見た目は天の川に似ていた。アンドロメダ星雲[29]や、他のいくつかの星雲も、天の川（ミルキーウェイ）のような乳白色（ミルキー）を帯びていて、渦巻構造があるようだった。

ドイツの哲学者イマニュエル・カントは、こうした星雲が「島宇宙」（現在では銀河と呼ばれるもの）だという理論を作り上げた。そして、太陽の周りにある惑星系はもともと、同じような渦巻の一つとして形成され、惑星は「原始惑星系円盤」内の凝縮物として形成されたと主張した。[30] 細かな部分はもっと複雑だとわかっているが、収縮するガス雲が角運動量によって平らになり、原始惑星系円盤になるという点では、カントの考えは正しかった。しかし、アンドロメダ星雲やその他の星雲が惑星系だという考えは、さすがに単純すぎだった。カントには、そうした星雲のそれぞれが、輝く恒星を持った一千億個の惑星系の集合だとはとても考えられなかったのだろう。

この「星雲説」ですぐに問題となったのは、太陽が最終的に、フィギュアスケーターがスピンするように、軸を中心にして数時間周期で自転するようになることだった。しかし実際には、近傍の恒星は自転周期が一日から一〇日であり、太陽は二五日もかかる。一方、木星は太陽質量のほんの〇・一パーセントにすぎないが、その軌道上で太陽の二〇倍の角運動量を持っている。実をいえば、太陽系の惑星をすべて太陽になんとかして引き込み、角運動量を一つにまとめれば、太陽の質量は〇・二パーセントしか変化しないが、自転周期は一日一回まで速くなるだろう。これだけの角運動量がどうやって太陽から取り去られたのだろうか？

その答えは、若い恒星が持つ強力な磁場にあるかもしれない。地球が自転すると地球磁場も回転するように、若い恒星の磁場も恒星とともに回転する。若い恒星の強力な磁場が回転すると、恒星の放射によって電離している[31]（電荷を帯びている）ダストが多い原始惑星系円盤の中を掃くように動く。その磁場が電荷を帯びたダストやプラズマと相互作用して、巨大なディスクブレーキのように円盤をつかむ。磁場が荷電物質をつかむときに乱流加熱が生じ、内部円盤の超音速的な加速と物質の外側への輸送がおこなわれ、内部に間隙ができ、あらゆる種類の混合や化学反応が起こる。一方で、あらゆる作用には同規模の反作用があるので、恒星の自転は遅くなる。

星雲説に存在する別の矛盾点は、「巨大衝突」説につながった。これは月だけでなく、あらゆる惑星を形成する巨大衝突だ。[32] 二〇世紀初頭には、原始惑星系円盤から地球質量の惑星を直接作ることはできないことが明らかになっていた。それは、太陽の影響があるため、そうした比較的少量の物質は集積できないからだ。冷却中の分子雲が分裂して恒星になることを示すのと同じ数学的関係から、原始惑星系円盤が地球質量ほど小さなまとまりに凝集するのは不可能だとわかるのである。一AUの位置に地球と同じ質量を持つ塊を形成しようとしても、太陽の重力の影響によって、形成にかかったのと同じ速さで崩壊するだろう。

星雲モデルはしばらくの間放棄され、恒星衝突仮説にとって代わられたが、アポロ計画以後、さらに複雑ないくつものメカニズムを加えた形で完全復活した。これは次のような順序で起こる。原始太陽系星雲の存在下で初期の微惑星が凝集し、ガスが消散する。微惑星が合体して、それまでになく大きな惑星胚や原始惑星（惑星の先駆けとなる有力な天体）になる。最終的に、巨大衝突期の末期になって原始惑星の衝突が起こる。このメカニズムはきわめて重要だが、十分に理解されていない。

二〇世紀になると、地理的および文化的変化が天文学界に到来した。さらに産業化時代がもたらした科学や経済の前進が、やがて月飛行を実現させた。アメリカ人天文学者のエドウィン・ハッブルは、ロサンゼルス近郊のウィルソン山に建造された、世界初の口径一〇〇インチ望遠鏡を優先的に使うことができ、この望遠鏡を使って、後に「銀河」と呼ばれることになる、はるか遠方のしみのようなコンパクトな天体を観測した。そして、別のアメリカ人天文学者であるヘンリエッタ・リービットが一九〇八年に発表した論文のおかげで、恒星の明るさから距離を見積もることができた。

実をいえば、当時天文学者になれるのは男性だけだった。リービットは、ハーバード大学天文台で助手を務める女性たちの一人だった。長い計算をしたり、写真乾板上の恒星をカタログ化したりするのがリービットの仕事だった。マゼラン雲の恒星を調べているときに、リービットは明るいセファイド変光星に興味を持った。この星は、時間とともに明るくなったり暗くなったりする変化を繰り返す（これは、内部にある電離ヘリウムの層が、不透明な状態と透明な状態の間で規則的に変動し、それによって温度が変化しているためだと考えられている）。リービットは、数カ月周期で明るさが変わるセファイド変光星が、一週間周期で変動するものよりも明るいことを発見し、その関係をグラフに表した。それ以来、セファイド変光星の変光周期さえ測定すれば、その星の固有の明るさがわかり、それによって地球からの距離をある程度正確に求められるようになった。リービットは最初の「標準光源」を発見していたのである。

ハッブルは、さまざまな標準光源の測定をおこなったリービットの研究や他の論文を利用し、ウィルソン山の新しい巨大望遠鏡を優先的に使えることをいかして、星雲内の個々の星を解像した。星団を一個の恒星と間違えることもよくあったが（そのせいで星団が実際より近くにあるように見えた）、一九二四年には、アンドロメダ星雲やその他の星雲が銀河系内の恒星よりも何千倍も遠くにあることを証明できた。しかしリービットは、彼女の仕事のこのうえない重要性が世に知られる前にこの世を去った。

そうした星雲には、銀河系の恒星より遠いというだけでなく、距離が大きくなるほど、その中の恒星が赤くなるという特徴があった。[33] この結果がきっかけとなって、ハッブルは、宇宙が膨張しており、すべてのものが互いに遠ざかっていて、[34] 遠くの天体ほど速く遠ざかり、より大きく「赤方偏移」するという考えを提案した。宇宙自体が膨張しているので、光の波が引き延ばされて、より長く、赤色よりの波長に変化するのだ。ハッブルは、距離に伴う膨張速度の増加率を計算した。この増加率はハッブル定数と呼ばれており、現在知られている値は、約七〇キロメートル毎秒毎メガパーセク（km/s/Mpc）だ（一パーセクは三・二六光年。一光年は光が一年間で進む距離で、九億五〇〇〇万キロメートル）。宇宙が一様に膨張しているとすれば、ハッブル定数の逆数が宇宙の年齢になる。秒を年に変換すれば、一四〇億年という年齢が得られる。

地球に目を転じると、地質学者たちはハッブルの仮説から導かれる年代を歓迎していた。[35] しかし、目に見える星雲が形成中の惑星系の例ではないというのは期待外れだった。標準光源にしたがえば、そうした星雲は距離が何百万倍も遠く、したがって何百万倍も大きいので、惑星系ではありえなかったのだ。印象的だが抽象的な話だ。星雲説が正しいのなら、原始惑星系円盤が観測できるはずではないか？

一つの可能性が、「創世記」のように、惑星形成プロセスは宇宙のあらゆる場所ですでに収束しているということだった。一方で、惑星形成は太陽系以外では起こらないという可能性もある。結果的に、どちらの可能性も正しくなかった。近傍の恒星にも原始惑星系円盤があるが、銀河と違って、それが存在する期間は短い。さらに氷とダスト、低温のガスでできているため、恒星の光を反射しているのでなければ目に見えないし、真横方向から見るとわかりにくい。つまり、一〇〇万歳の恒星に望遠鏡を向ければ、惑星形成中の円盤が見えるというものではない。その存在を推論しなければならないのだ。

現在私たちが考えているのは、[36] 惑星形成は太陽に似た恒星の周囲で数百万年から数十億年以内に終了し、その形成プロセス自体は珍しくないものの、急激に起こるので、地球に近い位置で起こるのを見るには運がよくなければならないということだ。惑星形成中の恒星の周囲は暗くて、見通しが悪く、惑星が衝突して成長するときの閃光があちこちに見える。そして光を通さないダストに包まれていて、地球上の観察者の目に見えるようなヒントをほとんど放出しない。

明るく光っている銀河円盤とは違って、原始惑星系円盤はガスと氷、ダストからできていて、光を発することはない。しかしその惑星系の中心で燃える恒星によって加熱されていて、恒星からの距離や、見通しを悪くしているダストやガスの不透明度次第では、高温になる可能性がある。原始惑星系円盤はドーナツに似た形をしていることが多く、そのドーナツの内側の境界は恒星に面しているので、赤外光（つまり放射熱）を放射する。恒星自体は、他のまたたく光点と同じに見えるかもしれないが、赤外線スペクトロメーターを使えば、目では見えない、数十光年先から届くその温かな輝きが見える。

太陽光をプリズムに通すと、さまざまな色で構成されていることがわかる。ニュートンは、光の中には七つの個別の色がさまざまな割合で混ざり合っているのだと考えたが（もっともな考えだ）、実際には光は無限の色からできている。なめらかに移り変わる色からなる光を連続光という。この連続光は特定の温度と関係していて、太陽の場合はセ氏約五五〇〇度だ。スペクトルというのは、青を左端に、赤を右端にして、それぞれの色の相対強度を表したグラフだ。太陽に似た恒星の場合、スペクトルのグラフは黄を中心とした一つの釣鐘曲線になり、赤や緑、青の波長の強度は弱い。原始惑星系円盤を持つ恒星の場合は、赤外線波長が高くなった二つ目の釣鐘曲線がある。この赤外線は目では見えないが、赤外線望遠鏡なら見える。この別の連続光は、数百度の温度を持つ何かに対応している。つまりこのスペクトルからは、二つの光源の存在がわかる。一つは恒星本体で、温度は数千度だ。もう一つは、恒星の周りにある、周囲より温度が高くて広大な何か、つまり、恒星の放射熱と激しい衝突、そして放射性元素の崩壊熱で加熱されたダストからなる自転する円盤だ。

赤外線観測はそれほど簡単ではない。問題になるのは、私たちは地球の大気という毛布の内側に暮らしているので、熱エネルギーが豊富にあるうえに、その大気越しに観測しなければならないことだ。大気の主成分である窒素と酸素は光をほとんど遮らないが、水には赤外線を効率よく吸収する性質がある。二酸化炭素とメタンも同様だ。さらに、望遠鏡の周囲の地面だけでなく、天文台のドーム、天文学者本人、室内の空気も温かいので、赤外線ではすべて熱を持って光って見える（暗視カメラはその性質を利用している）。検出器自体も、何かを観測するときに赤外線を放出しないように、液体窒素を使って冷却しなければならない。こうした状況を複雑にする要因や、信頼性の高い天文学用赤外線センサーが二〇世紀の比較的遅い時期まで存在しなかったという事情があって、恒星の周囲にある加熱された円盤を初めてはっきりと検出できたのは、一九八〇年代に入ってからだった[37]。その結果から、太陽系外惑星系がすぐに見つかるだろうという楽観論が広がったが、過度な期待があったわけではなかった。

ハワイのマウナケア山の頂上にあるＮＡＳＡ赤外線望遠鏡施設（ＩＲＴＦ）のような高所の天文台では、連続光に開いた「大気の窓」を通して観測がおこなわれている。この「大気の窓」は、水と二酸化炭素をやや通過しやすい赤外線波長のことだ。もちろん、赤外線観測をするのに最適なのは宇宙空間である。温度が高く、光を吸収する大気よりもはるか上であり、熱を放射する巨大な物体からも離れているからだ。この点が、一〇〇億ドルをかけて建造され、二〇二一年に打ち上げ予定のジェームズ・ウェッブ宇宙望遠鏡の重要性だ。これは折り畳み式の直径六・五メートルの鏡を備えた赤外線望遠鏡で、可視光から波長二八・五マイクロメートルの赤外線までの光を観測できる。その観測のために、ジェームズ・ウェッブ宇宙望遠鏡は、熱を放つ地球から一五〇万キロメートル離れた位置で太陽を公転しなければならない。

ジェームズ・ウェッブ宇宙望遠鏡にかかった費用があれば、口径が五倍大きく、最新の補償光学を使ってあらゆるものに焦点を合わせられる可視光望遠鏡を地上に建造できる。分解能は五倍高くなり、感度は一〇〇倍優れている。設備の修理も簡単だし、データ転送もケーブルでおこなえる。それでも形成途中の惑星は見えないだろう。何かが見つかるのは赤外線波長だけだからだ。特定の波長で生じる赤外線吸収からは、観測対象の化学的性質もわかり、そこから惑星の大気や陸地がどのような物質でできているかを推測できる。大気の水や二酸化炭素などの分子は赤外線観測をとても難しくしているが、ジェームズ・ウェッブ望遠鏡は、そうした分子による赤外線吸収が生じるのと同じ波長で観測できるという点できわめて貴重である。

昔から、若い恒星の観測における聖杯とされてきたのが、形成中の惑星系の直接撮影だ。最近ではこれが、いくつかの地球に近い恒星で実現している。それは、不安定な円盤の真ん中にある巨大な高温の天体だ。アタカマ大型ミリ波サブミリ波干渉計（ＡＬＭＡ）では、それぞれの直径が七メートルと一二メートル（裏庭のプールくらいの大きさ）の望遠鏡数十台を、チリ北部の山の上にある砂漠に数キロメートルの範囲に移動式台車に乗せて展開している。[38] ＡＬＭＡで撮影した画像から、恒星の周囲にある、構造のはっきりした同心円状リングや、円盤内の間隙が明らかになっており、さらに他にも、恒星を公転する巨大惑星が存在していて、ガスやダストを集めていることを示す構造が見つかっている。地球型惑星の直接撮影が可能になるのは数十年先で、それには複数の宇宙望遠鏡を打ち上げて、ＡＬＭＡのように広く間隔をおいて並ぶように同調させることが必要になるだろう。

一九九〇年代以降、系外惑星が存在する証拠がいくつも見つかっており、それには主に二つの一般的な探索手法が用いられている。一つ目は、巨大な惑星がその親である恒星に及ぼす、わずかな重力の影響を検出する手法だ。非常に多く見つかっている「ホットジュピター」と呼ばれるタイプの系外惑星は、質量が木星程度で、太陽系でいえば水星よりも内側にあたる、恒星にきわめて近い位置にある。親星はこのホットジュピターに引っぱられて、小さな円を数週間から数カ月で一周するような動きをする。恒星は、こうした「重心」の周りをめぐるときに、一年の半分は地球上の観測者に近づくように、残り半分は遠ざかるように動く（この「一年」はホットジュピターの一年だ）。その動きによって、恒星の光が周期的にわずかな赤方（青方）偏移をする。これは宇宙の膨張による赤方偏移と似ているが、はるかにわずかな変化だ。つまり、恒星のふらつきがそのスペクトルに、最も感度の高い計測装置でしかわからないような小さなドップラーシフトを引き起こすのである。[39] この探索手法が「視線速度法」と呼ばれるのは、恒星が自分から遠ざかったり、近づいたりして見える速度から、観測時の地球の公転速度を差し引くことで、恒星の視線方向の運動速度を検出するからだ。

もう一つの手法は視線速度法より説明がシンプルだ。惑星が正面を通り過ぎるせいで恒星の光が弱まる「トランジット」現象を探すのだ。当初は、トランジットが系外惑星の存在を示していると確かめるのが難しかった。恒星表面に黒点があるとトランジットが起こっているように見えることがあるからだ。しかし現在ではトランジット法による観測から、系外惑星の発見と特徴の分析について最高のデータセットが得られている。トランジット法は、ケプラー宇宙望遠鏡の観測ミッションで絶頂期を迎えた。この望遠鏡は解像度が九五メガピクセルのカメラを使い、五年以上にわたって一五万個以上の恒星を継続的に撮影した。その観測データから、惑星の掩蔽（えんぺい）による恒星の光度変化を探した結果、二〇一〇年代をとおして数千個の惑星が発見されている。

私は一九八〇年代に大学院生として主に理論研究をしていた頃、観測を専門とする人たちが毎晩、近くの山にある天文台へ観測に出かけていたのを覚えている。夜通しの観測で、彼らは睡眠時間が逆転した生活を送っていた。しかし興奮の中でも、控えめな懐疑主義が、つまり太陽系外惑星は確実に存在すると主張することへのためらいがあった。知らないうちは何もわからないのだ（現在もやや同じ状況だ。多くの科学者は、宇宙のどこかに知的生命体が存在すると予想しているが、はっきりとそう主張するのはためらわれる）。すでにあらゆる種類のヒントがあって、特に、惑星形成の理論モデルと一致するような、ガスとダストの円盤の証拠もあった。その瞬間が目前に迫っていることを、誰もがわかっているようだった。何年かの時間が過ぎた。ついに一九九五年、木星と同じくらいの質量がある惑星が、六〇光年の距離にある太陽に似た恒星であるペガサス座51番星の周囲を四日周期で公転していることが発表された。[40]これは初めて確実に検出された惑星で、視線速度法によって四日周期の大きなふらつきが検出されていた。五年もたたないうちに、観測期間が十分に長くなったことで、世界中の観測チームが数十個の系外惑星を発見した。水門が開いたのだ。

現在、系外惑星の数は四〇〇〇個まで増えており、あまりに多いので、発見しても詳しい特徴の分析をおこなえないほどだ。望遠鏡の数が十分にないのである。[41]こうした新たに発見された系外惑星のうち、

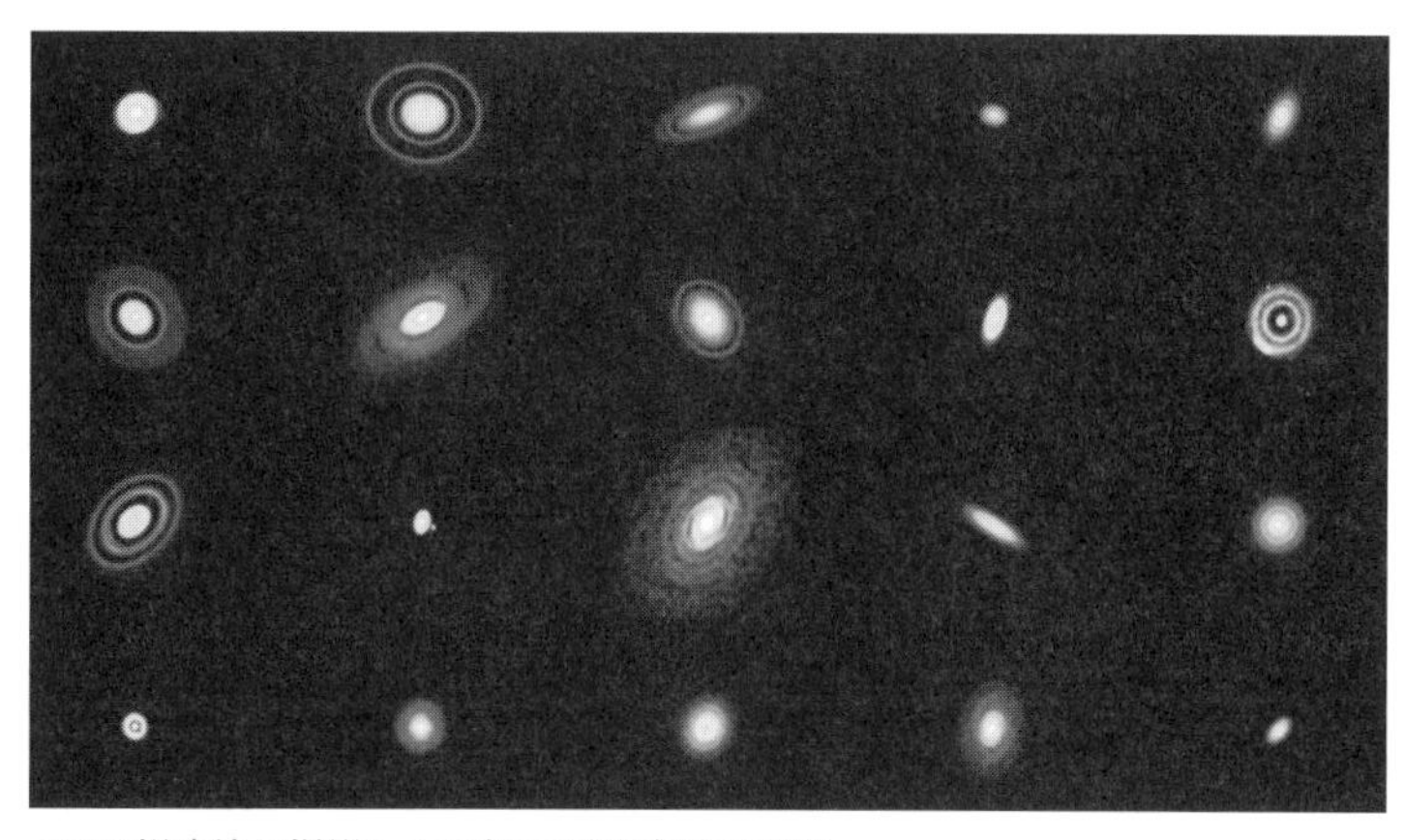
ALMA望遠鏡が撮影した20個の原始惑星系円盤
ALMA（ESO/NAOJ/NRAO）, S. Andrews et al.; NRAO/AUI/NSF, S. Dagnello

数十個は「ハビタブルゾーン」にある。これは、大気組成次第では、液体の水が地表に存在でき、他の条件もすべて整っていれば、生命も繁栄できる可能性がある領域のことだ。さらに、ハビタブルゾーンの定義を広げて、巨大ガス惑星を公転している、潮汐で海の加熱が生じている衛星（最も有名なのが木星の衛星エウロパ）まで考えるようにすれば、ハビタブルゾーンは巨大惑星の軌道まで広がる可能性がある。

すべて順調にいけば、ジェームズ・ウェッブ宇宙望遠鏡はハビタブルゾーンにある数十個の惑星の特徴を調べることになる。そうした惑星を解像することはできないだろうが、継続的に監視することで、衛星や季節変化、冬に広がり、夏に縮小する氷床、雲量の変化を調べるようになる。さらに分光観測から、たとえば、複雑な生命体の存在を示す酸素分子があるかどうかといった、大気組成もわかる。

数百年後に無人宇宙探査機を送るようになるまでは、そうした系外惑星を月や火星、土星のようにはっきりと撮影することはできないだろう。しかし地球に特に近い数十個の惑星については近いうちに、可視光から赤外線波長全体までの範囲で分光観測をおこなえるようになるはずだ。そうしたデータからは、惑星大気の組成や、気象、全体的な地表の地質などがわかる。そこには海が広がっているのだろうか？　大陸や氷床はあるだろうか？　ジェームズ・ウェッブ宇宙望遠鏡の観測が始まれば、激動の時期が数十年は続き、さまざまな推論があふれかえるだろう。おそらく二〇五〇年代までには、正確に同期させた複数の宇宙望遠鏡を直径数十キロメートルの範囲内に配置して、一つの巨大望遠鏡[42]として機能させることで、第二の地球が一個か二個撮影できるようになるだろう。それは、一八八〇年代に火星について、そして一九八〇年代に冥王星について初めて描かれたスケッチに相当するものだ。それがきっかけで、初の無人探査機がその系外惑星を目指すことになるかもしれない。それはかなり先のことだが、これまでの大きな進歩も、数世紀ではなく数十年というタイムスケールで起こってきたのだ。

人間が住めるかどうかに関係なく、惑星というものを作るには、適切な元素が存在するだけでは不十分だ。適切な分子を作るためには、元素の正しい比率が重要なのだ。そこで、分子雲の全体像に話を戻そう。分子雲は水素やヘリウム、その他の気体、そして氷やダストの微粒子からなり、恒星はそこで生まれる。太陽もそうだ。近くで超新星爆発が起こり、その衝撃波が宇宙空間に広がると、それをきっかけに分子雲の収縮が始まる。さらに超新星爆発は分子雲を宇宙塵で汚染し、それが惑星の材料になる。分子雲が冷えて収縮すると、数百個の塊がネックレスのようにつながった状態になる。重力によってそれぞれの塊がさらに集まって、恒星になる。[43]

小さくてダストが多い分子雲であるバーナード68は、幅が0.5光年で、質量は太陽2個分だ。重力収縮が起こる境界の状態にあるので、10万年以内には1個かそれ以上の恒星になるだろう。
Very Large Telescope at the European Southern Observatory（FORS/VLT/ESO）

恒星（あるいは銀河や分子雲など）の内部にある水素とヘリウム以外の元素の量を、「金属量」という。これはつまり、地球側惑星を作るのにちょうどよい材料がどのくらいあるかということだ。[44] 水素やヘリウムより重い元素をすべて「金属」と呼ぶのは、太陽や近くの恒星の分光観測で、鉄と水素の比率が簡単に検出できることからきている。恒星は、青や赤、黄、あるいはその間の色に見えるが、望遠鏡の地面側に分光計（とても複雑なプリズムだ）を取り付ければ、スペクトルの中にいくつも立ち並ぶ、「吸収線」と呼ばれる小さなギャップが見つかる。こうした吸収線が恒星の元素存在比の指紋であることは、一九二〇年代にセシリア・ペイン＝ガポーシュキンなどの天文学者によって発見された。これは、恒星深部の層から出てこようとする光子が生み出す連続光のうち、特定の波長をその元素が吸収するのが原因だ。連続光をトロンボーンが出すさまざまな音調だとすれば、元素による吸収は特定の波長をさえぎることで、元素一つにつき一つの音調を生み出しているといえる。

吸収線がはっきりしているほど、恒星の光球内でのその元素の濃度が高いことになる。太陽の内部がよくかき混ぜられていると考えた場合、元素の質量比は、水素が七三・九パーセント、ヘリウムが二四・七パーセント、その他の元素が一・四パーセントだ。その他の元素の大部分は酸素（一パーセント）と炭素である（〇・三パーセント）である。その他にも存在比がわかっている成分が数十種類あり、検出されているものは六〇種類以上になる。原子一個あたりの質量を考慮すると、太陽の原子数の九〇パーセント以上が水素ということになる。また原子数での炭素／酸素比は〇・五五になる。[45]

始原的隕石の元素存在比は、太陽の元素存在比に近い。太陽で見つかるさまざまな元素の存在比を縦軸に、アエンデ隕石やオルゲイユ隕石などの始原的隕石を質量分析計で計測して得られる元素存在比を横軸にしてグラフを書くと、ほぼ直線になる。隕石には含まれない気体や一部の元素を除けば、すべての元素が一対一で対応する（つまり組成が同じ）。ただし、目を引く異常値もわずかながらある。そうした異常値を示す元素や、その同位体は、隕石がどのようにして形成されたのか、あるいは恒星が惑星形成にどうかかわったのかといったことを物語っている。

恒星の原材料が水素とヘリウム（H、He）だとすれば、岩石惑星の原材料はケイ素、マグネシウム、鉄、酸素（Si、Mg、Fe、O）だ。そして炭素、水素、酸素、窒素〔訳注：まとめてＣＨＯＮと呼ぶ〕と、その他にあれやこれやの元素をちょっとずつ加えると、生命が居住可能な惑星になる。そこでここからは、宇宙で三番目と四番目に多く存在する酸素と炭素に焦点をあてよう。どちらも、恒星内部での熱核融合反応の基本的な生成物で、特にＣＮＯ（炭素・窒素・酸素）サイクルという反応で生じる。炭素はあらゆる恒星で広く生成されるが、酸素は古い時期に爆発した巨星でより多く生成された可能性がある。そうだとすれば、宇宙全体の炭素／酸素比は増加し続けることになる。しかし今のところ、地球の近くにある恒星では、炭素原子の数は酸素原子のおよそ半分であり、これは太陽でも同じだ。

この存在比のもとで、巨大なガス雲が冷却したときに、水素原子（H）二個から水素分子H_2（最も多い分子）ができ、炭素原子（C）と酸素原子（O）から一酸化炭素分子（CO）（最も多い化合物）ができた。さらに二酸化炭素（CO_2）やメタン（CH_4）、アンモニア（NH_3）、シアン化水素（HCN）などさまざまな「ＣＨＯＮ」化合物が生まれ、最終的に凝縮して氷になった。そうした反応が完了すると、炭素のほとんどが使い尽くされ、遊離酸素が大量に余った。イントロダクションで説明したように、酸素が作る「酸化物」は地球型惑星の原材料だ。そうした酸化物の一つが水（H_2O）で、これは宇宙で二番目に多い化合物である。そして次に多いのが、石英（SiO_2）やかんらん石〔$(Mg,Fe)_2SiO_2$)〕といった、地球型惑星の地殻やマントルを作る鉱物である。こうした鉱物はケイ酸塩と呼ばれるが、主成分はケイ素（Si）ではなく酸素だ。それは（直感に反するが）ケイ酸塩の生成は、酸素の存在によって制約を受けるからだ。酸素が使い果たされたら、岩も水も生成されなくなる。

酸素は、こうした地球上の有用な鉱物のすべてにとって重要だ。それでは、酸素よりも炭素のほうが多い、ほんの一握りの恒星の周囲では何が起こるだろうか？　めちゃくちゃな状況になるのだ！　この場合、一酸化炭素や二酸化炭素を作る過程で、炭素が酸素をすべて使い果たす。遊離炭素があちこちにあり、水や岩を作る遊離酸素が残っていない状況では、惑星は何から作られるだろうか？　サイズが大きい惑星の場合は、その状況でも水素やヘリウムからなる巨大ガス惑星になれるが、黒いグラファイトの雲が縞模様を作り、ダイヤモンドの雨が降るだろう。「岩石質」惑星の場合にはもっと奇妙なことになる。ケイ酸塩の代わりに炭化物や炭酸塩、単体の炭素が存在し、水の代わりにメタン（CH_4）やプロパン（C_2H_6）のような炭化水素があるだろう。地球サイズの「炭素惑星」[46]には大きな金属コアがあり、その上にはケイ素酸化物（二酸化ケイ素SiO_2）ではなく炭化ケイ素（SiC）を成分とするマントルがある。そのマントルの上には単体の炭素からなる地殻があって、上層部はグラファイトの形だが、地下一〇キロメートルでは圧力によってダイヤモンドになっている。

それはものすごい世界だ。プレートが褶曲して折れ曲がることがあれば[47]、輝くダイヤモンドの山脈がそびえるだろう！　地表のグラファイトは炭化水素の雨で洗い流され、透明な結晶体に黒い筋が伸びるとても美しい地形ができ、それをおぼろげな光が照らし出す。光が差し込んで心地のよい、大きな洞窟にも住める。そこを密閉して、呼吸できる空気で満たしさえすればだが。しかし、そのダイヤモンドの小屋の外に出れば、そこは毒に満ち、荒涼とした惑星だ。スモッグの覆う空から炭化水素の雨が降り、その雨が海や湖、大きな川を作りながら、地球での水循環に近い形で炭化水素を循環させるだろう。

活発な地質活動があって、そのせいで強固なマントルにひびが入ることがあれば、炭素惑星の表面にはあちこちに炭化水素の深い海ができる。地溝が開いて、そこには水の代わりにメタンとプロパンを溶媒として使うへんてこな生物が登場するかもしれない。しかし、プレートテクトニクスのような造山プロセスがなかったら、完全に海で覆われた惑星になるだろう。水深数千メートルには、柔らかなグラファイトの海底があり、黒い細かな泥の世界になっている。そこでは海山の上にイトマキエイが泳いでいたり、熱水噴出孔の周りにチューブワームがいたりするかもしれない。想像はいくらでもできる。

とても奇妙な世界に思えるかもしれないが、厚い大気で覆われた壮麗なタイタンの表面には、これに似た炭素惑星環境が広がっているといえるかもしれない。質量が冥王星の一〇倍あり、まるで惑星のようなタイタンは、表面が炭化水素の海に覆われており、その下には水の氷でできた基礎となる地殻があって、しっかりとした大陸を形成している。しかし実際にはこれは炭素惑星ではない。メタンとエタンの海の下にある、大量の水の氷のさらに下には、水の海が全球規模で広がっている。この水の海は、タイタンが楕円軌道を進むときに作用する土星の潮汐力で加熱されていると考えられる。とはいえ、酸素が欠乏したタイタンの地表では、やはりメタンの雨が降っていて、それによって生まれる地形は地球上の見事な氷河地形に似ている。そこには入り組んだ波打ち際や島、湾のある、複雑な形の湖が何百も点在していて、その中には差し渡しが数百キロメートルになるものもいくつかある。

タイタンは、木星の衛星で最大のガニメデや、二番目に大きいカリストと同じくらいの大きさだ。どれも直径が約五〇〇〇キロメートルで、水星くらいの大きさがある。木星と土星が典型的な巨大ガス惑星で、その炭素／酸素比も典型的だとすれば、その最大の衛星からは、宇宙全体で惑星周囲の衛星系がどのように形成されているのかがわかる。しかし、私たちが理解していないことがあるのも確かだ。タイタンは、カリストやガニメデと大きさや平均密度がほぼ同じなのに、地質学的にはほぼあらゆる面で違っているのだ。カリストは、氷と岩からなる低温の死んだ天体で、マントルとコアのような層に分化するほどの高温になったことがない。一方タイタンには、地球の水循環システムによく似たものがある。

土星の衛星が地質学的に変わっている点は他にもある。タイタンの軌道の内側には、直径三〇〇キロメートルから一五〇〇キロメートルの、五個の「中型衛星」が公転している。その中には、氷だけでできた衛星もあれば、半分が岩石で、外側に氷の層を持つ衛星もある。エンケラドゥスは五個の中で最小だが、間欠泉活動があり、その下にアンモニアに富んだ水の海があることを示している。タイタンの軌道の外側にはさらに、ハイペリオンとイアペトゥスという、ともに氷を主成分とする衛星がある。ハイペリオンは軽石の球が侵食を受けたような外観をしている。私が気に入っているのがイアペトゥスだ。大きさは月の半分で、ほとんど氷の水だけでできており、他の衛星より遠くて傾いた軌道を公転している。そして赤道に沿って、標高二〇キロメートルの尾根が取り巻いている。表面の半分はまばゆい白で、残り半分は真っ黒だ。

このような他で見られない地質学的特徴や、全体的な不思議さの他に、土星の中型衛星で不思議なところは、木星にはこれに対応する衛星がないことだ。木星には四個のガリレオ衛星があり、うち三個は互いの軌道に影響を及ぼし合っているが、その他はごく小さな衛星である。実はこの疑問を解く手がかりがある。

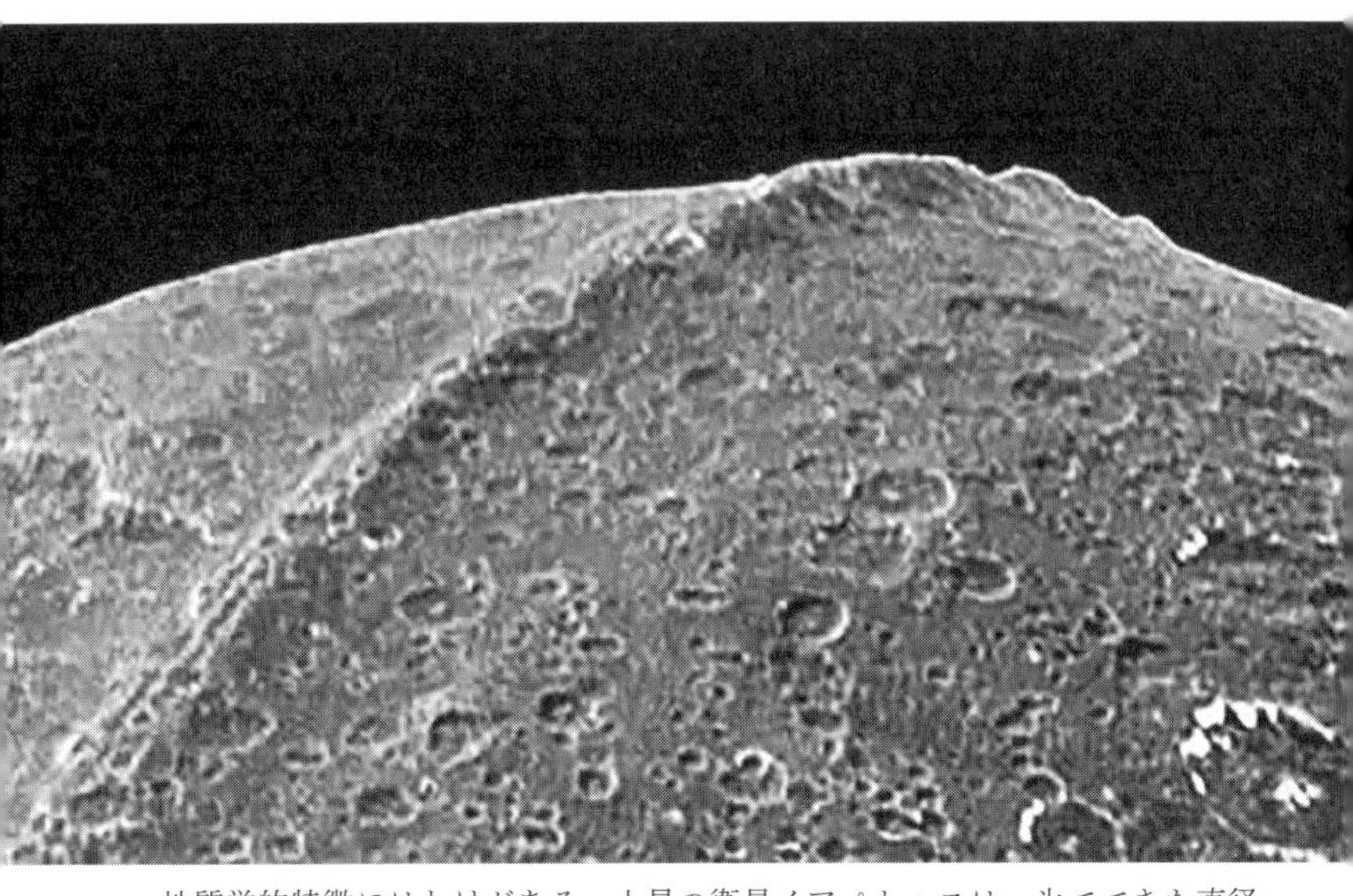

地質学的特徴にはわけがある。土星の衛星イアペトゥスは、氷でできた直径1500キロメートルの「クルミ型の月」だ。その赤道に沿って、高さ20キロメートルの尾根が続いている。この尾根が形成されたしくみについては、かなりとんでもない説が複数提案されているが、その1つが正しい答えかもしれないし、あるいはそれ以上にとんでもない答えがあるのかもしれない。
NASA/JPL

冷えたエンジンがバックファイアーを起こすように、太陽は誕生から数百万年後までの若い時期、散発的に過度に活発になった。この段階にある恒星を、活発な活動が詳しく研究されているおうし座(タウリ)の恒星にちなんで「Tタウリ型星」と呼ぶ。恒星は誕生後の苦しい時期を終えると、特に明るい大質量星はやがて非常に高温で巨大な青い恒星になり、小さな恒星は暗くて低温の赤い星になるという、一つの傾向にしたがって進化する。既知の恒星をすべて、青い恒星を左、赤い恒星を右、暗い恒星を下、明るい星を上という方法でグラフにすると、左上から右下へと続く「主系列」という線に沿って集まる。

このグラフでは、太陽は真ん中にある。例外的な恒星もたくさんあるし、若い星が主系列に向かって進化したり、年老いた星が主系列から離れていったりする「分枝」もある。

かなり一般的な恒星である太陽は、四五億年の間、光と熱を絶え間なく放出し続けてきた。気難しい光を放ちながら燃える赤色矮星（わいせい）ほど小さくはない。かといって青色巨星のように、あまりに巨大なために一〇〇〇万年ほどで燃え尽きて、超新星爆発を起こすこともない。私たちの太陽はとてもよくできた恒星で、タンクには燃料がたっぷり入っている。光度が少しずつ増していて、今では誕生時より約二五パーセント明るくなっており、主系列を左上に向かって進んでいるが、それだけだ。確かに、太陽ではたまにコロナ質量放出という現象が起こって、電磁波のバブルが噴き出し、惑星が押し寄せる放射に洗われる。[48] しかしそうした活動も、他の惑星系が日常的にさらされている恒星の脅威に比べれば、穏やかなものだ。

とはいえ、太陽が永遠に穏やかだというわけではない。五〇億年から七〇億年のうちに、ラグナロク〔訳注：北欧神話における世界の終焉〕が始まるだろう。最終破壊が起こり、惑星が碇（いかり）を解かれるのだ。赤色巨星になった太陽は、数百万年かけて膨張して主系列を離れ、水星と金星、そしてもしかしたら地球まで飲み込むだろう。やがて収縮し、質量の半分が宇宙空間に失われる。そこからガスの球殻構造が広がっていく様子は、近くの星の天文学者には、夜空に突然現れ、数千年で消えていく「新星」として見える。太陽系の外側にあるオールトの雲は、太陽の重力の影響が及ばなくなるので、幽霊のように星間空間をさまようようになる。一方、太陽の質量の残り半分は、収縮して「白色矮星」になる。これは、自らの重力エネルギーで白く輝くきわめてコンパクトな天体だ。ほとんど活動していないがきわめて明るく、サイズは地球ほどながら一〇億倍の質量がある。私たちはこれが太陽系の運命だと考えている。その理由は、太陽がありふれた恒星であり、さまざまな進化段階にある数多くの同じような恒星を観測できるからだが、理論側からの理解が大幅に進んで、観測と一致するようになったということもある。

太陽が赤色巨星としての膨張を終え、白色矮星になると、惑星や小惑星などの内部太陽系の残骸は、初めはガスの抵抗によって、次には潮汐力によって、白色矮星に向かって徐々に近づいていく。それと同時に、超高密度の白色矮星は惑星を一つずつ完全に破壊していく。最終的には、地球や金星の破壊されたマントルを中心とする、岩石物質の円盤ができ、それがやがて朽ち果てた恒星の表面に落下していく。これは想像上の話ではない。分光観測によって、太陽系の近くにある、このような「汚染された白色矮星」がいくつか見つかっている。マグネシウムや鉄、ケイ素、酸素といった岩石の材料である元素が、その白色矮星の大気に存在しており、その元素比率がかんらん石のようなケイ酸塩鉱物に対応しているのだ。いにしえの地球型惑星の最後の記憶だ。

一方、太陽よりはるかに大きな恒星の周囲で形成される惑星の一生は、それほど面白くはない。大質量星は内部で起こる激烈な核融合反応によって、水素やヘリウム、炭素、窒素、水素、ケイ素を消費しながら、数億度で燃焼している。この核融合反応で次第に重い原子が生成されるようになり、最終的には臨界状態に到達して、超新星爆発を起こし、その内臓を数光年の範囲内に飛び散らせる。その過程でほぼすべての重元素が合成される。惑星系が形成されていたとしても、このときにすべて無に帰すだろう。

最近、オリオン座の左肩で存在感を示す恒星ベテルギウスが注目を集めている。その六〇〇光年の距離というのは、地球に近い領域だが近すぎるわけでもない。質量は太陽の八倍で、進化モデルによれば年齢は約一〇〇〇万年だ。この恒星が超新星爆発を起こせば、数週間は月に匹敵する明るさになり、徐々に暗くなっていくだろう。もしこれがぴんとこなければ、こういおう。その明るさを一AUの距離から見たら、隣の家の庭で水爆が爆発するのを見るようなものだ。長い地質学的時間のうちには、ベテルギウスよりもずっと近い距離での超新星爆発が何度か起こっている。その放射線は地球にも届いており、大量絶滅の原因になったこともあっただろう。しかし、近傍の恒星ですぐに爆発しそうなものはない。この種類の超新星爆発の「キルゾーン」は二〇光年から五〇光年なので、ベテルギウスが脅威となることはない。

比較的近い距離にあり、サイズが巨大なベテルギウスは、望遠鏡画像から詳しい形状などが分析された最初の恒星だ。その画像の質はよくないが、ベテルギウスは少し空気の抜けた風船のような奇妙な回転楕円体をしており、三〇年周期で自転していることがわかる。表面には大きな噴出物か変形があり、[49] それは全球規模の温度不安定性によるものの可能性がある。この星はすぐにでも爆発しそうに見える。ただし実際には、今生きている人の誰かが今後ベテルギウスの超新星爆発の光を見るとしたら、ケプラーやシェイクスピアの時代にその爆発はすでに起こっていたことになる。

大質量星が爆発すると、その内部にあった核融合ベーカリーは完全に破壊される。核融合の「灰」がばらまかれ、核融合で生成されたヘリウム、炭素、窒素、酸素、ケイ素、マグネシウム、鉄、ニッケルといった元素は、秒速数百キロメートルで外側に広がっていく。膨張する間に、そうした原子量が六〇に近い重元素の原子核は、崩壊しつつある恒星コアから勢いよく流れてくる高エネルギー中性子（陽子と質量は同じだが電荷を持たない粒子）で満たされる。するとときおり、原子核と衝突した中性子が元素に質量を与えることがある。つまり、超新星爆発による膨張の過程では、生命に不可欠と考えられる、よりいっそう複雑な元素や、さまざまな放射性元素が短時間で合成されるのだ。そうした放射性元素には、半減期が数秒しかないものもあれば、鉄60（^{60}Fe）やアルミニウム26（^{26}Al）のように、原始太陽系星雲が形成される間に、一〇〇万年以上かけて放射性崩壊したものもある。さらに、ウラン238（^{238}U）のような元素は、原始太陽系星雲に長期間とどまり、何十億年にもわたって惑星などの熱源となる。[50]

では、ベテルギウスが超新星爆発を起こしたらどうなるだろうか？　ベテルギウスは一秒ほどでコアが崩壊して収縮し、中性子星になる。この星は密度が非常に高いため、ティースプーン一杯分の質量が一億トンにもなる。中性子星ではなく、ブラックホールができるかもしれない。崩壊中には、推定一〇の五七乗個のニュートリノを噴き出す。さらにエネルギーがきわめて急激に運び去られるため、コアが内側に落ち込み、衝撃波が発生して、星を引き裂くのだ。それは原子爆弾の爆発に似ていて、数兆倍強力なだけだ。地球から観測すると、ベテルギウスは数日間、空のどんな天体よりも明るくなり、その後数週間で暗くなっていく。そして中心の中性子星から放出されたガスハローが広がっていって、輝く星雲になる。

超新星爆発も、「キロノヴァ」の爆発と比べると見劣りがする。キロノヴァ爆発が起こるのは、二個の中性子星が互いの重力の網にとらえられて、相手の周りを回りながら最終的に衝突する場合だ。[51]　この二つの天体はもともとてつもなく密度が高く、太陽程度の質量が直径一〇キロメートルの小惑星の大

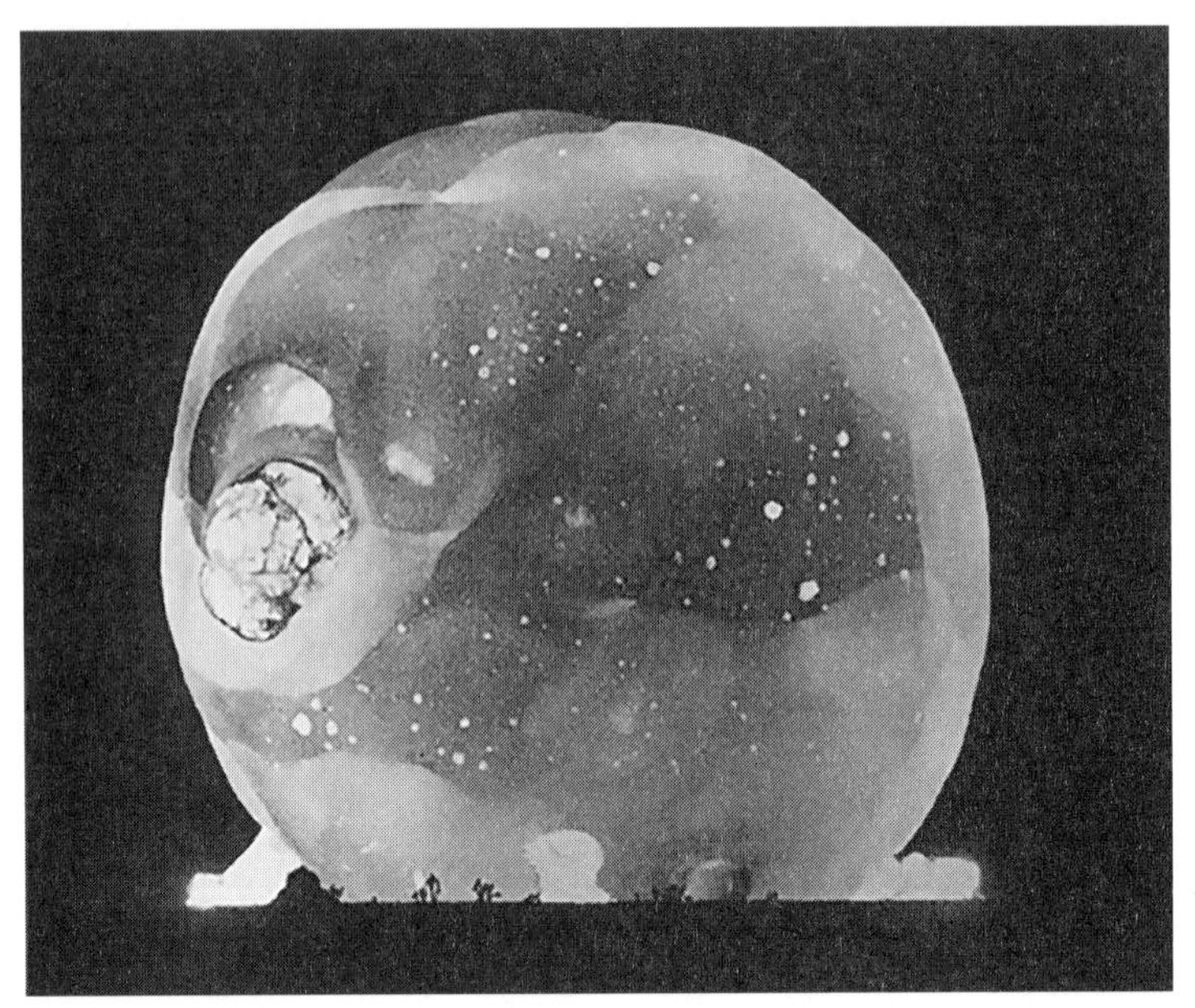

1945年に撮影された、世界初の核爆発の1000分の1秒後の写真。爆発エネルギーは超新星爆発の1兆分の1の1兆分の1のさらに100万分の1しかなかった。この写真は、ハロルド・エジャートンが開発した、シャッター速度が0.0000001秒のラパトロニック・カメラで撮影された。ジョシュアツリーがサイズの目安になる。
MIT Museum, Edgerton Digital Collections

きさに圧縮されているため、合体によって重力波（時空のさざ波）が発生する。以前から存在が予測されていた重力波は、二〇一五年に、LIGOという一〇億ドルの観測装置で初めて観測された。[52]その後二〇一七年には、重力波の一・七秒後に、ガンマ線バーストがまったく別の観測装置で検出された。つまりドカン、ピカ！というわけだ。

時空を一〇億年かけて、一見すると独立した状態で（重力と電磁波は別のものだ）旅してきた重力波と電磁波（光子など）が、同時に到着するというのはとても驚くことだ。

得られたのはささいな答え、あるいは当たり前の結論だが、重力と電磁波の同時性は、私と宇宙を深いところで結びつけた。それはまるで、一〇億年前に一〇億光年彼方のキロノヴァで鳴り始めたベルの音のようで、その音を聞くと、宇宙のどこかにいる人々とつながっているような気がする。それは今までなかった感覚だ。愛する人たちのことを考えながら月を見上げると、彼らも同じ月を見ているのだと気づくのに似ている。

第2章

流れの中の岩

その虎は何の上に立っているのかと、懐疑的な人がそう問う。それは巨大な象の背中に立っているのだと、信じる人がいう。その象は何の上に立っているのか？　それは、巨大な亀の背中だ。では、その亀は何の上に立っているのか？　生意気をいうものではない、若造よ！　ずっと下まで亀なのだ！　このよく聞く話は、亀の下には亀がいて、永遠に続いている世界観を表しているが、「ゼノンのパラドックス」における無限の追求に似ている。それは、矢を的にあてるには、まず矢が半分の距離を進まねばならないが、半分の距離を進むには四分の一の距離を進まねばならず、これが永遠に続くので、矢は的に決して届かない、という話だ。

科学は物事の根本となるものにたどり着きたいという気持ちから生じた。その根本とは、亀がどこに立っているのかだけでなく、比喩的な意味でも、亀がそもそも存在するのかどうか、それともその問題の骨組みを完全に再検討しなければならないのかどうか、ということである。アリストテレスはこうした状況について次のように述べている。「論証がそこからなされる前提の知識を持つことが必然的であり、そして、どこかで無中項の前提が止まるならば、これらの無中項の前提が論証されえないことは必然である」（『アリストテレス全集2　分析論後書』、高橋久一郎訳、岩波書店より引用）[1]。

原因への遡及の先には、直接的な真実がなければならない。それはいうなれば、物事には根本となるものがあるはずだという、西洋的な信念と呼べるものだ。あらゆる事実をそこから知る、あるいは導くことのできる、自明の実証できない基礎が存在する。それは無条件に存在する自然の原理である。科学の役割とは、上から見下ろして、亀がなんの上に立っているかを発見することだ。しかしときには、亀がずっと下まで続いているのではなく、そもそも下というものが存在しない可能性もある。

地球は宇宙に浮かんでいて、それを支える虎も亀もいないという考え方については、紀元前六世紀初頭の学者で、タレスの弟子だったアナクシマンドロスが書き残している。地球は球体であって、表面上のあらゆる点は下を指しており、それは中と等しいという、より抽象的な、あるいは物理学的な考え方は、同じ紀元前六世紀の末にピタゴラスによってもたらされた。[2] 科学と数学の世界でほとんど神話的な偉人であるピタゴラスは、あちこちを広く旅した後、名高い学問集団を立ち上げ、そこで各地の学者の訪問を受けた。学問を深く探究する文化はそれ以前に、古代の中国やインド、アフリカでも登場していた。中国の孔子も数多くの弟子を教えたが、一番下の亀、つまり物事の根本にたどり着くことにはあまり重きを置いていなかった。

紀元前三五〇年には、地球は丸いという説はすでに比較的広まっており、アリストテレスもこの頃、その説を証明する論拠をいくつか書き記している。月食の間、月に落ちる地球の影は丸い弧を描く。それゆえに、地球は球体か円盤であり、月は地球直径の何個分もの距離にあるのだと、アリストテレスは気づいた。さらに南の空の星座は、南方の国々で見ると少し高いところに見えることにも気づいた。この事実は、文明が球体の表面に分布していると考えればうまく説明がつく。

この球体の大きさはどのくらいだろうか？　ギリシャ人はまめな性格で、きちんとした記録を残していた。さらに広大な貿易圏にも恵まれていて、はるか遠方からさまざまな事実や、世界の不思議と呼ばれるものの話など、すばらしい事物が届いた。そうした不思議な話の一つが、シエネの深井戸の話だった。エジプト南部の都市シエネでは、夏至の正午に太陽が真上にくるので、深井戸の底に影ができなくなるというのだ。[3]同じ夏至の正午に、エジプト北部のナイル川デルタ地帯にあるアレクサンドリアでは、太陽は真上にはこなかった。中心部にある高い記念塔に、七度の角度で影ができたのだ。深い井戸は垂直でなければならない。垂直からのずれが数分の一度以内でなければ崩壊してしまう。それは高い石の記念塔でも同じだ。それでは、なぜこのような違いがあったのだろうか？

　ギリシャの哲学者で、最初の地理学者と呼ばれることもあるエラトステネスは、伝説に残るアレクサンドリア図書館の館長を務めていた。[4]シエネの井戸の話を聞いたエラトステネスは、記念塔と井戸はどちらも垂直に違いないが、球体をした地球の中心を指す、「真下」に沿っているのだと推論した。シエネとアレクサンドリアの間に人を走らせて時間を測定することで、エラトステネスは二都市間の距離を五〇〇〇スタディオンと見積もった。スタディオンは古代の距離の単位で、一スタディオンは一八〇メートルから一九〇メートルだ（これが古代の陸上競技場の大きさになっている）。つまり二都市は九〇〇キロメートル離れており、さらにエラトステネスの推論によれば、丸い地球の円弧に沿って七度離れてもいた。球の一周は三六〇度なので、$360°/7°$にアレクサンドリアからシエネまでの距離をかければ、地球の円周（円周率π×直径）が得られる（ところで、角度というのはバビロニア人の発明だ。バビロニア人は三や二〇、六〇の乗数を好んだ）。この円周の長さから地球の直径を求めると、エラトステネスが出した答えは（現代の単位では）一万五〇〇〇キロメートルになる（実際には一万二七〇〇キロメートルなので、かなり近い値だ）。[5]

　同じ円弧の幾何学を見事に応用した例は他にもある。紀元前三世紀のサモスのアリスタルコスは、数時間にわたる月食での影の移動時間を測定して、月の直径を計算した。当時は地球の直径がすでにわか

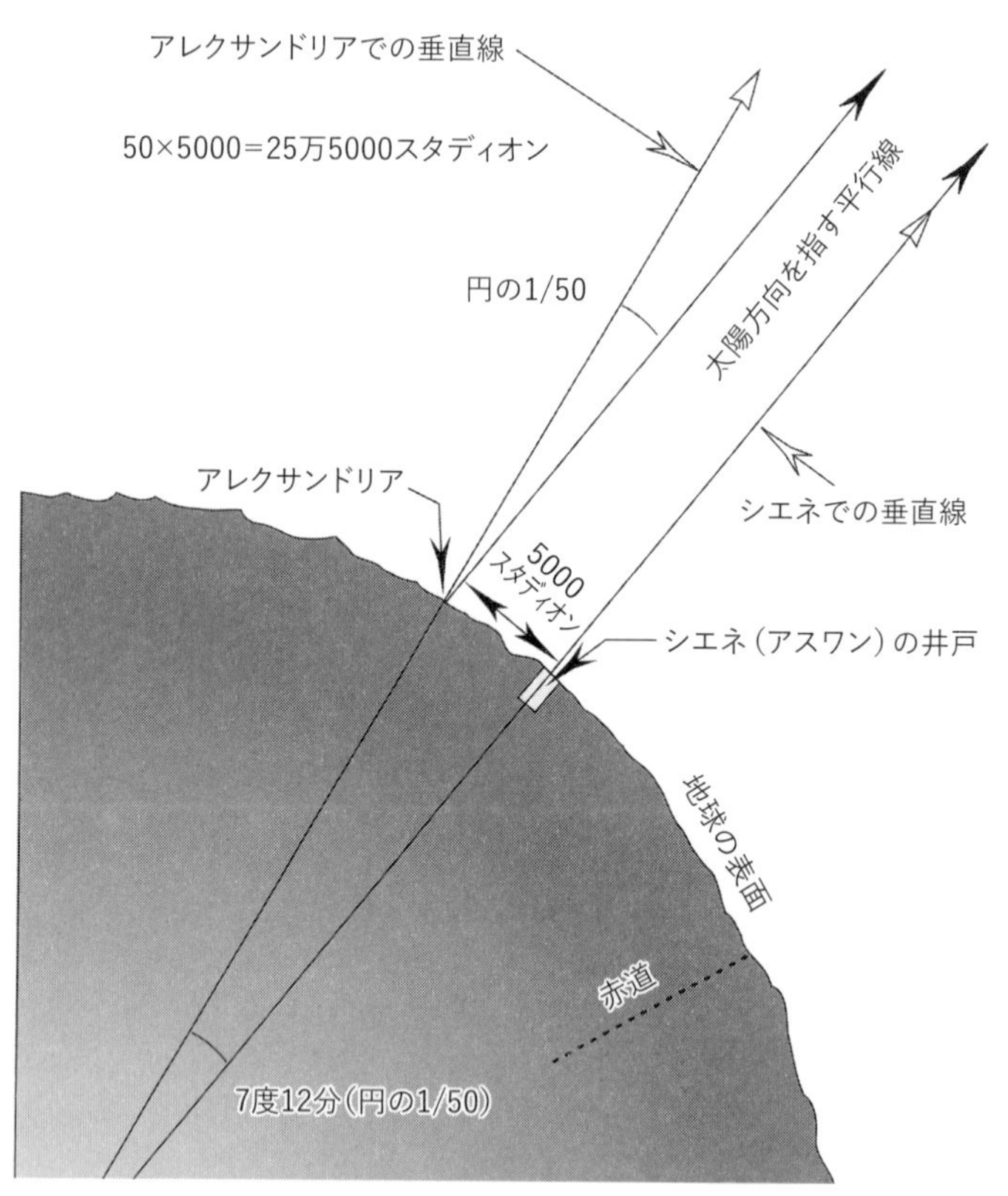

垂直に掘られたシエネの井戸の真上に太陽があるとき、アレクサンドリアの記念塔には影ができる。防衛地図局技術レポート80-003『測地学入門』の図を再構成した。
USAF, 1959

っていた。したがって、太陽がはるか遠方にあると仮定すれば、アリスタルコスには、月食の間に月が通過しなければならない地球の影の直径がわかっていた。測定の結果、月が地球の影を通過するのにかかる時間は、地球の影の縁が月の直径を通過するのにかかる時間の四倍だったので、月の直径は地球の直径の四分の

一、つまり約三七〇〇キロメートルとアリスタルコスは見積もった。これは実際の値にかなり近い数字だ。

空に光る月の視直径〔訳注：天体の端から端までの角度〕は〇・五度だ。さらに月は公転するにつれて、背景の恒星に対して一時間に〇・五度動くので、一時間で直径の分だけ移動する。さらに簡単な角度の計算から、視直径が〇・五度の天体までの距離は必ず実際の直径の一一〇倍であることがわかる。[6] 月の直径はわかっているので、月までの距離が地球半径のおよそ六〇倍であることが計算できる。これもまたすばらしい成果だ。

これで終わりではない。古代のギリシャや中国の天文学者は、月は太陽のように光を放射しておらず、地球を公転しながら太陽からの光を反射しているのだと気づいていた。では、太陽はどのくらい遠くにあるのだろうか？　月よりはるかに遠いのはいうまでもないが、何よりも太陽では測定が難しくなる。アリスタルコスは、太陽が無限に遠いのでなければ、上弦の月と下弦の月（半月の状態）の間の角度が一八〇度よりわずかに小さくなることに気がついた。そして実際のところ、月がちょうど半月になるタイミングは、上弦の月ではわずかに早く、下弦の月ではわずかに遅いのだが、このずれは一度よりはるかに小さく、ほとんど気づかない程度だ。アリスタルコスは、このずれの値を三度と大きく見積もりすぎた。おそらく、それより小さいことはないと信じこんでいたのだろう。この値からアリスタルコスは、太陽までの距離は月までの距離の二〇倍と計算した。実際には四〇〇倍だ。

アリスタルコスはさらに、恒星はどんなものであれ、太陽よりもずっと遠くにあると考えた。地球が太陽を公転する間に、恒星が視差（空の上での見かけ上の運動）を示さないからだ。太陽までの距離の数百倍しか離れていない恒星があったら、季節が進むにつれて見かけの位置がはっきり変化するはずだ。それは、目を片方ずつ交互に閉じたときに、近くのテーブルにある花瓶が遠くの壁に対して動いて見えるのと同じしくみである。アリスタルコスは、どの恒星でもそうした視差を観測できなかったので、太陽までの数千倍の距離にあると判断した。そしてさらに計算を続けた。

最後に、太陽は月よりも（アリスタルコスの考えでは）二〇倍遠いのに、日食のときには月が太陽を完全に隠すことから、太陽の大きさは月の二〇倍のはずだと考えた。この考え自体は正しかったが、使った値が間違っていた。太陽は実際には月の四〇〇倍の距離にあるので、大きさも四〇〇倍あるのだ。地球の直径と比べると一〇九倍になる。[7] このことは、空の上のほうにある太陽が、惑星系の中心であることを意味した。月は地球を公転し、地球は木星や他の惑星と一緒に太陽を公転している。そして太陽と惑星は、さらに何千倍も遠くにある恒星に囲まれている。

これは推測ではなく、現実だった。幾何学は現実であり、おこなった計算はとても単純で、他の人でも再現できたからだ。地球は巨大な球体だが、実感できないくらい巨大で遠くにある太陽と比べると小さいというのは、驚きの新たな事実だった。しかし当時の文化では、少なくとも表向きには、数百キロ北にあるオリンポス山には神々が暮らし、太陽はヘリオスの二輪戦車で空を進んでいるという考えが主流であり、地球や太陽をめぐる発見は脇に追いやられてしまっただろう。ほとんどの人は、地球はやはり平らで、空は頭上にあり、地球の内側には地下世界が存在し、洞窟があったり、地下の川や溶岩が流れたりしていると考えていたのだ。[8] 太陽や月は地平線から上っては沈み、月は満ち欠けをする。そういうものだ。現代における弦理論や暗黒エネルギーと同じで、この新たな物理学的宇宙論は、理解されているかぎりでは差し迫った懸念材料ではなかった。例外は、彗星が空に現れたり、皆既日食が夜のような恐ろしい暗闇をもたらしたりするときだ。そうなってようやく、人々は注意を払うようになるのだ。

やはり地中海地方で輝ける存在だったのが、紀元前三世紀に数学者や物理学者、工学者として活躍し、無限について深く考察したアルキメデスだ。円筒の中で回転するらせん構造によって水を高い位置に運ぶ「アルキメデスのらせん」というポンプを発明したことでも有名である（アルキメデスはその設計をエジプトから取り入れていた可能性がある。このしくみのポンプは農耕社会で広く使われている）。よくある話だが、灌漑でよく使われるこのポンプをアルキメデスが開発したのは、別の目的のためだった。自ら設計したシュラコシア号を苦しめていた浸水という喫緊の問題を解決する必要があったのだ。この巨大な豪華船は、空前の重さと排水量のせいで、海に出たとたんに浸水し始めていた。

おそらくは、何かの賭けに決着をつけるためだったのか、アルキメデスはあるとき、世界にある砂粒の数が無限ではないことの証明に取りかかった。アルキメデスがこの証明について書いた長い論文は失われて久しいが、シラクサを治めたゲロン王[9]にあてた、その論文の内容を要約した八ページの短い手紙で、砂粒の数がそれ以下でなければならないという上限値を突き止めたと書いている。『砂の計算者』という名で知られるこの手紙は広く読まれている。地球がどれだけ大きくても、宇宙の内側におさまらなければならない。宇宙の大きさについては、アルキメデスはアリスタルコスの計算を引き合いに出し、恒星までの距離を約一〇〇億スタディオンと結論した。これで砂の数の上限を決めることができたが、一つ問題があった。これほど大きな数を数えられる記数法がまだ発明されていなかったのだ！

当時の最大の数は一万だった。バケツ一杯分の砂だけで一万の一万倍ある。新たな数の数え方を考案する必要に迫られたアルキメデスは「指数表記」を発明した。これは古代インドの前ヴェーダ時代の学者にはすでに知られていた概念だ。ある数には、それよりも任意に大きい数が必ず存在するので、一〇〇、一〇〇〇、一〇〇〇〇……となっていく。指数表記を使えば、無限について調べたり、数えられるものの上限値を求めたり、とても小さな数を比較したりすることが可能だ。

この概念を利用するには、高度な抽象的推論が求められる。抽象的推論ができない生物は、宇宙を線形数列でとらえる。ものを数えたり、空間や時間の中で体を移動させたりするときのように、一、二、三、四、五…と考えるのだ。二マイル、三マイル。八個のリンゴ、九個のリンゴ。カチカチ進む時計（時間は秒、分、時間というように、指数的な方法で数えられるが、私たちはその時間を線形的に動いている）。

指数表記は、時間や空間がゆがんだような数列を生じさせる。項同士の引き算が一定の値になるのではなく、割り算が一定の比になる。たとえば一、一〇、一〇〇、一〇〇〇と増えていく場合には、各項は一〇の〇乗、一乗、二乗、三乗と表せる（この一、二、三は一に続く〇の数にあたる）。指数表記は大きな変革をもたらした。これがなければ近代的な量子科学は実現できなかっただろう。量子的な距離（プランク長、1.6×10^{-35}メートル）から宇宙の直径（約一〇〇〇億光年、10^{27}メートル）までが、わずか一〇の六二乗の範囲におさまる。六二までなら誰でも数えられる。

大きな数を数えるための新たな方法を手にしたアルキメデスは、あらためて計算に取り組んだ。私の知るかぎりでは、アルキメデスは宇宙の直径を推定して、そこから宇宙の体積を求め、それを砂粒の体積で割ることで、砂粒の数の絶対的な上限として、一〇の六三乗個という数を得た。注目すべきは、アルキメデスが砂粒を数えておらず、数えられることを示しただけだという点だ。これが砂粒を数えられるという意味ではないことをアルキメデスはわかっていた。数えるのはまったく別の話だ。世界中の砂浜にあるすべての砂粒は、わずか一〇〇京（一〇の一八乗）個にしかならない。一年間は三二〇〇万秒なので、一秒に一〇個のペースで数えても一〇〇億年かかる。その頃には太陽も地球もなくなっているだろう。あなたが死ぬまでに砂粒を数え終えるには、高速砂粒計数器が数十億台必要だ。砂粒は、夜空の星と同じように、理論上でしか数えられないが、だからといって無限にあることにはならない。この違いは哲学の世界の話だろうか、それとも物事の成否を左右するようなことだろうか？

　顕微鏡は望遠鏡をさかさにしたものだといえる。それと同じ立場にたって、アルキメデスは大きな数の数え方を逆転させて、きわめて小さな数について考えた。足し算の項が無限にあっても足せないわけではないことを明らかにし、ゼノンのパラドックスを解決したのである。アルキメデスは、$1/2+1/4+1/8+\dots+1/2^n+\dots=1$となることを証明した。つまり、矢は的に届くし、アキレスは亀に追いつくのである。アルキメデスの証明は短かったし、幾何学を使っている点が魅力だった。一つの正方形をより小さな正方形に分割することで、アルキメデスは$1/4+1/16+1/64+\dots+1/4^n+\dots=1/3$であることを証明した。[11]また、円周率や三の立方根を世界で最も正確に見積もった。こうした近似値は、工学や測量、科学の世界でとても役に立っている。啓蒙時代になってようやく、無限のさらに深い部分が明らかになり、そこから微積分学が生まれた。微積分学は近代物理学にとって、古代ギリシャにとっての幾何学にあたる存在である。

等比数列（幾何数列とも）は二方向に永遠に続く。数の比が二の等比数列は…1/64、1/32、1/16、1/8、1/4、1/2、1、2、4、8、16、32…である。数直線で表すと、左の方向にはどこまでも小さな数が続き、ぴったり0になることはない。一方、右の方向に進むと、どこまでも大きな数が続いて、∞（無限大）は出てこない。こうした数直線で数を表す方法を「二進法」という。たとえば、宇宙にある原子の数は約二の七六乗個なので、この数直線の目盛を一から右に七六個進むことになる。こうして表した二進数（ビット）はシンプルなオンオフのスイッチで表せて、それでも大量の情報を含むので、二進数の計算は電子計算の基礎になっている。

二進法は地質学者やパン職人、大工、農業従事者にも使われている。何かを二倍にしたり、半分にしたりするのは、自然におこなわれることだからだ。二×四の板材や四×八の合板がある。液体を計る単位をみると、一ガロン（三・七九リットル）は四クォート、一クォート（〇・九五リットル）は二パイント、一パイント（〇・四七リットル）は二カップ、一カップ（〇・二四リットル）は八オンスだ〔訳注：以上アメリカの換算基準〕。距離の単位では、一チェーン（二〇・一メートル）は四ロッドで、一マイル（一・六キロメートル）は四ハロンだ。岩の分類でも、大礫（れき）（コブル）は直径六四～二五六ミリメートル、中礫（ペブル）は直径四～六四ミリメートル、巨礫（ボールダー）は二五六ミリメートル以上の岩石を指す。砂は四ミリから一六分の一ミリメートルのもので、それより小さいものはすべてダストだ。

砂浜の砂をふるいで分けると、少量の砂利、たくさんの大きめの砂粒、大量の細かな砂（ここまでが等比数列の関係になっている）が出てくるが、ダストはあまりない。砂と中礫と大礫の数の比は全体として一定だ（だいたい一〇〇倍ずつ多くなっている）。それなら、なぜこの数列が続かないのだろうか？一定の比からのずれは、地質学的な現象が起こったことを物語っている。砂浜では、細かな砂やダストの粒子は水によって運び去られ、私たちが爪先を沈めて楽しむような粗い砂だけが残る。泥は海に流れていって、深海に堆積する。

月面にはほとんど砂がない（ただしふるいにかけて、砂のサイズ以外の粒子を取り除くと、本当に面白いものが出てくる！）。月面の上部一〇メートルにあるのは、細かな粉のような粒子がほとんどで、これは直径が二〇〜七〇ミクロンの火成作用を受けたケイ酸塩ダストだ（一ミクロンは一〇〇万分の一メートルで、砂粒の大きさの一〇分の一だ）。その他に、わずかにより大きな塊や、砂利がある。月面に広く分布する「レゴリス」だ。月面では砂のサイズの等比数列が、ダストが主な物質になる領域まで続いている。砂浜とは異なり、ダストが生成するスピードが、なくなるスピードよりも速い。これは月には雨が降らず、海もないからだ。風といえば太陽風しかなく、それは粒を一つずつ狙い撃ちで破壊する。よく落下してくる小さな隕石を途中で妨げる大気がないので、月面の上部数メートルはダストが主になる。

月面についてわかっていることの多くは、ダスト粒子のサイズや表面形状に隠されている。大気がないので、宇宙から到来する小さなペブル（小石）は月面にフルスピードで衝突し、靴箱ほどの穴をあける。これが数え切れないほど起こると、ダストは表面の形状がなめらかになる。宇宙飛行士一人だけを考えれば、そうした隕石に直撃される可能性はかなり低いものの、遠い未来の植民者たちにとって、宇宙からの石つぶてには注意すべき対象だといえる。

熱破壊でも月面の岩石は砕けるが、その背景にあるのは厳しい昼と夜のサイクルだ。月は、地球と同じ量の太陽光を受ける砂漠の世界だ。大気がないことと、昼と夜がそれぞれ二週間続くことから、一部

「嵐の大洋」に着陸した無人探査機サーベイヤー3号。着陸から2年後にアラン・ビーン宇宙飛行士が撮影した。探査機が月面で弾んでできたフットパッドの跡が、薄力粉のような凝集性のある粉末状物質に刻まれている。
NASA/LPI

の地域では最高気温と最低気温の差が三〇〇度にもなり、焼けるほど暑いかと思えば、凍りつくほど寒くなる。岩石は、高温になると膨張し、低温になると収縮するので、熱疲労が生じ、それによって大きな岩石が割れてしまう。同時に、ダストサイズの隕石が絶えず降り注いで、あばた状の穴を作り、あらゆるものを顕微鏡サイズまで破壊する。粒子の角が丸くなり、細かな粉末状の月の土ができる。さらに太陽から放出された水素とヘリウムの原子核を主な成分とする太陽風が絶えず吹きつけて、この粉末状の土に埋め込まれ、その物理的および化学的特性を変化させる。さらにここから、月面で水素を採掘して、それを燃料に核融合発電をするという構想まで生まれている。[12]

望遠鏡がなかった時代、一部の哲学者は、月は海があり、人間さえいる、地球のような惑星だと想像していた。そうではないことを示す証拠は何もなかったのだ。肉眼でかろうじて見分けられた暗くてまだらの模様は「海」〔maria、ラテン語の海（mare）の複数形〕と呼ばれ、「静かの海」（Mare Tranquillitatis）や「嵐の大洋」（Oceanus Procellarum）というような地名がつけられた。望遠鏡が発明された頃には、この「海」が実際には平原であって、海ではないことははっきりしていた。それは、この平原が死んだ世界だという意味ではなかった。天文学者の中には、平原が暗い色をしているのは植物が育っているせいだと考えている人々がなおもいた。

ガリレオは一六一〇年に刊行した『星界の報告』で、月の地理学を世に紹介した。しかし、月の地質学を初めて知らしめたのは、イギリスの哲学者ロバート・フックだった。フックが書いた『ミクログラフィア（顕微鏡観察誌）』（一六五五年）は誰もが読むべき本だ。少なくともざっと目をとおして、何節か声に出して読んでみるといい。その文章は、顕微鏡と望遠鏡が発明されて、その驚くべき道具でいろいろなものを観測できるのが嬉しくてたまらないという感じなのだ。それは、五歳児が作った作品のように、見る人を夢中にさせる。フックは、自らの最先端装置の製造法や使用法について説明している。フ

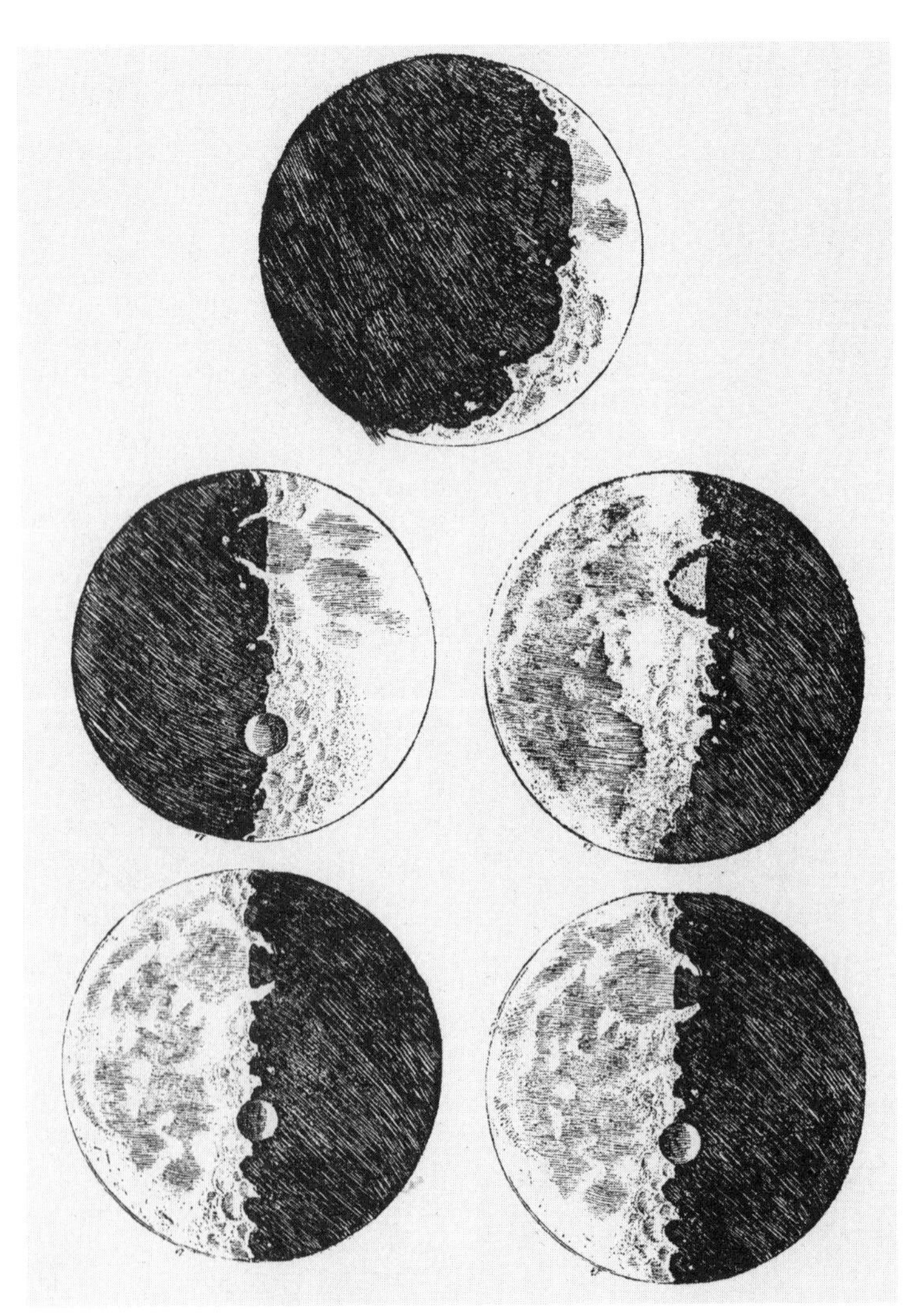

ガリレオが最初に描いた月のスケッチ
ガリレオ『星界の報告』（1610年）

ックの顕微鏡では光を集めるために、南向きの窓と水を満たした丸底フラスコが必要だとも書いている。この装置を使えるのは、物をはっきり見るのに十分な光がステージ上に届く、よく晴れた日だけだ。フックはさらに、縫い針の先が本当はかなり丸いことを、少年のように嬉しげに報告している。詳細なスケッチも掲載されていて、まるで科学博覧会を見学している九歳児のような様子だ。水生昆虫やノミの体の構造もさまざまなすばらしいスケッチで紹介しているし、[13] 木炭がなぜ黒いのかも説明している。その理由は意外なものだ。

『ミクログラフィア』の中心になっているのは、フックが顕微鏡で発見したもの（たとえば「無限の種類がある、不思議な形をした雪」）や、物理学についての深い考察（「空気の弾性力」）である。しかしページを少し使って、自分の最新の月観測についても説明している。フックが月観測に使ったのは、「長さ三六フィート（約一一メートル）で……その直径は三インチ半ほど」という、きわめて長い焦点距離とジュース缶サイズの主レンズを備えた望遠鏡だった。フックは月の高地を、平原にそびえ立つ「チョーク質か岩石質の険しい山脈」と形容した。そして、この山脈が月全体に広がっていて、それら独自の「下」の定義にしたがっていることに気づいた。フックの文章によれば、月は柔らかい物質からできていて、その物質は、地球の位置と関係なく、月の中心に引き寄せられているように見えるという。そしてすぐさま、「月には地球のように、万有引力の法則がある」と爆弾発言をしている。これは、物体が物体を引きつける基本的な法則、万有引力の法則だ。

自制心を保ちつつ、先入観を持たないというのが、フックの観測のスタイルだった。フックは月面に見えた「広大な谷」が「表面はすべて、ある種の植物性物質に覆われているように見える」としている。

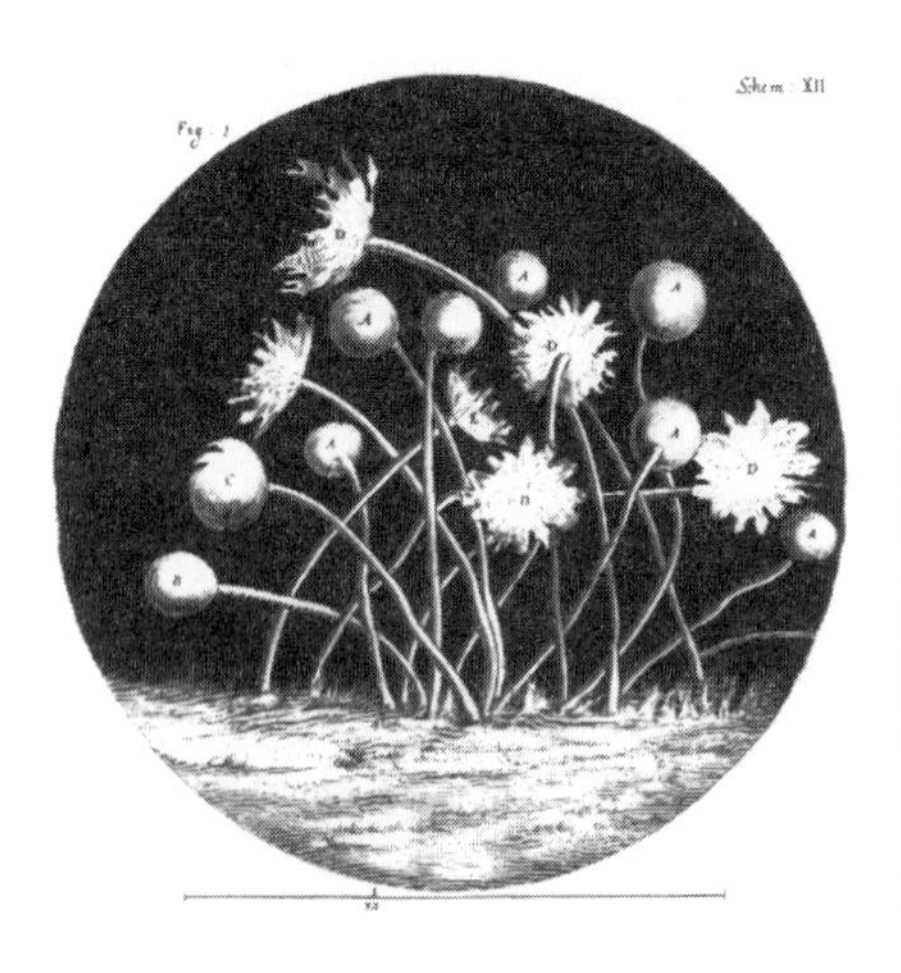

微小菌類であるケカビの一種。ロバート・フックの『ミクログラフィア-あるいは拡大鏡によりおこなった微小生物の生理学的記述と観察およびその結果としての考察』の図版XII。
ロバート・フック『ミクログラフィア』（ロンドン、1665年）

そうだったらよかったのだが。フックには丸い穴も見えた。その穴は「大きいものがあれば、小さいものがあり、浅いものも深いものもある……周りを円形の土手に囲まれていて、それはまるで、中央部分の物質を掘り出して、周りに積み上げたかのようだった」。クレーターだ。

一般にクレーターとは地面にできた大きなボウル型の穴で、火山や衝突、爆発などで形成されることがある。鉱山の採掘でも地面に巨大なクレーターができる。こうした説明はいずれも、月面のクレーターの起源として何度も提案されてきた。こうした考えは長らく世間に飛び交っていたが、この問題が実際に解決したのはアポロ計画の時代になってからだった。フックはクレーターを描写することはできたが、その起源の問題には頭を悩ませた。惑星探査でよくある状況だ[14]。彗星の衝突で生じた可能性はなかった。それはフックの時代には、彗星は惑星サイズの天体であり、地球を完全に破壊するほど大きく、その破壊の様子は、ベンジャミン・フランクリンの予想によれば、「火に投げ込んだスズメバチの巣」のようになると考えられていたからだ。

小惑星は、一八〇一年に最初の小惑星が偶然発見されるまで、クレーターの成因としては考えられていなかった。フックは月面で天体衝突が起こった可能性を検討した際に、「どこからか小さな天体がくると想像するのは難しい」と書いている。それでも、はるか昔に何かが月面に衝突してクレーターを作ったという仮説を検証するために、一連の実験を用意しないわけにはいかないだろうとフックは考えた。そして友人か助手と一緒に、白色のパイプクレイ〔訳注：喫煙用パイプを作るのに使われた粘土〕を厚く敷き詰めたところに、さまざまな角度からマスケット弾を撃ち込んでクレーターを作り、結果を観察した。そのクレーターの形状や構造、そこから広がる光条は、月のクレーターとよく似ていたとフックは報告している。浅い穴ができるときもあれば、半球状になることもあった。リム（縁）が盛り上がり、散らばったエジェクタ（クレーター放出物）が光条を作っていた。フックは惜しいところまでいっていたのだ。

しかし、宇宙空間を高速で飛ぶ弾丸などありえないということになり、フックは結論として、月のクレーターは火山が原因の可能性が高く、融解して渦を巻いた状態から固化したのだとした。この点について、フックがどんな物理プロセスを考えていたのかはよくわからないが、「アラバスター（粉末の石膏）が沸騰している鍋で観察された」現象との関連性を指摘している。その現象では、粉を通って上昇してくる水蒸気が「小さな穴」を作る。そして「広くて暗い部屋で炎のついたろうそくを掲げれば、月にある穴とまったく同じ形になる」と説明している。これは「観察者の誤謬（ごびゅう）」といわれるものだ。目の前のものが、以前見たことがあるものに似ていると、それにしか見えなくなるのだ。これは誰にでも起こる。

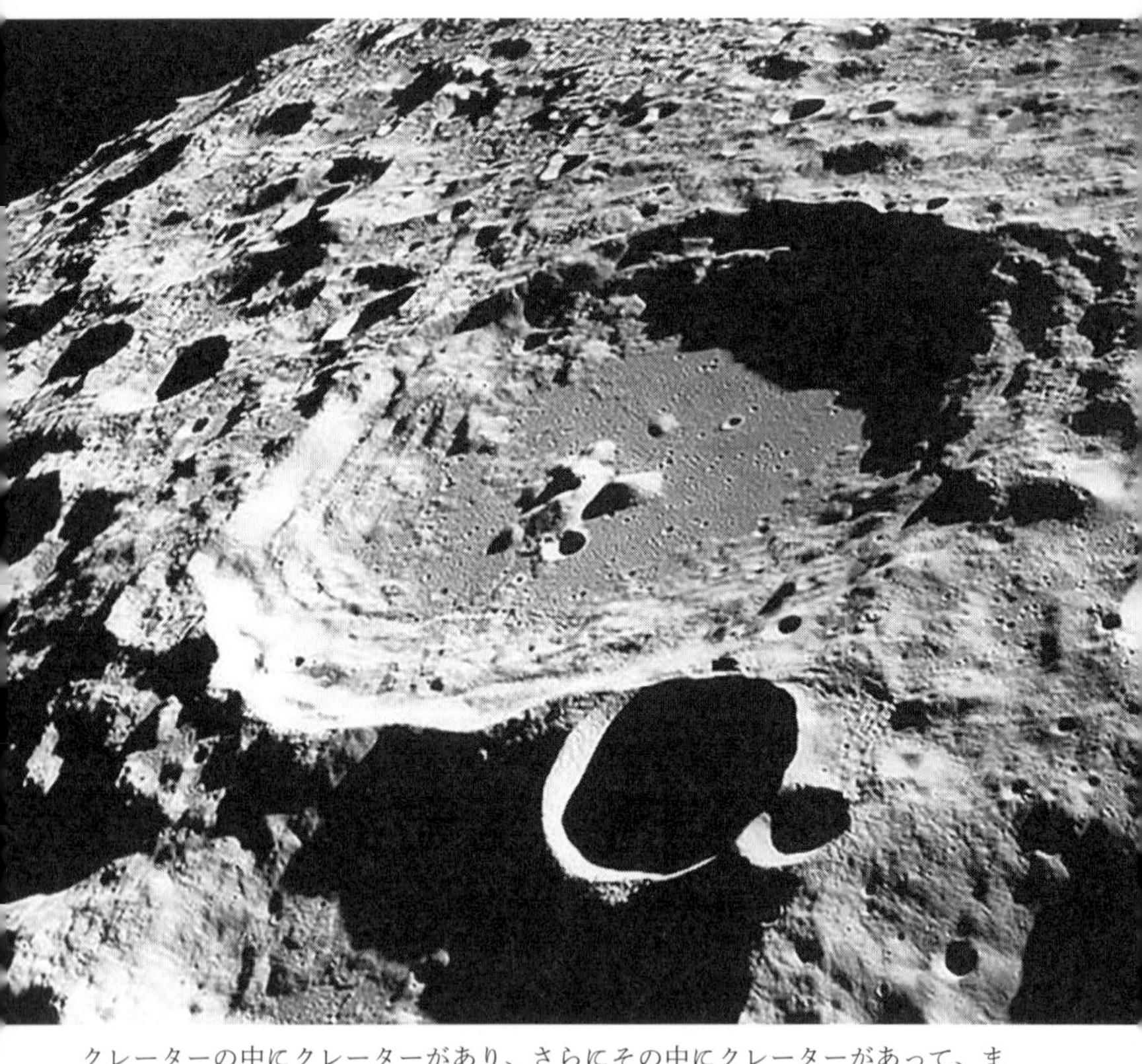

クレーターの中にクレーターがあり、さらにその中にクレーターがあって、まるでフラクタルだ。アポロ11号が撮影した、月の裏側にある直径90キロメートルのダイダロス・クレーターの写真。
NASA

「この表面のいくつかの位置において、月面の穴という現象を、太陽によってある程度照らされた状態として正確に表現できる」とフックは書いている。

『ミクログラフィア』の月のクレーター形成に関する部分は、友人のパイプ工場を訪問した後に書かれたのかもしれない。それは初期の科学的文章としてきわめて魅力的であり、驚くほど生き生きとしていて、詳細にわたっている。その部分は、顕微鏡と望遠鏡という新たな目を使って、自然科学のほぼあらゆる分野を駆け抜ける専門的な大著のほんの一部だ。それでも、もしフックがこの本で、月のクレーターは火山ではなく天体の衝突によるものだと結論していたら、私たちにとってはかなりの時間の節約になっていただろう。

直径一〇キロメートルのクレーター一個につき、直径一キロメートルのクレーターが一〇〇個、さらに一〇〇メートルのクレーターが一万個あると考えよう。つまりクレーターの数は、直径の二乗の逆数に比例して多くなるということだ（指数二のべき乗則）。この理想化したケースでは、惑星の表面はフラクタルのように、拡大しても縮小しても酷似している。そんなフラクタル惑星に宇宙船で着陸するときに、下向きカメラで降下状況をモニタリングするとどうなるだろうか？　着陸のために接近すると、すぐにクレーターのある風景しか見えなくなる。さらに近づくと、視野内により小さなクレーターが現れるが、大きなクレーターは見えなくなる。カメラの撮影範囲が大きなクレーターより狭いからだ（それでも宇宙船は変わらずに大きなクレーターの内部にいる）。統計学的には、ある写真に写っているクレーターの数はつねに同じなので、フラクタル地形への降下中に撮影される写真は、どれもほぼ同じに見えることになる。そうなると、カメラで距離を判断できないだろう。

もちろん、現実にはそうなってはいない。クレーターや岩石には望ましいサイズというものがあり、あるサイズのクレーターや岩石が存在すること、またはしないこと（砂浜にダストがないことや、小惑星エロスに直径一〇〇メートル級のクレーターがないこと）からは、その天体の形成や進化、表面の年齢などがわかる。太陽風によって、大きなクレーターは消され、小さなクレーターは浸食される。巨大な岩は大きな温度変化で割れる。そしてときどき、大規模な衝突が、広範囲の地表の「リセットボタン」を押すのだ。クレーターや岩石などのサイズを調べれば、それがべき法則にしたがっている場合にも、いない場合にも、それらの地質学的特徴や、隕石などの衝突、風や雨による浸食プロセスなどについての理論を構築できる。

天体の衝突がクレーターの成因だという説が広く受け入れられるには、数百年かかった。高性能の望遠鏡で月面が詳しく観察できるようになり、地質学者が地球上にある新鮮なクレーターを調べるようになっても、月のクレーターの成因は天体の衝突だという考えは少数意見のままだった。アリゾナ州にある、今ではメテオール・クレーター〔訳注：メテオール（meteor）は隕石のこと。日本ではバリンジャー隕石孔とも呼ばれる〕と呼ばれている地面の穴を考えよう。これは地球上で最大の新鮮な衝突クレーターだ。二〇世紀初頭、このクレーターを知っていた数少ない地質学者は、火山が爆発噴火を起こした跡だと考えた（この地形は当時、「クーン・ビュート」と呼ばれた。遠くから見ると、クレーターのリムが盛り上がった地形が遠方のメサと同じように見えるからだ〔訳注：メサは、浸食によってできた、周囲を崖で囲まれた平らな地形。浸食がさらに進むとビュートと呼ばれる〕。アリゾナは火山地帯なので、そのクレーターを火山性だと間違ったのは無理もない）。この時代随一のアメリカ人地質学者で、鉱山技師でもあったダニエル・バリンジャーは、この地域でよく見つかる鉄隕石が、このキロメートルサイズのクレーターを生み出したに違いないと推測し、その地下には大量の鉄があって、売れば大金になると考えた。大規模な探査がおこなわれたが、鉱床は見つからなかったため[16]、議論はおさまらなかった。

一九六〇年、アメリカ人科学者のユージン・シューメーカーは博士論文のための研究で、このキロメ

無人着陸機サーベイヤー3号の横に立つ、アポロ12号のチャールズ・コンラッド船長。200メートル離れた位置に、アラン・ビーン操縦士が着陸させた月着陸船イントレピッドが見える。
NASA/Alan J. Bean

ートルサイズの地面の穴が天体衝突によって作られたものだと証明した。シューメーカーは、クレーターの底や壁面から採取した小さな石英結晶の内部を顕微鏡で調べて、そこに証拠を見つけた。その石英結晶にあった、平面的な細かい亀裂や鉱物変化は、岩石を通過する激しい衝撃波でのみ生じるものだった。最も激しい火山の噴火でも、そんな衝撃波は発生しない。それにはきわめて高速の現象が必要になる。それは、秒速数キロメートルで飛来する宇宙由来の飛翔体か、核爆発だ。

このクレーターを作ったキャニオン・ディアブロ隕石（約二〇キロ離れたかつての鉄道町にちなむ）と呼ばれる鉄隕石はばらばらになり、クレーター近くの地域で鉄の破片として発見されている。鉄隕石は、初期の太陽系で最も早く固化した物体の一つだ。クレア・パターソンが隕石の分析から地球の年齢を初めて正確に割り出したことは前述したが、実は、キャニオン・ディアブロ隕石はこのとき使われた五個の隕石の一つだったのだ。メテオール・クレーターの周辺地域では、現代人による金属探知機を使った探索がおこなわれていて、これまでに〇・五トンの隕石の破片が見つかっている。一方、金属の塊に出会うことが決してなかった石器時代の人類にとっては、混じりけのない鉄ニッケル合金の大きな塊というのは、神聖で他にはないものだったはずだ。

クーン・ビュートとも呼ばれたメテオール・クレーターは、アポロ計画の準備が進められていた時代には天体衝突による構造であることがわかっており、シューメーカーはアポロ計画で宇宙飛行士に地質学の訓練をおこなう主任地質学者に着任していた。しかし月のクレーターの成因が天体衝突と火山の噴火のどちらなのかについては、地質学者たちの意見はいまだに真っ二つに分かれていた。二〇世紀で最も尊敬を集めたアメリカ人地質学者のG・K・ギルバートは、月のクレーターは天体衝突が原因だと結論づけた。しかしメテオール・クレーターのほうは、メキシコ国境を越えたすぐそばにあるピナカテ火山と同じような、火山の水蒸気爆発によるものだとした[17]。この件をめぐってギルバートがもたらした知的混乱は、フックのときと同じように長く尾を引き、それぞれの時代の優れた地質学者が頭を悩ませた。

アメリカ南西部の砂漠地帯にあるこのクレーター付近では、アポロ計画の飛行準備の一環として、宇宙飛行士たちの訓練や、その装備品や宇宙服の厳重なテストが実施された。宇宙飛行士たちは月面活動の練習もおこなった。月に降り立ったら、わずか数時間以内に難しいタスクをいくつもこなすことになるので、すべての行動を正確にリハーサルする必要があったのだ。シューメーカーが目標としていたのは、パイロットとして訓練された宇宙飛行士たちが、正確で科学的に意味のある観測をおこない、どの岩石サンプルを持ち帰るべきか適切に判断できるほどに、地質学についてよく理解するようになること だった[18]。

アポロ計画での最初の月面着陸では、月面活動は数時間だった。その後の着陸では、「一泊の」休憩と、月面車を使った冒険旅行もおこない、内容も少しずつ科学的なものが中心になっていった。アポロ14号の宇宙飛行士は地質探査の訓練を受けていた。月面では複数の地震計を並べたうえで、衝撃手榴弾を設置し、月面を離れて安全な高度まで上昇した後に、軌道上からその手榴弾を爆発させた。また月面にリトロリフレクター〔訳注：入射角度によらず、あらゆる光を元の方向に反射する装置〕を設置した。地球上からレーザー光をこのリトロリフレクターに照射して、レーザー光の往復にかかる時間を測定すれば、月面までの距離を数ミリメートル単位で測定できるのだ。さらに、一メートルほどの棒を土に差し込んで地耐力を測定したり、電動ドリルで地下のコアサンプルを採取したりした。月面車での遠征探査では、クレーターのリムを目指したり、リル（割れ目）に沿って走ったりして、見えたものを記録した。天体衝突でクレーターができた証拠はいたるところにあった。それこそ、水による浸食の証拠が川底のあちこちにあるようなものだった。また宇宙飛行士たちは、地球に持ち帰るサンプルを選んだ。

月のクレーターの地質はとてつもなく複雑だ。最も古くて大きなクレーターの上に、その次に古いクレーターからのエジェクタ（噴出物）が覆い被さっている。それはまったく整えていないベッドの上の毛布のようだ。そうした構造全体の上に一番後から形成された大きなクレーターが最も目立ち、他のクレーターを上書きしている。直径九〇キロメートルのティコ・クレーターは、月面に大きく広がる光条が目立つので、暗い夜なら肉眼でも見ることができる。かつて月面に衝突し、その光条を生み出した小惑星は、地球に衝突して恐竜絶滅の原因となった小惑星の半分ほどの大きさがあった。アポロ16号は、ティコ・クレーターの外側にある光条の一つの内側に着陸し、衝突溶融岩を採取した。その岩石の年代は一億八〇〇〇万年前であり、それがティコ・クレーターの形成年代と考えられる。

それよりも小規模なクレーターはかなり頻繁に形成されている。無人月探査機ルナー・リコネサンス・オービター〔訳注：二〇〇九年にＮＡＳＡが打ち上げ〕に搭載された史上最高精度の月探査用カメラは、水泳プールサイズのクレーターの形成前と後の写真を撮影した。このクレーターは、バランスボール大の飛翔体によるもので、衝突エネルギーはＴＮＴ火薬一トンに匹敵した。同時にもっと小さなクレーターもいくつか発見されている。この小さなクレーターは、クモの巣状に広がる、かすかな光条の中央部にある穴として見つかっている。隕石が落下すると、爆弾が爆発したときのように、ダストや岩が放出され、クレーターの周囲に雨あられと降り注ぐ。そしてクレーターの直径の数百倍の距離に落下し、地表のダストを吹き飛ばす。さらに、震動が衝突地点から放射状に広がって、地表のダストを動かすことで、光学的に観測できる一時的な変化が生じる。それはちょうど、ほこりの積もったベッドカバーの上に本を落としたときのようだ。月のどこかで、こうした衝突イベントがほぼ年に一回のペースで起こっている。

小惑星にもクレーターはある。特に大きいクレーターでは、大きさが小惑星自体とほぼ同じになる場合もある。奇妙なのが、始原的小惑星のマチルダ（直径六〇キロメートル）のケースだ。マチルダには、大きく削り取られたくぼみ状のクレーターが少なくとも五カ所あり（探査機から撮影された側のみ）、それぞれのクレーターが直径二〇キロメートル以上ある。それはまるで巨大なアイスクリームディッシャーで攻撃されたかのようだ。小惑星は何千個もあるが、この大きさの始原的小惑星で、探査機によるフライバイ観測をしたことがあるのはマチルダだけなので、実際のところ、これが特別なケースなのかは不明だ。マチルダのクレーターはすべて、直径数キロメートルの小惑星がそれぞれ不規則な角度で衝突してできたものだ。その衝突の状況を実際に計算してみると、マチルダは小惑星が衝突するたびに、ピニャータ〔訳注：メキシコなどの子どもの誕生日には、ピニャータというお菓子入りのくす玉をつるして棒でたたき割る〕のように小突き回され、かなり高速で自転するようになるはずだった。しかし実際には、マチルダは軌道上で静かにしており、自転はなんと一八日周期だ！　マチルダは、太陽系内で最も遅く自転する天体の一つである。それぞれの衝突によって与えられた回転がたまたま打ち消し合ったのか（それが起こる確率は一パーセント未満だが）、小惑星でのクレーター形成の基本的なしくみを私たちが理解していないのか、どちらかだろう。

巨大なクレーターが五個も形成されたのに、マチルダが破壊されなかったのはなぜだろうか？　同じことは、一九七〇年代に火星の衛星フォボスでも問題になった（フォボスについてはこの後詳しく議論する）。直径二〇キロメートルのフォボスには、直径一〇キロメートルのクレーターがあるのだ。当時のあらゆる知識に照らせば、そのクレーターを作った衝撃でフォボスはばらばらになっていたはずであり、同じようにマチルダも破壊されていたはずだった。しかしフォボスもマチルダも生き残っている。

実際のさまざまなクレーターの形成を考慮すると、そうした巨大衝突で破壊されずに残るには、小惑星はとてつもなく頑丈でなければならない気がする。しかし答えはその反対だ。砂やダストの山に銃弾を撃ち込んだらどうなるだろうか。クレーターができ、銃弾は砂を掘れば見つかる。今度は、この砂とダストを水と混ぜて粘土を作り、乾燥させてレンガにしよう。同じ銃弾をこのレンガに打ち込んでも、クレーターはできない。レンガは粉々に砕け、銃弾も破壊されるだろう。こうした推論が、コンピューターシミュレーションと、その後の探査機観測によって裏付けられ、「最も弱いものが残る」という考え方に結びついた。小惑星が壊滅的に破壊されないためには、柔らかく、形を自在に変えられなければならず、具体的には空隙の多い粒状物質でできている必要があるのだ。[19]

巨大クレーターは小惑星だけでなく、普通サイズの惑星でも形成される。ただしその場合、クレーターはボウルのようなくぼみにはならない。衝突した隕石は、地殻を破壊して薄くするとともに、加熱する。さらに、地震波や長期的な地質学的擾乱を引き起こすので、クレーターは崩壊して、広く平らな地形になる。惑星に形成されたきわめて大きなクレーターが完全に消えてしまうこともある。きわめて激しい衝突が起こった場合には、惑星のコアに衝撃波が到達し、その影響が惑星全球に広がって、数日から数年、場合によっては数百万年も続く可能性がある。最大規模のクレーター形成イベントでは、惑星内部の熱エンジンが目覚めることも考えられる。惑星がすでに高温であれば、結果としてやかんのふたを開けたような状況になるのだ。惑星内部が偏りのある形で冷え始め、すでに薄くなっている地殻から熱が逃げていく。この結果、惑星が熱平衡を取り戻そうとして、惑星規模の対流（熱い物質は上昇し、冷たい物質は下降する）が生じる。ただし、大規模クレーター形成イベントの後に惑星が固化すると、その不均衡がそのまま残る場合がある。

太陽系で最大のクレーターがどれかは判断が難しいが、火星のボレアリス盆地が最大のようだ。コンピューターシミュレーションでは、[20] この大きさや形のクレーターが形成されるのは、火星の大きさの三分の一にあたる、直径約二〇〇〇キロメートルの気まぐれな惑星が一般的な速度と角度で衝突する場合であり、衝突した飛翔体の大部分はクレーター形成後に飛び散ることがわかった。しかし話がそんなに単純ではなかったのは間違いない。火星の熱応答を模したモデルによれば、[21] 高温のマントルが何も反応しなかったはずはない。マントルは衝撃に反応して新たな対流サイクルを始め、結果として新たな地殻を形成した。つまり、傷の上にかさぶたを作る形になったのだ。このとおりであれば、火星のボレアリス盆地は火星の新しい地表であり、その高地は第二世代の地殻、つまり衝突孔の内側に作り出された大陸ということになる。先ほどのコンピューターシミュレーションとは正反対の地質学的解釈である。惑星科学には、つねに柔軟な考え方が大切なのだ。

クレーターが多いほど惑星表面の形成年代が古いということが、経験則からいえる。衝突はあらゆる

小惑星ベスタの南極付近。ベスタは激しい衝突を受けた小惑星で、実際に表面には、多数の衝突クレーターとそのリム、そしてこの写真にも写っている、赤道に沿う幅10キロメートルの谷が残る。
NASA/JPL/DLR

場所で起こるので、クレーターの密度が小さい地形は、何らかのイベントによって最近形成されたか、表面が更新されたことを意味する。その原因は、溶岩流やその他の地域的な自然災害、風や水による浸食の進行、プレートテクトニクスなどだ。そのため、クレーターを使えば惑星表面の年代を求められる。木のテーブルにへこみや焦げ跡ができて、やがてアンティーク家具になるように、惑星の表面ができてからどのくらい時間がたったかを推測し、その年代を定量的に求められるのだ。定性的にいえば、衝突する天体のほとんどが小さな隕石などの場合、惑星の表面はでこぼこになり、痛めつけられて、いろいろな模様ができる。一方、ほとんどが巨大衝突の場合は、一つのクレーター地形だけが目立つ。それは、子

火星は小さな惑星だが、地質学的な見どころが多い。この地図は、火星探査機マーズ・グローバル・サーベイヤーのレーザー高度計MOLAによる陰影地形図だ。北極平原（ボレアリス平原）は、差し渡し2300キロメートルの巨大な盆地からなる。地図の右側で、赤道上とその北に位置する山地はタルシス山地で、太陽系最大の火山群だ。その右（東）側にある、東西に延びる傷のような構造はマリネリス峡谷で、やはり太陽系最大の峡谷だ。地図の左側の南半球側にある直径800キロメートルのくぼみはヘラス平原だ。
NASA/GSFC

どもが木のテーブルに熱いフライパンを置いたせいでできたリング状の焦げ跡が、時間の経過のしるしになるのと同じだ。

クレーターの少ない海よりも、月の高地がはるかに古いのはすぐにわかる。これは相対的な年代だ。しかし、海が何十億年前にできたのかという絶対的な年代を明らかにするのは、相対的な年代を知るよりもずっと難しい。たとえば、一個の小惑星が地球近傍の宇宙空間で崩壊した場合、飛翔体が嵐のように降り注いで、地球の表面はしばらくの間「ひどく年をとった」姿になる。その場合は、地表は実際よりも古く見える。さらに状況を複雑にするのは、ある特定の小惑星によってどのサイズのクレーターができるのかが、正確にはわからないことだ。これは特に、衝突のターゲットが小さい場合にあてはまる。科学者たちは、NASAの小惑星探査機オシリス・レックスの観測対象である、直径五〇〇メートルの小さな小惑星ベンヌの表面の年代を明らかにしようと試みてきたが、そうするには、特定の飛翔体の衝突によってどのサイズのクレーターが形成されるのか、そしてどのサイズの飛翔体であれば古いクレーターを消し去ることができるのかが不明なので、その点を推測しなければならなかった。

クレーターの生成率と、特定の衝突で形成されるクレーターのサイズを与える「スケーリング則」がわかっていれば、惑星上のクレーターを時計として使うことができる。ただし、各年代の生成率の具体的な値を知っていることが条件だ。ここで月が関係してくる。月のほとんどの部分では、少なくとも過去四〇億年は地質活動が起こっていない。例外は、三〇億年から三五億年前に、表側の盆地（海）を数キロメートルの厚さで埋め尽くした大量の溶岩だ。この海の年代を基準にして、クレーター統計と絶対的な年代を対応づければ、その関係を内部太陽系全体に適用できる。

月の高地でのクレーター形成は、月の形成から数百万年以内に始まった。当時、地球はまだ表面が固まっていない、荒々しい惑星だった。月の高地では、新しいクレーターができるたびに、そこにあった古いクレーターを破壊した。それが続くと、表面のクレーターが「飽和」状態になり、ある時点以降は年代を知ることが難しくなる。もう一つの極端な状態にあるのが、金星や地球のような、全球規模の地球物理学的活動を維持できるほど大きな惑星の表面だ。金星はクレーターが少なく、地表の年代が五億年とかなり新しい。地球の地表はさらに新しく、平均すると一億年だ。ただしいくつかの大陸が、プレートテクトニクスが作用する中で救命ボートのように浮かんでいる。

金星の全球規模の地表更新活動をかつて引き起こした、あるいは現在も引き起こしているプロセスはわかっていない。それがプレートテクトニクスや浸食なら、金星で特に大きく、古いクレーターは、進行する地質活動によって破壊され、地球や火星の古いクレーターのように、クレーターの境界があいまいになるはずだ。しかし実際には、金星では特に大きくて古いクレーターでも、輪郭が鮮明で、とても状態がよい。金星に、風化や部分的な沈下などで破壊された古いクレーターがないのはどうしてだろうか?

それは謎である。金星はクレーターの年代がとても若いのに、その表面を更新するプロセスが見当たらないのだ。風雨のせいではない。金星には水はないし、大気圧がとても高くて不活発な地表には、ほとんど風が吹かない。地球型のプレートテクトニクスが起こっている可能性もない。もし起こっていれば、クレーター数の多い古い大陸が残るはずだ。局所的なテクトニクスや火山活動が起こっていれば、大型のクレーターや衝突盆地が部分的に破壊されたり、埋められたりした地形ができる。火山活動は低地のクレーターを優先的に消していくので、月のように、溶岩が流れ込んだ盆地の周囲に円弧状のクレーターリムが残るだろう。しかし、こうしたことは起こっていない。

限られたデータでこうした矛盾を解決しようとして生まれたのが、五億年前に金星の表面全体が上下方向にひっくり返ったという、「金星大激変」説だ。考えられるのは、地殻が厚くなりすぎて、熱を閉じ込めたため、地殻全体が沈下して、あらゆる場所で同時に上下がひっくり返った可能性だ。あるいは、月サイズの内惑星が最終的な衝突を起こして、表面全体を溶かしたのかもしれない。これはありえない

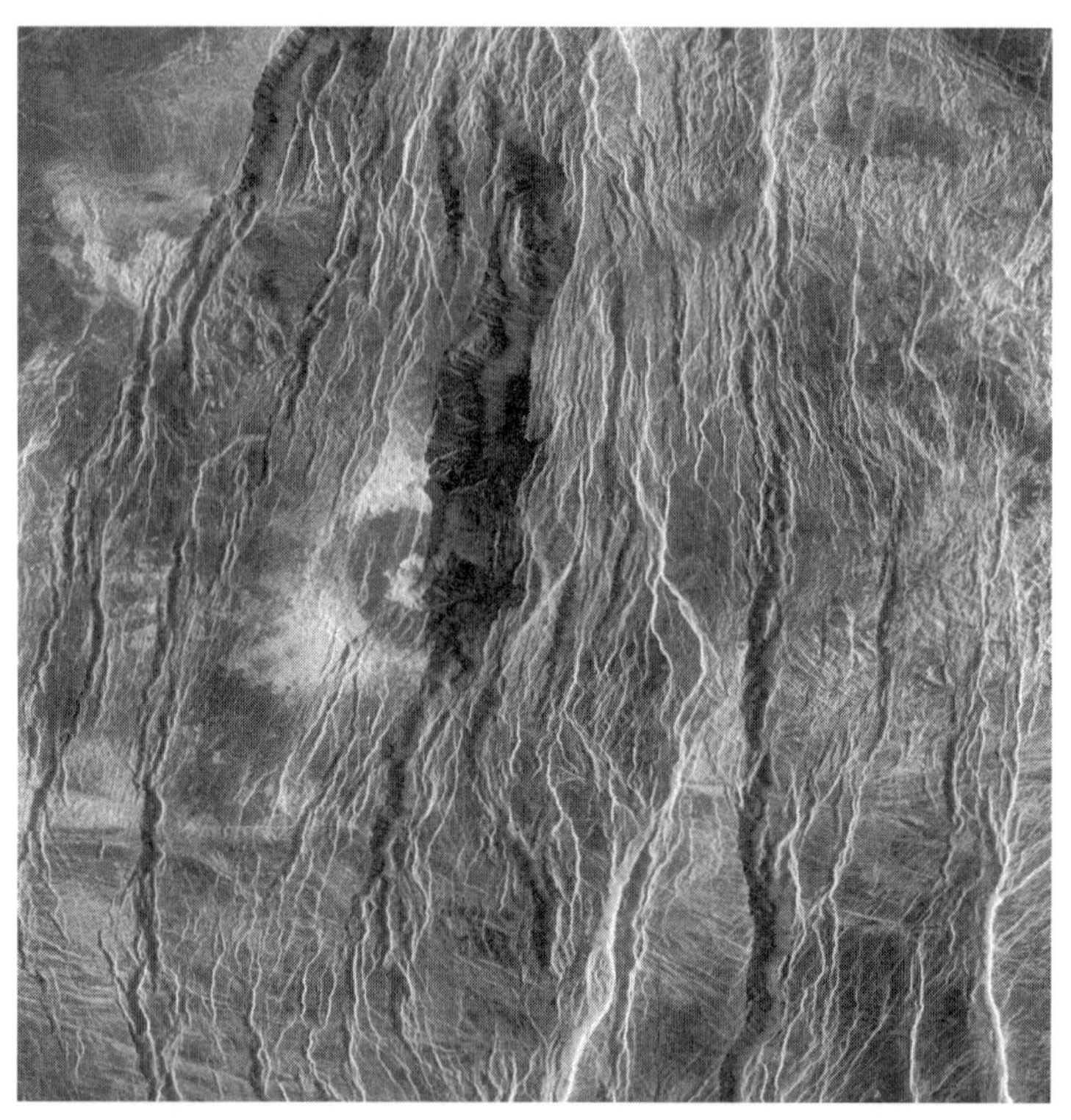

金星探査機マゼランのレーダーで撮影された、直径40キロメートルの衝突クレーターのボルチ。明るい部分は、10センチメートルスケール（レーダーの波長）で地面が粗いことを意味する。ボルチは金星で数少ない、消えかけているクレーターの1つ。
NASA/JPL

ことではない。さらにいえば、金星の表面更新は、水星にマントルがないという同じくらい奇妙な状況と関連する問題かもしれない。何が起こったにせよ、金星は過去のあらゆる歴史を消し去って、惑星として再出発していたようだ。

　金星の表面は生命が生存するのに適していない。鉛が溶けるほど気温が高く、気圧も潜水艦を押しつぶすほどの高さで、地球の水深九〇〇メートルに相当する。そして雲は硫酸でできている。地下にも休息の場はない。地表ですでに、既知の生物が耐えられる温度を上回っているが、地下に潜っていっても温度は上がる一方だ。金星の表面に災難が降りかかる前に生命が存在していたら、全滅してしまっただろう。しかし雲の上に出て、高度五〇キロメートルになると、気圧と温度は地球の表面の大気条件とそれほど変わらない。とはいえ、そこで生命は何につかまって、何を餌にして生きていくだろうか？

金星探査機マゼランによって、詳細な地質学的特徴がわかる金星全体の画像が初めて得られて以来、科学者たちはそうした疑問に取り組み、意味のある結果を出してきた。マゼランはアメリカが一九八〇年代中頃に金星に送ったフラッグシップミッションで、雲を突き抜けることのできる波長一〇センチメートルのレーダーによって金星全体を撮影した[22]。その一〇年前、ロシアの金星着陸ミッションとして送られたベネラシリーズの探査機は、金星の地表の様子を私たちに示し、大気の調査をおこなった。そして、金星への新たなフラッグシップミッションとして期待されているのがベネラＤだ（Ｄはロシア語で「持続的」を意味するdolgozhivushayaの頭文字）。このミッションでは、二四時間にわたる探査をおこなえる着陸機と、軌道上からレーダー探査をおこなう探査機を投入することを目指しており、ＮＡＳＡは大気観測用バルーンなどの観測装置でこのミッションに貢献する考えだ。「持続的」でなければならないのは、そうした金星探査にたずさわる研究者たちだ。一〇数年先とされてきた打ち上げは何度も延期されている。金星は秘密をたたえて辛抱強く待っている。

太陽は今までに銀河系内を二〇周している。一周を「一銀河年」とすると、誕生から二〇銀河年たっていることになる。地球の高温で固体のマントルが「プレートテクトニクス」というベルトコンベアに乗って、完全にひとめぐりするのにかかる時間も、やはりおよそ一銀河年、つまり二・五億年だ。プレートテクトニクスは、地球全体の熱の流れを生み出しており、惑星に本当の意味で地球のような環境を生み出すのに不可欠な存在だろう。プレートテクトニクス説の起源は、ドイツの地球物理学者アルフレート・ヴェーゲナー[23]が初めて明らかにした、パンゲアと呼ばれる超大陸が分裂したとする「大陸移動説」だ。大西洋の両岸にある大陸の形や地理的条件がジグソーパズルのようにぴったりと合うというのは、実際には正しい考えだったのだが、当時はばかげた考えだと思われていた。現在プレートテクトニクスは、プレートが押し進み、ぶつかり合い、沈み、浮かび上がるというプロセスを繰り返す、全球規模の循環現象だと理解されている。[24]

ここで、プレートテクトニクスのしくみを説明しておこう。低温で固い「リソスフェア」(「プレート」とも呼ばれる)が端の部分で沈み込み、そこでさらに低温になり、重くなる。このプレートがマントルに沈み込み(マントルはプレートよりも高温で、より始原的であり、変形しやすい)、海溝を作り出す(この沈み込むプレートを「スラブ」という)。こうした海溝の大陸側では、沈み込んだスラブと純粋なマントルの混合物の塊が上昇してきて、日本やアンデス山脈のような火山弧ができる。一方、スペインのシエラネバダ山脈や、ヒマラヤ山脈のような山地は、もっと厚みがあるか、構造が複雑なプレートの衝突によってできたものだ。

地球全体の表面積は変わらないので、沈み込んだ分だけ新しい地殻が作り出される。南北大西洋やインド洋、東太平洋には、マントルの対流によって、野球のボールの縫い目のような「拡大中心」が開いている。またアフリカ大陸では現在、マントルの上昇部の上に新しい内海が開きつつある。現在は、対流でマントル中層部に沈み込んだスラブは、そこで変化して、融解する。しかしかつて、マントルが今よりも高温だった時代には、スラブは最終的にコアまで沈んで、そこで積み重なって「スラブの墓場」を作っていた。[25]この深い部分からマグマの塊が浮かび上がって、マントルを抜けて上昇し、ハワイ諸島のようなホットスポットで噴出している可能性がある。

プレートは拡大中心から広がっていき、やがて衝突する。さらにもう一銀河年が過ぎれば、地球上の大陸はパンゲアと同じくらい形を変えて、見てもわからなくなるだろう。しかし基本となっているのは、地球は温度が高く、宇宙は温度が低いので、熱が逃げていくという単純な物理学的事実だ。どうやってその熱が逃げるのかという点が、惑星の地質学の基礎である。大きな惑星は小さな惑星よりも逃がすべき熱が多い。そう考えると、地球は複雑な生命が住むには最適なサイズなのかもしれない。火星サイズの惑星では地質的に不活発すぎるし、地球よりずっと大きな惑星では活発すぎる。しかし、これは私が人間だからいえる話かもしれない。

地球のプレートテクトニクスには、そもそもどうやって始まったのかという「ブートストラップ問題」がある。地球の地殻は固化するにつれて固くなっていき、月の高地の地殻に似た最初のプレートを形成した。しかし、プレートが沈み始めたきっかけは何だったのだろうか？　地殻がただ厚くなり続けて、熱が火山から吹き出ることはなかったのだろうか？　この疑問には、地球にしかあてはまらない答えも許される。こうした継続的に変化するプレートテクトニクスサイクルを持つ惑星は、地球以外に知られていないからだ。宇宙に存在する地球サイズの岩石惑星にとっては、金星のほうが普通かもしれない。

より原始的な種類のプレートテクトニクス。木星探査機ガリレオが1997年に撮影した、エウロパの氷殻のブロック構造。これは、ブロック構造がかつて、より高温の（または液体の）下層に「浮かんで」いたときに、高地と低地が形成された証拠を示している（年代は一部の低地にあるクレーターからわかる）。標高の違いは数百メートルある。画像の範囲は35×50キロメートル。
NASA/JPL

天体の大規模な衝突が地殻を突き破り、マントルが全球規模で対流する勢いを与えたことで、プレートテクトニクスが始まったという説がこれまで考えられてきた。こういう場合、誰もが巨大衝突を引き合いに出したがる。しかし、金星も同じくらい大規模な天体衝突を経験してきたと考えられているし、火星や水星も同じだ（ただしそのサイズに比してである）。もしかしたら、適切なタイミングで適切な規模の天体衝突が発生する必要があるのかもしれない。あるいは月が絶え間ない潮汐力によって、プレートテクトニクスをスタートさせた可能性もある。

あるいは、水が原因かもしれない。プレートテクトニクスが始まる前、地球の表面は固化して、厚さ一〇キロメートルの高地と溝ができていた。この構造は、リソスフェアのブロックが分裂して、荒れ狂うマグマの海の上に浮かんでいたときにできたのだろう。その状況はエウロパの「カオス領域」に似ている。この溝は最初の水の海で満たされたが、[26] そこは激しく不安定な環境だった。ある時点で何らかの理由により、プレートの一つが別のプレートの下に潜り込み、「沈み込み帯」を生み出した。沈み込み帯は、水を含んだ堆積物を下部地殻と上部マントルに送り込むパイプラインとなった。この水の注入が原因で、プレートの間のくさび形領域が部分的に溶け、浮力のある花崗岩質マグマを作り出した。このマグマがゆっくりと確実に上昇して、巨大な花崗岩体を作り上げ、それが大きくなっていって、最初の大陸地殻になった。こうしてプレートテクトニクスのサイクルがスタートできたのである。

　花崗岩体の上昇が、地表での風化による浸食よりも速ければ、ヨセミテ渓谷のような壮観な山地ができる可能性がある。しかし、ほとんどの変化はその下で起こっている。山地の根元には深成岩が集まって、楯状地（たてじょうち）とも呼ばれる、アフリカやカナダ、南極にあるような厚い大陸プレートになる。海洋プレートは、大陸プレートと衝突するとその下に潜り込む。これによって花崗岩質マグマがさらに生成され、大陸の花崗岩体が増える。大陸プレート同士が衝突すると、重なり合って、ヒマラヤのような高地が作られる。その結果、古い大陸と新しい海洋底という、地球の地形の二分性が生まれる。

　金星にも高地と低地があるが、地球の地形ほど違いがはっきりしていないし、プレートテクトニクスや海洋の作用で生じたようにも思えない。イシュタル大陸やアフロディーテ大陸のように、「大陸」と呼ばれる地形もあるが、地球の大陸のように、周囲を線で囲むことは簡単ではない。ここまでが大陸だというわかりやすい境界線がないのだ。地球では、海面が基準境界線になっていて、大陸は明確にその線の上にあり、深海平原ははっきりとその下にある。そして海面が上昇と下降を繰り返す数百メートルの範囲が、大陸辺縁部と呼ばれる領域になっている。金星や火星には大陸辺縁部はない。乾燥空気の基準レベル（たとえば大気圧一バールまたは一ミリバールのレベル）が境界になっているだけであり、地質学的特徴には明確な二分性はない。この先では、海洋の存在が花崗岩を生み出し、花崗岩が楯状地を作るという関係性をさらに探っていく。

地球上でも特に古いクレーターは、古い時代の楯状地で見つかっている。最大のクレーターは、南アフリカにある直径三〇〇キロメートルのフレデフォールト・クレーターだ。これは二〇〇億年以上前のもので、大部分が風化や浸食によって消失している。地球上で最も新しい大規模クレーターがチクシュルーブ・クレーターで、直径一〇キロメートルの小惑星か彗星が地球に衝突して形成されたものだ。この衝突は、約六六〇〇万年前の恐竜絶滅の原因になった。[27] このときに発生した衝突プルームによって海が酸性化し、[28] 石灰質プランクトン（骨格にカルシウムを多く含むプランクトン）を死滅させた。この衝突が直接的または間接的な原因となって、全動植物種の四分の三が絶滅し、中生代は終わりを迎えた。

厚さ数キロメートルの堆積物に埋もれた、直径一八〇キロメートルのチクシュルーブ・クレーターが発見されるまで、この天体衝突の証拠として知られていたのは、世界各地の堆積岩に残る生物絶滅の記録と、一部の地層で見つかっていた薄いエジェクタの層、そしてハイチなどにある厚さ数メートルの層だけだった。[29] クレーター探しが一〇年以上かけておこなわれたが、最終的に見つからない可能性も十分にあった。天体衝突が海で起こり、形成されたクレーターは沈み込み帯に消えてしまって、後にはエジエクタだけがチェシャ猫の微笑みのように残ったのかもしれない。[30] 結局、小惑星が衝突したのは、現在のユカタン半島の東端にあたる、浅い海に面した大陸辺縁部だったことがわかった。ここから、この小惑星衝突がそれほどの大惨事につながった理由が説明できる。衝突した岩盤には硫酸塩が豊富な堆積岩があったため、衝突の衝撃で発生して地球全体に拡散したエアロゾルが、生物圏を急激に酸性化させたのである。

月の地質学的記録は、主に大規模な天体衝突によって区切られており、特に月の表側では、海の形成が節目になっている。月の地質年代は、四つの典型的なクレーターと関連している。ネクタリス代は、表側では特に古いはっきりとした盆地である「神酒の海」（マレ・ネクタリス）にちなんでいる。インブリウム代は「雨の海」（マレ・インブリウム）にちなむ。この雨の海は境界が明確な盆地で、天体衝突によって形成されており、そのエジェクタは月面全体に広がっている。エラトステネス代とコペルニクス代はそれぞれエラストテネス・クレーターとコペルニクス・クレーターにちなんでいる。アポロ計画の宇宙飛行士が採取し、後に絶対年代を決めるのに使われた衝突溶融岩は、これらのクレーターから放出されたものだ。それぞれの年代は、そのサイズのクレーターが形成されていた一般的な地質時代を表している。

私が一番気に入っている月の地形の一つがオリエンタル盆地だ。的の中心のような形をしたこの盆地は、直径が九三〇キロメートルで、月の表側の西縁にある。オリエンタル盆地は、単なるクレーターではなく「多重リング盆地」であり、月面の大規模構造では最も新しい。地球から見ると半分しか見えないこの地形は、かつては天体衝突で発生した津波がある時点で凍結したものだと理解されていた。激し

的の中心のようだ。1967年にルナ・オービター4号によって、高度2700キロメートルから撮影されたオリエンタル盆地（オリエンタレ・クレーター）は、目を見張るような眺めだ。外側にあるリング状の山地の直径は930キロメートル。右には「嵐の大洋」があり、フレームの外側のはるか右には地球がある。
NASA

く損傷した地殻が、一部は融解し、一部は固体のままで、巨大な波としてとどろき、波打ったのである。最近、この地形をもっとうまく説明できそうな学説が提案された。この多重リング構造は、柔軟な深部マントルが湧き上がってきて、深い穴を満たしたときに、地殻に形成された同心円状のスカープ（断崖）構造だとする説である。この構造の形成とそれに伴う反動によって、月全体を震動させる地震が発生し、全球の地形に影響があっただろう。天体衝突によってオリエンタル盆地が形成されたことにより、大量のエジェクタが放出され、その一部は地球にも飛んできたと考えられる。

地球はそれよりもずっと単純な場所に思える。太平洋の岸辺に立って、西に目をやれば、荒々しい海がどこまでも広がるのが見えるだろう。しかしこの一〇〇年の現代地質学研究のおかげで、その風景はこんなふうにも見える。数キロメートルの水に覆われた、厚さが数十キロメートル、幅が数千キロメートルの広大な岩の板が、対流するマントルの背中に乗って、ガタガタとこちらに近づいてきているのだ。その動きは、親指の爪が伸びるくらい、つまり人間の一生の間に数メートルという、ゆっくりとしたものだ。このプレートは沖合で沈み込み、私たちの足下で地中に下っていく。私たちの足下を通り過ぎたあたりで、プレートに含まれていた水が引き金となって火成作用が起こり、花崗岩体が上昇する。こうした止めることのできない動きが摩擦抵抗にあうと、地震を引き起こす。さあ人間よ、道を譲るのだ。

第3章
システムの中のシステム

この世の幕開き　はるかな昔／来る日も　来る日も　雨と風
——ウィリアム・シェイクスピア『十二夜』
（『十二夜』、安西徹雄訳、光文社古典新訳文庫より引用）

最大クラスの大きさの惑星は、点火していない恒星だといえる。自転する回転楕円体の巨大惑星は、水素とヘリウムを主な成分とする。その大気には、地球よりも大きな、直径数万キロメートルの嵐が渦を巻く。その嵐を生み出すのは、その惑星の集積現象の後に残った大量の熱だ。集積した物質の大半は、原始惑星系円盤の中心星を取り囲むガスやダストが直接的に合体成長したものだ。そのため巨大惑星は、全体的な組成が「恒星のよう」になっている。サイズの点でいえば、質量が木星の五倍、あるいは一〇倍ある惑星でも、木星よりわずかに大きい程度だ。巨大惑星を作る物質は圧縮できるからだ。質量が大きくなるほど、圧縮の度合いが大きくなる。木星よりも少し大きい程度が理論的な上限サイズであり、それ以上は大きくならず、より圧縮されるだけである。ガス巨大惑星の質量が木星質量の約一七倍以上になると、中心部の温度と圧力が非常に高くなり、水素の核融合が始まる。[1] 惑星ではなく、恒星になるのだ。

巨大惑星の形成ではタイミングが何よりも重要だ。「コア集積モデル」と呼ばれる惑星形成理論では、まず、氷でできた微彗星が大量に集まって、地球質量の一〇倍のコアを作る。そのコアが原始惑星系円盤の一番厚い部分で素早く形成された場合、お祭りの屋台で綿あめを作るときのように、重力の範囲内にある円盤の残余物を集められるほど十分な重力を持つようになる。最初に形成された氷のコアは一番有利だ。集めるガスがたくさん残っているし、質量が大きくなればなるほど、ものを引きつける重力も大きくなる。そうやって大勝ちしたのが木星だ。

しかし、木星は一万年ほどでめざましい速度で成長したものの、その引力はある程度の距離までしか届かなかった。円盤に間隙が形成され、少し遠くに別の巨大惑星が形成される余地ができた。微彗星が集まってできた別のコアに物質が集積し、木星と同じパターンが繰り返された。土星の誕生だ。コア集積モデルによれば、さらに遠くの軌道で成長した天王星と海王星は、コア段階で止まった。そのため、二つの惑星は巨大氷惑星と呼ばれている（これはやや不正確な名前だ。確かに氷から成長し、その内部は大部分が水と水素分子だが、現在の内部温度は数千度ある）。

もし原始惑星系円盤の質量が二〇倍大きかったら、木星は矮星（わいせい）になり、太陽Aと太陽Bからなる連星系の一部になっていただろう。木星は幸運にも、水素の核融合が始まるには小さすぎたが、物質の集積のときに残った大量の熱がある。これは、ケルビンが太陽の年齢を計算する際に考慮したのと同じ、重力結合エネルギーだ（ケルビンの計算自体は正しかったが、核融合について知らなかったため、結果が大きくずれていた）。

集積熱の起源を理解するために、巨大惑星が遠方からの物質の破片が集まって形成されるとしよう。たとえば木星に向かって、秒速六〇キロメートルの自由落下速度で靴の片方を落としたら、その靴が放出するエネルギーは満タンのガソリンが燃焼した場合に等しい。それを数千の一兆倍の一兆倍回繰り返せば（木星の質量を靴片方に換算するとそうなる）、靴の集積によって、木星全体の温度を一万度上昇させるだけの熱が生み出されるだろう。木星は、地質学的な時間でいえば瞬く間に成長したが、その集積熱は誕生以来ずっと、周囲の広い範囲に放射され続けている。

現在木星は、太陽から受け取っている熱の二倍の熱を放射している。かつては今よりももっと熱く輝いており、最も近くにある衛星イオの水を蒸発させただろう。イオから見れば、木星は空にある巨大な皿のように大きく迫っていて、当時は加熱灯の役目を果たしていただろう。それよりも遠いエウロパの距離にも木星の熱は十分に届いていて、少なくとも木星に面した側には凍らない温かい海があったはずだ。しかし木星が少しずつ冷えていったため、エウロパの海は氷に閉ざされた。その後の数十億年間、エウロパは潮汐力と放射性元素を熱源としている。このような氷衛星の形成から、熱による養育、長期的な内部加熱というサイクルは、巨大外惑星が存在するどんな場所でも起こっている可能性がある。

太陽系の形成は、ガスとダスト、氷が集積して、恒星とその周囲の原始惑星系円盤ができるところから始まった。惑星形成は、この円盤内の物質がさらに合体成長して、霧の中を飛ぶハチの群れのように、ガスの中に固体粒子が組み込まれたのが始まりだ。そこからどのように惑星が形成されるかは、多くの要素によって決まる。円盤の密度や組成、恒星の放射エネルギーや磁場、さらには近くの恒星からの干渉や、超新星爆発などの近傍で起こっている現象にも影響を受ける。しかし一般的には、惑星形成の標準モデルが存在する。原始惑星系円盤内のダストや氷の密度が高い場所で、惑星は転がる雪玉のようにさらに成長し、映画「千と千尋の神隠し」に登場する貪欲な「カオナシ」のように、氷やダストを飲み込み、最終的にはガスを集める。あらゆるものが吸い込まれていくのだ。

しかし、太陽から一ＡＵ離れた地球の軌道周辺では、太陽の引力が強いうえに、その放射によってガスが吹き飛ばされている。そのため、地球型惑星の形成は間接的にならざるをえない。イマニュエル・カントが考えたように円盤から直接的に形成されるのではなく、最初に「微惑星」ができ、微惑星が集積して「惑星胚(はい)」になり、さらに惑星胚が成長して、「原始惑星」と呼ばれる月や火星サイズの天体の系ができるという段階をたどるのだ。そこまでは整然とした自己調整的プロセスであり、原始惑星は互いにほとんど影響を与えずに、円軌道から離れず、それぞれの周囲の狭い範囲を支配している。

しかし、そのうちに原始惑星同士が衝突するようになる。小さな重力摂動(せつどう)が次第に大きくなって、原始惑星が接近し、衝突するのであり、衝突の結果として合体することもよくある。そこから巨大衝突時代の最終段階が始まり、惑星が惑星に衝突するようになる。数億年の間、巨大衝突が何度も起こり、最終的には勝利者として金星と地球という二個の大きな惑星が形成される。さらに、衝突で敗北しながら生き延びた水星のような惑星や、月などの衝突のかけらができる。巨大衝突について理論的に語ることは簡単だが、そのエネルギーは驚くほど大きいうえに、その物理学はまだ十分には理解されていない。

それに比べれば、惑星と惑星の衝突ではなく、微惑星と惑星の衝突である衝突クレーターの形成プロセスはよくわかっている。それは一つには、自分の家の裏庭や、友達の喫煙用パイプ工場で、自分で土にクレーターを作ることができるからだ。さらに、ニュートン物理学と数学のおかげで、実験室サイズのクレーターの形成プロセスを拡大すれば、はるかに大きなクレーターの形成プロセスを再現できる。

この場合、遠心加速装置によって数百Gがかかる環境でクレーター実験をおこなう。高い重力の下で形成された小さなクレーターは、大きなクレーターと一定の比率の下で同等なのだ。長さや時間、遠心力などを適切な比率で拡大縮小（スケーリング）[2]すれば、二つの現象は数学的には同じになる。

　クレーターのスケーリングのしくみを理解するために、怪獣特撮映画のアクションシーンを撮影することを考えよう。俳優たちが格闘したり、地面に投げ飛ばしたりするシーンを本物らしく見せたいのなら、俳優たちが時間をかけて倒れるようにして、体を大きく見せる必要がある。腕や足もゆっくり振り回す。この場合には、時間の流れを三倍遅くすれば、身長五四フィート（約一六メートル）の二匹の怪獣が戦うのと、身長六フィート（約一・八メートル）の二人の俳優が戦うのは数学的に等しくなる（54/6の平方根が三になる）。つまり、格闘シーンを毎秒六〇フレームで撮影して、毎秒二〇フレームで再生すればいいということだ。

　クレーターのスケーリング則はそれに似ているが、もっと精密な話だ。月面での大きな衝突クレーターの形成プロセスを理解したいとしよう。高遠心力下での実験を高速撮影し、それを数千倍から数百倍遅くする。それができれば（つまり、空間的にはクローズアップし、時間的にはズームアウトする）、惑星でのクレーター形成プロセスが進行する場面を直接観察できることになる。

　これとは別のアプローチが、ハイドロコードを使う方法だ。ハイドロコードは、惑星規模の衝突現象の研究には必要不可欠になっているシミュレーションコードである。つまりは、動画を作るコードだ。このハイドロコードによるシミュレーションの結果を、実験室での実験結果と比較し、検証する。ハイドロコードでは、スケーリングは単に、時間の単位をミリ秒から分に変え、距離の単位をミリメートルからキロメートルに変えることであり、後は物理学がうまくやってくれる。ただし、物理過程を正しく理解していれば、だが。たとえば重力など、正しく理解するのが容易な物理過程もあれば、理解するのが難しい物理過程もある。特に難しいのが、岩がどのように割れたり、溶けたり、流れたりするのか、ということだ。たとえば巨大な岩は一般的に弱く、ひびだらけだが、小さな岩の塊は強く、砕くのがとても難しい。そのため、ハイドロコードはかなり複雑になることがあり、ときには数百万行にもなるが、それでもすべての物理過程をとらえることはできない。

怪獣のたとえでわかるのは、大きいクレーターは小さいクレーターより形成に時間がかかるということで、それは納得のいく話だ。時間をスケーリングすると、秒速一〇キロメートルという太陽系内での標準的な速度で到来した大きな小惑星が月の地殻を貫くのには、数秒かかることがわかる。経験則として、小惑星は、針路上の惑星地殻をそれ以上動かせなくなって止まるまでに、そのサイズの二倍の深さに到達することが知られている。すると、高速で飛行してきたエネルギーが衝撃波に変換され、その衝撃波が爆発を引き起こして、衝突孔を吹き飛ばす。実際のところ、小惑星の衝突は、同じ深さに埋めた同じエネルギーを持つ火薬の爆発とほとんど区別できない。衝突が誘発する激しい爆発現象は、クレーターの最終的なサイズを決める物理過程とはスケーリング則が異なるため、クレーターが大きいほど、最終的な衝突孔内にある衝突溶融岩の割合が大きくなるという、興味深い結果になる。さらに、特に大きなクレーターはマントルまで届き、クレーター内部が高温の物質で満たされる。この現象が初期の火星において熱水系を生み出したと考えられている。

月の「雨の海」のような巨大クレーターの場合は、衝突によって山地全体の上下が逆転し、下部地殻や上部マントルの塊の下に埋もれる。衝突地点に近い地表付近にあるものはすべて、粉々になったり、融解したり、蒸発したりして宇宙空間に飛び出す。初期に衝撃波の拡大によって形成された衝突孔は、地殻の強度では支えられず、崩壊して、そこにマントルが流れ込む。また月全体が猛烈なエネルギーによって何十時間も振動する。衝突孔の外側が拡大している間にも、クレーターの中央部が崩壊し始めるので、クレーターというより波のようにふるまい、池に石を投げ込んでできるさざ波のように振動するようになる。

直径数百キロメートルを上回るクレーターの場合には、月を平らだと仮定できなくなる。南極エイトケン盆地や嵐の大洋は、それぞれが月の円周の四分の一に広がるとてつもなく大きな構造だ。この規模では月の曲率が問題になってくる。それは地殻マントル境界にもいえる。そうなると「下」が指す方向が、クレーターの一方の端と反対側の端とではかなり異なっているという問題が出てくる。こうした大規模なクレーターの形成現象では、クレータースケーリング則はかなりあてにならなくなり、単なる経験則になる。最後の望みは、宇宙空間にある球体の惑星の形状に合わせて構築したハイドロコードを使って、そうしたクレーター形成現象を現実的にシミュレーションすることだ。

巨大衝突はさらに複雑だ。そうした衝突には中心点がなく、イベントの縮小版を実施することのできる実験室もない。それでも、ある程度の概算をすることはできる。巨大衝突は、惑星が重力によって絡め取られることが原因であり、二個の衝突天体の脱出速度に近い速度で起こる。脱出速度は、宇宙に二つの物体のみが存在する理想的状況において、一方の物体が別の物体に落下する速度に相当し〔訳注：本来の定義は、物体が天体の重力を振り切って宇宙に出るための最低速度〕、地球の場合には秒速一一・二キロメートル、月では秒速二・四キロメートルである。この状況では、スケーリング則を考えた場合に、二個の天体は「最も遅い」衝突をする。飛翔体とターゲットがほぼ似たようなサイズであり、脱出速度に近い速度で衝突すれば、物理的接触が終わるには一時間かかる。その後、巨大衝突は数日間にわたって、二つの天体の重力的および機械的相互作用をおこない、二天体のコアは合体するか、合体しようとする。こうしたことは、3Dコンピューターシミュレーションを使って、あらゆる物質の引力や、他の物質との相互作用を求めることでしか研究できないことだ。さらにそこには、衝突クレーター形成にかかわるあらゆる物理過程も含まれている。こうなると、銀河の相互作用のようになってくる。実際に、銀河系の研究と同じ種類のハイドロコードが使われている。

衝突物理学は、ある一面だけを見ると簡単だ。しかし、二つの天体を一つの場所に集積させようと思ったら、その運動量も一つにする必要がある。それがいわゆるニュートンの法則だ。木のブロックに弾丸を深く打ち込むと、そのブロックには弾丸の運動量が加わるので、弾丸の速度をブロックの相対質量で割ったものに等しい速度でテーブルから飛んでいく。角運動量にも同じことがあてはまる。宇宙空間に浮かんでいる宇宙飛行士が、スピンしている工具箱をつかんだとしよう。宇宙飛行士も回転することになるが、慣性モーメントが大きいので、その分だけ回転速度は遅くなる。[3] ただし工具箱の回転があまりに速かったり、質量があまりに大きかったりする場合には、宇宙飛行士はつかまえていられない。

このつかまえていられない状態は、二個の惑星が巨大衝突によって成長しようとしている状況にかなり似ている。角運動量があるせいで、同じようなサイズの惑星二個が互いをつかんでいることが難しい

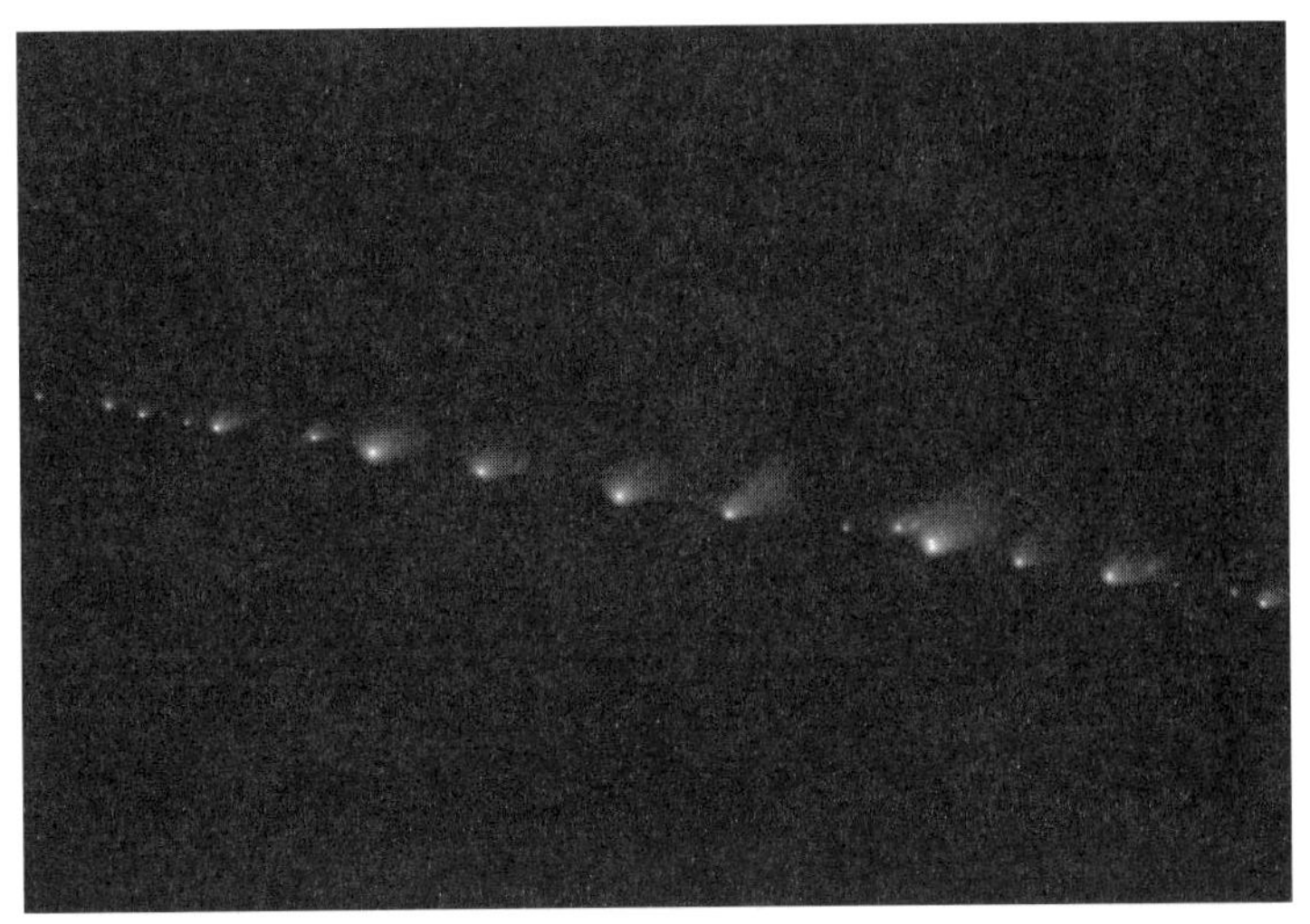

ハッブル宇宙望遠鏡が撮影したシューメーカー・レヴィ第9彗星。1992年に木星への接近時に潮汐力によって破壊された。1994年にこの画像が撮影された数カ月後の、次の接近時に木星に衝突した。初期太陽系での当て逃げ型衝突ではこれと同じように、惑星サイズの天体の「糸に通したビーズ」構造が生まれたと考えられる。
NASA/HST

のだ。コンピューターシミュレーションでは、巨大衝突が惑星の合体につながるケースは全体の半分にすぎないことがわかっている。残り半分は、衝突で放心状態になったぼろぼろの二個の惑星が別々に進み続ける、当て逃げ型衝突であることがわかっている。

ときには、衝突して逃げていく二個の惑星のうち小さいほうの「ランナー」惑星が、ある意味では生き延びはするが、複数の小さな惑星に分裂して逃げていくことがあり、結果として複数の惑星が糸に通したビーズのように並ぶ。このメカニズムによって、共通する化学プロセスを持つ惑星のグループが形成される。そうした惑星はいってみれば、同じ「シチューの鍋」から皿に盛り付けるようなものだ。ただし、ある皿に肉がたっぷり入

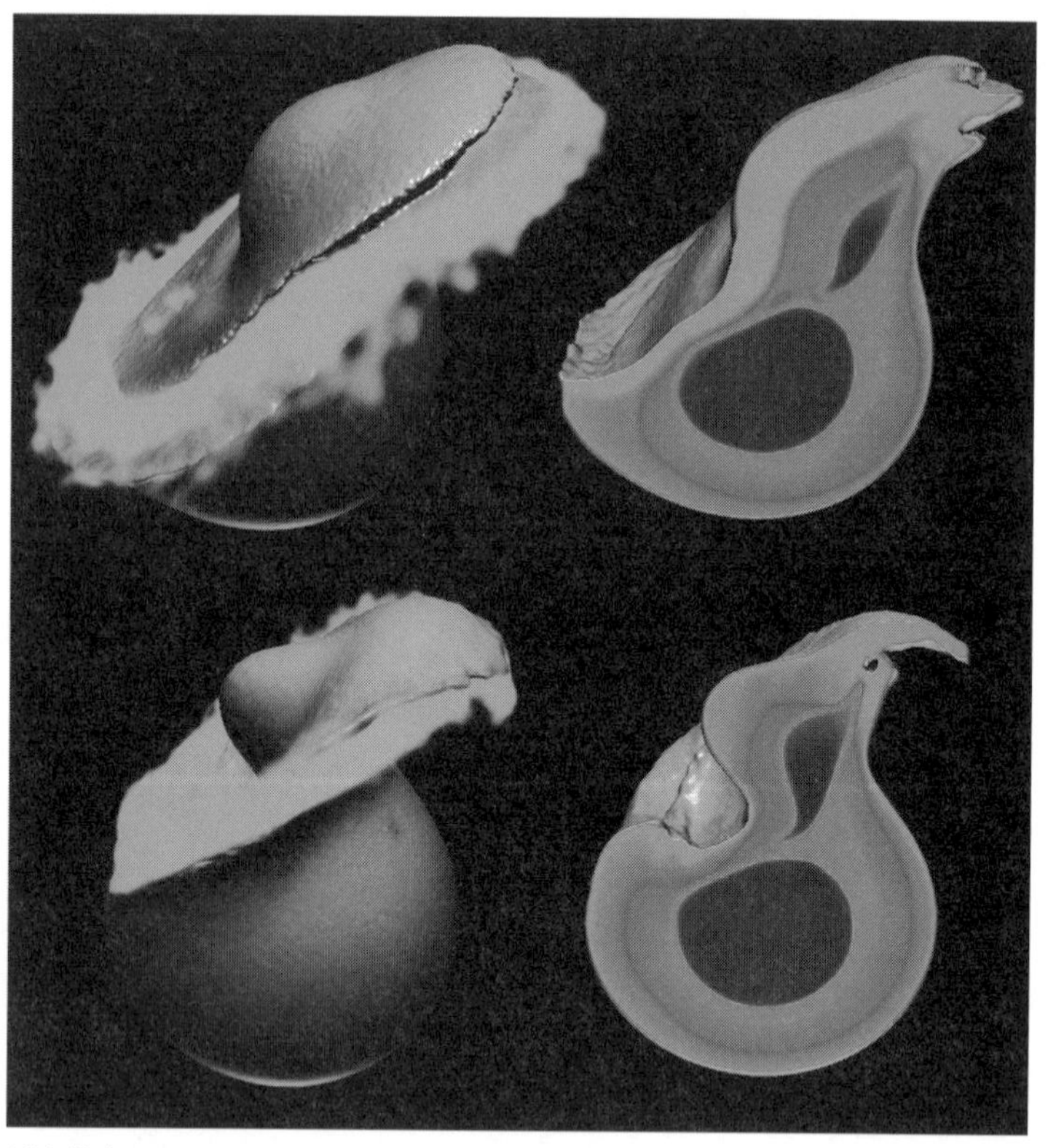

巨大衝突の2つの例。1つは月が形成されるケース、もう1つは形成されないケースだ。接触から1時間後の衝突天体の様子を示している。右側が断面図で、密度分布を表しており、上のケース（当て逃げ型衝突）ではコアが互いにすれ違っている。下のケースでは、コアが絡み合おうとしている。
Simulations and visualizations by Alexandre Emsenhuber（U. Arizona）

っていて、ある皿にはジャガイモしか入っていない、ということがある。青い宇宙に連なる、五個ほどの新しい惑星の列には、岩石が多いものもあれば、金属質のもの、海のあるものもある。これは単なる推測ではない。一九九二年に木星が彗星をばらばらにしたときに、そうしたイベントの例が目撃されているからだ。

　標準的な巨大衝突による月形成モデルでは、集積と当て逃げ型衝突の中間を考えている。太陽系内での巨大衝突時代の最終段階で、質量が地球の一〇分の一で、火星ほどのサイズの原始惑星が、四五度の衝突角[4]と脱出速度に近い速度で原始地球に衝突した。巨大衝突時代の最終段階の状況についてわかっていることからすれば、かなり典型的な衝突だ。地球の直径の半分より大きいくらいのこの原始惑星は、テイアと呼ばれている。テイアは地球とまともに接触したわけではなかった。四五度というのは最も衝突が起こりやすい角度ではあるが、集積が最も起こりやすい角度ではない。衝突角が六〇度を上回ると（全衝突の四分の一）、ほぼすべての巨大衝突が当て逃げ型になる。運動量が失われるには、相対的に正面衝突になる角度が必要だ。テイアは衝突時の速度が遅かったので、十分な運動量を失って地球の重力にとらえられ、衝突によって、そして大きな潮汐力として作用する地球の重力によって引き裂かれた。衝突から約一〇時間後、そのずたずたになった部分がふたたび近づいてきて、地球の周りで輪になった。この速度はさらに遅く、結果として集積が生じた。

　この標準モデルでは、両方の惑星のコアは短時間で合体する。つまり数時間ということだ。それは、衝突系の重力から求められるタイムスケールで、$(G\rho)^{-1/2}$と表される。この式で、Gは万有引力定数[5]、ρは物質の密度（単位はグラム毎立方センチメートル、水の場合は一、岩石は三になる）だ。コアが沈み込んで合体すると、それによって自転がとてつもなく速くなる。するとコアマントル境界が一緒に引きずられて、地球は、ダーウィンが予想したとおりに、マントル成分が豊富な塊を投げ飛ばす。実際のところ、これは衝突を引き金とする分裂と考えることもできる。テイアのコアは地球にほぼ完全に集積したため、月は最終的に、岩石成分からなる原始月円盤から形成される。

テイアの速度があと一〇パーセント速かったら、衝突後に独立した惑星となっていただろう。完全に破壊された状態ではあるが、地球を脱出して、ふたたび太陽の周りを回っていたはずだ。それでも、衝突によって公転速度が遅くなったので、地球の近傍にとどまって、やがてふたたび衝突した可能性は高いだろう。そうした衝突が連続的に起こる場合、それは「衝突チェーン」と呼ばれる。そうした衝突ではそのたびに原始惑星の速度が遅くなり、次の衝突で合体が起こる可能性が高くなる。次で合体しなくても、その次では合体するかもしれない。それはスリンキーというバネ状の玩具を、カーペットを敷いた階段から落としたとき、数段下りて止まるのと似ている。[6]

巨大惑星は、著しく変わった大気と内部構造、たなびく雲のような縞模様や巨大な渦巻があることがよく知られている。しかしその見かけがどれほど魅力的で、その重力が他の惑星の力学にどれほど大きな影響を与えていても、巨大惑星には、地球型惑星や、冥王星やエウロパのような巨大な氷天体にあるような表面がない。ここでいう表面とは、たとえば海面にある液体と気体の二次元的境界のことだ。さらに陸と空の間や、水と氷の間にも表面がある。表面は、物質の相を隔てる境界線であり、物質の対照性やニッチ（生態的地位）をもたらす。ひどい気まぐれに振り回される荒々しい惑星の世界で、表面は生命に対して、身を隠し、暖をとり、休むことができるすみかを与えてくれる。

地球上には、海中を浮遊するプランクトンや、眠らないサメのように、海面やその近くに生息しない生物もいる。しかしそうした生物も根本的には、空気との酸素や二酸化炭素の交換や、太陽エネルギーの吸収、そして太陽光と酸素供給を受けた層で生物がおこなう、光合成などの基礎生産といった、海面での現象に頼っている。太陽を見ずに生活している生物も、海面付近の生物を食べて生きている（地球では、深海の生物が夜間に上層の植物プランクトンを捕食する、日周的な垂直移動がある）。生物が死んで腐敗すると沈んでいく先の、さらに深い海では、ブラックスモーカーなどの熱水噴出孔の周囲に奇妙な生物が多数生息している。さらに、地球上で最も豊かで多様な生物が見られるのは、物理量の変化や対照性が生じる潮間帯であり、そこには、月と太陽の引力を受ける世界と受けない世界である、陸と海の境界面が生まれる。そして、生物の表面にある皺や多孔性、透水性は、化学反応を起こし、生命の熱力学を支える場となり、肺胞や毛細血管、えらでは、膜を通して水と溶質の交換がおこなわれる。

惑星探査でモットーとされるのが、水のあるところにいくということだ。さらに「ニッチ」にも注目すべきである。繰り返しになるが、水がさまざまな形で存在できる独特な物質であるのは、それが三重点周辺で作用するためだ。三重点付近では一般に、気体と液体が固体になり（凍結）、固体が液体になり（融解または溶解）、固体と液体が気体になる（昇華と蒸発）。さらに水にはあらゆる種類の分子が溶けて、分離したり、再結合したり、沈殿して新たな固体になったりでき、その結果として物質の物理学的挙動（密度など）や化学的性質が変化する。[7] 地球の淡水のほとんどは上部地殻内の地下帯水層に存在する。また高緯度地方では、淡水は厚さが最大数キロメートルにもなる氷床に蓄積されている。この氷床は自動車のウィンドウシェードのように、入射する太陽エネルギーの一部を宇宙へ反射することで、地球の気候を制御している。氷床の特に厚い部分の下では圧力がきわめて高いので、地熱によって氷が融解し、はるか下方でも液体の水が存在している。

氷床が海上に張り出すと、永続的または季節的な棚氷になる。これは、固体の水は液体の水に浮くという珍しい性質によるものだ。地球の地質学的な歴史を振り返ると、こうした棚氷が赤道付近まで広がり、「スノーボールアース」(全地球凍結)と呼ばれる状態になった時代が数回あった。その当時の地球を宇宙から見ても地球だとはわからなかっただろう。ガニメデのような外見だった可能性があるからだ。スノーボールアースの時代には、地球の大半は一つの棚氷に覆われており、エウロパの氷殻の下と同じような状況だった。現在の地球の棚氷は、割れ目や尾根、段丘、洞窟が迷路のようになっていて、ヨコエビ類や藻類、ホッキョクダラの隠れ家になっている。海水と接する氷床の底は、海底を逆さまにしたような状態で、ニッチがたっぷりある環境だ。そうした環境は、銀河中に存在する氷の惑星では珍しくないかもしれない。

地球の水循環はすばらしい永久機関だ。それは太陽系における驚異であり、生命にとっての恵みだといえる。この水循環の一部である、雨による大陸からの表面流水を考えよう。流れてくる水は、そこに溶け込んだ無機物を海にもたらす。こうした無機物がイオンになると、上層に溶け込んだ大気由来の二酸化炭素と反応する。後で説明するとおり、海水中のカルシウムは炭酸塩を作り、その過程で大気から二酸化炭素を取り込むのである。気温が高くなりすぎると(大気中の二酸化炭素が増えすぎると)、その結果として雨が多くなり、表面流水が増える。これにより、海に運ばれるカルシウムが増えるため、二酸化炭素を取り込む量が増えることになり、気候の寒冷化につながる。

誰かが私たちに、自己調整機能を備えたすばらしい機械を授けてくれたのだ。しかし私たちがやっていることは、ポケットナイフでスイス製の精密時計をいじくり回しているようなものだ。そのせいで、その自己調整機能付の機械で最も重要なフィードバックプロセスを混乱させている。太陽光を反射する氷床の減少によって、日よけの効果は失われているし、永久凍土が解けたせいで、強力な温室効果ガスであるメタンが放出され、大気中の濃度が増加している。惑星には長い呼吸のリズムがある。そしてときどきくしゃみをする。

氷は、水に浮くのと同じ理由で、圧力を受けると溶ける。つまり、水は固体状態のほうが液体状態よりも体積が大きい（密度が低い）ということだ。そのため、氷に圧力を加えることで、より小さな体積に押し込めると、温度を変えなくても固体から液体に変化する。このため、フィギュアスケーターの薄いブレードが摩擦を受けずになめらかに進む。フィギュアスケーターの全体重が、氷と接している小さな断面にかかるので、圧力がそこに集中し、固体が瞬時に液体に変化するのだ。そして、ブレードが通過すると水は凝固して固体になる。

火星の高緯度地方は氷で固められた土が占めており、極に近づくと氷帽が存在する。地下一・五キロメートルには、浅い帯水層がレーダーによって検出されており、これを「湖」と呼ぶ人々もいる。たとえ地表が凍りついていても、地下には液体の水が存在しうることを考慮すれば、そうした帯水層の存在はそれほど驚きではない。地下深くなるほど、温度は高くなり、圧力は大きくなる。そこにあるのは、塩水が凍らずに蓄積できるゾーンだろう。その水は、私たちになじみのある生物にとっては有毒だと思われるが、火星で独自の生命が進化するとしたら、それはここだろう。地表の環境は低温で過酷であり、生存に適さないからだ。地中深くに、塩漬け状態で生存するのに適応した微生物がいるのだろうか？

火星の地下探査の第一歩が、この文章を書いている今まさに進行中だ。NASAの火星着陸機「インサイト」が地下五メートルまで掘り進めようとして、難航しているところだ。その何千倍も深いところまで掘るには、想像もつかないような火星インフラが必要になるだろう。

さらに水には、固体から気体に変化する「昇華」がある。冷凍庫にずっと入れてあった角氷が消えてしまう、あの現象だ。残った白っぽい色の小さな塊を、誰も飲み物に入れようとはしないだろう。角氷や、ミイラ化した白身魚のフライ、忘れていたサヤインゲンから失われた水はどうなったのだろう？その水は、霜という複雑な固体の形で冷凍庫の壁に堆積し、さらに粗く、大きな氷の粒子へと成長するのだ。大学の寮の冷凍庫でよく起こる、この手の「実験」は、実は氷が豊富な火星の土や、彗星や氷衛星の表面で起こるプロセスをそれなりに再現しているといえる。ただし実験を正しくおこなうには、冷凍庫を真空に近い環境において、さらに温度を下げ、内容物をすべて紫外線にさらす必要がある。まさにそんな実験が、世界中の十数カ所の惑星科学研究室でおこなわれている。[8]

水の相はそれぞれが、H-O-Hという分子の並べ方のパターン、あるいは「状態」だといえる。たとえば、結晶格子に組み込まれた状態や（さまざまな構造の氷）[9]、自由に動ける状態（液相や気相）、固体だが格子状になっていない状態（非晶質固体）がある。水には他にも数多くの相があって、これまでに一○[10]種類以上が発見されている（その中には、「IX相の氷（アイス・ナイン）」もあるが、SF作家のカート・ヴォネガット・ジュニアが描いた「アイス・ナイン」と比べると、まったく面白みに欠ける）。その半数が地質学と関係がある。

とはいえ、惑星に純粋な水が存在することは決してないので、こうした相は理想化されたものだ。水に大量の塩を加えてできる塩水は、水よりも密度が高く、より低温でも液体のままだ。冬になると歩道に塩をまくのはこのためである。塩は水の融点を下げて凍りにくくするのだ。塩分を含む水を成分とする惑星は、とても複雑な地質学的性質を持つ場合がある。土星の衛星であるテティスやイアペトゥスはそうした天体だ。イアペトゥスにある「クルミのような尾根」は、一説では水が凍るときの膨張圧力によって、表面が割れた結果だと考えられている（他に、氷と塩水の対流の結果とする説もある。さらに、かつてイアペトゥスを公転していた孫衛星が衝突してできたとも考えられている。いずれにしてもイアペトゥスは不思議な天体だ）。

地下の高圧下にあるケイ酸塩鉱物は、特に熱が加えられると、構造が変化して水を取り込めるようになる。水が分子構造に組み込まれる、つまり粘土鉱物になることで、石膏や蛇紋石（じゃもんせき）のような「水和ケイ酸塩」になるのである。特に大きな衛星（ガニメデやタイタン）では、熱対流か、集積時の巨大衝突による混合を受けたことで、水和ケイ酸塩がマントルの主成分になっている可能性がある。高温の岩石と液体の水が密に接触し、全球規模の対流を引き起こせるだけの地熱エネルギーがあれば、生命が誕生するのに十分ではないだろうか？　太陽光があればよいが、地球の地下深くに生物圏が存在することからも、太陽が必須ではないことがわかる。

惑星表面と大気の境界面に液体の水が存在すること（つまり開けた海があること）は、惑星の気温に対する緩衝装置のような作用をする。この緩衝装置によって、地球は水の三重点付近の条件を保っていられるのだ。海が存在するかぎり、惑星の気温は水が沸騰する温度よりも高くならない。エネルギーがすべて、液体の水を水蒸気に変換するために使われるからだ（水がすべて蒸発してしまった後は、どうなるか予想はつかない。それは金星を見てみればわかる）。また、開けた海が凍らないでいるかぎり、海水温が惑星全体でマイナスになることもない。[11] さらにいえば、空気中の湿気も気温の変動を緩和するし、私たちの皮膚は水分を放出することで体を冷やしている。[12]

こうした液体と気体の境界面がなくなったら（たとえば海が存在しなかったら）、その緩衝装置も失われ、温度は自由に上昇したり、下降したりできるようになる。湿度が高い日の寒い夕方に気温が下がり始める場合、ある時点からはそれ以上寒くならなくなる（ただし湿気があるのでそれでもかなり寒くは感じる）。そして空気中の水蒸気が凝結し始めて、木の枝が濡れ、草に露が降りる。服も湿ってきて、霧雨も降り始めるかもしれない。これらは、水滴やエアロゾルなどの空中で凝結した水がさまざまな表面についたものだ。水滴が形成され、霧雨が降っている間、気温の低下が止まるのは、「エントロピー」と呼ばれる量の均衡があるからだ（私もエントロピーをきちんと理解していないので、ここでは説明しない）。一方、乾燥した砂漠では、湿度はいつも二〇パーセントあたりだ。そのため、凝結する水が存在しないので、暖かい晴れた日でも、夕方には気温があっという間に氷点下になることがある。さらに、赤外線放射を吸収する水分子が少なく、熱が急速に逃げるので、日が暮れるまでに寒くなる。熱帯のジャングルや、二酸化炭素が豊富で水が豊かな惑星ではそうしたことは起こらない。

身近な例をもう一つだけあげよう。水の入った瓶を冷凍庫に入れると、水温がセ氏〇度まで下がるが、液体の水が凍らずに残っているかぎりは、その温度が保たれる。いったん凝固してしまうと、氷はさらに冷たくなる。凝固の過程で氷の体積は九パーセント増えるので、瓶に水をいっぱいに入れてあったら割れてしまうだろう。氷の膨張には、瓶が割れたり、海面に浮かんだりする以上の働きがある。地球上での浸食作用の主な原因になっているのだ。水が岩の中に入り込んでそのまま凍ると、膨張によって岩が割れる。イタリアではこの作用を使って大理石の採掘をおこなっていた。冬に大理石に掘った細長い穴に水を注ぐと、その水が凍結して膨張し、大理石に大きくて比較的均等な力をかけるのだ。凍結と膨張の繰り返しと、水分子が他の水分子に引き寄せられるという性質（水分子に極性がある、つまり非対称的に帯電しているため）は、あらゆる種類の激しい地質学的現象を引き起こす。それはたとえば、土壌の大規模な融解凍結サイクルが見られる場所では必ず巨礫（きょれき）ができることや[13]、極地方にピンゴと呼ばれる地形が出現することなどだ（ピンゴというのは、直径が最大数百メートルになる氷の丘で、永久凍土のコアの周りに水が集積することによって、地面から吹き出物のように押し上げられてできる）。

地球はゴルディロックス惑星[14]と呼ばれてきた。暑すぎず、寒すぎないからだ[15]。安定した恒星の周りのハビタブルゾーンを公転しているし、気圧が一バールの大気がある[16]。その大気の主成分は窒素（七八パーセント）と酸素（二一パーセント）、アルゴン（ほぼ一パーセント）、二酸化炭素（四一〇ppm）だ。さらに大気には水蒸気も含まれるが、その割合は気温と気圧、場所によって異なり、海面レベルでは平均して約一パーセントである。この大気が毛布の役割を果たしていなかったら、平均表面温度は激しく変動し、カ氏〇度（セ氏マイナス一八度）を平均値として大きく上下していただろう。そして海は凍っていたはずだ。

工業化時代の到来によって、化石化して長期にわたり隔離されていた炭素（石油や天然ガス、石炭）を採掘して、エンジンの燃料として使うようになって以来、微量気体である二酸化炭素は四〇パーセント以上増加している。二酸化炭素は、内燃機関の主要な副産物であるが、可視光とは相互作用せず、たいていの場合不活性であるという意味で、目に見えない気体だといえる。呼吸している酸素に置き換わらないかぎり、私たちの邪魔をすることはない。植物は二酸化炭素がある環境でよく育つ。二酸化炭素と水を使って光合成をおこない、最終的に、大気中に酸素を放出するとともに、植物群系という形での有機化合物を生み出し、炭素を基本とする植物や動物が生きるのに必要なエネルギー源（糖質）を生産する。[17]

二酸化炭素は温室効果ガスであり、現在はその量が多すぎる状態になっている。太陽からの可視光線（黄色の光）は二酸化炭素を通り抜けて、地表や海を温める。しかし温められた表面から放射される熱（赤外線）は、二酸化炭素を通過することができない。これは、赤外線望遠鏡にとって空が不透明なのと同じ理由だ。[18] 実際には、最も強力な温室効果ガスは水なのだが、温暖化への寄与はあまり大きくない。気温が低い場合、空気は乾燥しているので、水は影響を及ぼさない。一方で気温が高い場合には、大気中の水蒸気が多くなり、それが温室効果を強める。

地球よりも太陽に近く、二酸化炭素が主成分の大気を持つ金星では、大気の温室効果が暴走して大変な状況になっている。高温になったことで、より多くの水分が蒸発して、金星全体の気温が高くなった。同時に、強い太陽風によって大気中の水が宇宙空間に逃げ出した（金星は太陽に近く、磁場もなかったため、太陽放射との相互作用が地球よりも激しい）。数十億年たつと、最初に存在していた水のほとんどが失われた。ただし、相当な量の水がマントル内に蓄積され、抜け出すのを待っている可能性がある。もしかすると、金星はこうした道をたどる必要はなかったかもしれない。二酸化炭素を取り除くことのできる地質学的プロセスさえあれば、そもそも金星はそれほど高温にはならなかっただろうし、今でも表面には液体の海があっただろう。皮肉なのは、金星の表面に液体の海が存在していたら、その二酸化炭素をすべて取り除くような地質学的プロセスが生じていたかもしれないということだ。

地球の海面付近では、波の乱れ作用や泡のしぶきによって海水に空気が供給されている。魚はこの溶解空気をえらから呼吸する。大気中の二酸化炭素も海中に溶解し、その一部が水と結びついて炭酸になる、$H_2O + CO_2 = H_2CO_3$という反応が起こる（この反応式は、いくつもの連続的な反応を単純化している）。[19] 同時に大陸の浸食で生じたカルシウムイオンが川に流れ込み、海に到達すると、炭酸と反応して水素イオンを放出し、炭酸カルシウム（$CaCO_3$）が生じる。二酸化炭素の主な吸収源の一つが、炭酸カルシウムからなるサンゴの化石化骨格（アラレ石という岩石を形成する）や、日のあたる地面や海面全体に分布する植物や藻類、プランクトンの群集など、生物による二酸化炭素の吸収だ。

しかし、大気中の二酸化炭素の吸収源として最も大きいのは、固体への沈殿だ。これは、水中にカルシウムと二酸化炭素が多すぎる場合に起こる現象で、やかんがミネラル沈着物で覆われるのに似ている。[20] 炭酸カルシウムの結晶が海底に蓄積し、[21] この沈殿物が十分な厚さになると、圧縮されて苦灰石や石灰石などの岩石になる。こうした岩石がかなり長い時間のうちにプレートの褶曲や断層によって押し上げられると、イギリスのホワイトクリフス・オブ・ドーバーや、中国広西チワン族自治区の石林のような、見事な地質学的構造が地表に現れることがある。

このような海水中での炭酸塩の生成によって二酸化炭素を減少させるプロセスは、二酸化炭素を吸収するポンプとして機能しうるが、それはそのプロセスが継続的に起こりうる場合に限られる。ここで登場するのがプレートテクトニクスだ。海洋底が数億年というタイムスケールで、ベルトコンベアのようにマントルの中に沈み込むときに、炭酸塩が豊富な堆積岩も一緒にマントルに取り込まれるのだ。早い段階ではこうしたプレートテクトニクスの作用が、大気中の二酸化炭素を減少させていただろう。

やがてプレートテクトニクスのサイクルが進んでいくと、地中に沈み込んだ二酸化炭素の一部が火山の噴火口からふたたび吐き出されるようになった。そして現在は平衡状態にあり、二酸化炭素の大半が再度地殻やマントルに注ぎ込まれている。ホワイトクリフスに吸収されている二酸化炭素をすべて足し合わせ、その量を地球全体にあてはめ、さらにマントルに吸収されていると考えられる二酸化炭素量を加えると、大気中では約一〇バール分に相当する二酸化酸素が地中に固定されていることになる。もしこれだけの二酸化炭素が大気中にあれば、地球は暑さにうだっているだろう。

大陸が浸食されて惑星全体の海に運ばれ、沈殿して炭酸塩になるというプロセスで、金星大気中の二酸化炭素すべてを沈殿させられると考えよう。その結果として、厚さ八〇〇メートルの炭酸塩からなる上部地殻ができる。[22] この地殻の表面は明るい色をしているため、太陽光を宇宙空間に反射させられる。それによって、金星はかろうじて生命居住可能(ハビタブル)な惑星になることができる。それは目を見張る風景だが、殺風景で落ち着かないだろう。性能のよいサングラスをかけたほうがよいかもしれない。

ごく最近の地球は、「テラフォーミング」がもはやSFの素材ではないという、憂慮すべき状況にある。私たちは一つの種として、自分たちにとって短期的に都合がよいように、地球生命圏に存在する炭素隔離システムの均衡を崩すことに決めたのだ。最後に確認したときには、ガソリン価格は一ガロン(約三・八リットル)あたり三ドルを切っていた。この安さは、目の前にある広く知られた事実を無視して、埋蔵炭素を見境なく使っていることを物語るものだ。[23]

NASAのボイジャー1号が1979年にガニメデをフライバイした際に撮影した、17枚の写真のモザイク画像。表面が更新された地溝や、角張った区画、新しいクレーターや、いくつかのクレーターが見える。月のような盆地はない。この模様がある表面の下は、厚さ100キロメートルの氷があり、さらにその下には液体の塩水の海がある。この海の下には、VI相の氷からなる基底層があり、さらに水和ケイ酸塩へ、そして最終的には岩石質マントルと、密度の高い金属コアへと移行する。NASA/JPL

私たちが知る生命は水を溶媒としているが、その生命ははかりしれない多様性を持つ。詳しい証拠は残っていないが、地球上に初めて登場した生命は、冥王代の終わり頃に水中の環境に好んで生息した「極限環境微生物」だったことがわかっている。その中には、好塩菌や好熱菌、好圧菌といった微生物がいて、それぞれ塩水や、間欠泉周辺、深い地下という環境で繁栄していた。極限環境微生物は消えてはいない。ニッチに移動しただけだ（火星の地中にある塩水の帯水層についてすでに考えたように）。しかしそうした極限環境微生物は一つ残らず、どれだけ極端な生物であっても、生存のどこかの段階で水を必要とする。それでは、他の場所ではどうだろうか？

考えるべき場所としてまず思いつくのが、

氷に覆われた天体としては太陽系で最も質量が大きい、直径五〇〇〇キロメートルのガニメデだ。既知の衛星では最大であり、それは太陽系外惑星に巨大な衛星が検出されないかぎり変わらないだろう。ガニメデには地下深くに地下海があることが、ＮＡＳＡの木星探査機ガリレオによる磁場観測（後ほど詳しく説明する）と、熱と圧力を受けると氷が溶けるという単純な事実からわかっている。ガニメデの海の深さや面積はわかっていない。その化学組成や鉱物組成は推測する必要があり、氷の下の地質学的特徴については当て推量の世界だ。ガニメデは、厚さが五〇～一〇〇キロメートルの硬質の氷殻に覆われており、数十億年前に発生した最後の大規模な天体衝突以来、表面と海との相互作用は起こっていない。ガニメデの奇妙な海の下にロボット探査機を送り込むのは、最も近い惑星系の探査ミッションよりも難しいだろう。それでも、それが実現するまでの間、自分たちで見て、考えて、検討することはできる。

ガニメデの海はさまざまな方法で加熱されている。まず、この天体が一つになったときに生じた重力結合エネルギーがある。このエネルギーは、衝突集積時にガニメデを完全に融解させるのに十分なほどだった。ガニメデの集積は比較的短時間だったが、内部の熱が外に逃げていくには何億年もかかる可能性がある。次に考えられるのが、ガニメデの岩石内に含まれるウランなどの放射性元素の崩壊熱だ。短時間で崩壊する元素もあるが、カリウムやトリウム、ウランのような元素は寿命が長く、何十億年もエネルギーを生み続けて、ガニメデの内部加熱の大半をになう。そして潮汐加熱がある。この効果もやはり大きく、そして一部の衛星系では何よりも長く持続し、ことによると一兆年にわたって熱を作り出すかもしれない。

潮汐加熱について理解するために、まず月を考えてみよう。月は潮汐固定が起こっているため、つねに表側を地球に向けている。もし月の公転軌道が完全な円だったら、月の表側から見ると、地球は空の上で動かないように見えるだろう。一方で、太陽と恒星は月の空に一ヵ月周期で上ったり沈んだりし、それが月にとっての「一日」でもある。実際には、月の公転軌道は完全な円ではなく、離心率が五パーセントの楕円形だ。月はケプラーの法則にしたがって、地球に最も近い距離を公転するとき（近地点）には速度がやや速くなり、最も遠くを公転するとき（遠地点）にはやや遅くなる。月の自転速度は一定なので、近地点では公転が自転よりも速くなり、反対に遠地点では自転のほうが速くなる。そのため、月の西経九〇度にあるオリエンタル盆地近辺のコンドミニアムで休暇を過ごしていたら、地球はつねに東の地平線の上にあって、毎月わずかに高くなったり低くなったりするだろう。とてもすばらしい眺めだ。そのように空で円を描く地球は、月の内部に潮汐の振動を引き起こす。それがペーパークリップを繰り返し曲げるように、摩擦を発生させて、熱を生み出す。

現在の月は固体の弾性体であるうえ、地球は遠く、離心的なぐらつきもわずかしかないので、潮汐摩擦が生み出す熱は、小さな金属コアの周囲を固体と液体がどろどろに混じった状態にする程度だ。しかし、かつて月が地球にもっと近かった時期には、潮汐加熱の効果がとても大きかった。そして木星も、ガニメデの表面から見ると空で小さな円を描いているが、その頻度はもっと高い（七日周期）。さらに、木星が及ぼす潮汐力もさらに大きく、大量の熱を生み出す。ガニメデのどろどろした海洋マントルには往復的なずれが生じる。そしてその熱は、現在のガニメデを融解させるには十分ではないが、ガニメデがかつて完全に凍っていたとしたら、塩分を含む海が凍るのを防ぐには十分だ。

何にでも代償はつきもので、潮汐摩擦は衛星軌道からエネルギーを奪うため、軌道は時間とともに円形に近づいていく。[24] しかし月の場合には、その変化のペースがとても遅いことから、月が固い弾性体であることが推測できる。[25] 他の要因がなければ、ガニメデの潮汐加熱は最終的に停止して、木星は空でじっと動かなくなり、ガニメデの潮汐バルジは永続的なものになるだろう。しかし木星にはガニメデ以外にも衛星がある。ガニメデの軌道は、同じガリレオ衛星のイオとエウロパの軌道と固定されて、「平均運動共鳴」状態になっている。この後で説明するが、これはガニメデには、他の衛星との重力相互作用によって決まる、「共鳴離心率」があることを意味する。この共鳴状態は何十億年も維持される可能性があり、そうなると潮汐加熱が停止することもない。

系外惑星の基本的なデータから、宇宙には、広さが地球の表面積の五倍から一〇倍、深さが数十キロメートルの海があるスーパーアースが存在することがわかっている。そうした海で発生する海流や嵐、巨大地震による津波の威力などは想像するしかない。海洋底から山や火山がそびえ立ち、島や大陸になることはありうるだろうか？　私は不可能だと考えている。山は、それ自体の重さで崩壊してしまう高さ以上には高くなれない。重力が強い巨大惑星では特にそうだ。そしてそれは陸上だけでなく海中でも同じである。さらに深刻な問題は、高圧下では水がVI相の氷と呼ばれる固体に移行することだ。地球の海はVI相の氷が生じるほどの深さはないが、ガニメデの海は深さが数百キロメートルもあるため、水が凝固する可能性があるのだ。[26] 深さ三〇〜四〇キロメートルの海を持つスーパーアースには（実験データから推定すると）VI相の氷からなる海洋底があり、そこに火山の噴火口が開いていると考えられる。

水は光に対して完全に透明ではないので、光の差す水の惑星では、主要な生物圏は上層の数十メートルの範囲にあるはずだ。もしそれが存在するなら、プランクトンがあふれているか、広大な微生物マットによるコロニーが形成されているだろう。一方、このガニメデの海の底にある、基盤となるVI相の氷の地殻の上では、生命が広大な火山地帯近辺の完全なる闇の中で身を寄せ合い、熱水噴出孔（ブラックスモーカー）から噴き出す鉱物や、海面から降ってきた生物が腐敗して、高圧下で泥状になったものなどを餌としているだろう。もちろん、これはすべて推測であり、おそらくは正しくない推測だが、私たちは何があってもおかしくない世界に暮らしているのだ。これまでに見つかった水のある惑星は中心の恒星にかなり近いため、水蒸気に覆われている可能性が高く、したがって生命という観点からはそれほど興味深いところはない。しかし恒星からもっと離れた惑星は単に発見するのが難しいというだけで、「ゴルディロックスの水惑星」は実際には存在しており、もしかしたらもう見つかっているかもしれない。

そして恒星からさらに離れた、最も遠い水の惑星は氷惑星として存在する。ただしスーパーアースサイズの惑星の場合、内部の熱が外に出る必要があるために氷殻では地質活動が活発になり、冷却のタイムスケールは数十億年になる。[27] そんな惑星の地質活動がはたして想像できるだろうか。

地球型惑星の水は、ケイ酸塩の地殻との相互作用によって溶け込んだり、マントルから供給されたりした鉱物を含んでいる。水にマグネシウムと硫黄、ナトリウム、塩素、アンモニア（つまり、塩の成分だ）を加えてできる塩水は、純水よりも密度が大きく、純水なら凝固する温度でも液体のままだ。塩水の海が凍る場合に、最初にできる結晶は淡水からなる。こうした淡水の結晶は浮き、棚氷になる。こうした状況（凍結しない塩水が、断熱性のある氷殻に覆われている）こそ、銀河のどんな場所でも、水の海が長く持続するために必要な条件だといえる。

氷殻の厚さが増すにつれて、残りの水は塩分濃度がどんどん高くなり、温度がマイナス三〇度、さらにマイナス六〇度まで下がっても凍らない場合がある、奇妙な物質になるが、同時に溶岩のような粘性も出てくる。こうしたプロセスによって、冥王星は氷と塩水が予想もつかないような奇妙な挙動を示す、現実離れした低温の世界になっている。太陽系で最も魅力的な地質活動に数えられるのが、低温火山の活動だ。これは、塩水帯水層や海が最終的に凍るときに起こる。凝固した氷が膨張することで、残っていた塩水が圧縮され、どんどん小さな体積に押し込められる。そして歯磨き粉のチューブに開いた穴のように、塩水が押し出されて、噴火したり、流れ出したり、粘性が高い場合には栓のようにつまったりする。さらに、氷惑星の地殻が全球規模で膨張したり、地域的に割れたりする。ガニメデの厚さ数百メートルの氷殻には、まさにそうした現象の兆候が見られる。

　木星の氷衛星に向かう次の探査機は、ＮＡＳＡのエウロパ・クリッパーで、二〇二〇年代に打ち上げられ、エウロパへのフライバイを繰り返す計画だ。搭載するレーダーを使って、海に浮かんでいる氷床の底部で海を検出することを目指している。一方、現在開発中の欧州宇宙機関（ＥＳＡ）の木星探査機ＪＵＩＣＥ[28]は、二〇三〇年にガリレオ衛星をフライバイし、ミッションの最後の八カ月間はガニメデの軌道に入る計画だ。ＪＵＩＣＥのレーダーは、地下数十キロメートルまで届く性能を持つ予定であり、地下の湖が見つかるかもしれない。その湖の規模はおそらく、地球の南極のボストーク基地付近にある、いくつもの湖と同じくらいだろう。しかし氷衛星の内部を本当に理解するには、軌道からの「リモートセンシング」探査以上のことが求められる。これには、表面にいくつも探査機を着陸させ、それぞれが収集した地震データをまとめ上げて、３Ｄ地震波画像を構築する必要がある。その表面は、放射線が降り注ぐ危険な環境であり、割れ目や穴、ペニテンテ〔訳注：とがった氷の塔が無数に並ぶ現象〕でいっぱいの、結晶でできたおとぎの国だ。探査機の着陸を担当するエンジニアが冷や汗をかいて目覚めるような場所である。こうした私たちの理解はいずれも、実験室での実験や、ボストーク湖やマリアナ海溝、メキシコのキンターナ・ロー州にある水中洞窟といった、多様性に富んだ極端な水中環境での経験が基礎になっている。

表面のある天体というのは、ある特別なカテゴリーだといえる。着陸して、氷や岩、海といった通り抜けられない境界面で停止できる。タイタンは、着陸できる天体の中でも特に穏やかな環境だ。大量の大気があって、宇宙飛行士が地球大気に再突入するときのように降りていけるが、そのスピードはずっと遅い。大気は密度が高くて安定しており、重力が小さいので、将来的に飛び回って探査するのに最適な場所だといえる。

それでは、あなたが木星や土星のようなガス巨大惑星に自由落下していったら、どんなことが起こるだろうか？　まず、一秒間落下するごとに秒速数十メートル加速する。一分間で秒速数キロメートル加速するということだ。突入カプセルに乗って、静かだがとんでもない降下を続けると、やがて秒速六〇キロメートル（木星の場合）で希薄な上層大気に到達する。すると、動圧と乱流が増すことにより、どんな脊椎動物でも耐えられないような振動が生じる。あなたのカプセルに防振機能がついていればよいのだが。カプセルが、地球に再突入する宇宙飛行士の五倍の速度で落下する場合、運動エネルギーは五の二乗倍、つまり二五倍になる。このエネルギーを熱の形で逃さなくてはならないので、アブレータという耐熱材料を使った熱シールドが必要だが、その規模はアポロ計画の二五倍になる。[29]この時点であなたが生きているなら、透き通った木星の空をパラシュートで華々しく降下していく。下方には、色とりどりのすばらしい雲の風景が広がっている。しかしあなたは、その風景を楽しむ余裕はないだろう。木星の重力の中では、あなたの体重は四分の一トンにもなるからだ。

雲に向かってゆっくりと降下するにつれ、大気圧が増していき、宇宙船はきしむような音を立てる。宇宙空間の真空状態から超音速での大気突入、そしてこの惑星の奥深くへのゆっくりとした降下へという移り変わりに、船体が合わせているのだ。すぐに気圧が一バールの領域に到達する。地球の地表と同じ気圧だ。より深くなり、二バールになると、木星の気温は室温程度になる。そして気圧は、スキューバダイバーが水深一〇メートルで経験するレベルだが、耐えることはできる。それでも、宇宙船のハッチは開けないほうがいいだろう。どっと流れ込む空気は濃く、水素や二酸化硫黄、アンモニア、メタンが混ざり合っていて有毒だ。それに、数百ノットの突風が吹くことがあるので、ハッチをきっちりと閉めておくのが得策だ。

この強い風でパラシュートがずたずたに破れたりすれば、あなたは石のように落下する。最初のうちは、ほっとした気持ちになるだろう。自由落下中は重力という重荷がなくなるのだ。この物語の最終幕は短い。あなたは締めくくりとして雲頂(うんちょう)面を突き抜ける。そして密度の高い層に到達すると、ふたたび落下速度が遅くなり、最終的にぐしゃぐしゃにつぶれる。[30] 木星の大気深部の構造は、一九九六年に木星探査機ガリレオが投入した突入機の観測から、多少わかっている。この突入機が最後に通信をしてきた深さ一六〇キロメートルでは、気圧が二二バール、気温が一五二度だった。それ以外のことは、推測するしかない。その後、突入機のパラシュートは短時間で溶け、突入機は一時間以内に超臨界圧力状態の流体水素[31]に沈み、そこでチタン製の船体は分解されたはずだ。

この推論に問題となる点が何もないことは、読者にはわかるだろう。

パーシヴァル・ローウェル『火星』より（ローウェル天文台にて、1895年）

地球以外の惑星の表面で最もなじみ深いのは、アメリカの型破りな天文学者パーシヴァル・ローウェルが、衰退しつつあった巨人文明が掘った運河に水が流れていると説明した、火星の表面だろう。この運河は、火星の砂漠に点在する巨人たちのオアシスに水を引くためのものだとされた。「巨人たちの筋肉は、長さも幅も厚みもあり、私たちの筋肉の二七倍の力があるだろう」とローウェルは書いた。なぜなら、火星の重力は三分の一だからだ。物理的な面はともかく（この手のものができるには、火星の大気は薄すぎるし、気温は低すぎる）ローウェルが火星の運河について書いた本は、その時代に合った惑星科学に対する一般の人々の関心を高めた。

カール・セーガンは宇宙人探しの唱道者として、ローウェルよりも現代的な考え方の持ち主ではあったが、先入観を持たないことでは負けておらず、火星やタイタン、金星、初期の地球、彗星や小惑星、そして宇宙全体での生物誕生につながる化合物の進化について研究した。セーガンは、太陽系の惑星は宇宙全体にあるもののごく一部にすぎず、探査対象を決めるときには運のよさが必要だと考えていた。また、ボイジャーとバイキングという、それまでで最大規模の惑星探査ミッションを強力に後押しした。

火星の表面への着陸に初めて完全に成功したバイキング1号と2号は一九七五年に打ち上げられ、ほとんど問題もなく数年間運用された。どちらのミッションも、軌道から地表を観測するオービター（軌道船）と、生命居住可能性を調べ、生命の存在を確認するための実験を実施する大型の着陸機からなっていた。着陸機は凍りついた砂漠であるクリュセ平原とユートピア平原に着陸し、原子力電池によって心地よく温められながら、繰り返し訪れる夜と、霜降る冬を生き延びた。どちらもすばらしい探査をおこなったが、結局のところ、生命そのもの、あるいは生命が生存する見込みのある環境の発見という点では運がよくなかった。着陸機は固定されていたので、着陸地点から別の場所に移動することは不可能だった。着陸機による実験が正しいものなのか、あるいは適切な場所でおこなわれたのかどうかをめぐって、議論が巻き起こった。

科学の世界は移り気なもので、バイキングによる探査が徐々に終了すると、火星に背を向けてしまった。探査の取り組みは別のところに向かった。ボイジャーやガリレオが光り輝きながら外太陽系をかけめぐり、マゼランは金星の地質学的特徴を調査した。ロシア人は火星の衛星フォボスに着陸するという大きな挑戦をした。一九八六年には、日本、ヨーロッパ、ロシアの探査機がハレー彗星を出迎えた。NASAや他国の宇宙機関がふたたび火星探査に成功するようになるのは一九九七年以降だ。信じられないことだが、月探査も一九七六年から一九九〇年の期間にはおこなわれなかった。

新しいデータがないため、火星の水についての議論は、観念的で異論の多いものになっていった。私が大学院に入り、そうした最新の理論に初めて触れた一九八八年には、火星には大量の液体の水の証拠があったかどうかをめぐって、科学者の意見は真っ二つに分かれていた。主流だった説の一つが、運河や峡谷が刻まれたのは、数十億年にわたる砂が風で吹き飛ばされる作用か、ダストを含んだ二酸化炭素が地面から放出され、川のように流れる作用によるというものだ。とにかく、決して液体の水による作用ではなく、もしそうなら驚くべきことだとされていた。今となってみれば、一九八〇年代に火星の水についてこれほど懐疑的な考え方が広まっていたのは、たとえ懐疑主義は科学の得意とするところだとしても、奇妙な話だ。その後、最先端の分光計やレーダーを備えた現代の着陸機やオービターのおかげで、液体の水の証拠は否定できないものになっている。水は谷間や峡谷や、のんびりと流れる曲がりくねった川を流れ、大きなクレーター湖を満たした。北部平原では洪水が起こり、ボレアリス海ができたとされるが、この点は議論が多い。科学が力強く立ち直ったことで、火星探査は現在、NASAの太陽系探査予算の中で最大の割合を占めている。

そうした火星探査計画の中で最も野心的なのが、「マーズ2020」で開始予定のサンプルリターン計画だ。マーズ2020は巨大な火星探査車で、火星のジェゼロ・クレーターの内部にある河川デルタの付近に着陸し、サンプルを集めて、保管場所に蓄えることになっている。この作業がすべてうまくいった場合には、次のミッションではこの保管場所のすぐ横に着陸して、サンプルを回収し、それを火星軌道上に打ち上げる（ロシアのルナミッションが、一九七〇年代初頭に月面からサンプルを打ち上げたのと似たような方法だが、このミッションでは火星のより大きな脱出速度に打ち勝つために、より大型の帰還ロケットを使う）。最後におこなわれるのは、軌道からサンプルを回収して、地球に戻る「グラブ・アンド・ゴー」ミッションだ。全体としてとても複雑に聞こえるが、実際そのとおりだ。この三段階のミッションの予算を合計すると、ジェームズ・ウェッブ宇宙望遠鏡とほぼ同額の一〇〇億ドルになるので、このプロジェクトが同じレベルの厳しい目にさらされることは覚悟しなければならない（念のためにいえば、一〇〇億ドルというのは、金額としてはそれほど高額ではない)[32]。私のことを心配性と思ってくれてもかまわないが、このプロジェクトはやり直しがきかず、リスクが高いのだ。私たちは火星の表面からロケットを打ち上げたことが一度もない。地球との間で五分から二〇分の通信のタイムラグが生じるような、深宇宙の軌道から積載物を回収したこともない。そして、最初の二つのミッションがうまくいった場合には、最後のミッションはあまりにも重大すぎて失敗するわけにいかないので、コストは恐ろしく増えるだろう。代わりに私が提案したいのは、まず月での先端的なロボット探査技術を開発して、それによって技術成熟度を向上させたうえで、ジェゼロ・クレーターに残されたマーズ２０２０の保管サンプルを直接回収することだ。この方法でも、スケジュールには間に合うかもしれない。

火星からのサンプルリターンによって、生命の明白な証拠が得られるとしたら、驚くような話だろうか? 火星には四〇億年ほど前に生命が存在していたのは、当然のことだ。このことは推論からわかっている。当時の地球上ではかなり多くの生命が栄えていて、その痕跡はその時代の岩石に残されている。同時に、近隣の惑星との間で表面物質を互いに交換する、「弾丸パンスペルミア」という画期的な現象が起こっていた。これは、頑丈な形態の生物(たとえば胞子やウイルス、休眠中の細菌など)が大きな岩石に乗客として乗り込んで、宇宙へと放出される現象だ。当時の地球では、雨の海やオリエンタル盆地ほどのサイズのクレーターが形成されていたし、生物も繁栄していた。そうしたクレーター衝突により、地球の上部地殻の岩石が大量に地球離脱軌道に乗ったのである。深宇宙探査ミッションの計画に使われるタイプのソフトウェアで、そうした軌道をシミュレーションすると、放出された岩石が月や火星、金星、水星に到達することがわかる。場合によっては、わずか数年で到達することもあるが、数十世紀かかることのほうが多い。地球の生命はそうやって火星に輸送された。その生命が火星で生き延びられたかどうかは別の話だ。

シューメーカーは、メテオール・クレーターに関する博士論文研究の直後に執筆した、一九六三年の『地質学的時間の惑星間での関連性』という論文で、惑星間で表面物質の交換がおこなわれていると推論した。シューメーカーと仲間の研究者たちは、計算を重ねた結果、将来的には月面で初期の地球や火星からの隕石が見つかるだろうと結論した。そういった隕石を見つけるのが簡単ではないのは明らかだ。アポロ計画のサンプルからははっきりしたことがわかっていない。ただし、ダスト粒子が多少あったのは確かだし、花崗岩のような岩石もいくつかあっただろう。地球の上部地殻由来の岩石や堆積岩の大きなかけらを月で見つけて、回収できる場合、そのかけらはずっと理想的な環境で保存されてきたので、生命の黎明期のタイムカプセルの役割を果たす。「そうした岩石を識別できるかどうかは、なんともいいがたい」シューメーカーと仲間の研究者たちはそう認めている。[33]「しかしそうした物質が、有機物のヒッチハイカーをどんな遠くへでも運べたという可能性は、生命の起源に関心を持つ人たちにとって頭の痛い問題になるだろう」。

パンスペルミアはどのようなしくみなのだろうか？　生命が誕生しつつあり、大規模な衝突盆地が形成されていた時代、火星の一部分が宇宙空間に飛び出して、地球に衝突することや、その反対のことが起こった。この二つのルートでは、火星から地球へのルートをとるほうが多い。その理由は、火星はサイズが小さく、大気も存在しないため、物体の放出が簡単なこと、そして地球の外側の軌道にあって、小惑星の爆撃を受けやすいことだ。とはいえ、パンスペルミアは両方の方向で発生する。[34]大規模なクレーターが形成されると、直径数十メートルから数百メートルという小サイズの新しい小惑星がまき散らされる。その小惑星は生命にとって厳しい環境だ。しかし、若い惑星の地表付近の極端な環境にすでに適応していて、そうした小惑星に飛び乗った極限環境微生物は、どんなことが起こっても動じない。一気に宇宙に飛び立って、一〇年かそれ以上の期間を直径数十メートルの岩石に包まれて過ごし、やがて別の惑星の大気か海に衝突して、相当な衝撃を受ける。そんなことも、極限環境微生物にはバカンスのように思えるかもしれない。厳しく混沌とした環境という点でいえば、宇宙空間の放射線（これは岩石がシールドになる）を別とすれば、元の惑星の表面の環境とたいして変わらない。空隙が多い堆積岩に包まれた微生物は、特に大気のある惑星に衝突する場合に周囲の岩石が爆発するときでも、衝撃から守られる可能性がある。

　地球への小惑星の衝突は、生命を絶滅させることがあるし、民族離散（ディアスポラ）のきっかけにもなりうる。チクシュルーブ・クレーターを作った衝突では、ほとんどの生物が死に絶えた。しかし一方で、特に頑丈な生命は、衝突地点から一万キロメートルも運ばれて、地球上の新たな地域に生息するようになったことも考えられる。ゴキブリが恩恵を受けていたのは間違いない。より最近の話としては、科学者が南極横断山脈の高地で、海などに生息する珪藻の化石を発見している。この南極横断山脈の堆積物は二一〇万年前のエルタニン隕石のエジェクタだという説がある。[35]この衝突では、キロメートルサイズの小惑星が衝突して、南極海の海底に直径二〇キロメートル、深さ五キロメートルの穴があき、海山が崩れ、数千立方キロメートルの水が飛び散った。このとき海底に深く入り込んだ小惑星のかけらは、海洋地質学者による今後の掘削調査で見つかるだろう。海にできた穴は一分ほどで崩壊したが、その崩壊前の激しい活動で、富士山よりも高くそびえる中央丘が形成された。その後、高さ一〇〇メートルの津波が南半球全体に広がった。それ以降、そうした津波は三回から四回起こっている。エルタニン隕石のエジェクタの大半は、ふたたび海に落下したが、数億トンは宇宙空間に到達し、やがてはるか彼方の大陸に落下した。

エルタニン隕石のエジェクタが、南極横断山脈の珪藻化石をもたらしたかどうかは、証明するのは不可能だろう。火星の生命をめぐる論争を決着させるのはもっと難しい。それでも、それは心引かれる問題だ。生命が火星から、あるいは火星へ輸送されるには、エルタニン隕石よりも規模の大きな衝突が必要だが、そういった衝突は頻繁に起こってきた。火星で微生物マットか珪藻の化石を見つけたとしよう。そこになじみのある化学的パターンがあれば、地球上での大規模なクレーター形成のエジェクタとして火星に運ばれた生物を見ている可能性がある。つまり、そのとき目の前にあるのは地球由来の生物であり、その生物がなじみ深いのはそのせいなのだ。

とはいえ、パンスペルミアは火星から地球への方向で起こりやすい。さらに火星は地球よりも先に、生命が誕生する準備ができていた可能性がある。地球よりも小さく、放射性元素を含む溶岩と、巨大衝突の最終段階による地獄のような世界が早く冷えたからだ。火星に初期の生物が豊富に存在していたとすれば、それが地球に輸送されていたというのは、衝突の物理学や天体力学から考えても、争う余地のない結論だ。火星の生物が宇宙空間で生き延びて、さらに地球上に十分な量が運ばれて、定着していたなら、それが私たちの共通の祖先かもしれない。これは異論の多い説だろうか？　しかしこの場合は、仮説を検証できる。月面で最も古いレゴリスに混じった、初期の地球から放出されたエジェクタがあれ

火星のジェゼロ・クレーターの西側にある、湖底とデルタ堆積物からなる地形。ここは、NASAの次の火星探査車の着陸地として、まもなくよく知られた場所になる。この火星探査車は、将来的に地球に持ち帰るためのサンプルを収集する。泥や砂を古代湖に押し流して、堆積させ、デルタ（三角州）を作った幅広い流れは、さらにクレーターの西側のリムを破った。ここでは、大規模な洪水と絶えず流れる川の両方が作用していた。その後できた溝が、堆積層や、直径600メートルのクレーターを100メートルの深さで削っており、この場所を化石探しに最適な場所にしている。
NASA/JPL/U. Arizona

ば、そこに答えがあるだろう。

火星で、予想外でまったく未知のものが発見されたらどうなるだろうか？　つまり、生命の化石か、生きた生物を発見して、それが地球上の生命とはまったくつながりがないと証明することができたら？　これは第二の生命の起源なのだろうか？　それをどうやって証明できるのか私にはわからないが、ここで暗示されるのは、地球に似ていて一定の条件内にある環境なら、宇宙のどこででも生命が誕生することだ。しかし、生命の誕生がどこででも起こるなら、この地球上で起こった「最初の生命の起源」からの化学的化石が見つかる可能性も同じくらいあるし、それを見つけるほうがはるかに簡単だろう。ホモサピエンスがネアンデルタール人を押しのけたように、火星上では、第二の起源から生まれた生命がこの最初の起源からの生命に取って代わったのである。地球上の固有の生命が、火星からのパンスペルミアによる侵入を受けたこともあったかもしれない。その場合には、私たちは侵略してきた火星人ということになるだろう。

第4章

奇妙な場所と小さなもの

微惑星は、太陽に近いほど高速で公転する。それがケプラーの法則だ。したがって、あなたが地球の誕生した一ＡＵあたりをぶらぶらしていたら、そこよりも内側にいる近い微惑星はあなたを追い越していくだろうし、外側にいる微惑星はどんどん遅れていくだろう。このように異なるスピードで公転する微惑星が引き合って惑星を作るために、遅い微惑星が早い微惑星に追いつくことができるだろうか。それはできる。ただし、十分に強い重力を及ぼしあっていることが条件だ。しかし「ケプラーシアー」(ここで取り上げたような、隣接する微惑星が異なる速度で公転する傾向)が強い場合には、その領域では集積して惑星が形成されることはない。ケプラーシアーと重力のバランスをとることで導かれる、合体成長方程式にしたがえば、太陽のような恒星の周囲の原始惑星系円盤は、一ＡＵの距離に地球質量の一〇倍の惑星を生み出すことはできるが、一地球質量の惑星だと、成長するよりも早く、速度が引き離されるだろう。

そもそも、この問題を解決できる段階までたどり着く前に、「メートルサイズの壁」が立ちはだかっている。微惑星は、小型車ほどのサイズまで成長すると、数十年のうちに太陽に落下してしまうことが計算からわかっているのだ。それは板挟みの状況だ。合体成長して微惑星になるだけの十分なダストが周囲にある場合、同時に十分な量のガスもあるので、微惑星が成長するにつれ、そのガスの抗力によって太陽に落下してしまう。(向かい風のときにあなたの歩く速度を遅くしたり、低軌道衛星を地球に落下させたりする抗力と同じものだ)。しかし、すべての微惑星が太陽に落下するなら、惑星が存在するのはなぜだろうか？　太陽系の外には、確認済みの惑星系が数十個見つかっており、追加観測を待っている惑星系は数百個ある。さらに系外惑星はこれまでに約四〇〇〇個が確認されている。そう考えれば、惑星形成のプロセスはありふれたものだといえる。

この問題を解決するのは、微惑星がたくさんあれば、ガスの力学や、互いの力学を変えるため、集合して合体成長することのようだ。理論どおりに考えれば、単独の微粒子は太陽に落下するだろう。しかしそこが問題だ。単独の微粒子というものは存在しないのだ。実際には、無数の微粒子が集団で相互作用し、ガスに渦やウェイク構造を生み出す。そうすることで、集団で走る自転車選手のように他の微粒子を引きつけるのだ。これによって形成された微粒子集合体、つまり原初的な「ラブルパイル（破砕集積体）」型天体は散逸的であり、砂や穀類が入ったお手玉がエネルギーを吸収するように、新たに加わった粒子を受け止め、そこに衝突したペブル（小石）は抜け出せなくなる。そのため、原始惑星系円盤にあるガスは、集積を妨げるのではなく、むしろ微惑星の合体を助けるのだ。そうすることで、向かい風に負けないだけでなく、より多くの物質を集積することを可能にする。

これは「ペブル集積モデル」と呼ばれていて、もしこれが正しいなら、（モデルによれば）始原的な彗星や小惑星の主成分であるセンチメートルからメートルサイズの天体が存在することが期待される。それでは何がペブルと見なされるのだろうか？　一部の研究者は、初期の隕石に豊富に含まれている砂粒サイズの球体「コンドリュール」がその基準を満たしていると主張してきた。コンドリュールは主に、融解したケイ酸塩物質のしずくが固化したもので、その大半が、最も古い固体が形成されてから五〇万〜二〇〇万年後に形成された。これを考えると、実はコンドリュールの形成は遅すぎる。私には、コンドリュールは微惑星集積の材料ではなく、副産物[1]である可能性のほうがはるかに高いように思える。さらに、コンドリュールの大きさは細かいビーズほどで、このモデルで考えている「ペブル」には小さすぎる。他には、ＥＳＡの彗星探査機ロゼッタが接近したチュリュモフ・ゲラシメンコ彗星（67Ｐ）[2]など、人工衛星による彗星や小惑星のクローズアップ画像にペブルが写っているという意見もある。そうした画像からは、新しい穴の壁や露出部の表面がでこぼこになっていて、メートルサイズのグレープフルーツの集積体に似ていることがわかる。小惑星探査機オシリス・レックスの観測対象である、直径五〇〇キロメートルの小惑星ベンヌも、メートルサイズの「小塊」をたくさん集めて、弱く固めたような表面形状[3]をしているが、表面のサンプルが回収されるまで、実際にどうなっているのかを知ることは不可能だ。

表面がでこぼこの石が生まれる方法は自然界にたくさんあるという事実さえなければ、ペブル問題の解決ははるかに簡単だろう。衝突の衝撃で岩は砕けるが、砕けたかけらの大きさが一定にそろうことはない。熱による膨張や収縮によって岩が粒状になることがあるし、揮発物質がなくなったり、氷や鉱物がある相から別の相へ分解されたりすることもある。探査機がこれまで接近して探査できた、内太陽系に入ってくる彗星や始原的小惑星では、そうした粒子形成プロセスが支配的なのかもしれない。内太陽系は、太陽の影響が強い環境であり、彗星にとってはまったく新しい世界だ。チュリュモフ・ゲラシメンコ彗星の表面にあるバランスボール大のこぶは、太陽による加熱か、あるいは真空状態への反応であって、集積とはなんの関係もないかもしれない。

小天体であれ、大きな天体であれ、その集積についての理解には足りない部分がある。月面探査でさまざまな種類のサンプルが回収されていなかったら、月が最終的な巨大衝突で形成されたという、今で

チュリュモフ・ゲラシメンコ彗星（67P）にある、側面が切り立った穴からは、表面の下にある物質の構造がある程度うかがえる。写真にあるこぶの特徴的なスケールは3メートルほどだ。
ESA/Rosetta/MPS

は争う余地のない地質学的証拠が得られていなかっただろう。結局はこれが問題を解決する鍵だった。確かに、集積現象は、最初は微惑星で起こっていたが、それが父地球と母テイアの合体まで規模が大きくなっていったのだ。

　太陽系で巨大衝突が起こったことを示す根拠はいくつもあるが、最も強力な根拠が、月のマグマオーシャンについての予測だ。月の地殻はいくつかの点で二極化している。その組成もそうで、高地は長石と呼ばれる、カルシウムを含むアルミノケイ酸塩からなっているが、表側の低地は玄武岩と斑れい岩からできている。月が（巨大衝突の結果として）マグマオーシャンから固化したのなら、高地は、鉱物の浮遊でできた厚さ数キロメートルの地殻でうまく説明できる。マグマオーシャンが固化するにつれて、湖に氷が浮かぶように、その表面に長石の結晶が浮かび、積み重なることで、地殻が形成されたのだ。かんらん石もマグマの冷却によって形成されるが、密度が重いため、マグマオーシャンの底に沈む。そうしたことが起こっていたとすると、マグマオーシャンの固化途中で、かんらん石が豊富なマントルと、長石が豊富な地殻に挟まれたマグマ残液の層では、カリウム（Ｋ）と希土類元素（ＲＥＥ）、リン（Ｐ）、ウラン、トリウムの濃度が高くなる。これらの元素は固化中の結晶内に入り込みにくく、不適合元素と呼ばれる。こうしたＫＲＥＥＰ（クリープ）と呼ばれる層が存在する証拠は、月の多くの場所で見られるが、ほぼ表側に限られている。このマグマ残液への放射性元素の濃集が月内部の再加熱をもたらし、この熱がエネルギー源となって、月の低地で、他の部分の固化から数億年後に溶岩の流出が起こった可能性がある。

　巨大衝突による月形成説が一九七〇年代に初めて導入されたときには、プレートテクトニクス説と同じように、かなり懐疑的な目で見られた。誰にとっても、どこかに同意できない点が必ずあった。この説には基礎として、微惑星それぞれが地球型惑星になるという直接集積によるのではなく、まず水星か火星の大きさの原始惑星ができて、そこからが本番だという、重要な意味合いが含まれていた。今日では、地球型惑星形成の「最終段階」で原始惑星が原始惑星を破壊するという考え方は、主要なあらゆる月形成理論の枠組みになっている。私は、その考えが生命の起源の問題に深くあてはまると考えている。

それによって地球型惑星の「多様性」が最大化されるからだ。微惑星の直接集積だけでは奇妙な動物の存在を説明できない。

このような、微惑星が共食いしあって惑星胚になり、そのうえで一段と激しい衝突を経て惑星になる、階層的な合体が起こっているという説に加えて、他にも驚くべき新理論が提案された。巨大ガス惑星はいったん形成された後に、まるで空想にふけりながら池の上を滑っているスケーターのように、太陽に近づいたり遠ざかったりするという説だ。その結果として、そうした外惑星の動きに押される形で、太陽系の構造そのものが変化したのである。

そもそも木星が移動することはありえないような気がする。木星は地球の数百倍の質量があり、角運動量は太陽より大きい。しかし話はそれだけではすまない。この後で説明する「グランドタック」モデルでは、木星は太陽から三AUの位置から一・五AUまでさまよってきた後、最終的には土星も引き連れて、五AUの位置まで戻るのである。巨大惑星がそうした動きをしていると考えると、いろいろなことが説明できる。特に大きいのが、太陽系に見られる、化学組成や構造の隔たりだ。このモデルが詳細な点で正しいかどうかはまだ検証されていない。しかし、疑問の余地がないのは、地球型惑星で何が起ころうとも、こうしたさまよい動く怪物がもたらす危険にさらされているということだ。

巨大惑星の移動には、ポピュリストの勝利を意味する、信じがたいような原因がある。無数の微惑星の重力に影響されて、木星と土星の調子が狂ってしまったというのだ。それがどのようにして起こったのかを理解するために、微惑星そのものを見てみよう。巨大惑星が誕生した（と考えられているが、そう信じることに満足するべきではない）外太陽系を手始めに、微惑星がどこからきて、どのような目に遭ってきたのかを考えたい。

海王星の外側のはるか彼方には、何兆個もの氷天体が公転している。三〇ＡＵから五〇ＡＵにある中心的な天体群は、カイパーベルト天体と呼ばれる。太陽の周りを自由に公転する天体では九番目にサイズが大きい冥王星や、それほど大きくないが、九番目に質量が大きいエリスもカイパーベルト天体だ（疑問に思った人のために説明すると、土星や木星、海王星の主要な衛星はすべて、冥王星よりも質量が大きい）。カイパーベルト天体の大半は、他の天体と同じ一般的な軌道平面上を公転している。これにあてはまらない天体もあって、特にエリスは、軌道傾斜角が四四度あるうえに、離心率がとてつもなく大きく、太陽までの距離は三八ＡＵから九八ＡＵへと大きく変化する。こういったことが示す過去の歴史を、私たちはまだ整理している途中だ。その外側の領域には、冥王星型天体がいくつかさまよっているほか、巨大惑星が存在するとも予言されているが、やがて、天体の分布はまばらだが、全体の数ははるかに多い内部オールトの雲に移行する。これは数万ＡＵ先まで広がり、その先は最も近くの惑星系へと続いている。数百ＡＵ、あるいは数千ＡＵ離れた、外側の暗い世界のどこかに、地球よりも質量が大きい、冷たい獣のような天体が潜んでいる可能性があるが、その話はもっと後でしよう。

オールトの雲の中にある彗星を直接観測したことはまだないため、その天体の数は理論上のものだ。オールトの雲を起源とする天体が、内太陽系に真っ逆さまに潜ってきて、ふたたび星間空間に近い場所を目指して戻っていきながら、ときおりヘールボップ彗星や百武彗星のように見事なまでに燃え上がる様子から推測しているにすぎない（彗星が遠日点に戻る軌道の計算は簡単だ）。彗星は、太陽が生まれる前に存在していた分子雲の凝縮物であり、そのかけらを手に入れられるなら、宇宙化学者はどんなことでもするだろう。一方天文学者は、始原的な彗星が近日点（太陽に最も近い点）を通過する間に、イオン化されたガスが太陽風によって吹き飛ばされ、輝く髪の毛のように明るく見える様子を観測する。

これまでに発見されたカイパーベルト天体の中で特に興味深いのが、高速で自転するハウメアだ。ハウメアには、ヒイアカとナマカという二個の衛星も発見されている。ハウメアは冥王星によく似た軌道で太陽を公転している。自転周期は三・九時間で、自転速度がきわめて速いため、細長い回転楕円体の形をしており、長軸の長さは二〇〇〇キロメートルほどだ。この自転速度は、直径一〇〇キロメートル以上の太陽系天体の中ではきわだって速く、長軸は冥王星の直径とほぼ同じくらいになっているが、短軸は冥王星の直径の半分だ。冥王星やエリスよりも表面積がはるかに小さいにもかかわらず、太陽系外縁天体〔訳注：太陽系で海王星より外側にある天体。カイパーベルト天体やオールトの雲、冥王星なども含まれる〕では最も明るいのは、表面が雪と同じくらい白いからだ。これでも興味をそそられないというなら、ハウメアにはデブリの環がある。さらに、より小型で同じように明るく、水の氷を豊富に含むカイパーベルト天体十数個と力学的に結びついている。このことは、何らかの巨大衝突が起こった明白な証拠のように見える。[4]

惑星とは何かについて触れないままでは、冥王星をめぐる一般的な議論は完全なものにならない。二〇〇六年に国際天文学連合（ＩＡＵ）が可決した決議を、少し言い換えると次のようになる。惑星とは、「恒星の周りを回り、十分大きな質量を持っているために、その自己重力が固体としての力に勝る結果として、球状になっており、その軌道近くから他の天体を排除している」天体のことだ。一方、準惑星とは

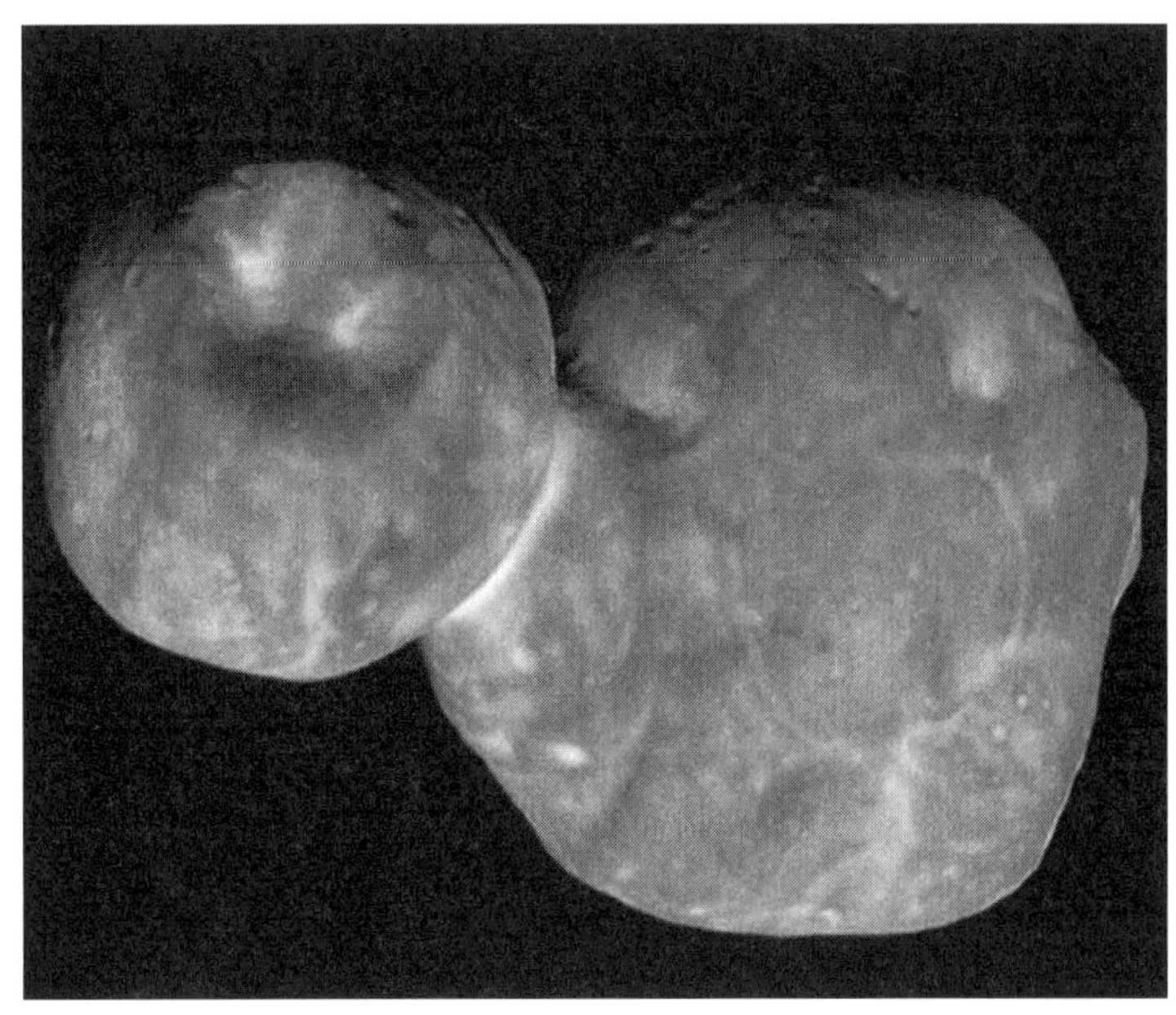

ウルティマ・トゥーレ（2014 MU69とも呼ばれる〔訳注：正式名称はアロコス〕）は、宇宙探査機が訪れた最も遠方の天体。長さ31キロメートルの始原的天体で、冥王星の軌道より10億キロメートル外側を公転している。太陽系形成のごく初期の集積か、低速の破壊的衝突の後の再集積で形成された、「接触二重小惑星」である。
NASA/JHUAPL/SwRI

「惑星と同じ性質を持つが、その軌道近くから他の天体を排除していない」天体である。単純な話に聞こえるが、本当にそうだろうか？　まず、恒星の周りを回る恒星を除外するように、この文章を修正すべきだ。そういう天体は惑星ではないからだ。次にそれと反対の極端な話として、宇宙船の中に浮かんでいる水滴も除外して、それが準惑星と呼ばれないようにしなければならない。これで問題がなくなるが、冥王星はどうなるだろうか？　冥王星は重力の作用でほぼ球状なので、その面では大丈夫だ。衝突クレーターもきわめて少なく、地質学的進化が活発だったことを表している。

そうなると最初の問題が出てくる。ＩＡＵの定義では地質学の面にはまったく触れていないのがわかるだろう。そして地質学的観点からみれば、冥王星は惑星だ。[5] ＩＡＵの定義は、惑星でない天体を「準惑星」（dwarf planet。「小さい惑星」の意味）と呼ぶという間違いもしている。この定義では惑星をサイズで区別していないからだ。冥王星が準惑星に分類されるのは、力学的に海王星に影響を受けているからである。ＩＡＵの定義を維持するならば、他の惑星系で見つかった地球質量の惑星が、液体の水を持っていて、ハビタブルゾーンを公転しているが、スーパージュピターの重力の影響を受けている場合、規則にしたがえばこれを「準惑星」（小さい惑星）と呼ぶことになる。これはばかげた話だ。

一九八〇年代後半、天文学者たちの頭は冥王星のことでいっぱいだった。冥王星とその衛星カロンの食が終わったばかりだったからだ（この食の画像は存在していない。当時はまだ、冥王星やカロンは単なる光の点にしか見えなかった）。その頃には冥王星とカロンの軌道と質量が正確にわかっていて、この食の観測から直径も明らかになった。そこから冥王星の平均密度を計算できた。一・九グラム毎立方センチメートルというのは、氷と岩石の中間の数値で、トリトンよりもわずかに低い（トリトンは海王星の衛星の一つであり、冥王星よりわずかに大きく、ボイジャー２号が一九八九年にフライバイしている）。食のスペクトル観測データから、冥王星とカロンの大まかな地質図が初めて作成されたが、そうした地質図をあらためて見ると、地球に似た系外惑星の姿が直接撮影されたときにどんなふうに見えるのかがイメージできる。天文学者は最小二乗法を適用することで、カラー地図のようなものを導き出した。[6] その地図

冥王星の発見者にちなむ「トンボー領域」と、隣接するスプートニク平原は、冥王星の表面に明るいハート形を描き出している。左奥にあるカロンはもっと色が濃く、冥王星から失われた有機炭素化合物を獲得している。ニューホライズンズのマルチスペクトルイメージャーによる観測結果の合成写真。
NASA/JHUAPL/SwRI

から、冥王星には、表面進化が長期間にわたって起こり、おそらくは今も続いていることを示す、変化に富んだ地質構造があることが疑問の余地なく証明された。

これにより、力学をめぐる疑問が浮かび上がる。冥王星の軌道は離心率がとても大きいので、冥王星の一年（地球での二四八年）の一二分の一の期間は海王星軌道の内側に入ってくる。惑星の軌道が交差していたら衝突してしまうと思うかもしれない。しかしこの場合は、海王星と冥王星の軌道が3：2の共鳴状態になって同期しているので、冥王星が海王星の軌道を横切るのは、海王星が軌道上のはるか前方か、はるか後方にいる時期だけだ。直径が二三〇〇キロメートルあり、その半分の大きさの衛星を持つ惑星が、傾斜角がきわめて大きく、離心率の高い軌道を公転し、海王星としっかりと軌道共鳴しているのはなぜだろうか？　冥王星サイズの惑星は、原始惑星系円盤の中心面上でしか形成されない。そこに物質がすべてあるからだ。そのため冥王星は形成後に、何らかの方法で最初の軌道から斜めに移動させられていなければならない。

　この疑問を解決する最初のアイデアとして提案されたのは、大きなカイパーベルト天体が海王星に近接遭遇したときに、重力によって「スイングバイ」したのが原因と考えることだった。もう一つのアイデアは、冥王星は海王星を回る軌道から逃げ出した天体で、トリトンの兄弟にあたるというものだ。トリトンは、冥王星と質量が近く、海王星の周りを「逆行」方向に、つまり海王星の自転と反対方向に回っている。トリトンの反対方向の公転を説明するためには、過去に何か奇妙なことが間違いなく起こっていたはずだ。[7]しかし、このシナリオ（「海王星接近天体」または「逃げ出した衛星」）のいずれも力学的には考えられない。海王星に接近する軌道にあった天体が、近づいてくる海王星から逃げるような軌道に移動するのは、ビリヤード台の反対側からバンクショットを決めようとするようなものだ。力学的な用語を使えば、それはセパラトリクス（境界面）の反対側にある、ということになる。

　一九九〇年代初頭、アメリカの天体物理学者レニュー・マルホトラが、冥王星の軌道が励起している（離心率や軌道傾斜角が大きい）という古い問題と、微惑星の散乱を原因とする巨大惑星の移動という、当時登場しつつあった新しい概念を結びつけることを思いついた。マルホトラの説によれば、海王星は太陽を回る氷天体の群れの中で集積した。ときどき、接近する小さな微惑星が海王星の周りをスイングバイ軌道でめぐっていき、遠くへ散乱された。そうした接近が何十億回と起こり、そのたびに海王星を少しずつ引っぱった。海王星は質量が大きいので、その力は小さかったが、合力として積み重なっていった。力は非対称的で、小さな微惑星の大半は海王星軌道の外側からやってきていたためだ（海王星軌道より内側の微惑星は、別の巨大惑星の形成段階で消費されるか、散乱されるかしていた）。そのために小さな不均衡が生じて、軌道の内側ではなく、外側に合力が働いた。最初の段階でかなりの数の微惑星があれば、海王星は最初の二〇ＡＵあたりの位置から太陽系の外側に向かって移動し、微惑星が散乱されるか、まばらすぎて問題にならなくなる時点まで、連続的に七ＡＵ以上移動した可能性がある。

冥王星は、海王星が最初にいた軌道の外側で誕生し、他の多くの大型天体とともに、その移動ルート上にあった。しかし海王星がそこまで到達する前に、冥王星などの天体は、冥王星が太陽を二周する間に、海王星が太陽を三周するという軌道共鳴につかまっており、結果として、海王星が冥王星に不均衡な影響を及ぼす、強力な重力的な結合が起こった。海王星は軌道が広がるにつれて冥王星を押していったので、冥王星の軌道が広がり、離心率や軌道傾斜角が大きくなった。それは、ブランコに乗った子どもは、いわれるままに高く押してやると、右や左にぐらつき始めるのと同じことだ。

もともとあったカイパーベルト天体の中でも特に大きなものの多くは、あまり運に恵まれず、海王星か他の惑星に集積するか、太陽系から完全にはじき出されるかした。しかし、巧みに身をかわして切り抜けたのは冥王星だけではない。冥王星よりも小さな、一〇個以上の天体が、海王星と軌道共鳴をするようになった。つまりそうした小天体（冥王星族天体〔訳注：冥王星型天体とは異なる〕）は、質量が地球の二〇倍もある巨大な海王星と協定を結ぶことで、さらなる混沌から保護してもらい、海王星の進行を妨げないようになったわけだ。

このモデルが観測をうまく説明できたことは、木星と土星もやはり形成後に移動しており、それには微惑星や微彗星との同様な相互作用がかかわっていたことを意味している。太陽系の最も厚みのある部分で誕生した木星と土星は、海王星のように太陽系の外側に向かって移動するばかりでなく、ときには内側にも移動した。木星と土星が大規模な移動を経験したという説を最初に取り入れたモデルは、この説を主に生み出したフランスの天文台にちなんで「ニースモデル」と呼ばれている。冥王星と海王星の公転周期のように、木星と土星の軌道もこの移動の間に相互作用したと考えられるが、その規模はより大きかった。計算を始めるときの条件によっては（二惑星の最初の位置や、微惑星の質量分布などを自由に決めることは、モデル計算でよくおこなわれる）木星と土星は、きわめて強力で偏りの大きい２：１の軌道共鳴を起こしながら移動する。つまり、土星が太陽を一周する間に、木星は二周するということだ。太陽系で質量が一番目と二番目に大きな木星と土星が、断続的に太陽のどちらかの側に並ぶため、太陽系はカム軸のバランスが崩れた重力モーターのようになる（木星がモーターだとすれば、土星の最初の衛星系は次に説明するシナリオにおいて、緩くなって振動するナットとボルトにあたるかもしれない）。

ニースモデルは太陽系外縁天体の構造をうまく説明できる。なぜならこのモデルでは、円盤上の天体を太陽系外縁天体の多くに見られる傾いた楕円軌道へ散乱させつつ、「古典的な」円盤を中心面付近の位置に残すからだ。さらにニースモデルからは、天王星と海王星の起源についてのヒントも得られる。

そうした巨大氷惑星が現在の位置で誕生したなら、形成プロセスを説明するのが難しいからだ。天王星と海王星に集積した物質は、元は二〇AUから三〇AUの範囲にかなり広がっていて、一〇〇年以上というゆっくりとした周期で公転していたはずなので、海王星がその物質から形成されるには一〇〇億年以上かかってしまうことが問題になるのである。オリジナルのニースモデルでは、この問題を解決できる。天王星と海王星は、土星と木星の間で形成された後、2：1の共鳴によって太陽系のバランスが崩れたときにはじき飛ばされたことになるからだ。しかし、ニースモデルは海王星が存在する理由を説明することはできるが、先ほど説明した、冥王星の軌道についての簡潔な説明を台無しにしてしまう。惑星形成の力学という複雑に絡み合った分野には、把握すべき進化モデルが数多くある。

ニースモデルによる最も有名な予測は、おそらく正しくないだろう。[8] アポロ宇宙船による岩石サンプルの実験室分析から最初に得られた観察結果の一つが、サンプルの年代には共通性があり、衝突溶融岩の多くが約三九億年前のものだったことだ。この時期は、隕石の数が大幅に増加した時期と考えられ、後期重爆撃期と呼ばれるようになっている。タイミングを考えれば、この後期重爆撃期があったのは、惑星形成が落ち着いてから数億年後にあたる。地球の地質学的記録に基づけば、それは偶然にも、生命が繁栄し始めたばかりの時期であり、とても重要な理論ということになる。月面にはこの時期に、雨の海や、五つか六つの似たようなクレーター盆地が形成されていた可能性がある。そして地球には月よりもさらに激しい隕石の衝突があっただろう。火星や他の惑星でも同じくらい激しいクレーター形成活動があったはずだ。[9]

最近では、衝突の年代が本当に三九億年に集中しているのかどうかについて、かなりの議論がある。

一つの理由には、アポロ計画では、月の表側の六カ所からしかサンプルを持ち帰っていないことがあげられる。数が増えつつある月隕石を考えに入れると、衝突の急増は一回ではなく、[10]四二億年前から二七億年前の期間に何度かのランダムな急増が見られる。こうした急増は、大きな小惑星が破壊されて大量の破片を生み出すという、確率的なイベントで説明できる。議論になっているもう一つの理由は、アポロ計画のサンプルを現代の「ナノ」レベルの装置でより詳しく調べると、もっと幅広い年代が得られることだ。赤と緑、青の靴下をランダムに混ぜて山を作ると考えよう。そこから靴下を一つずつ取り出す場合には（小さなサンプル）、「本当にさまざまな靴下（年代）があるなあ！」と結論するだろう。一度に一〇〇個の靴下をまとめて取り出したら（これは初期の分析と等しい）、それぞれの山には各色の約三分の一があるので、「この靴下の塊はだいたい同じに見える！」と結論するだろう。

もし後期重爆撃期があったのなら、ニースモデルで説明できる。ポイントは、木星と土星の共鳴が、惑星形成から約六億五〇〇〇万年後まで生じなかったことだ。初期の移動によって、木星と土星は危険地帯に近づいたが、残り一ＡＵを切ってから、恐ろしい2：1共鳴になるには五億年かかった。そして、この大規模な協力関係のスイッチが入ると、太陽系（形成が完了していたと思われていた）で、力学的活動の最終ラウンドと惑星の再配置が爆発的に始まった。太陽系には飛翔体の嵐が吹き荒れた。やがて二隻の巨大船が自ら招いた嵐から抜け出すように、木星と土星が共鳴状態から抜け出ると、平常の状態に戻った。

ニースモデルの基本的な問題[11]は、発表されてすぐに見つかっていた。木星と土星という巨大惑星がこの方法で移動するなら、地球型惑星とも軌道共鳴の状態になるだろう。たとえば、木星が最終的に地球と軌道共鳴の状態になっていれば、地球の離心率は現在の一〇倍まで大きくなっていた可能性がある。金星はさらに説明が難しい。現在の金星は離心率がほぼゼロだが、それがかなり励起していたはずなのだ。気の毒な火星は、遊園地での小さな弟のように無理やり連れ回されたはずで、計算によっては、地球軌道の内側に入り込む可能性もあった。その場合、近日点付近では、毎年数カ月にわたる非常に暑い夏には二倍の熱を受けるだろう。やがて火星の軌道は太陽を離れて、凍えるような遠い宇宙に向かい、数年間は小惑星帯を通過する。私の知るかぎり、道に迷った火星の気候をモデル計算した人はいないが、こうした極端な温度変化は、キャセロール〔訳注：肉の煮込み料理〕を冷凍庫に入れて、いったん解凍し、また凍らせるようなもので、古代火星の謎めいた巨大洪水の跡と一致する、激しい地形進化の時代を引き起こすかもしれない。

そうした火星への影響をどのように理解するとしても、最終的に地球と金星の軌道が励起するモデルはありえない。そうした変化はそもそも起こらなかったか、何かが地球と金星を鎮めていたに違いない。そして別の問題がある。ニースモデルによれば、後期重爆撃期は太陽系全体で起こるが、干渉する小天体の群れが土星の内側の衛星群を掃き出して、エンケラドゥスやミマスを何度も破壊していたはずなのだ。

こうした重大な問題はあったが、ニースモデルは絶えず形を変えることで回復力をある程度高めてきた。二〇一〇年には、巨大惑星の連続的な移動の代わりに、三、四個の海王星のような惑星が介する、突発的な移動が提案された。そうした惑星自体も微惑星によって引きずられ、そのうちの二個が生き延びたのだ。このモデルは「ジャンピング・ジュピター」と呼ばれる。巨大氷惑星が木星や土星の付近まで移動するたびに、相互重力が作用して、ラジオのチューニングを合わせるように、木星と土星は別の軌道に「ジャンプする」という反応を示す（これは数千年かけて起こる）。これによって、オリジナルのニースモデルの好ましい性質はそのままにしつつ、木星などが地球や金星との共鳴周波数に合わせなくてもよくなる。

後期重爆撃期がなかったのなら、木星と土星の共鳴が三九億年前に起こる必要はない。代わりに、こうした太陽系の力学的爆発が惑星形成の直後に起こって、ふらつく軌道や共鳴の相手を最終的にかき回して、惑星をあちこちに移動させていた可能性があり、惑星の起源をめぐる物語の幅が広くなる。このモデルでもやはり、天王星と海王星をはじき飛ばし、カイパーベルト天体を帯状に散乱させ、木星が不規則衛星を捕獲することはできる。ただし、惑星形成からしばらくたって起こるということはない。それでも、結局のところ、外太陽系についてのあらゆる理論を究極的に支えているのは、海王星と冥王星の結びつきかもしれない。冥王星や冥王星族天体が掃き出されるためには、海王星が徐々に外側に移動する必要があるからだ。こうしたシナリオはどれも、まだつじつまは合っていない。

火星は、木星と土星に内側から接しており、その意味では外太陽系への入り口だといえる。火星のとても奇妙な二個の衛星は、一八七七年にアサフ・ホールがアメリカの海軍天文台で、新たに設置された二六インチ屈折望遠鏡を使って発見した。ホールは二個の衛星を、戦争の神アレスの忠実で残忍な息子たちにちなんで、フォボスとデイモスと命名した。ここで惑星科学の世界でもとりわけ奇妙な物語を紹介しよう。その一五〇年ほど前、望遠鏡が火星の衛星に向けられるようになるずっと前に、ジョナサン・

スウィフトは『ガリヴァー旅行記』で、火星の二個の衛星について書いていたのだ。空飛ぶ島ラピュタの天文学者が「火星のまわりを回転している二個の小さな星、つまり衛星」(『ガリヴァー旅行記』、平井正穂訳、岩波文庫より引用)を発見したとスウィフトは書き表している。スウィフトは知る由もなかっただろうが、彼が『ガリヴァー旅行記』で考え出した二個の衛星の位置は、実際の衛星にとても近かった。[12]ガリヴァーが語った衛星のうち、内側の衛星は火星半径の三倍離れた軌道を一〇時間周期で公転するとしていた。実際のフォボスは二・八倍離れた軌道を八時間周期で公転している。旅行記に登場する外側の衛星は火星半径の五倍の距離を公転しているが、デイモスの軌道は六・九倍である。

この偶然の説明として考えられることの一つが、スウィフトは、一〇〇年ほど前に亡くなっていたケプラーの著作に関心があって、そこからアイデアを得ていたということだ。そのケプラーは、ガリレオの研究に大きな関心を寄せていた。一六一〇年のガリレオは、晴れた夜は毎晩のように発見をしていた。当時も現代と同じように、科学者は競争にさらされていて、研究結果を論文として発表するのが遅れたり、他の科学者に出し抜かれたりするという、今と変わらない心配を抱えていた。そのため、測定やデータの分析を進めている途中で結果を報告する手段として、暗号化したアナグラムをあちこちに送るという、一種の秘密の発表が広くおこなわれていた。この方法をとると、自分の発見が他の科学者に先を越された場合でも、そのアナグラムを元の文に戻すことで、自分が最初の発見者だという主張の証拠とすることができた。[13]

その一六一〇年に、ガリレオはごちゃ混ぜに並び替えた「smaismrmilmepoetaleumibunenugttauiras」という文字列を、ケプラーや他の仲間たちに送った。これをガリレオが意図したとおりに解読すると、

「altissimum planetam tergeminum observavi」つまり「私は最も高い惑星が三つの天体からなることを発見した」となる。ガリレオは土星の周りに「こぶ」を発見していたのであり、これは後の観測で環であることがわかる。一方のケプラーは、おそらく火星についての知らせがあると予想していたのだろう。数霊術の影響を強く受けていたケプラーは、地球に一個、木星に四個の衛星があるなら、その間の火星には二個の衛星があるはずだと信じていた。[14] そのためガリレオのアナグラムを楽観的に解読した。具体的には、一文字ずつずらして、形式ばったラテン語で「salve umbistineum geminatum Martia proles」つまりだいたいの意味としては「ひょう、二個のこぶ、火星の子どもたち」とした。そしてジョナサン・スウィフトは、ケプラーの科学研究だけでなく、一章で触れた、死後出版された科学小説『夢』も大好きだったくらいなので、火星の衛星についてのケプラーの説を知っていた可能性がある。軌道の距離については運がよかったのだろう。

フォボスとデイモスは、宇宙探査機によって撮影された最初の小天体だ。私は「小天体」という用語を、回転楕円体になるだけの十分な重力を持たない、不規則な形の天体の意味で使っている。フォボスとデイモスは本質的には小惑星ではない。しかし、この二つの天体は小惑星帯から捕獲された侵入者だというのが、そう遠くない昔には主流の考え方だった。確かにこの二つの天体はクレーターが多い暗赤色の塊で、小惑星に似ている。しかし惑星周囲の軌道に小惑星が捕獲されるというのはきわめて起こりにくいことだ。それは数ブロック先を走っている自動車の開いた窓に、テニスボールを投げ込むようなものだが、それよりもずっと難しい。惑星との遭遇の速度が速すぎると、小惑星は捕獲されない。遅すぎると惑星に衝突してしまう。たとえうまく捕獲されても、小惑星はあらゆる方向から火星にやってくる。火星の赤道面に到達して、円軌道を回るようになるというのは、二個の小惑星の片方だけでもとてつもない偶然で、まして両方がそうなるなどありえない。

一九八〇年代には、巨大衝突が火星のボレアリス盆地を作り出したという説が提案された。ボレアリス盆地は北半球にある低地で、これもまた地質学的特徴の二分性を示す地形だ。コンピューターモデルによると、これほど大きい盆地が衝突によって形成される場合、フォボスとデイモスを形成するのに十分すぎる量の物質を含むデブリ円盤が火星の赤道と平行にできる。しかしここから新たな問題が持ち上がる。ボレアリス盆地が形成される場合には、少なくともその千倍の物質が軌道上に放出される。これは直径数百キロメートルの衛星を作るのに十分な量で、地球を回る月の質量と同じ比率になっている。一方で衝突がもっと小さければ、衛星を形成するような円盤がそもそもできない。噴出物は火星に落下するか、逃げ出すかしてしまう。要するにすべてか無か、つまり、火星には大きな衛星があるか、まったく衛星がないか、いずれのケースしかありえないらしい。この問題は後でまた考えるとして、ひとまずここでは、とても面白い科学的な問題の一つとして味わっておこう。それは、一見するとささいなもの、つまりフォボスのような変わり者が、火星のような大きなものへの見方を変え、そして惑星形成そのものについての考え方を変えるという、常識を引っくり返すような話だ。

惑星形成初期には、厚みある円盤が金星から土星までの範囲に広がっていたと予想されるのに、実際の火星がかなり小さいのはなぜだろうか？　原始惑星円盤が一様に広がっていたとしたら、火星は質量が今の五倍か一〇倍あって、小さくて乾燥した惑星ではなく、もっと地球に似た、水が豊富にある惑星になっていなければおかしい。ここでもまた、巨大惑星の移動に基づいた、さらに奇妙なモデルが出てくる。先ほど一度触れた「グランドタック仮説」[15]によれば、木星は現在の五ＡＵの位置ではなく三ＡＵで誕生し、コアも氷ではなく、岩石でできている。その位置から、現在の火星の位置である一・五ＡＵまで移動して、そこにある物質をほぼすべて取り除いてしまう。次に土星が生まれて、太陽系の内側に向かって移動し始める。やがて木星との３：２共鳴に捕獲され、そこで動けなくなる。それは冥王星と海王星が動けなくなるのと同じだが、質量比はもっと小さい。これが木星と土星の軌道に強力なトルクを生み出す。このトルクによって、木星と土星は外側に引きずり出され、どちらとも現在の軌道に落ち着く。

大きく一歩下がって、どういう状況になっているのかを整理してみよう。巨大惑星の移動が起こって、それが太陽系のもともとの構造を変化させた。科学者たちは、火星の質量の小ささや、まばらに分布するカイパーベルト天体の存在、海王星と冥王星の共鳴軌道、そして月の後期重爆撃期（もし起こっていれば）などの、一定の事柄を説明できるモデルをいくつか考え出してきた。[16]しかし、そうした移動がいつ、どのようにして、どんな順序で起こったのか、そしてそれがどんな変化を引き起こしたのかについては、不確定性が大きい。それに加えて、太陽系が実は珍しい存在だというはっきりとした証拠がでてきた。モデルを調節するダイアルからつまみが外れてしまったような、困った事態だ。

このように木星は、誕生した位置や移動した距離にはあいまいさを残しているものの、銀河系全体で起こっている、巨大ガス惑星の周りでの衛星形成プロセスの典型といえるかもしれない。ガリレオ衛星は、木星形成が終わりに近づいた頃（先ほどの軌道共鳴が起こるずっと前だ）、木星の周囲にある氷とダストからなる巨大な周惑星円盤からできたというのが最近の説だ。木星の最初の衛星は完成しなかった、あるいは完成したうえで、いったん形成された後に、円盤との重力相互作用で木星に落下した[17]（質量が十分に大きければ、衛星はガス円盤内に密度波を引き起こし、潮汐効果と同じような非対称な力を生み出す）。

そうした質量が大きく、直径が数千キロメートルある衛星は、集積プロセスの最終段階として、木星に次々と落下していった。しかし、木星は内部に金属水素のコアがあるため、高速の自転による太陽磁場との相互作用から、強力なダイナモを生み出し[18]、磁場を生成していた。この木星磁場が、木星に最も近いガスやダストを一掃して、「ドーナツの穴」のような間隙を作り出した。いったんこの間隙が木星の周りにできると（理論ではそういわれている）、新たに衛星が生まれても、円盤との相互作用による内向きの移動が起こらなくなる。そして次に衛星がダストと氷から作られると、この間隙の縁を公転するようになった。これがイオだ。

イオは、誕生時には氷が多かったが、最終的には生まれたばかりの木星が放射する、溶鉱炉のような熱に近いところに捕獲された。次に木星に近づいていった氷衛星はエウロパで、イオと２：１との軌道共鳴に捕獲されたところで、内側への移動をやめた。それは、レコード針がレコードの溝にきちんとおさまるようだった。エウロパは木星から遠い軌道に後からやってきたので、表面の氷の多くがそのまま残った。次に誕生したのがガニメデだ。その名はゼウスが給仕にするためにさらってきた若い羊飼いにちなんでいる（ガリレオ衛星はどれもゼウスが寵愛した人間から名前をとっている〔訳注：木星（Jupiter）の名はローマ神話の主神ユピテルにちなむ。ユピテルはギリシャ神話の主神ゼウスにあたる〕）。ガニメデの内側への移動も、エウロパとの２：１共鳴に捕獲されたところで終了した。

この軌道が固定された三つ子の衛星は、「ラプラス共鳴」と呼ばれる、複数の天体による共鳴状態になっている。これは多分野で才能を発揮したフランス人科学者で、この三つの衛星がきわめて安定な状態にあることを証明したピエール・シモン・ラプラスにちなむ。ラプラスの理論によれば、第四のガリレオ衛星（愛すべきカリスト）もその後、最後に内側に移動するはずだった。しかしそのときには、木星の周囲の円盤はなくなっていたため、カリストの移動はガニメデに追いつく前に終わってしまった。宇宙に存在する特に巨大な惑星が、木星のような方法で形成されれば、最終的に数珠つなぎのような共鳴状態になることが一般的だと考えられる。このことが重要なのは、そうした共鳴関係は長期にわたって衛星内部に潮汐加熱作用をもたらし、それによって生命の維持が可能になるからだ。

この鎖状共鳴にある衛星の軌道は、円軌道ではなく楕円軌道になる。そうした衛星は、一回公転するたびに木星によって変形され、満潮と干潮を経験する。これによって潮汐散逸が起こり、それが原因での衛星軌道が拡大する。ただし、共鳴関係にある他の衛星と一緒でなければ移動できない。結果としてこの衛星系は、太陽系の年齢よりも長い、数百億年にわたって安定して動き続ける、十分にねじを巻いた時計のようになる。潮汐による摩擦加熱の効果は大きく、理論にとどまらず、実際に観測されている。たとえば月と近いサイズの衛星で、軌道半径は木星半径の五倍しかないイオは、表面が火山に覆われていて、太陽系で最も地質学的に活発な天体である。

木星からの距離が大きくなるにつれて、潮汐加熱は急激に減少する。潮汐力が小さくなり、それぞれの軌道が長くなるので、潮汐振動が弱まるためだ。したがってエウロパの潮汐加熱は、イオの熱流量の高さに比べると控えめである。放射性崩壊熱が加わることで、エウロパの熱流量は、氷殻の下に液体の

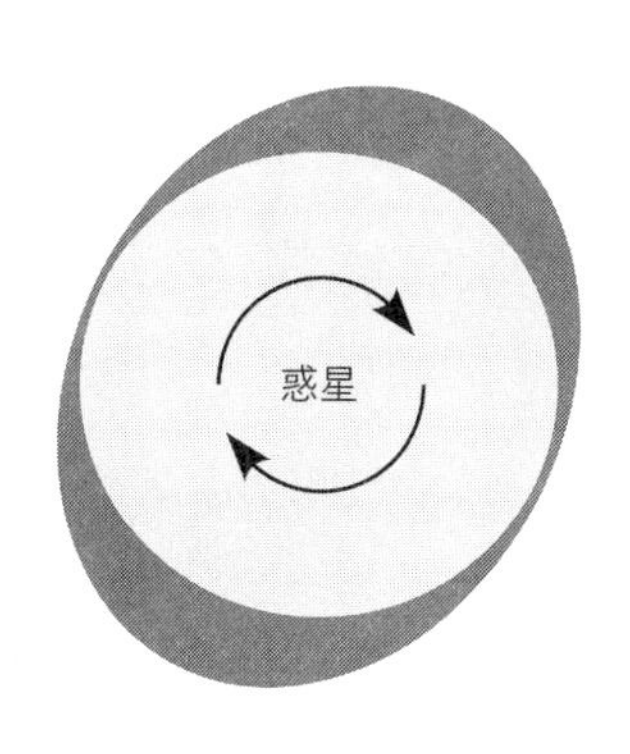

惑星上にできる潮汐バルジは、衛星の直下点よりも自転方向の前方にある。このせいで、重力の不均衡が生じて、衛星にトルクがかかり、衛星は外側に移動する（この図の場合）。衛星にも潮汐バルジがあるが、惑星と潮汐ロックの関係にある場合（これはすぐに起こる）、潮汐バルジの位置は固定されていて、この図のように惑星を向く。しかし衛星の軌道が楕円の場合には、衛星の潮汐バルジ（図中では大きさが強調されている）は前後に揺れる。こうした変形が繰り返される場合に生じる摩擦が、イオでの過度に活発な火山活動の原因になるとともに、他の衛星の地質活動を活発にしている。初期の月では潮汐加熱が十分に起こっていたため、内部は融解状態が保たれていた。その後（月の引力により、地球に潮汐バルジができたため）月はこの図の位置から外側に、（この図の縮尺で）ページ幅の十数倍の距離を移動した。その結果、現在では潮汐加熱は弱くなっている。

水の海が存在するのに十分な程度になる（水は凍ると浮くので、熱を維持する断熱カバーになる）。ガニメデもラプラス共鳴になっており、潮汐加熱は弱いが、他の衛星よりも強い放射性崩壊熱にも支えられて、やはり液体の水の海が存在している。実際に、最初にラプラス共鳴に捕獲されると、潮汐加熱の衝撃を受けて、粘性の高い塩水があふれ出たり、押し出されたりする噴出活動が起こった。こうした活動が、現在のガニメデに見られる、驚くような地質活動の起源かもしれない[19]。

潮汐と地球の自転によって、月が地球から離れる方向に移動しているように、ガリレオ衛星も木星から離れる方向に徐々に移動している。その移動は足並みをそろえておこなわれ、互いに衝突したり、それ以外の力学的な問題を起こしたりすることはない。しかし、ガリレオ衛星の軌道はつねに楕円のままで、その状態は太陽の寿命より長く続くと予想されている。また五ＡＵの位置にあるので、太陽が赤色巨星になっても大きな影響を受けることはないだろう。生命の起源と維持の観点からいえば、軌道に依存する潮汐エネルギーが長期にわたって一定に作用するということは、巨大ガス惑星がスノーラインの外側のどこに存在していても、その衛星では海洋環境が何十億年も維持される可能性があることを意味する。

もし固体の水、つまり氷が水に沈むとしたらどうなるだろうか？　外太陽系に位置するガリレオ衛星の海は宇宙に面することになり、すべての熱を一万年以内に失うだろう。ガリレオ衛星の表面は生気のない、干からびた皮のようになる。実際には、氷殻は水に浮かび、頑丈で安定した、断熱効果の高いシールドになっている。実をいうと、極低温の氷は花崗岩と同じくらい固く、どんな穴でも（たとえば隕石によるクレーターなど）あっという間に凍って元どおりになる。エウロパの表面温度はなんとマイナス二〇〇度だ。表面から数キロメートル下では、この冷たい地殻が海へと続く。その海の体積は、地球の海をすべて合わせたほどもある。

初め、エウロパの海の存在を裏付けるものは状況証拠しかなかった。エウロパの表面は氷でできていること、そしてエウロパ全体の密度が、厚さ数百キロメートルの水の層を持つ天体の密度に等しいことだ。液体の水と氷の地殻が、表面や表面直下で相互作用をしていることを示す、近い過去の地質学的証拠もある。また過去には彗星が氷殻を突き破って、その時点で液体の水だったと思われるものに到達したことがあったようだ。一方で、木星の潮汐による強い加熱があることも、理論だけでなく、火山に覆われた近くの衛星イオとの類推によって予想される。こうした証拠をすべて積み重ねたとしても、それは過去の状況である。つまりエウロパにかつて存在していた海のことだ。それでは、現在はどうなっているのだろうか？

木星探査機ガリレオは、画像撮影に加えて、他のさまざまな観測もおこなった。アメリカの惑星科学者マーガレット・キベルソンが示したのは、ガリレオ探査機が測定した磁場が、電気伝導度の高い海（具体的には厚さが一〇〇キロメートルで、ある程度の塩分濃度がある塩水の海）[20]を持つ衛星が、木星の強力な磁場（地球磁場の二万倍）の中を公転している場合に予測される磁場と一致することだ。[21]こうして電気伝導度の高い層が直接測定されたことで、地球以外の天体に全球規模の海があることが初めて証明されたのである。

エウロパの重力は地球の一〇分の一で、海の深さは一〇倍なので、海底での水圧は地球の海と同程度になる。そして驚くかもしれないが、氷殻の底部の海水温は、地球の氷棚底部の海水温とあまり変わらない、マイナス数度だ。それより少しでも低いと、海水は凍ってしまうだろう。エウロパの海水の塩分濃度は、電気伝導度から、汽水レベル（一リットルあたりの塩分量が一グラム）か、塩湖のような高濃度（一〇〇グラム）と推定されている。地球の海水は一リットルあたりの塩分量が三〇グラムなので、エウロパの海水はなじみのある環境かもしれない。この海の地球物理学的性質（海流の状況や、淡水からなる氷殻と海の相互作用など）は塩分濃度に左右されるが、海の塩分濃度は融解点や密度に左右される。

エウロパの潮汐加熱は、ほとんどが氷殻の底部で起こっていると考えられている。氷殻の底部では、潮汐変形によって摩擦の大部分が生じる。またにマントルの岩石からの放射性崩壊熱もある。海は上方

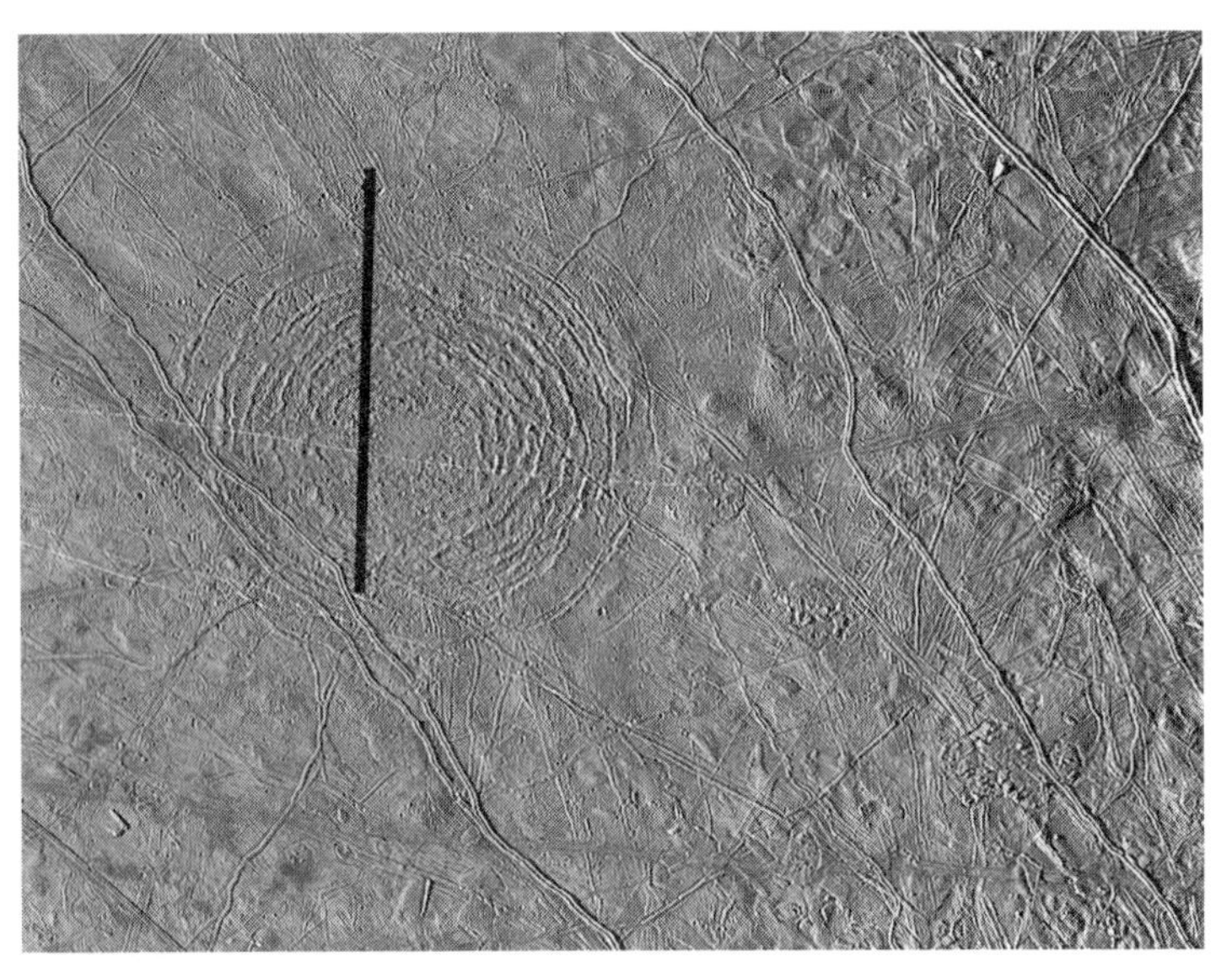

彗星の衝突でできた多重リング構造。エウロパ表面にできた「ティレ」という黒斑（マキュラ）で、外縁部分の直径は50キロメートルある。黒い棒はデータのない部分だ。ティレは数千年前に、直径5キロメートルの彗星が氷殻に衝突してできた。それは氷が張った池に石を投げるようなものだ。
NASA/JPL

から熱や光を受け取らない。また摩擦発光（固体同士をこすり合わせると光を発する現象）や生物発光（生物が光を発する現象）が起こる可能性があるものの、それを除けば、氷の衛星の海は永遠に真っ暗である。衛星表面とのやりとりは閉ざされているように見える。しかし、過去に水がエウロパの表面に穴を開けていたという証拠は数多くある。その一例がいわゆる「カオス地形」という、エウロパのあちこちに見られる地形だ。この地形はまるで、裏庭の泥の中で犬が遊び回り、それが冬になって凍ったように見える

エウロパのカオス地形に生じている亀裂はまれなものかもしれない。ガリレオ探査機では詳細に撮影でき

たカオス地形は数カ所だけだったし、その後の観測もおこなわれていない。しかし最近の望遠鏡による観測では、氷の表面に、引っぱられてできるような局所的な亀裂が生じている可能性が示されている。さらに、エウロパ周辺で雲状に漂う微量の酸素が何度か検出されたのは、何らかの小規模な現象が繰り返し起こっている兆候だといえる。一番よい説明は、水を多く含んだ噴火現象が最近発生したか、継続的に起こっているということだろう。エウロパについては、爆発現象のさらなる証拠を求めて観測が続けられており、そこからエウロパ探査の新しいアイデアが生まれる可能性がある。

生命にとって、エウロパの表面はぞっとするような場所だ。木星の巨大な磁場は太陽からの荷電粒子をとらえ、それをエウロパに注ぎ込むため、放射線の強度がきわめて高くなっていて、分子を分解したり、原子を電離させたりするほどになる。危険と知りつつエウロパ表面に出かければ、そうした放射線によって命を落とすだろう。機能を強化した無人探査機さえオーバーヒートさせるほどの強度だ。エウロパへの着陸機が計画されたことがないのはそのためだ。そうした着陸機の重量の半分は、放射線防護のために使わなければならなくなるだろう。それでも、もしエウロパに着陸するときは、地球固有の微生物でエウロパを汚染しないように注意しなければならない。着陸するだけなら、もしかしたら大丈夫かもしれない。放射線に殺菌能力があるので、表面付近を微生物で汚染するのは不可能だろう。着陸して、必要な地震探査や地質化学調査をすべておこなっている間に、探査機にたまたまヒッチハイクした微生物（ウイルスか細菌）のＤＮＡはずたずたになる。しかし、エウロパ探査を推進する多くの科学者は、それ以上のこと、つまり氷殻を貫通して、塩辛い海に潜るといったことを考えている。その場合には、私たちは慎重にならなければいけない。

22

ロシアの科学者たちは、地球の南極氷床内の深さ四キロメートルのところにあるボストーク湖まで掘り進めるボーリング調査をおこなってきた。太陽系内での第二の生物誕生が起こった場所を探したければ、この湖はすばらしい目標だろう。地球上で何百万年もの間、他の生物から切り離されてきたのだから。残念なことに、私たちが生きている間に探査をしたいという強い衝動が、科学に基づく警戒心を上回ってしまっていて、人間が慎重さに欠けるあまり、こうした実に独特な生物群系は汚染寸前である。それは一九世紀の考古学者たちがエジプトの墓を略奪したようなものだが、こちらのほうがもっとひどい。ボストーク湖にしろ、エウロパにしろ、仲間からはぐれた微生物がそこで元気に育っている可能性は十分ある。そして、それを発見しようとする不用意な試みによって、私たちがずっと調べたいと思っていた、本当の地球外生物というべき唯一の生態系を破壊してしまいかねない。

エウロパの真っ暗な海の中にたくさん生息している可能性がある生物にとって、地獄は自分たちの上に、つまり氷殻の上にある。そして天国は下にある。氷のふたに覆われ、海水と岩石の境界面にある熱水噴出孔や海山の周辺が彼らの天国だ。それでもときどきは、このタコの庭（オクトパス・ガーデン）が完全にかき混ぜられる。それがどのぐらいの頻度であるのか、エウロパにまばらにあるクレーターから推測できる。天文学者らは、数百万年の間に木星の領域にやってきた彗星の数について、かなり正確な手がかりを得ている。一方で、エウロパの表面には数百万平方キロメートルあたり何個のクレーターがあるかを数えることもできる。これらを組み合わせると、表面の年代として約七〇〇〇万年前という数字が出てくる。そして他より大幅に古い領域や、新しい領域はない。[23]

エウロパで何が起こったのだろうか？　この時期に、金星でも仮説として考えられているような、全球規模での地質学的な大変動が起こったのかもしれない。おそらくは、大規模な彗星か、失われた木星の衛星が衝突したのだろう。他には、海の熱や化学組成が階層構造を持つようになって、時間とともに重力的な不安定さが増した結果、ときどき海全体の上下が入れ替わり、それとともに浮いていた氷殻もひっくり返るという説がある。エウロパの海中に生息する生物が、表面からの贈り物を一時的に楽しむのはありえることだ。エウロパの表面には彗星のかけらやダストが埋め込まれているが、そうした物質は、太陽放射線や宇宙線の作用で新しい化合物になる。エウロパの深海には休眠状態の生物圏があって、そうやって熱した氷殻がひっくり返る次の機会をじっと待っているのかもしれない。

エウロパの大きなクレーターで特に古いもの（数千万年前のクレーター）は、氷殻を貫通して液体の海まで到達し、最終的な地形としてはほとんど残らなかったようだ。それ以来、氷殻は厚みを増していったようで、一番新しい直径三〇キロメートルのプイス・クレーターが形成された時点では、氷の厚さは少なくとも一〇キロメートルあったと考えられる。時間がたつにつれて、氷の厚さの増加スピードは遅くなっていった。熱の流出が止まり、厚みの増し方が不規則になったからだ。現在のエウロパの氷殻の厚さは、数キロメートルの場所や、ほんの数百メートルの場所がある一方で、一〇キロメートルかそれ以上の場所もあり、大きくばらついている。

エウロパの探査を目指す科学者たちが特に関心を持っているのは、氷殻が薄い場所、つまりどこであれ、ごく最近になって氷に穴が空いた可能性のある場所だ。ＮＡＳＡが近いうちに予定している探査機エウロパ・クリッパーでは、二〇二〇年代末にエウロパへのフライバイを何度か予定している。そのフライバイでは、レーダーと磁気測定を組み合わせて、レーダーを通す氷殻の下にある電気伝導度の高い塩水を検出することを目指している。氷が薄い領域は、将来の着陸地点の候補として注目されるだろう。

エウロパの三倍の質量を持つガニメデには、浅い海の存在を示すような表面地形はない。水の存在は、理論からの推測に加えて、電気伝導度の高い塩水の存在を示す磁場測定結果からわかっている。クレーターが変形したり、氷殻に亀裂が入ったりする様子から、ガニメデの地殻は氷でできていて、少なくとも五〇キロメートルから一〇〇キロメートルの深さまで続いているようだ。あまりにも深いのでどうでもよいだろうか？ これは、地球の生物圏の限界とされる深さよりも数倍深い。ガニメデの地下海まで達するには、まれにしかないほど巨大な天体の衝突が必要で、そうした衝突は太陽が年老いるまでふたたび起こらないかもしれない。ガニメデの氷殻の下に生物が生息していたら、たとえ他のあらゆる惑星より寿命が長くても、上が地獄で、下が天国だということに最後まで気づかないかもしれない。

ガリレオ衛星は、いったん木星の周りで形成された後は、とても質量が大きく、安定な配置にあるので、太陽系内の現象によってラプラス共鳴から解放することは、衛星自体を破壊する以外には不可能だ。衛星は形成されて以来ずっと、木星がどこに、どのように移動しようとも、その周囲で同期した状態にあった。その運動や海の潮汐加熱は、太陽が消滅してからも続くだろう。

木星には大きな衛星が複数あって、ラプラス共鳴になっている理由に納得できるなら、土星には大きな衛星が一個と、その兄弟の衛星が少しばかりあるだけだというのはなぜなのだろうか？ 説明の一つは、土星は小さすぎるので、周惑星円盤の内側に間隙を作るのに必要な磁気ダイナモを生み出せなかっ

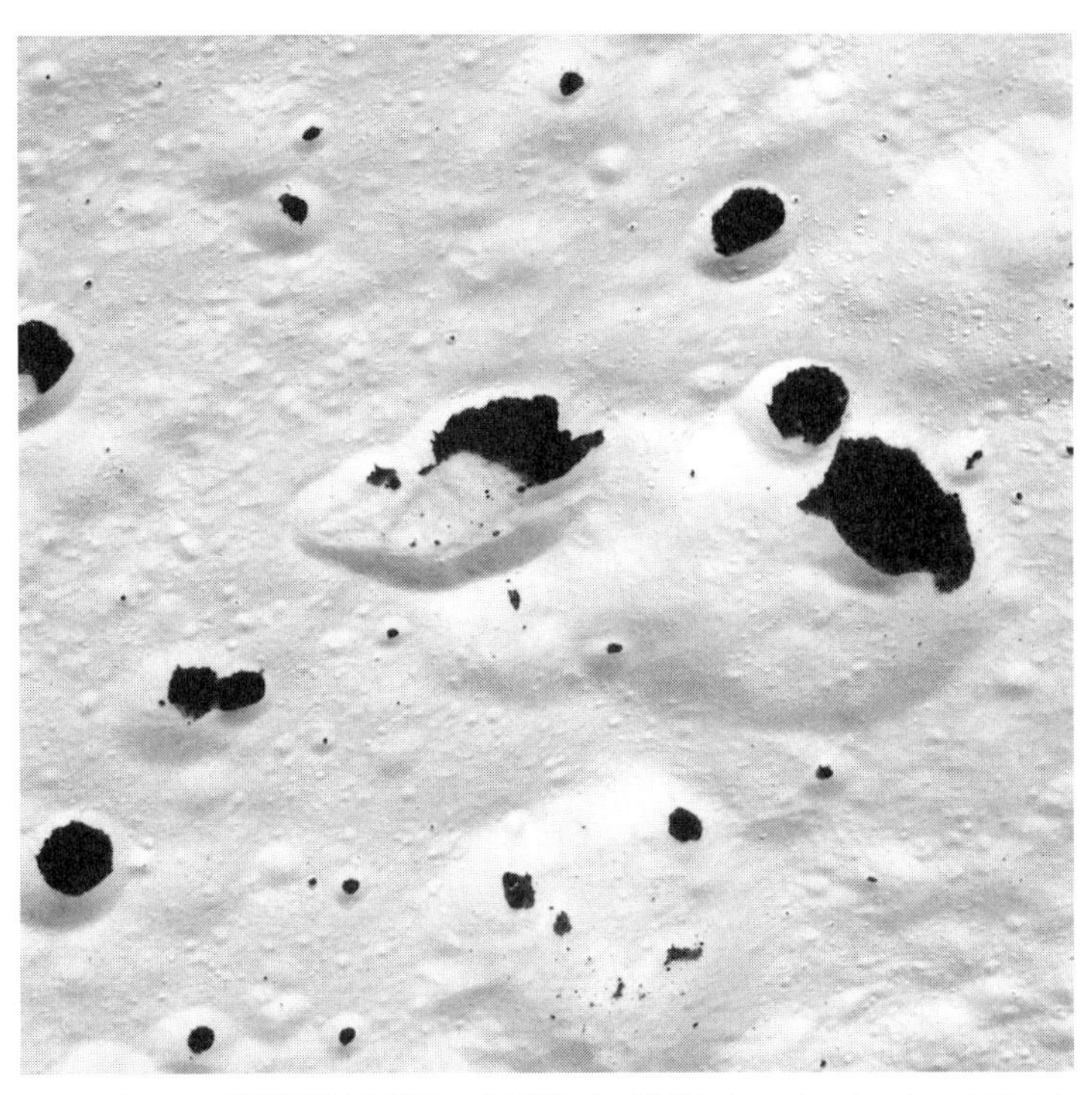

イアペトゥスの遷移領域を撮影した画像（一辺が35キロメートル）。イアペトゥスは土星から離れた軌道を公転する氷衛星だ。白の上に黒があるのか、黒の上に白があるのか、どちらだろうか。
NASA/JPL

た、というものだ。円盤に間隙がなければ、衛星は土星に落下し続ける。タイタンは、円盤のガスが消失した時点で現場にいた最後の衛星だった（と理論的には考えられる）。しかしタイタンだけでなく、「中型衛星」と総称されている衛星の存在も説明しなければならない。この種類の衛星は木星にはないものだ。

土星の衛星系の起源を解き明かすうえで最も重要な中型衛星はおそらく、イアペトゥスだろう。月の半分ほどの大きさで、タイタンの三倍の距離を公転しており、その軌道は大きく傾斜している。そうした特徴すべてを説明する必要がある。イアペトゥスの密度は氷よりもわずかに大きく、表面には真っ白な部分と真っ黒な部分がある。土星探査機カッシーニから高分解能画像が送られてきた後、その奇妙な特徴の意味を理解しようとしたカッシーニミッションの科学者たちは、最終的には困り果てて他の科学者たちに電子メールを送って、メディア向けの説明をなんとか考え出そうとした。何人かの科学者は、黒い部分は木炭より色の濃い有機物質でできていて、それが真っ白な土地の上に貼り付けられていると主張した。他の科学者はそれとは反対に、黒い土地の上に白い部分があるのだと主張した。どちらの陣営にも理論的な裏付けがあった。

土星の中型衛星のそれぞれには、独自の風変わりな地質学的特徴があり、どのように違っているかについての傾向が特に見られないことも、かなり困った問題だ。中型衛星には、アリスが落ちたウサギの穴さながらの風変わりな特徴があって、イアペトゥスはその手始めにすぎない。「七人のこびと」の一員といいたいところだが、土星の中型衛星の名前はギリシャ神話の巨人族や巨神族にちなんで、ミマス、エンケラドゥス、テティス、ディオネ、レア、タイタン、ハイペリオン、イアペトゥス、フェーベと命名されている[24]（最後のフェーベは、軌道が奇妙で、他の中型衛星より小さいので、カイパーベルト天体が捕獲されたのかもしれない）。土星の衛星はこのように驚くほど変化に富んでいるので、少なくとも私にとっては、今のところ惑星の多様性の起源を調べるための最高の実験室だ。

カッシーニは一三年にわたって土星の周りを回った。ここから得られた正確な計測データは、数百年前からおこなわれてきた、衛星が土星の影に隠れるタイミングの天文観測が正しかったことを立証した。

この観測から、衛星軌道の潮汐進化を正しく見積もれるようになっている。私たちは、土星が潮汐によって衛星を周囲に引きつけるのを見ているのだ。衛星をきわめて速く動かすためには、土星の内部は木星の一〇〇〇倍散逸的でなければならない。つまり、より多くの内部摩擦が生じることによって、一〇〇〇倍多いエネルギーが衛星の軌道に移され、移動が素早く生じるのである。この違いの原因はわかっていないものの、土星の内部構造は木星と大きく違っており、土星の磁場は木星よりはるかに弱い。結局のところ、ニュートンがはるか昔に初めて証明したとおり、土星全体の密度は木星の半分の〇・七グラム毎立方センチメートルであり、水よりも小さいのだ。

ここで土星の主要な衛星について、それぞれの地質学的特徴を簡単に見ていって、そこから何かわかるか考えよう。まずは、地質学的には死んだ状態にある小さな衛星ミマスだ。直径は四〇〇キロメートルで、氷と同じ密度だ。次は太陽系で地質活動が最も活発な天体に数えられるエンケラドゥス。この衛星は直径が五〇〇キロメートルで、密度からは、岩石と氷が半分ずつの組成だということがわかる。全球規模の海からアンモニアを豊富に含む水を間欠泉のように絶えず噴出している。その次はテティス。これはミマスのように主に氷からできているが、質量はミマスの二〇倍ある。次は土星の中型衛星で最も大きいディオネとレアだ。どちらの組成も岩石と氷がだいたい半分ずつで、どちらも奇妙で複雑な衛星だが、互いに似てはいない。次はおなじみの友人である巨大な衛星タイタン。直径は五〇〇〇キロメートルあって、惑星である水星よりずっと大きく、質量は冥王星の一〇倍ある。そしていろいろな点で地球にとてもよく似ている。

タイタンは、木星の氷衛星で特に大きいガニメデやカリストとほぼ同じ大きさだが、それらとはまったく対照的に、濃い窒素の大気と氷の大陸、メタンの海を持つ、驚くほど活発な衛星だ。幅数百キロメートルの大きな湖が複数あって、炭化水素で満たされている。その下にある硬い氷でできた地殻は、厚さが数十キロメートルある。さらに深いところでは、潮汐摩擦と放射性崩壊による内部加熱と、大きな圧力を受けて、エウロパやガニメデと同じように、タイタンの氷殻が液体へと変化していると考えられる。別のいい方をすれば、タイタンには二種類の海があるらしい。一番上には炭化水素の海があって、そうした海の湿地帯や水路、帯水層などは互いにつながっている。その下には固い氷殻があり、さらにその下に液体の海があるのだ。

タイタンの外側にあって、タイタンとの４：３の軌道共鳴に捕獲されているのは、不規則な形で転げ回るハイペリオンだ。その密度は氷よりはるかに小さいことから、かなり空隙が多いことがうかがえる。最後に、多くの仮説を台無しにしてしまうのがイアペトゥスだ。土星からの距離は、地球と月の距離に比率として等しく、どちらも中心惑星の半径の六〇倍の位置にある。またイアペトゥスの軌道は大きく傾いている。その外側には、不規則な形をしたフェーベがある。これはカイパーベルトからはぐれて捕獲された天体のようだ。さらにその先には、たくさんの不規則衛星があって、それらも捕獲された天体の可能性が高い。

こうした土星の主な衛星にはなんの傾向も見られない。土星からの距離による傾向も、直径や組成の傾向もない。それはまるで、神様がいきあたりばったりで衛星を作ることにしたかのようだ。まずは中型衛星を一個作ってここに置き、今度は氷殻を厚くして、岩石を減らした衛星をあそこに置いて、という感じだ。しかし土星の衛星がどのように形成されたにしろ、その位置は実は複雑に結びついている。

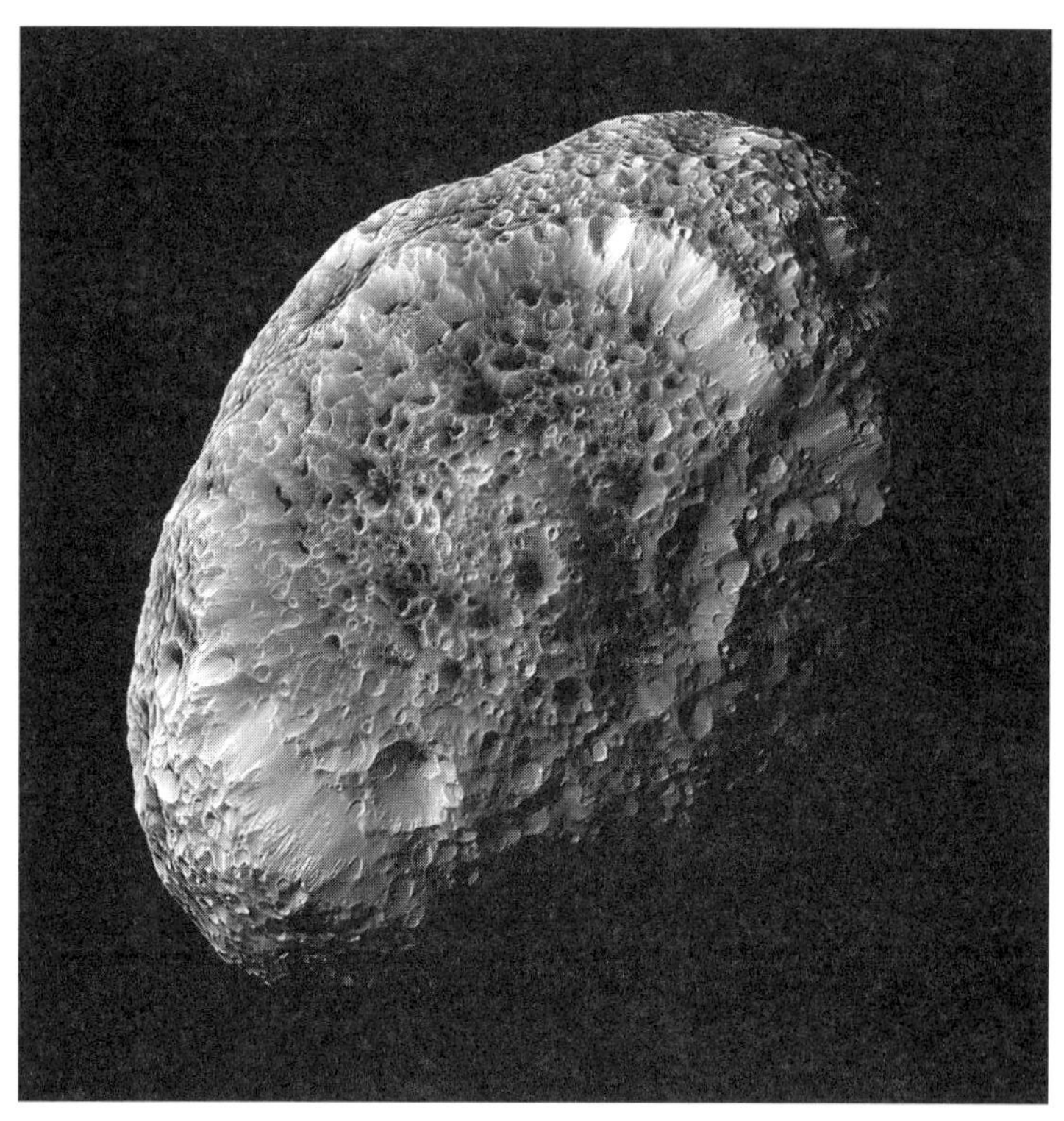

ハイペリオンは、土星の中型衛星の中では最小で、直径の平均は270キロメートル。全体の密度は氷の半分強しかなく、彗星の核と同じくらいだ。かなり空隙が多い構造である。この画像の分解能は約1キロメートルだ。軌道はタイタンと4：3の軌道共鳴状態にある。壁面が平らな崖が面しているエリアは、古い衝突爆発があった場所か、全球規模の構造崩壊が起こったエリアの可能性がある。おそらく、小さなくぼみはほとんどが衝突クレーターで、そこからサンカップ（氷の昇華により、雪などの小さな穴が広がる現象）ができていったと考えられる。ハイペリオン自体やタイタンとの関係については、まだわかっていないことが多い。
NASA/JPL/Space Science Institute

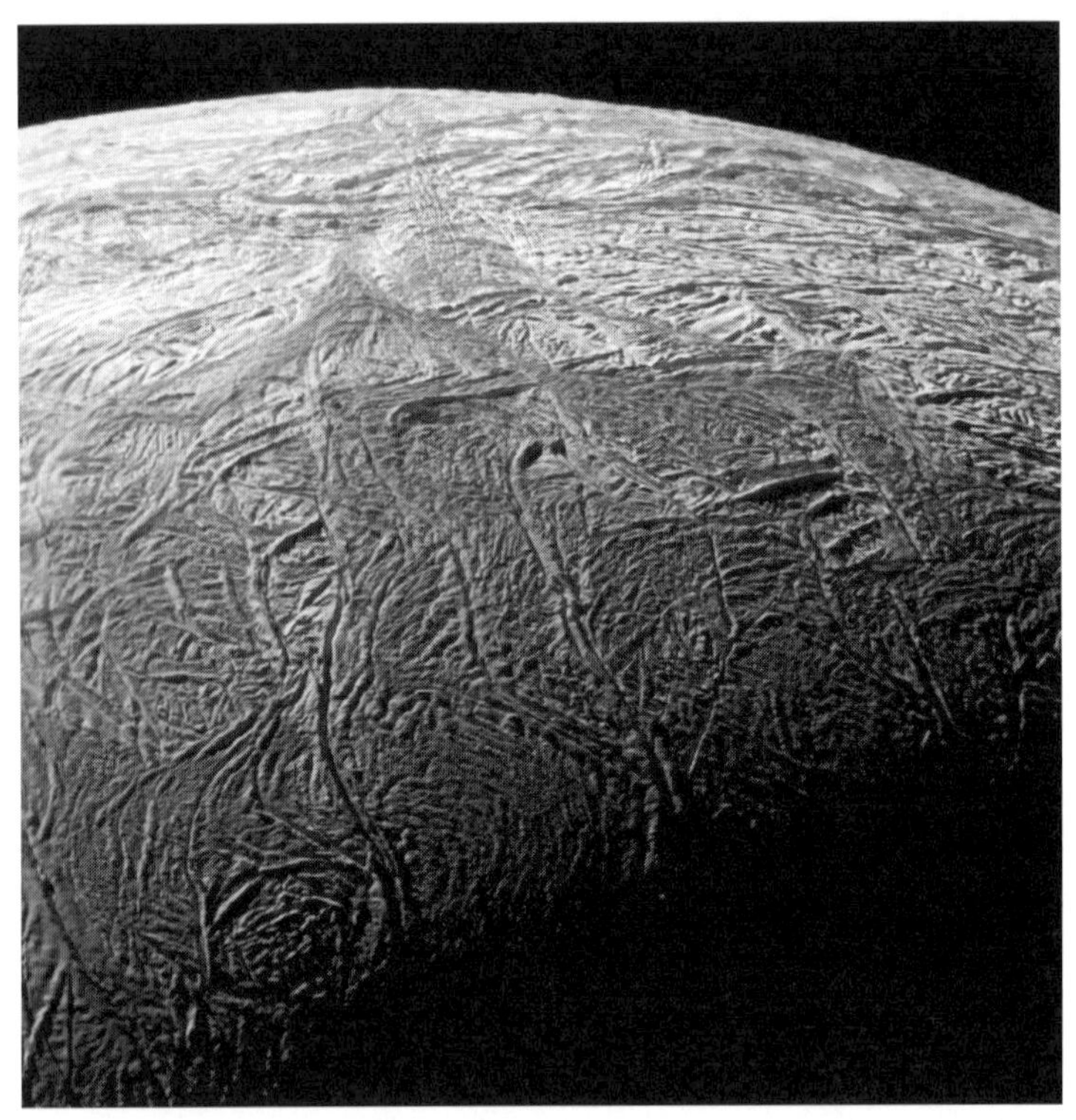

直径500キロメートルある土星の衛星エンケラドゥスの南極付近。2009年に土星探査機カッシーニにより撮影。見事な間欠泉の源であるタイガー・ストライプスと呼ばれる地形が画像の前方に見える。「バグダッドの溝」はその一つだ。タイガー・ストライプスは、赤外線カメラで撮影すると輝く縞模様に見える。NAPA/JPL/SSI

タイタンはハイペリオンを4：3の共鳴状態に捕らえている、ディオネはエンケラドゥスを2：1の共鳴軌道に、テティスはミマスを2：1の共鳴軌道に励起している。奇妙なことに、テティスとディオネにはそれぞれ、同じ軌道で土星を回る二個の衛星がある（この衛星は小天体で、テティスやディオスのほうが大きい）。こうした共有軌道をとる衛星は、現在は安定しているが、衝突によって生じたデブリが捕獲された可能性がある。この説については、月について考えるときにもう一度取り上げる。

土星の衛星系は、太陽系全体といくつか類似点がありそうだ。ミマスとエンケラドゥスが水星、テティスとディオネ、レア（特に大きな中型衛星）が金星、地球、火星にあたると考えられる。タイタンは木星と土星のようだし、イアペトゥスは天王星と海王星にあたる。確かに、これには無理なところがある。一つには、実際の惑星はもっと大きい。そして、土星の中型衛星にはしっかりとした軌道共鳴があるが、太陽系の惑星では、軌道共鳴の種類はぼんやりとしかわかっていない。さらに、土星は潮汐相互作用をとおして衛星を加熱し、その軌道を変化させているが、恒星から何千キロメートルも離れた軌道上の惑星ではそうした加熱は起こらない。

エンケラドゥスは、質量が月の一パーセントのさらに一〇分の一しかないが、とてつもなく活発な小衛星だ。エンケラドゥスが加熱されるのは、質量が一〇倍あるディオネによって楕円軌道に押し込められ、それによる潮汐摩擦で氷殻の底部がこすられているからだと考えられている。この潮汐摩擦により、南極付近の「タイガー・ストライプ」領域では推定二〇ギガワットの熱[25]が発生している。しかしここで問題が出てくる。潮汐摩擦によってエンケラドゥスの目を見張るような地質活動を説明できるなら、ミマスもテティスとの2：1共鳴によって楕円軌道に押し込まれているので、同じ計算を適用すれば、もっと強い潮汐加熱を受けていることになるはずだ。ミマスは氷の火山が噴火する驚異の天体のはずだが、実際には、あらゆる点で四〇億歳の回転楕円体に見える。表面は古いクレーターに覆われ、目玉のようなハーシェル・クレーターがあるせいで、『スター・ウォーズ』シリーズに登場するデス・スターにそっくりだ。ここでもまた、鍵がなかなか見つからない錠前があるようだ。

土星にこれだけの数の中型衛星があって、木星に一個もないのはなぜなのだろうか？　もしかしたら二つの衛星系は、異なる工場で、異なる規則の下で製造されたのかもしれない。木星はステーションワゴンで、土星はオートバイだ。しかし、共通する点が一つある。タイタンと土星の質量の比は、四つのガリレオ衛星すべてと木星の質量の比に等しいのだ。さらにタイタンの軌道半径を土星の半径で表すと、ガリレオ衛星の軌道半径の中央値に近くなる。[26] つまり、土星と木星にはかなり同じような衛星系があり、土星の衛星は一個の大きな衛星にまとめられているというだけなのだ。

ここから、土星では何かがうまくいかなかったという仮説が生まれた。あるいは、自分の発見をひいき目に見るなら、何かがうまくいったといってもいい。数年前、スイスの天体物理学者のアンドレアス・ロイファーと私は、土星にはかつて、木星の衛星に匹敵する大きな衛星がいくつもあったという説を提案した。そうした衛星は、土星の周囲を協調的に回り続けるのではなく、あるとき一個の大きな衛星へと集積して、タイタンと、少数の落伍者たちを生み出したのだ。[27] ロイファーと私が提案したメカニズムは、月がテイアから形成されるメカニズムとして提案されているものと大きく変わらない。テイアが原始地球と合体した後、集積せずに残ったマントルの残骸が、破片として放り投げられたのだ。

これは起源をめぐる一つの説であり、より確実な足場に立っている潮汐進化説よりも推測的である。力学モデルを用いる方法は、潮汐力による移動の推定速度から、数百万年前の土星の衛星の軌道を推測することに成功しているのだ。これは、ダーウィンが潮汐力による月の過去の移動を推測したのと同じ考え方だが、こちらのほうがよいデータに基づいている。この推測によって、[28] テティスとディオネ、レ

土星の前方にある、中型衛星のディオネ。土星にある模様は土星の環の影だ。環は画像の下方に見える。
NASA/JPL/SSI

アは一億年前に、強力に相互に結びつく現象を経験しており、おそらく衝突もしていたことが示されている。そうだとすれば、タイタンより内側の衛星は古いはずはない。これは、土星の環についての私たちの理解とも一致する。質量が小さい土星の環は、同様のタイムスケールで、微小隕石によって削られてできたと考えられている。この優美な環には、継続的な材料の供給源がなければならないのだ。

タイタンそのものはどうなのだろうか。タイタンについての疑問の一つは、木星のガリレオ衛星のどれと比べても、軌道の離心率が大きいことだ。すでに見てきたように、無料で手に入るものはない。軌道エネルギーが（熱として）消散すれば、タイタンの軌道はずっと前にもっと円に近くなっていただろう。タイタンが現在のような楕円形の軌道をとるには、数十億年前には、さらに離心率の高い軌道にあったはずだ。ロイファーと私は、巨大衝突による合体が繰り返し起こったことで、タイタンの離心率が一〇パーセント増え、これが時間とともに減少して現在の値になったことを発見した。潮汐加熱の観点からいえば、それは長く寒い冬のために薪を蓄えておくようなものだろう。

さらに、その連続衝突モデルでは、中型衛星の多様性も説明できることを私たちは明らかにした。小さなエンケラドゥスは衝突天体の下部マントルに由来し（したがってエンケラドゥスの地質活動の活発さや、高圧相の分解も同じである）、水が多いテティスは衝突天体内部の氷に由来すると考えられるのだ。この説は、力学的に一貫性のあるストーリーにはなっていないが、地質学的にはつじつまが合う。

タイタンの最終的な集積は、土星の形成直後か、その後の土星の「ジャンピング・ジュピター」移動の一部として、あるいはさらに後になって衛星の潮汐移動によって起こっていた可能性がある（このストーリーの重要な部分だと私が考えるのは、木星の衛星系はこの運命を回避したことだ。木星は質量が三倍あるため、最初の段階で形成された衛星系がずっと安定していた）。巨大衝突による合体でタイタンが形成されれば、土星には一個の巨大な衛星と、あまり安定的ではない中型衛星系が残されただろう。こうした衛星は、カオス的な軌道問題をいくつも抱えることになり、その後数十億年かけて、ときどき環を追加しながら、その問題を解決していった。

　こういったことからどんなことが結論できるだろうか？　それは、私たちはもう一度タイタンを探査するべきだ、ということだ。理由その一は、生命が存在する可能性があり、存在するとすれば、初期地球からのヒッチハイカーではなく、必然的に第二の生命の起源ということになること。理由その二は、タイタンは、複雑な水圏と大気を持つ惑星に気候が与える影響を理解するうえで私たちが必要とする、地球の完璧な類似環境であること。理由その三は、タイタンの起源には興味深い地球物理学上の謎があり、そこから地球の起源についての情報が得られること。そして理由その四は、それが現実的であることだ。探査機をタイタンに着陸させ、操縦するのは比較的簡単だろう。タイタンには地球表面のような大気圧と、月面のような重力があるからだ。しかし、それほど遠くまで探査機を送り、多くのことを知ろうとするには、誰かがその費用を支払う必要がある。

　一九七〇年代初頭の太陽系は、超大国が切磋琢磨する世界だった。どの国も、テクノロジーの進歩によって相手を出し抜こうと懸命になり、すぐにいろいろな場所を探査するようになった。月と火星を目指す競争は、その後四〇年にわたり休戦状態だった。しかし、探査機が着陸したことのなかった月の裏側に、最近になって中国の嫦娥（じょうが）4号が降り立ったことで、その競争に再開の兆しが見える。中国は、近代的な有人宇宙飛行計画を推進するとともに、月の南極付近にある、揮発性物質を含む領域の探査に強い関心を抱いており、その場資源利用（ＩＳＲＵ）能力を備えた月面居住基地の実現に向けた準備を進めている。

　一方で、民間宇宙競争も勃発していて、何人もの大富豪たちが民間企業による競争に積極的に加わっている。特によく知られているのが、ヴァージン・ギャラクティック(リチャード・ブランソン)、ブルーオリジン(ジェフ・ベソス)、スペースX(イーロン・マスク)だ。こういった企業は、アポロ8号方式で月の裏側をめぐる宇宙飛行のような、宇宙観光旅行を支えるマーケットの開拓に力を入れている。私もそんな宇宙旅行をしてみたいものだ。全体としていえば、最も裕福な二六人が地球全体の資産の半分以上を持っている。この人たちは、快適な宇宙船で月に着陸し、地球に戻ってくることを夢見れば、たやすく実現できる。

大富豪が五〇人いれば、資産は一〇〇億ドル以上になり、第二の地球を探すことを目指しているジェームズ・ウェッブ宇宙望遠鏡の費用に相当する。富裕層数千人分の個人資産は、金星の空に無人飛行船を飛ばしたり、タイタンにボートを着陸させたり、エンケラドゥスから噴出するプルームのサンプルを地球に持ち帰ったりするのに十分な額だ。そうしたことをした人がいないのは、関心の欠如か、想像力の欠如、あるいはそれが実行可能だという認識の欠如のいずれかが原因だ。このうちの三番目の状況にあるときに、あなたが地球上で一〇〇番目に金持ちだと仮定しよう。あるすばらしく晴れた朝、あなたは一〇軒ある自宅の一つで目を覚ますと、財産の半分を手放すことを突然ひらめく。そして、ボイジャーやバイキング、カッシーニとともに、歴史の本で大きく取り上げられるような、最新の太陽系探査計画に資金援助することを決断した。あなたにはそれができるのだ。では、どこにいこうか?

あなたに航海への情熱があるなら、タイタンを選ぼう。信じられないほど美しく、地質学的に複雑であり、地球以外では唯一の、大規模な大気と大洋を持つ到達可能な天体だ。タイタンは、極低温の有機的な環境としてはじめじめしていて、もやが立ちこめていることを除けば、独創的で野心的な探査計画に対してかなり穏やかな環境を用意してくれる。カッシーニや、それに搭載されていた着陸機ホイヘンスのデータを使うことで、あなたのチームは、この天体にある未知の複雑な驚異や驚きをとらえるチャンスに備えながらも、運用上のリスクを最小限にとどめられる。NASAは最近、土星衛星探査機ドラゴンフライを選定したところだ。これは冷蔵庫サイズのクワッドコプターで、二〇三四年にタイタンのシャングリラという地形にある暗い色の砂丘に着陸し、その後、数百キロメートル以上の範囲を飛び回る予定である。[29] さらに、直径八〇キロメートルのクレーター内に下降して、その地質図を作成するとともに、分子組成や同位体比を分析する。この計画の数倍の予算があれば、あなたはドラゴンフライより先にシャングリラに到達できるだろう。ドラゴンフライトと時期が重なったら、あなたのデータストリームは、ディープスペースネットワークをとおして調整してもらう必要があるが。

タイタンを探検することの別のメリットを、やはり地球とよく似た惑星である火星との比較で考えてみよう。探査機のさまざまな装置に乗り込んだ、微生物という筋金入りの密航者は、宇宙空間で完全に殺菌されずに宇宙旅行を乗り切ることがあるが、超低温で、メタンがあふれるタイタンの表面では増殖できないだろう。火星探査ミッションでは、地球由来の生物がどこかのすき間で成長するかもしれないが、タイタンへの探査ミッションはそれとは違って、「惑星保護方針」(存在する可能性のある地球外生命が、発見のチャンスが訪れる前に地球の生物によって死滅させられることを防ぐ国際協定)の規則によれば安全だとされる。そうした慎重な長期的視野を取り入れると、ミッションがとてつもなく複雑になったり、費用が高騰したり、そもそも不可能になったりするケースがある。こうした状況にあるため、現在のテクノロジーでは、火星上の惑星生物学的に最も興味深いエリアを訪れることは不可能だ。[30] タイタンでは、そういう心配をしなくてもいいのだ。

しかし、あまり先走りすぎるのはやめておこう。あなたはまず、信頼できるチーフエンジニアの意見を聞いて、重さ二トンの探査機をできるだけ早く土星に運ぶのに十分な能力を持った打ち上げロケットを決める。その決定が、あなたの探査機の軌道や質量のパラメーターを定め、あなたを五年以内に土星に連れていく。さらに、探査機の推進システムとして、化学推進（ロケット燃料）を採用するのか、それともイオンエンジン（太陽電池か原子力電池）[31]にするのかを決め、メーカーや、その種類の推進システムで飛行したことのある宇宙機関と協力する。実績のある宇宙飛行センターに、探査機の設計や、打ち上げ、飛行運用などの業務を請け負わせる方法もあるが、超音速での大気圏突入の手順に精通している必要があることを考えれば、選択肢は限られる。そうした契約先に多額の費用を支払うことを覚悟しなければならず、その見返りに手にするのは、あなたの探査機の設計や建造、打ち上げ、運用が最良の方法にしたがっているという保証だ。さらに、タイタンに届く太陽光は地球のわずか一パーセントで、そのうえ大気にはもやが立ちこめているので、タイタンの地表での探査活動のための動力は原子力でまかなう必要がある。たとえば、プルトニウムの崩壊熱を電力に変換する放射性同位体熱電気転換器だ。そのため、宇宙飛行センターにそうした原子力電池の手配も頼むのが賢明だ。

いろいろな調整がまとまり、目標とする打ち上げ日が決まって、タイタン行きをかなえてくれる宇宙船が確定したので、あなたはようやく探査計画そのものに集中できる。どんなことを、どのようにするかを考えるのだ。それは、中心となる科学チームのメンバーを集めるところから始まる。まず必要なのは、人生の今後一〇年間をともに楽しく過ごすことができ、一緒に問題を解決でき、適切で時宜を得た決断をすると信頼できる人々だ。同時に、あなたのことを仲間として扱い、あなたが間違っているときには反対してくれる人々である。最近のミッションは、年齢や人種、ジェンダーが多様なチームほど、優れた科学的成果をあげられることを証明している。

科学チームの最初の仕事は、探査機の運用構想（ConOps）を考え出すことだ。移動性は重要だが、移動手段は翼や脚、バルーン、ポンツーンボート〔訳注：双胴船にデッキを載せた形の船〕のどれがいいだろうか？　それともヨットがいいだろうか？　その決定は、観測装置やカメラ、化学センサー、ロボットアーム、レーダーなど、どういう搭載科学機器を探査機に積むかによってある程度左右される。チーフエンジニアは、搭載機器を探査機構成の中にうまく組み込めるよう、注意深く確認する。特に、探査機のタイタンへの着陸方法や、地表での活動計画、地球へのデータ転送方法などが重要になる。チーフエンジニアの仕事は、特に最終設計段階で、探査計画が予算をオーバーしたり、スケジュールが遅れたりすると予測された場合に、あなたにその悪いニュースを伝えたうえで、うまく計画を進められるよう、詳細な計画を練ったり、探査の範囲を狭める可能性を検討したりすることだ。

あなたが昔からセーリング好きなら、ボートでタイタンのあちこちにいって、池や川のレーダー観測や音波測深とか、入り江や洞窟の地形のレーザー測定ができたらいいと思うだろう。ボートの後ろに音波探査の受振器アレイやレーダー撮像アレイを引っぱって、海底の水深を詳しく測定したい、極低温環境に生息するイカや魚などの肉眼で見える生物や、サンゴ礁まで見つけたいという思いもある。あなたはいろいろとアイデアを練るために、友人たちとともにスコットランドでボートに乗ったりもした。ハイランド地方の湖は、深さや地形がタイタンの湖の一部に似通っているので、そこで探査機や観測装置

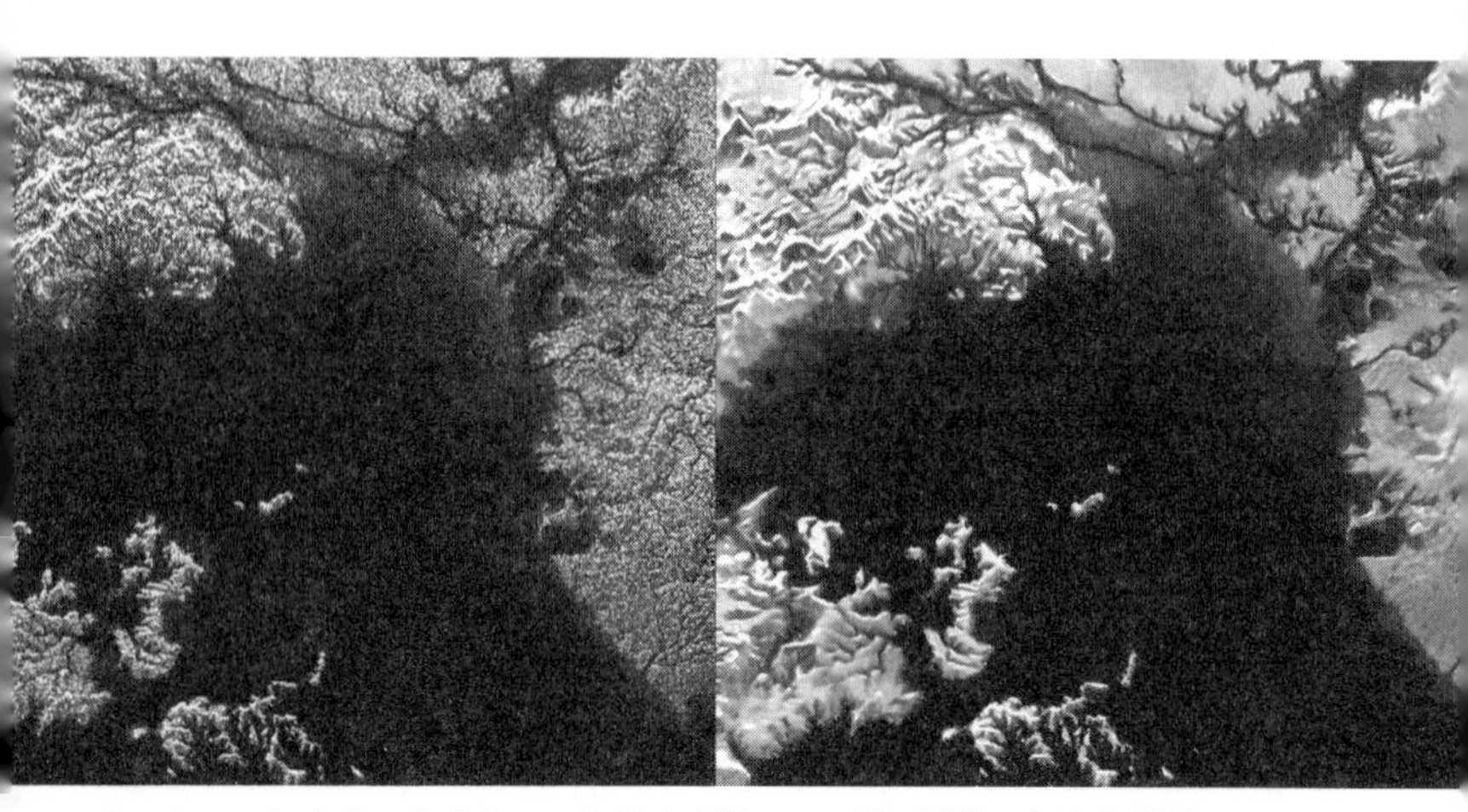

カッシーニによる、タイタンのリゲイア海のレーダー画像。左は合成開口レーダー画像。レーダーはメタンとエタンの海の水面下数十メートルまで浸透し、岸付近の水底地形を明らかにしている。右は、電気的ノイズを取り除く処理（スペックリング軽減）をした画像。リゲイア海は幅が約500キロメートル。撮影されたのは南半分で、ヴィド川（右上）が、南東にあるタイタン最大の湖のクラーケン海とリゲイア海を季節によってつないでいる。NASA/JPL-Caltech/ASI

の最終試作品をテストしたのだ。最終的には、かなり詳細ではあるが、基本的な観測に力を注ぐことに決まった。具体的には、可視光画像、レーザースキャン、地形の画像、流体の顕微鏡撮影と化学分析を、二年間の探査でおこなうのだ。

湖にパラシュート降下すれば、タイタンの表面に、原子力駆動のボートという形でかなりの質量を運ぶことができる。その基本的なアイデアは、二〇〇九年にアメリカの科学者エレン・ストファンが最初に提案した。ストファンのチームは、ゆっくりとした潮流と秒速数メートル程度の風で漂う、科学装置搭載のブイを設計した。そのブイの三倍か四倍の予算があれば、あなたのボートは、空気注入式のポンツーンボートになる。このボートの骨組みには、一〇年以上もつ原子力電池が取り付けてあり、科学観測装置や通信装置、さらに寒さを防ぐヒーターに十分な電力を供給する。

あなたは、カッシーニやホイヘンスでの観測で得られた大判のレーダー画像や可視・赤外画像に一とおり目を通し、科学チームのメンバーのプレゼンテーションに何日も耳を傾けたうえで、探査の目的地をリゲイア海に決定した。これは、ストファンのチームが着陸しようとしていた場所だ[32]。面積は五大湖にも匹敵するが、ずっと浅くて、地下の帯水層や、季節ごとに洪水を起こす川から供給された炭化水素をたたえている。ヴィド川は、浸食を受けた高地を数百キロメートルにわたって流れ、氷の大地に刻まれた渓谷を通って、リゲイア海へと注ぐ。この河口があなたの目的地だ。潮流や、吹いている可能性のある風にも対応したいので、探査機は安定性が高く、操縦性に優れていて、沈むことがなく、高性能の推進装置を搭載している必要がある。

探査機は大型ワゴン車ほどの大きさで、秒速九キロメートルでのタイタンの大気圏への突入を生き延びるための熱防護シールドを備えている。恐ろしいことに聞こえるが、なんの問題もない。降下地域はスペリオル湖ほどの広さがあり、大気は安定していて厚い。熱防護シールドの内側には、火星や月で使われた探査車をベースに、この探査にとことん特化した設計のボートがある。動作実証ずみのシステムを使っており、新しい部分はポンツーンボートとプロペラくらいだ。運用についていうと、タイタンまでは相当な距離があるため、数日おきに命令をアップロードして、ボートが自律的に動くようなしくみにする必要があるだろう。ボートは一続きの動作を実行すると、それについて報告してくる。あなたは一時間ほどしてから、ボートから旅行紀を受け取ることになる。

探査機が打ち上げられて、宇宙を進み始めれば、それから五年間はのんびり過ごすことができる。残っている財産を管理するとか、なんであれ大富豪らしいことをする時間がある。ジェームズ・ボンドがいそうな島をぶらぶらしていたっていい。土星までの長い宇宙飛行の間には、ミッションに影響するような重要な異変が二、三起こるだろう。問題自体がほとんど起こらないので、そういう異変は面白い（近所の人たちを招待しよう）。小惑星が接近してくるかもしれないし、加速するために一つか二つの惑星にフライバイする可能性もあるので、そのときには通り過ぎる世界の画像を何枚か撮影しよう。飛行中に軌道修正操作を実行することも二、三回ある。これは、タイタンを目指す完璧な軌道をとるために、小型エンジンを燃焼させることだ。タイタンでは、大気圏突入の角度は正確でなければならないのだ。こうした興奮に満ちたミッション中のイベントが無事成功したというニュースによって、あなたが世間から受け取る肯定的な評価は、ミッションへの数十億ドルの投資を埋め合わせてくれるかもしれない。友人には、宇宙でのおかしなことにそんな大金をかけるのは無駄だといわれていた。それは、ケチな人たちがアポロ計画は数億ドルもの金を無駄にしていると不平をいったのと同じ話だ。実際には、アポロ計画にはその一〇〇倍の経済刺激効果があったのだが。

現代の宇宙飛行のまるで奇跡のような成功を可能にしているのは、物理法則と、厳密な耐久性との組み合わせである。ボートが土星の衛星に着陸することはまったく無謀なことに思える。そのため、あなたの着陸機が惑星間軌道から外れて、熱防護シールドを使いながらタイタンの大気に突っ込む準備を整える間、神経が張り詰める瞬間が近づく中であなたがすべきことは、現実であることを忘れないように、自分をつねることだけだ。突入時の速度の大半が失われると、まずドローグパラシュート〔訳注：減速用の小型パラシュート〕が開き、これに引っぱられてメインパラシュートが開く。あなたはすべての期待を、電子機器にあらかじめプログラムされた手順やアルゴリズム、各種機器の展開や制御システムにかけている。失敗の可能性が山ほどあるような気がするが、探査機が正しく設計されていれば、実際に失敗することはほとんどない。あなたのチームが優秀なら、あらゆることを検討してあるだろうし、冗長化設計を組み込んだり、計画段階で過去のミッションデータをすみずみまで調べたりすることによって、リスク要因をつぶしてあるはずだ。

探査機のさまざまなイベントがテレメトリを通じて送られてきて、復調されていくと、管制室の人々の不安と興奮が大きくなっていく。ポンツーンボートが無事膨らんで、着水が目前であることが確認されると、大きな歓声が上がる。しかしこれにはとても奇妙なところがある。着陸は実は一時間前に完了しているのだ。十数億キロメートル離れたタイタンからは、光の速度でもそれだけの時間がかかる。あなたの探査機は、無事に展開しているか、ばらばらになってタイタンの表面に散らばっているか、どちらかだ。シュレーディンガーの猫は生きているか死んでいるかのどちらかで[33]、できることは何もない。着陸の一時間前に何らかの異常を修正したくても、それは不可能だ。あなたは探査機の過去に存在しているからだ。あなたからのメッセージを受け取る頃には、探査機は慌ただしく着陸後の初期チェックにかかっているか、湖面に浮かぶパラシュートに引っかかる何個かの残骸と化し、岸辺の近くの島々へと漂っていくところだろう。

あなたの探査機は目標地点に近い、岸から一六キロメートルの湖面に着水し、ボートは特に大きな異常なく展開されたとしよう。ここからは、ボートの自己硬化式の骨組みが、科学装置や、地球との通信用の大型アンテナ[34]、そして一番下にある放射性同位体熱電気転換器を乗せたプラットフォームを支えるようになる。センサーや画像装置が、仮想現実（ＶＲ）のデータプロダクトのためにプラットフォームの周囲にぐるりと配置してあり、周囲や下方をじっと見つめるレーダーやソナーも同じように取り付けてある。顕微鏡や化学分析装置を備えた小型実験室が炭化水素の湖からサンプルを採取し、分析する作業を始める。ボートに搭載されたコンピューターは、未加工データから選りすぐりのレーダーグラムやソノグラム、ＭＰＥＧデータなどを作成する。未加工データを全部地球に送信しようとはしない。

七日後、着陸の興奮は遠くなり、あなたのチームは探査の第一週目を完了していた。探査機は島が点在する沿岸部を目指して、穏やかな水面を着実に進んでいた。科学運用センターには、地図やタイタンの模型があちこちにあり、画像を投影するコンピュータースクリーンが壁一面を覆っていた。今のところ、湖はガラスのように穏やかで、風は約一ノット（約秒速〇・五メートル）で吹いていた。タイタンでは砂丘ができるくらいの強い風が吹くこともあるが、今は寒くて変化のない天候で、いつものごとくもやがかかっていた。ポンツーンボートは四日間休みなく進んだ後、前進を止めて、次の指示を待っている。つい先ほど、いくつもの島や、氷の岸辺を縁取る小さな鋸歯状の湾の写真を初めて転送したばかりだ。あなたには、浸食が進み、洞窟がむき出しになった氷の基板部が見える。切り立った岸辺には、古い層が埋め込まれていて、タイタンの古い地質記録を示している。

さらに数日かけて、ボートは河口にたどり着いた。あなたの第一の調査目的地だ。ボートはレーダーとソナーの探査のために単調に往復し始め、やがて水路や三角州、その他の海底地形の広範囲にわたるとても詳細な画像を作成する。世界中であなたのタイタン探査ミッションは大ニュースになって、とどまるところを知らないが、科学運用センターでは、あなたはタイタンの上で「生きて」おり、作業がたくさんありすぎてすべてに注意していられないほどだ。そのうえあなたは、ＶＲデータの第一回送信分の一部を受け取ったところだ。科学運用センターの奥にある防音室に向かって、その部屋の真ん中に歩み寄り、ボタンを押して、円筒形の壁に取り付けられたカラーモニターの電源を入れると、モニターはあなたをまぶしく照らす。音声をオンにして、再生ボタンを押す。するとモニターに命が吹き込まれ、色鮮やかな画像が縫い合わされて、周囲にぐるりと広がる。あなたは、その週の初めに探査機のマイクで録音した静かな音に聞き入る。雨だれ、風、そしてひたひたと寄せる「水」の音。防音室のあちこちに小型の送風機やセンサーを設置してあって、気圧データや風速データに合わせて空気を動かすようになっている。今あなたは、自分がタイタンにいるのを感じている。週に一回、新しい一〇分のデータが転送されてくる手はずになっている。

まるで水門が開いたように観測データが一気に届いて、あなたのチームはすっかり夢中になった。彼らは古い理論を裏付けたり、否定したり、新たな理論を作り上げたりする。およそ六カ月がたった頃、あなたは未加工データをパブリックドメインとして公開し始め、チームメンバーは検証済みの情報や加工済みのデータをＮＡＳＡや欧州宇宙機関の永久的なデータアーカイブに提供した。ミッションの第一の目標を完了したあなたのチームは、岸の周辺を動き回って、珍しい地質活動の兆候を探したり、強い反対はあったものの、過去や現在の生命の証拠を見つけ出そうとしたりした。それで生命が見つかったら、この物語はまったく異なる弧を描くようになり、終わることがないだろう。そうでなければ、あなたはずっと計画を温めていた、もっとリスクの大きな冒険に取りかかる。ヴィド川の河口では、それまで砂利の多い浅瀬の調査をしてきたが、岸に上陸して、簡素な小型探査車を展開し、それを砂利や石（硬い氷が、炭化水素で濡れ、有機物で黒くなったもの）があるあたりまで進め、そこで振り返って、私たち全員が見るべき一枚の写真を撮影する。地球から数十億キロメートル離れた入り江に浮かぶ、一艘のボートだ。その後探査車は、立ち往生するか、行き止まりで動けなくなるか、電力がなくなるまで従順に進み続ける。あなたはボートを出航させて、映画『アフリカの女王』のハンフリー・ボガードのようにヴィド川の上流へとボートを進め、そのまま戻らないだろう。あなたは生命を発見するだろうか。もちろん、発見するだろう。あなた自身の内面に。

第5章
ペブルと巨大衝突

彗星が地球に衝突するとなれば、地球はたちまち粉々になるか、惑星系の外に運ばれるだろう。……ヨーロッパの列強間の争いなど一瞬のうちに解決するはずだ。

ベンジャミン・フランクリン『貧しきリチャードの暦：改訂版』（一七五七年）

太陽の周りを回っている小惑星や、それに由来する隕石は、使われなかった惑星形成物質だと説明されることが多い。それは誤解を招きやすい説明だ。惑星は完成した家、太陽系はにぎやかになってきた分譲地だと考えよう。その場合、太陽系に最初にあった物質というのは、建築現場に運ばれてきた木製パレットや石膏ボード、屋根板であり、鉄筋が入った袋や、くぎやねじの入った容器、コンクリートの袋である。小惑星はむしろ、分譲地が完成した後の空き地に散らばっている建築廃材のようなものだ。確かに、その中には未使用の材料もあるかもしれないが、ほとんどは、のこぎりで切ったり、塗料を塗ったりした木材や、破れた袋、屋根材の廃材や石膏ボードの破片、壊れたパレットやワイヤの山だ。小惑星や隕石を調べるのは、暗がりの中にあるゴミ箱を詳しく調べて、あなたの家がどうやって建てられたかを解き明かすようなものだ。

小惑星は太陽系内の謎めいた領域を代表する存在だ。最初にあった原始太陽系星雲が地球型惑星の領域より外側まで、間隙なしに均一に広がっていたとすれば、地球と木星の間には、地球質量の数倍の惑星があると予想される。しかし実際には、一・五ＡＵに火星があり、次に小惑星帯（メインベルト）があって、その先が木星だ。このように地球型惑星領域が先細りした末に外太陽系へと不連続に移行する理由は説明されておらず、この点は、フォボスに着陸してサンプルを地球に持ち帰ることを目指して、日本の宇宙航空研究開発機構（ＪＡＸＡ）が計画中の火星衛星探査計画（ＭＭＸ）の最大の動機になっている。

木星から太陽の方向を見るのは、崖の上に立っているような、あるいは岩礁を離れて深い海へ泳ぎ出るようなものだ。しばらくは取りたてていうほどの物質はなく、二・四ＡＵから三・五ＡＵの範囲に小惑星がいくつかあるが、合計しても月の質量の数パーセントにしかならない。その先が火星だ。太陽系の岩石成分にも、はっきりとした成分上の隔たりがある。カリフォルニア大学ロサンゼルス校の地球化学者ポール・ウォーレンは、炭素質コンドライトが登場した時期は遅く、外太陽系からやってきたことを明らかにしており、これが、木星は岩石コアを中心として形成されていて、太陽系の大きな成分の違いを築き上げたという説につながった。

いずれにしても、太陽系は変則的な惑星系らしく、こうした構造や成分の隔たりは過去に何が起こったかを示している可能性がある。他の恒星の周りに見つかっている惑星系のほとんどはもっと密集していて、木星サイズの惑星が一ＡＵよりかなり内側にある。質量が大きく、恒星に近い惑星ははるかに検出しやすいので、強い選択バイアスが生じているのは確かだ。それでも、すでに数千個の惑星が発見されていることを考慮し、そうしたバイアスを計算に入れれば、大半の惑星系には、地球より数百倍の質量があって、恒星に近い軌道を数日の周期で公転する、奇妙なモンスターというべき巨大惑星「ホットジュピター」があるようだ。木星や土星と似たような、恒星から遠い軌道を公転する巨大惑星を持つ惑星系はごく少数だ。[1]

これまでに発見された系外惑星の大半は、地球質量の三倍から一〇倍の「スーパーアース」と「ミニネプチューン」（小型海王星型惑星）だ。不思議なことに、このサイズの惑星が太陽系には存在しない。私たちはそうした惑星の姿を、理論ときわめて限られたデータから推測しなければならない。恒星のハビタブルゾーンにあるスーパーアースもあるようだが、ほとんどは水星の軌道半径（〇・四ＡＵ）に相当する距離のかなり内側にある。太陽のような恒星からだいたい一ＡＵの距離を公転する地球質量の惑星（ゴルディロックス惑星）については、その分布を示すグラフに大きな空白領域がある。この種類の惑星で知られているのは、金星と地球だけだ。

何かが太陽系をこのような姿にしているのである。その原因となる出来事や時代についての手がかりが、この地球と木星の間の間隙に化石として残されているかもしれない。そこには、質量が予想の数十分の一しかない火星と、かつての姿と比べると、少なくとも千分の一に減っている小惑星がある。メインベルトの小惑星が地球近傍の宇宙空間に漂ってくれれば、いくらでもサンプル採取ができる。木星や土星による共鳴が小惑星の軌道にトルクを与え、さらに熱放射によるヤルコフスキー効果によって軌道が移動することで、[2]小惑星はあちこち移動させられ、ついには地球近傍にまき散らされる。似たような熱効果であるＹＯＲＰ（ヨープ）効果が、直径数キロメートル以下の小惑星を風車のようにどんどん速く回転させることがある。その状態が続くと、風車のように回る小惑星は破壊されて二つになり、一個がはじき飛ばされて衛星になる。これはダーウィンが思い描いた状況とそう遠くないが、規模は一万分の一だ。[3]そしてもちろん、小惑星はより小さな小惑星に衝突されると、さらに小さな小惑星ができ、最終的に隕石として知られる、ガラクタ置き場のスクラップになる。

これが隕石の宇宙化学的性質についての現代的な解釈である。つまり隕石のほとんどは、メインベルトから届いたサンプルか、小惑星の残骸なのだ。しかし一九世紀までは、隕石は大気現象に由来すると考えられていた[4]（語源であるギリシャ語のmeteoronは「空から」という意味だ）。隕石は前史時代も有史以降もずっと、聖なる物体として尊ばれていた。また鉄隕石は世界中でナイフや短剣の材料として使われてきた。隕石の起源に関する科学的な説として古いのが、火山から噴出して、何百キロメートル、あるいは何千キロメートルも空を飛び、ふたたび地面に落ちたものだという説だ。一八六四年に、始原的な黒い隕石が、フランスのピレネー地方にあるオルゲイユという町の上空で爆発して分裂した。最大一四キログラムの破片が回収されたが、その柔らかい隕石の残りの部分は、土や植物に埋もれて見えなくなり、地球の一部となった。オルゲイユ隕石は、科学的な関心を広く集めた最初の隕石だった。一つには、当時はすでに隕石の分析技術があったことが理由だが、その真新しい破片はとても変わっていて、有機物質のようなピートの匂いがしたためでもある。この隕石はどこからきたのだろうか？

イギリスの鉱物学者ヘンリー・ソービーは一八七七年に、隕石に含まれるコンドリュールは、太陽からプロミネンスによって噴出した「燃える雨のしずく」かもしれないと主張した。[5]この主張は、太陽は「熱を失いつつある光り輝く液体」だとする、当時支持されていたケルビンの説と[6]一致した。その他には、隕石は月からくるのだという説もあった。当時は火山だと考えられていた月のクレーターから放出され

有名な1833年のしし座流星群を描いた木版画。地球がテンペル・タットル彗星の尾を突き抜けたときに起こったこの流星群は、誰をも驚かせたが、被害はなく、隕石の落下もなかった。流星群が見えるしくみは、吹雪の中で車を運転するときと同じだ。
アドルフ・フェルミーによる木版画（1889年）

たと考えられたのである。次の世紀に入っても、隕石は地球上の現象に関連すると考える人々と、宇宙からの岩石だと考える人々の間で、静かな議論が続いた。[7] そしてもし宇宙からの岩石なら、太陽からきたのか、それとも月からきたのか、火山によるものか、それとも衝突によるものかという点も問題になった。あるいはどれほど奇妙に思えたとしても、どこか別の場所からきたのだという説もあった。

オルゲイユ隕石の落下直後、イタリアの科学者ジョバンニ・スキャパレリ（後に火星の地図を作成して、ローウェルがこだわった「溝（canali）」という概念を導入したことでより有名）が、彗星と流星の力学的関係について、初めて現実的な理論を構築した。毎年八月に起こるすばらしい天文ショーであるペルセウス座流星群が、地球がスイフト・タットル彗星の楕円軌道を横切るタイミングで起こることを示したのだ。[8] 彗星が分解すると、流星の源になるとスキャパレリは主張した（そしてそれは正しかった。私たちが彗星の破片の中を通過するときに、車のフロントグラスに小さな虫がパチパチとぶつかるように、その破片が大気に飛び込んでくるのだ）。これは、彗星が隕石の母天体という意味だろうか？ そうだとすれば、流星群が起こっているときに隕石が空から雨のように降り注がないのはなぜだろうか？ その点はまだ理解されていなかった。

オルゲイユ隕石の破片が入った密封容器を開けると、かすかな匂いがする。私には腐った卵とテレピン油の匂いに感じる。オルゲイユ隕石の破片を乳鉢で砕くと、粗くて砕けやすい、干からびた粘土のようになる。オルゲイユ隕石のような始原的隕石は、「炭素質コンドライト」と呼ばれる、比較的ありふれた種類の隕石だ。そのうち、揮発性物質を最も豊富に含むもの（つまり水や炭化水素のような化合物が多いもの）はきわめて希少で、落下直後に採取しなければならない。だからといって、この種類の隕石

3個の地球近傍小惑星の合成写真。いずれもサンプルリターン探査の対象天体になっている。一番小さい、長さ350メートルの小惑星がイトカワで、2010年に（かろうじて）完了した、宇宙航空研究開発機構（JAXA）の探査機はやぶさの対象天体だ。次に小さな小惑星が直径500メートルのベンヌで、3個の中では最も色が濃く、表面はとてつもなく不可解で複雑である。おそらく地球に到達したどの隕石よりも始原的だろう（私たちは現在、ベンヌのどの部分からサンプルを採取すべきか検討中だ）。「大きい」小惑星は直径900メートルのリュウグウで、JAXAはこの小惑星への探査機に小型探査機と着陸機を同乗させており、サンプルの回収もおこなう予定だ。
JAXA/ISAS; NASA/GSFC/U. Arizona

が宇宙空間で希少だというわけではない。多くの地球近傍天体（NEO）はオルゲイユ隕石に似ており、オシリス・レックス探査機の探査対象である小惑星ベンヌは、オルゲイユ隕石よりもさらに始原的な天体のようだ。炭素質コンドライトが地球上で珍しいのは、非常にもろいため、大気中の高いところで爆発してしまうからである。最も始原的な物質を調査しようと思えば、サンプルリターン・ミッションが必要なのである。

これまでに発見された炭素質コンドライト隕石で最大のものは、人類初の月面着陸のわずか数カ月前、一九六九年二月にメキシコ北部のチワワ州上空で爆発したものだ。その破片は数十トンにもなり、アエンデ村周辺の四〇〇平方キロメートルの範囲に散らばり、アメリカ各地の研究室から精力的な宇宙化学者たちが車でやってきて、数トン分ものサンプルを回収した。当時の月研究者の多くは、炭素質コンドライトは月に由来すると考えていた。これは一つには、月の平均密度が一八七〇年代以来約三・三グラム毎立方センチメートルと考えられており、これが炭素質コンドライトの密度と同程度だったからだ。アポロ11号の月着陸船「イーグル」が月面に降り立って、間違いだと証明されるまで、当時の第一線の科学者たちは、月面の暗い海は細かな炭素質の粉末で覆われていると主張していて、宇宙飛行士が分厚く積もったダストに沈むのではないかというもっともな心配の声があがった。アポロ計画の月サンプルのために最先端の岩石分析装置が準備されていたので、アエンデ隕石は地球上で最も詳しく研究された岩石になった。

偶然にも、別の大きな炭素質コンドライトがオーストラリアのマーチソンに落下したのは、アポロ11号が火成岩の入った箱とともに地球に帰還してから数カ月後のことだった。マーチソン隕石は、複雑な有機分子をアエンデ隕石よりもはるかに多く含んでいて、宇宙化学者を喜ばせた。さらに、「宇宙生物学」という新しい科学分野の幕開けという意味では、月の石よりもはるかに興味深い。約一〇〇キログラムもの破片が回収されたことで、このマーチソン隕石は始原的成分の参考標準となり、その成分の総合的な化学分析が可能になった。そして、マーチソン隕石の研究成果で最も驚くべき点は、そこから数十個のアミノ酸が発見されたことだ。

アミノ酸は、タンパク質を作り上げる材料の中で最も単純なものであるため、有機的生命体の出現に

これまでのところ、堆積岩構造を持つ火星隕石は見つかっていないが、火星に堆積岩構造があることはわかっている。このヴェラ・ルービン・リッジの風景に見える岩石は、サンプル採取が望まれている種類だ。ダークマターの証拠を発見したアメリカ人天体物理学者にちなむこの尾根は、NASAの火星探査ローバー「キュリオシティ」のChemCamで撮影された。積み重なった堆積岩に亀裂や節理が生じており、長年にわたる地下水の循環の後に沈殿鉱物が残り、露出している。この画像には、尾根の正面部分の幅5メートルの範囲が写っている。NASA/JPL-Caltech/CNES/CNRS/LANL/IRAP/IAS/LPGN

結びつけられている。彗星のダストテイルの中にも存在することが、観測されたスペクトルの吸収線からわかっている。マーチソン隕石は、アミノ酸をたっぷり含んでいるだけでなく、そのアミノ酸分子の三分の二以上が「左手型」である。つまりマーチソン隕石の有機分子は、左手の指のような種類の「キラリティ」を持っている。左手の親指を自分のほうに向けると、左手の他の指は時計回りになる。それが左手型のキラリティで、右手の指の方向とは反対になる。左手型や右手型のキラリティの他の例には、自転車の左右のペダルを取り付けるためのネジ山がある。これは機能的にはまったく同じだが、左右を交換することはできない。

地球上のあらゆる生物は、ＤＮＡに

左手型のキラリティがある。生命が右手型のキラリティを持って進化していたら、機能上の違いはないが、反対のキラリティの分子を使うことはできないだろう。つまり、右手型キラリティを持つ脂肪やタンパク質は、私たちにとっては役立たずなのだ。[9] 最も始原的な炭素質隕石には、アミノ酸以外にも、脂肪族炭化水素や芳香族炭化水素、フラーレン、カルボン酸、ヒドロキシカルボン酸、プリン、スルホン酸、ホスホン酸など、多くの有機化合物が含まれている。なんだかサプリメントのボトルの裏側を読んでいるようだ（私は隕石を食べることを勧めはしないが、料理の材料として隕石を少量使った冒険的な料理人の話を少なくとも一例聞いたことがある）。

　この左手型のキラリティは偶然なのか、それとも因果関係があるのだろうか？　私たちは小惑星や彗星からDNAの設計図を受け継いだのだろうか？　そうだとしたら、小惑星や彗星は実際に生命の「副料理長（スーシェフ）」であり、放射線が飛び交う宇宙のキッチンに立って、材料を混ぜたり、スープをとったりし、その材料やらスープやらから生命が誕生したのだろう。そしてこれが本当だとしたら、こういった有機生命体のための最も基本的な材料は宇宙のあらゆる場所に準備されていることになる！

　小惑星や彗星が惑星の近くを通過すると、惑星はその軌道に大きな影響を与える（同様に、あらゆる作用には同じ大きさで逆向きの反作用があるので、小惑星などの接近は惑星をわずかにずらす。これが巨大惑星の移動の原因である）。最終的に、こうした惑星への接近によって、小天体の集団の軌道はランダムになり、その離心率と軌道傾斜角が増加する。そうした散乱現象によって、やがてその一つが地球に衝突する。そうなればみんなおしまいだ。これは簡単にいえば惑星がカオスに陥るという危険な状況であり、それを描いた最も古い記述は、アイザック・ニュートンの著書『光学』第二版（一七〇六年）に見られる。

なぜなら、彗星が（中略）きわめて偏心的な軌道で動くのに対して、すべての惑星を、あるわずかな不規則性をのぞいて、同心的な軌道上を同じ方向に運行させることは、盲目的な運命のよくするところではないからである。その不規則性は彗星と惑星の相互作用から生じたのであろうが、増加する傾向にあるので、ついにはこの体系は改革を必要とするようになろう。惑星体系のこのような驚くべき斉一性は、選択の結果であると認められなければならない。

（アイザック・ニュートン『光学』、島尾永康訳、岩波文庫より引用）

まだ小惑星の衝突が起こっていないのはなぜだろうか？　ニュートンによれば「有形の事物に秩序を与えることは、それらを創造した者にふさわしい」（『光学』）からである。別のいい方をすれば、神が今までずっと、前もって邪魔者を追い払って、物体が私たちに突っ込んでこないようにして見越してくれてきたのだ。ゴットフリート・ライプニッツは一七一五年にサミュエル・クラーク（ニュートンの信奉者で、ライプニッツが説得しようとしていた相手）にあてた手紙で、ニュートンの哲学では「神の作ったこの機械は非常に不完全であるから、（中略）神は時折異常な協同作業によって機械の埃も払わねばならず、修理もしなければならぬというのです」（『ライプニッツ論文集』、園田義道訳、日新堂書店より引用）と嘲笑している。神は神聖なる時計職人ではあるが、時計修理職人でもある。ただし修理は下手なのだ。

小天体の軌道にはカオスが存在するため、数十年から数百年というタイムスケールで予測することは不可能だ。そうした小天体がいったん地球の重力に絡めとられれば、それらが持つ不確実性は、「増加する傾向にあるので、ついにはこの体系は改革を必要とするように」なるのである。ニュートンの思考は、カオスの不可避性だけでなく、天体をよりよい位置へと移動させる場合の「選択の結果」も認識していたという点で、驚くべきものだといえる。現在では、「選択の結果」は神の手の中というより、私たち自身の手の中にある（とはいえ、神の手の中にあることは除外されない）。いつの日か、もしかしたら今から数百年後に、世界の宇宙機関によって、地球への衝突コースにあって脅威となる地球近傍小惑星をそらすための宇宙ミッションが送られるかもしれない。しかしそうした小惑星に対策をとれるようになる前に、私たちはその物理学を理解する必要がある。

ＮＥＯは、重要でアクセス可能な科学探査の対象天体であり、太陽系のさまざまな場所から地球のすぐ近くにつれてこられた航海者である。しかし同時に、今後数千年の間に、地球規模の影響をもたらす可能性が現実にある危険要因でもある。私たちは、危険な彗星や小惑星の軌道を修正するすべをひとたび身につければ、神のような存在になり、自らの力を使って、星の世界の燃料補給地や、水源地、鉄やプラチナの鉱山、そして快適な宇宙植民地を作り出すようになるだろう。時計修理職人という存在にとどまらず、時計のしかけを改善するようになる。つまり、危険な小惑星をより好ましい軌道に移したり、資源が豊富な小惑星を月周回軌道に送り込んだり（つまり月の衛星にするということだ）、一、二個の小惑星が地球と火星の間の軌道をとるようにして、その表面にあるレゴリスを何年も続く宇宙飛行の際の放射線シールド[10]として使うといったことができるようになるのだ。

多くの人が驚いたのが、一九九〇年代に初めて小惑星を近くから見たときに、単なる岩の塊のような外見をしたものが一つもなかったことだ。ロバート・フックが小惑星を間近で見たことがあったら、月を見たときと同じように、小惑星には「地球のような万有引力の法則」があって、それを一つにまとめ、ダストや砂利の池や、礫岩(れきがん)の層を作っていると述べただろう。小惑星の重力はそれほど大きくない。峡谷やメサ、砂丘のように見える地質学的構造や、大規模なリムを持つ衝突クレーター、破片があたりに散らばっている巨大な岩を説明するのにちょうど十分な程度の重力があるだけだ。

小惑星の風景は現実離れしている。そこにある岩はマンガのように、とんでもなく急な崖の上に静止していたりする。大半の小惑星は地球よりも自転速度が速く、一部は破壊されて分裂するほどの速さまで達している。多くはこまのような形をしていて、赤道部分には尾根があり、「最下点」（ボールが転がっていく場所という意味で）は、中心からの高度という意味では高地にあたる。いくつかの小サイズの小惑星では、赤道での重力がゼロに近く、そうなると遠心力が計算に入ってくる（重力はまだあるが、表面にあった物体は基本的には軌道上に浮かぶことになる）。そのようなわけで、小惑星への着陸は、宇宙ステーションへのドッキングのように簡単で穏やかな作業に思えるが、何もかもがおかしな状況にあるせいで、実際には複雑で、めまいさえするような作業になる。

人類が宇宙で人工重力を初めて作ったのは、一九六六年にジェミニ11号の宇宙飛行士らが、自分たちが乗ったカプセルと、ドッキング練習のために地球低軌道に打ち上げていた人工衛星を長さ約三〇メートルのテザーで結んだときだった。宇宙飛行士らは、アポロ計画への準備をしていた。テザーと反対方向に力をかけることで、二基は慎重に一分間に約六分の一回転の共回転を始めた。この回転速度は、直

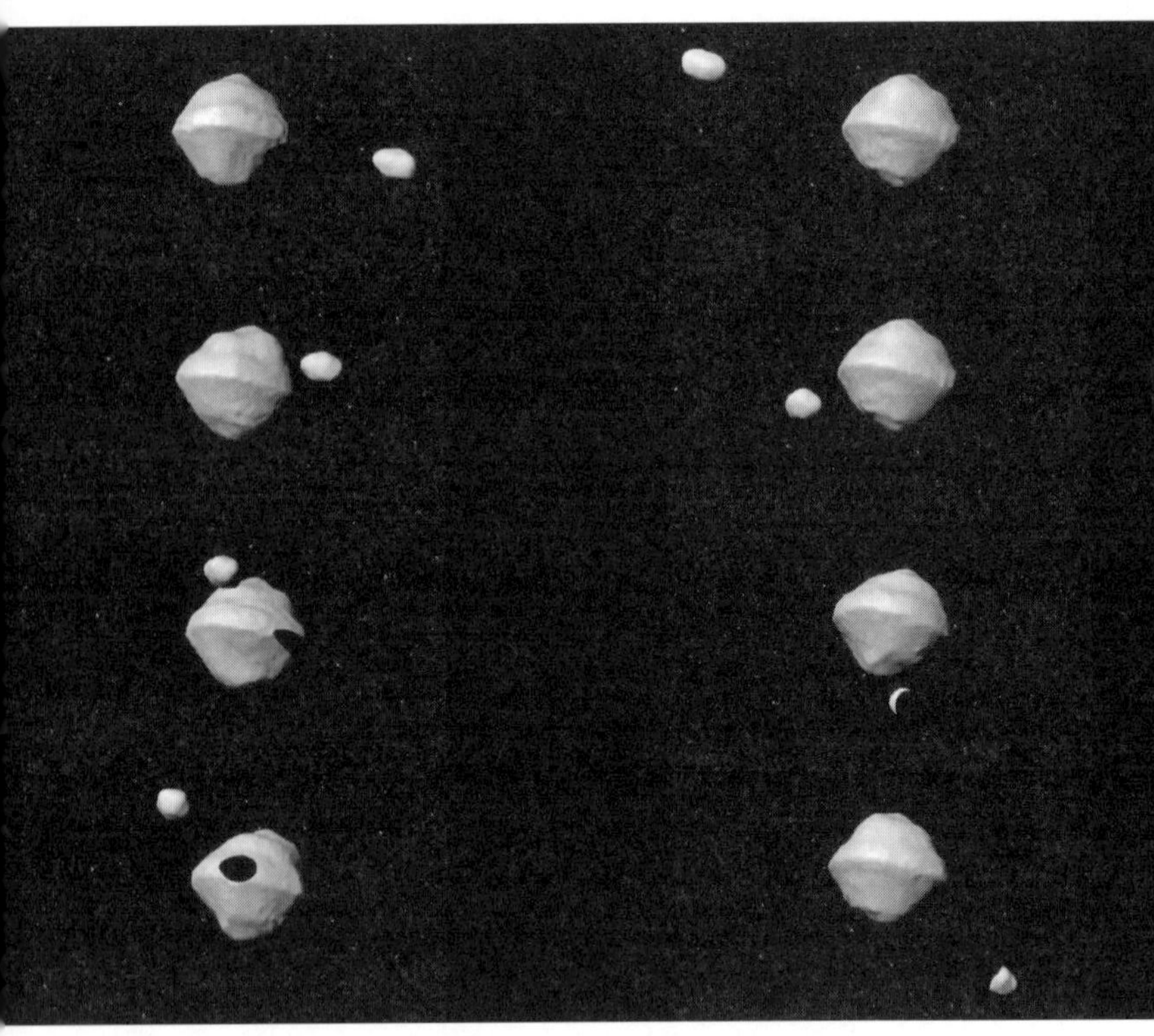

初めて鮮明に撮影された二重小惑星である、小惑星1999 KW4の形状モデル。アメリカの天文学者スティーヴン・オステロらが、アレシボ天文台（プエルトリコ）の高分解能レーダーデータを使用して構築した。主星アルファと衛星ベータが実際の比率で示されている。アルファは2.8時間周期で自転している。一方ベータはアルファに潮汐固定されている。アルファの尾根や、さらにはベータも、過去の自転が今より高速だった結果生じた可能性がある。
JPL Digital Image Animation Laboratory

径一〇キロメートルの小惑星の重力に等しい遠心力を生み出すには十分だった。二基によるゆっくりとしたボレロはあまりにも微妙で、宇宙飛行士は感じることができなかったが、カメラが計器取付デッキの一つの上で滑ったのには気づいた（実際には、このカメラはその運動量を保とうとしたが、一方で宇宙船はテザーによって異なる方向に引っぱられていた）。

ここで、カプセルがそんなゆっくりとした回転をする間に、宇宙飛行士らがコーヒー豆の袋を開けたと考えてみよう。最初は、コーヒー豆には重さがなく、浮かんでいるように見える。しかし十分な時間がたてば、コーヒー豆は「底」にたまるだろう。それはカプセルが小さな小惑星の上で静止している場合のコーヒー豆の動きと同じである。[11] その動きは時計の分針よりも遅く、あまりにも微妙で感知できないくらいなので、宇宙飛行士らが数時間眠って目を覚ます頃にようやく落ち着いているというところだろう。こういう理由があるので、小惑星の上ではどんな作業でも素早くしないほうがいい。穴を掘ったら、地滑りが起きてしまうかもしれない。ダストが舞い上がって大気のようになり、落ち着くのに数日かかる可能性すらある。小惑星は、澄み切った静かな湖底のようなものだ。下手なことをするとすぐに泥が巻き上がってしまう。

小惑星はその地質活動の不可解さと微妙さでいえば、いかにも陰陽の陰というべき存在だ。しかし惑星に衝突すれば、考えられるかぎり最も激しい地質学的変化を引き起こしうる。最近起こった小惑星由来の隕石の大規模な空中爆発は、二〇一三年にロシアのチェリャビンスク上空で発生したもので、直径二〇メートルの岩石質の隕石が落下しながら爆発した。その威力は広島型原爆三〇個分に相当した。また、科学的な記録があるもので最大の隕石落下は一〇〇年以上前の一九〇八年のもので、直径三〇メー

これは月面ではない。ネバダ核実験場にあるセダン・クレーターなどのクレーター群だ。核爆弾（この実験では104キロトン）を地下の適切な深さ（この実験では285メートル）に埋めたときにできるクレーターは、同等の運動エネルギーを持つ宇宙での隕石衝突イベントと形成メカニズムがとてもよく似ており、地質学的特徴も近い。
U.S. Department of Energy

トルから五〇メートルの小惑星が、辺鄙（へんぴ）な地域として有名な、シベリアのツングースカの上空五キロメートルから一〇キロメートルで爆発した。当時はロシア皇帝による戦争などがあり、落下地点には二〇年近く誰も訪れなかった。一九二七年の初の調査では、二〇〇〇平方キロメートル以上の範囲で木々がなぎ倒され、若い木々がふたたび育っているのが見つかった。さらに、サンプルの収集や、少数の目撃者からの聞き取りもおこなわれた。しかし、隕石の破片や、決定的な化学的痕跡は見つからず[12]、そのせいで（やはりというべきか）エイリアンの宇宙船の爆発やミニブラックホールというような、隕石に代わる説が出回ることになった。

それよりも小規模な現象ははるかに頻繁に起こっている。地球には一メートルサイズのメテオロイド（つまりは小型のＮＥＯ）が数週間に一回のペースで飛来していて、一キロトン相当の爆発を起こしているというのは、衝撃的な話かもしれない（広島型原爆の威力は一五キロトン）。一九九〇年代半ばには、メテオロイドの空中爆発のリアルタイムモニタリングシステムに天文学者がアクセスできるようになった。この頃アメリカ国防省は、偵察衛星に搭載した新たな高精度探知装置に問題があることを懸念するようになった。探知装置は地球上のあちこちで、爆弾の爆発に見える現象を検出していたのだ。実はそれはメテオロイドが爆発したときの閃光だった。こういったデータの宝の山が少しずつ科学者たちに公開されてきており、そこには宇宙や地上から検知されたＮＥＯ（隕石）のサイズや、空中爆発の高度、成分などが含まれている。

小さな小惑星の衝突が兵器実験とそんなに変わらないことを考えれば、冷戦主義者と天文学者には、そうした現象の理解という点でつながりがあるといえる。小惑星衝突のシミュレーションに使われる最高性能のコンピュータープログラムや、それを走らせる最高速度のコンピューターの中には、核防衛を研究テーマとする研究チームが扱っているものがあり、彼らは自分たちのプログラムを実証する機会があれば喜ぶ。さらにそういった研究チームは、地球との衝突コースにあることがわかった小惑星や彗星の破壊や進路変更のための物理学に興味を持つようになってきている。[13] 進路を変える方法の一つが、小惑星から直径分だけ離れた位置で核爆弾を爆発させることだ。そうすると強いＸ線が瞬間的に放射され、小惑星の片側の表面にある岩石を加熱し、蒸発させる。それによって生じる推進力が、小惑星を反対の方向にゆっくりと動かすのである。

天文学と核兵器がこういった形で結びつくことが奇妙に思えるなら、ガリレオが運動の法則を考え出したきっかけが、月の軌道ではなく、砲丸の弾道の計算だったのを思い出そう。世界初の望遠鏡は、木星の周囲の小さくて明るい星を見つめるためよりも、海戦で使うために欲しがる人々のほうがはるかに多かった。実験装置や宇宙飛行士を宇宙に運ぶロケットは、第二次世界大戦中に発明され、あらゆる都市を破壊できる大陸間弾道ミサイル（ＩＣＢＭ）の発射用として冷戦中に完成した。月への飛行は二次的なものだったのだ。軍はＮＡＳＡと同じ金額を宇宙望遠鏡に支出しているが、違うのは軍の宇宙望遠鏡が下を向いていることだ。最新の望遠鏡は補償光学を用いているが、このテクノロジーは、上空三〇〇キロメートルを通過する敵の人工衛星の詳細な画像を得るための研究から生まれた。電波天文学が盛んになった背景には、第二次世界大戦中および戦後に大規模な軍事用レーダーが設置されたことがある。月の裏側の最初の写真は、ソ連の最先端スパイカメラ技術と、無断借用したアメリカのフィルムで撮影された。奇妙な仲間の組み合わせだ〔訳注：このことについては六章で詳述する〕。

木星の外側に広がる外太陽系には、二種類の小天体がある。最初からそこにあった小天体（惑星形成に参加したことがない、最初から変わらない氷天体）と、巨大惑星が形成され、軌道におさまるために移動したときにはじき飛ばされた小天体だ。巨大惑星の形成によって推定一兆個の彗星がはじき飛ばされ、やがてオールトの雲になった。さらに一〇〇〇億個の彗星が「もうひと頑張り」して太陽系を抜け出し、現在は恒星間空間を進んでいると考えられる。そして数十億年後、質量の半分を失った太陽は、オールトの雲の外側部分をつかまえていられなくなり、さらに数兆個の天体が銀河系内に散らばっていくだろう。

外太陽系の小天体は、どうやってそこに到達したにせよ、何十億年もの間、低温貯蔵庫の中にあったので、惑星形成の初期条件を知るための宇宙探査計画にとっては興味深い対象天体だといえる。最も遠方の天体は、表面温度が絶対温度〇度よりも数十度高いだけ、つまりマイナス二〇〇度ほどしかない。[14]そうした天体が内部まで低温かどうかは、その天体のサイズや放射性物質の存在量が放射性崩壊による加熱を維持するのに十分かどうか、あるいは最終的に複数の衛星からなる衛星系に加わって、十分な潮汐加熱を起こせるようになるかどうかで違ってくる。たとえば冥王星と大きな衛星のカロンは最初の一億年ほど、互いの内部に潮汐加熱を引き起こしていただろう。やがて、互いに潮汐固定された状態になって、今ではそうした熱源はない。[15]外太陽系のさらに外側には巨大惑星が潜んでいる可能性がある。惑星Xはおそらく、地球程度の質量を持つ二重惑星だろう。しかし存在が知られている彗星の大半はあまりに小さくて、放射性崩壊であろうと、潮汐であろうと、どんな種類の大きな加熱も受けていない。このため、本当の意味で始原的な物質のサンプルとして重要なのである。

ときおり、こうした外太陽系の天体が内側に戻ってこようとする。オールトの雲にある彗星は、軌道上で太陽から最も遠い数千AUの位置にあるときに銀河潮汐力を受ける場合がある。そうすると軌道が少し曲げられて、次の公転ではやや軌道がそれる。そのうちにどこかの時点で海王星の重力場に遭遇し、気づけばクモの巣につかまったガのように、面倒なことに巻き込まれている。そうした天体の一部は木星に絡め取られてしまい、大半は長くは生き抜けない。「ケンタウルス族」という種類の勇敢な天体は、もとはカイパーベルト天体だったが散乱を受けて軌道が変わり、木星のそばを通り抜けようとしている最中だ。そうした天体が初めての太陽光を感じる頃には、さまざまな異常で予測不可能な活動が起こる。

彗星はダストと氷でできており、一酸化炭素、二酸化炭素、窒素、メタン、酸素などの超揮発性物質、つまりきわめて低温で気化する分子や化合物を含んでいる。彗星はわずかな加熱で活発に分解し始め、水の蒸気とケイ酸塩のダストを生成する。そして全体を固めている物質が気化して逃げていくと、昇華と分解を経ることになる。彗星内部の深いところにある非晶質固体（基本的には氷だが、四六億年前に分子雲から直接凝縮し、それから結晶化するほど温かくなっていない）が結晶氷に変化する。この反応は「発熱」反応であり、熱を発して、彗星核の大規模な分解を引き起こす可能性がある。

一部の彗星は、壁をめぐらせた木星のゲートを通り抜けようとして命を落とす。木星に衝突する彗星もあれば、木星の強力な重力の影響を受けて散乱される彗星もある。さらに、木星の強力な潮汐場によって分裂し、一回の最接近でいくつもの小さな彗星になるものもある（これは一九九二年にシューメーカー・レヴィ彗星に起こったことだ）。いったん木星を通過した彗星は、木星族彗星と呼ばれるようになり、カオス的軌道に投げ込まれる。この軌道にある彗星は、地球型惑星のいずれかに衝突するか、さらに内部に落下していって、最終的に太陽の潮汐か放射熱によって分解し、ダストしか残らなくなる可能性がある。

彗星はこのようにして誕生し、一生を送り、死んでいく。最初の一億年は慌ただしく、次の四五億年は低温貯蔵庫の中だ。そして幸運な数少ない彗星が、最後の数万年にわくわくする段階を迎える。グランドフィナーレとして太陽に向かって突っ込んでいくのだ。彗星は軌道の離心率が大きくなっていって、近日点では一AUよりもかなり内側に入り込む場合がある。ただし、それ以外のほとんどの時間は海王星よりずっと外側で過ごす。近日点にくるたび（最初は数千年おき）、彗星の表面は太陽にさらされてどんどん黒くなり、数百度まで加熱される。それはまるで七月の歩道だ。この熱が内部まで浸透するには時間がかかり、彗星が自転するにつれて（つまり昼と夜の間で）表面温度は灼熱と極寒を行き来する。表面付近の物質は、この回転肉焼き器（ロティサリー）の下でかなり加工された状態になり、彗星全体としては、内部の始原的な物質を、氷で固められた炭素質の断熱材が覆ったようになる。

私の母はベイクド・アラスカというデザートを作ってくれたことがある。母は凍ったアイスクリームの塊を高温のオーブンの中に数分入れて、外側はカラメル状だが内側は凍ったままの状態にした（木製の板の上で焼く必要がある。ガラスや金属の鍋だと熱が伝わってアイスクリームが溶けてしまう）。惑星化学が追い求める聖杯は、このデザートのカラメル化した表皮の内側に入り込んで、凍ったアイスクリームに到達することだ。このアイスクリームは、わずか数千年前にはウルティマ・チューレより外側で貯蔵されていた天体に由来する、手つかずの物質だ。こうした元のままの太陽系物質は、現在は厚さ数メートルに発達した断熱材の下に埋まっている。この断熱材は昇華することはなく、そこに含まれている有機物質のせいで彗星が黒くなっている。とはいえ、近日点通過を何十回もくぐり抜けてきた「古い」木星族彗星でも、そうした天体の地質学的活動の激しさを考えると、新鮮で、簡単にサンプルを採取できる表面がある可能性が高い。チュリュモフ・ゲラシメンコ彗星には、形成されたばかりの崖やクレバスがあり、新鮮な内部物質がいつでも採取できる状態でむき出しになっている。そこで、NASAのニュ

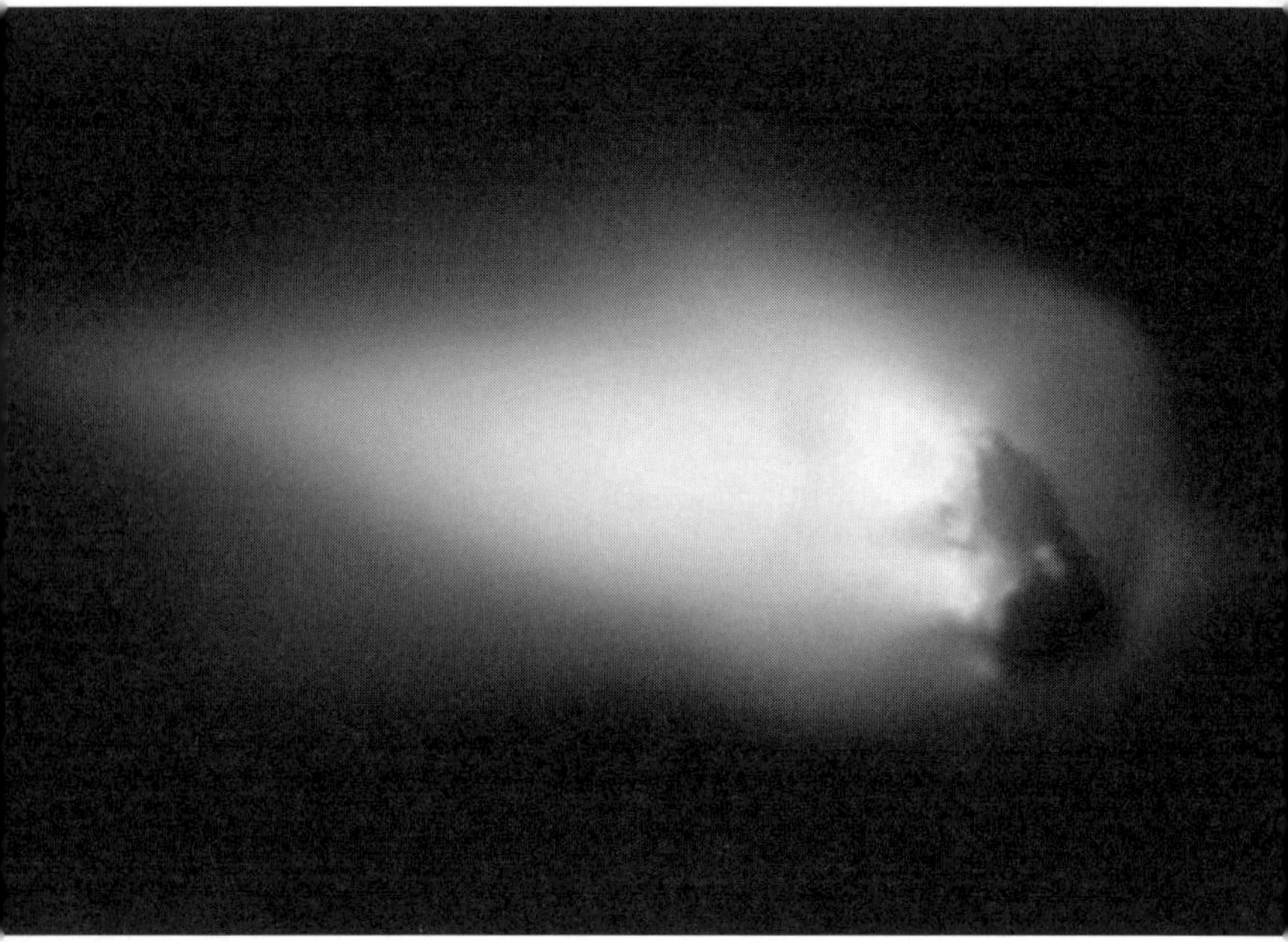

1986年に彗星探査機ジオットは、太陽から飛び去る途中のハレー彗星から600キロメートル以内の距離を、秒速68キロメートルという記録的なフライバイ相対速度で通過した。彗星のコマは、太陽風によって進行方向と反対側に流される。ジオットは微粒子と衝突して故障し、カメラが壊れたが、その前に、差し渡しが16×8キロメートルある彗星の核の地質学的特徴を初めて示した、この画像を送信していた。
Halley Multicolor Camera Team, Giotto Project, ESA

ーフロンティアプログラムとして、チュリュモフ・ゲラシメンコ彗星をふたたび訪れ、その貴重な財宝を収集するCAESAR（シーザー）計画が提案された。しかし熾烈な競争の末、代わりにドラゴンフライ計画が選定され、二〇二六年の打ち上げが計画されている。ドラゴンフライ探査機は、すべて順調にいけば、二〇三四年にタイタンの上空を飛行し始める予定だ。

　大彗星はめったに見られないが、それは特別に大きい彗星である必要はなく、地球のそばを通過して、ダストテイルとコマ〔訳注：彗星頭部の明るく拡散した部分〕が光って見えればよいだけだ。最期の時が近づきつつある小さな彗星が、どの彗星より見事なショーを見せることもある。そして運と位置という要因がある。大彗星が本当に見事に見えるには、月のない夜空の高いところに位置している必要がある。私は幸運にも、これまで二つの大彗星を見てきた。その一つである百武彗星を見るために、私はパートナーとともに、とても小さな町からさらに三〇キロメートルほど離れた、どこよりも暗い砂漠で待ち構えた。私たちは寝袋に入って横になり、夜がにぎやかになるのを見守った。百武彗星は、オペラ歌手のように登場してアリアを歌い始め、真夜中には頭上にやってきた。私は視覚をリラックスさせて、太陽と相互作用している彗星の核に向かって感覚を解放させた。その表面は、誕生して以来経験したことのない高温になっている。噴出したダストと氷が太陽風によって吹き飛ばされ、強く電離したガスからなるイオンテイルがまぶしく光っている。

接近時には地球からわずか〇・一AUまで近づき、特別に長い尾を見せた百武彗星は、双眼鏡の中で恒星に対して刻々と動いていくのが目に見えてわかった。私には、百武彗星が生きているように見えた。[16]私の感覚はあまりにも心地よく漂い、緑色と青色とクリーム色に満たされていったので、数時間後に冷えた夜の中で目を覚ましたとき、自分が寝ていたのかどうかもわからなかった。東の丘陵地帯が、コバルトブルー色を背景に浮かび上がっていて、夜明けの気配がした。流れ星がいくつか見えた。私はこんなに美しいものは二度と見られないのではないかと考えた。うとうとと眠って目を覚ますと、朝にすっかり洗い流されて、すべては記憶の中だった。大彗星が大地にささやきかけるのを次にいつ見られるかわからないので、私は空が暗いところに暮らしている。

恒星間天体オウムアムア（1I）の想像図。撮影はされていないが、暗赤色でかなり長い天体だと推測されている。長さは230メートル、幅は35メートルしかない。わずかに回転しており、1日に3回自転する。ESO/M. Kornmesser

最も有名な彗星が、ニュートンの万有引力の法則を証明した天体であるハレー彗星（1P）だ（Pは周期的、1は一番目の意味）。一七〇五年にエドモンド・ハレーは、一五三一年と一六〇七年、一六八二年に到来した大彗星が（彼の説によれば）一つの同じ彗星であり、遠日点が海王星のすぐ外側にあって、約七五年ごとに戻ってくることを示す計算結果を発表した。そして、太陽に加えて木星と土星を含めた万有引力の法則を適用することで、ハレーはこの彗星が一七五八年に戻ってくると予言した。ニュートンは一七二七年に亡くなった。ハレーが亡くなったのは一七四二年だ。科学はじっと待ち続けた。一七五八年になり、不安な一年が過ぎて、クリスマスの時期になって彗星はやってきた。これで重力の逆二乗則が確認され、ハレー彗星は、太陽を公転していることが確かめられた、惑星以外で初の天体になったのである。

大彗星の出現は、先史時代の記録や有史時代の文書に広く見つかる。古代アジアでもとりわけ中国では観測記録が豊富で、古いものは数千年前までさかのぼる。紀元前三〇〇年の馬王堆帛書には、数十の彗星の形状を表した図が載っていて、その一部は岩石学的な記号にも似ている。さらに、歴史に残る彗星がそれぞれどのような災厄の前触れとなったかも特定している。この文書では、一〇〇〇年前からの記録をまとめている。ハレー彗星の記録で最も古いのは紀元前一二世紀のものだが、その周期性については触れていない。

二番目に確認された周期彗星がエンケ彗星（2P）だ。これはフィナーレを迎えつつある彗星で、将来的には地球にとって危険な存在になる可能性がある。内惑星の間で危ういダンスを踊っており、いずれ宇宙空間で分裂するか、太陽の近くで潮汐力によって破壊されるか、惑星と衝突するか、どれかだろう。現在私たちが見ているのは、はるかに大きかった母天体の破片だ。水星の内側から木星軌道のあたりまでの（しかし木星軌道を越えることはない）楕円軌道を三・三年周期で公転しているので、地球型惑星すべてと定期的に接近している。大量の物質を失いつつあり、砂や砂利サイズの粒子に加えて、やや大きな塊を軌道に沿ってまき散らしている。おうし座流星群は、地球がこの粒子や塊の帯の中を通過するときに起こる。

新世代の掃天望遠鏡の一つであるパンスターズ望遠鏡が稼働を始めた直後に、初めての星間空間からの侵入者が検出された。ハワイ語で「斥候」を意味するオウムアムア（1I）と命名されたこの天体は（Iは「星間空間の（Interstellar）」を示す記号で、この天体で初めて使われた）、太陽から約〇・二五AU以内まで突入してきた。その毎秒二六キロメートルという速度は、星間空間に由来する天体であることを示している。その速度はあまりに速すぎて、重力の作用によって太陽系内に束縛されていない。一年間で六AU近く進む速度だ。オウムアムアは太陽系の外からきたのである。これまで観測されたどんな彗星や小惑星とも異なる、長くて薄い形をしたオウムアムアが生まれた天体から放出されたのは、少なくとも三〇〇万年前だ。こと座の方向にある約二五光年離れた候補天体からその速度で直接飛行してくると、最短でもそれだけの時間がかかるのである。

　オウムアムアは自然の天体だろうか？　私はそうだと考えている。色は暗赤色で、始原的な小惑星や彗星に似ている。多くの彗星が他の惑星系から投げ飛ばされて、私たちの太陽系に入ってきているのだ。彗星は風変わりだが、恒星間天体はもっと奇妙かもしれない。巨大惑星は集積するときに、そばにやってきた天体の大部分を投げ飛ばす。これが恒星の周囲の彗星の雲に、つまりそれぞれの惑星系のケプラーベルトやオールトの雲になる。しかし一部は進み続けて、その恒星の重力が届く範囲から完全に抜け出す。こうした天体は無数にあるだろう。やがて、太陽に似た恒星が寿命を迎えて白色矮星になり、質量が元の半分になると、オールトの雲の大半を銀河系の重力場に放出するので、新たに無数の彗星が他の恒星の世界に混ざっていくことになる。迷子の彗星はそこかしこにあるが、宇宙は広大だ。もしオウムアムアがたまたま到来した恒星間天体だとすれば、宇宙には小惑星があふれていて、一辺が一光年の空間に、直径一〇〇メートルの小惑星が質量にして火星一個分あるはずだと見積もられている。形成されている惑星系の数や、そのプロセスの損失の多さを考え合わせれば、これは妥当な線だろう。

　そうはいっても、オウムアムアは非常に変わった天体なので、その正体についての推測が山ほど出てきた。まともな科学者さえ、それが壊れた宇宙船か、その一部ではないかといった説を唱えた。天体観測ではよくあることだが、オウムアムアの観測も、天体の光を表す一個のかすかな画素を分析するという「測光観測」に限られている。オウムアムアの明るさや色が時間とともに変化する様子から、そのサイズや形を推定することしかできないのだ。宇宙空間で回転する黒っぽい天体のモデルを作成して、最小二乗法を使って、測光観測の結果に最もよく一致する形状や、色やアルベド（反射能）を導き出す。[17]その答えは何とおりかある。オウムアムアは、空飛ぶ円盤のような形の可能性もあるし、一般的にいう潜水艦のような形に似ている可能性もある。いずれにしても、今まで私たちが見たことのないような天体だ。

オウムアムアが本当はエイリアンの宇宙船で、「スター・トレック」のワープ・ドライブ（超光速航法）からちょうど抜け出したところで（自転にわずかなふらつきがあるのはそのせいだ！）、太陽系の詳しい偵察活動をする間、目立たないはぐれ者の小惑星を装っているのだろうか？　これはある程度の説明の節約になるし、探索活動が進む中で、これ以外に恒星間天体が見つからなければ、現実的な仮説だといえるかもしれない。これから数年で次の「２Ｉ」の恒星間天体が見つからなければ、この仮説をもっと真面目に検討する必要があるだろう。しかし今わかっているかぎりでは、オウムアムアは奇妙で、不思議な形をしてはいるが、自然に生まれた、彗星のような天体であり、近いうちに別の恒星間天体が見つかる可能性が高い。もしかしたら、ハレーもこれと同じような期待を抱いていたかもしれない〔訳注：二〇一九年にボリソフ（２Ｉ）が発見された〕。

たとえたまたま到来した恒星間天体にすぎなくても、地球外生命についての理解という観点で、オウムアムアは注目すべき天体だ。これだけ大きな破片が惑星系から惑星系へと移動しているのなら、原理的には、たくましい微生物やウイルス、胞子などを何十万年もかくまっていられるほどの大きさはあるので、生命が惑星から惑星へと移動する「パンスペルミア」現象をはるかに超える現象が起こりうる。生命が小惑星や迷子の彗星をフェリーのように使いながら、時間と空間をわたる「銀河間パンスペルミア」である。この現象がごくたまに成功するだけで、すべてを変えてしまえるのだ。

巨大衝突が起こるのは、十分に成長した惑星の軌道が最終的に交差する場合だ。標準的なモデルとして考えられている、数十個の原始惑星の集積が起こるには、約一〇〇回の巨大衝突が必要だろう。巨大衝突の時代は約一億年前に終わり、月の形成をもたらした巨大衝突はその有終の美を飾るものの一つだったことがわかっている。一回の巨大衝突の後で、内太陽系から大きなデブリが消失するまでには約一〇〇〇万年かかるので、地球型惑星のある領域にはつねに無数の散乱天体がひしめいていた。その多くはベスタやセレスよりも大きく、崩壊したマントルやコア、地殻などさまざまな部分の残骸だった。こうした天体は別の惑星に衝突して、表面を更新するような巨大な衝突を起こした。原始惑星が混ぜ合わされ、衝突するという惑星形成の「最終段階」は、衝突の残骸が惑星の表面を覆う「レイトベニア」の時期へと移行する。

若い惑星系は混み合っていて、ニアミスが生じると二つの惑星の軌道が交差するようになり、最終的に巨大衝突を起こす。二つの天体から生まれた一つの天体と、それを取り巻くデブリという新たな力学的状態が、さらに摂動と衝突を引き起こす。きちんとした条件がそろっていたかどうかにもよるが、惑星が作り出す複雑な系は「力学的カタストロフィー」を経て、次の安定状態を見つけるまで、狂ったように衝突を繰り返す。それこそすでに説明した、土星の衛星系が遅れて誕生するという説で、アンドレアス・ロイファーと私が考えているシナリオだ。

地球型惑星は第二世代の惑星だという説も提案されている。その前には、これまでに発見されている系外惑星系の圧倒的多数によく似た、第一世代の惑星系がわずか一〇〇万年の間だけ存在したのだ。そうした系外惑星系の大半には、最もありふれたタイプの惑星らしい、スーパーアースとミニネプチューンがある。そして太陽系よりも密集していて、中心に集まっている。木星の内側にあった第一世代の惑星系が何らかの原因で不安定になると[18]、最初の衝突が起こった後に、その惑星系は、巨大な神々の時代に起こった巨人たちの対立か、あるいは強風でスリップして尻を振るセミトレーラーの列のようになった可能性がある。その衝突が起こった時期に、ガスが豊富な巨大円盤がまだ存在していたら、特に大きな惑星は太陽に引きずり込まれていただろう。これは、金星軌道の内側に天体が相対的に少ないことと一致する。そこには奇妙で小さな惑星である水星の他には何もない。そのタイムスケールについては、第一世代の惑星系が崩壊するのに一〇〇万年、残った破片がぶつかり合うのに一〇〇〇万年かかり、その後には、太陽系のような惑星系がさなぎから出てくる。あるいは灰から不死鳥のようによみがえる、といってもいい。

このような、これまでのどんなデータにも束縛されない、モデルと推測に頼った考察を通して、私たちは、月についてもっとじっくりと調べるようになる。月は、巨大衝突で生み出されたことがわかっている天体だ。そして、その後に起こった出来事の唯一の目撃者である。

巨大衝突を想像するときには、時間の進むスピードを百万分の一に遅くしなければならない。ミサイ

「なにもが変わった。とことん変わった。／空おそろしい美の誕生だ。」[19]（『W・B・イェイツ全詩集』、鈴木弘訳、金星堂書店より引用）。標準モデルから予測される、月の起源となる衝突から約10分後の様子。テイアは左上から秒速約15キロメートルで進んできた。リング状の衝撃波が地球に広がっていくのが見える。この衝撃波はテイアの後ろ側にもほぼ到達していて、加熱と融解を引き起こしている。カラーのイラストをグレースケールに変換した。
Art © Don Davis

ルが標的に衝突するのとはわけが違う。それよりも、ヒンデンブルグ号事故が展開していくのに似ている。衝突速度は超音速だが（一般的には秒速一〇キロメートルかそれ以上）、それでも直径三〇〇〇キロメートルから一万キロメートルの間の大きさの二惑星が衝突を終えるには一時間以上かかる。巨大衝突というのはどちらかといえば、二つの惑星がすれ違おうとする試みである。それが不可能ならば、そのコアが融合し、結果として生じる大きなほうの天体が相手から何でも奪おうとするが、これは「集積効率」と呼ばれるパラメーターに相当する。二つの惑星が完全に合体する場合の集積効率は一、大きいほうの惑星が小さいほうの惑星の半分を捕獲する場合は〇・五、当て逃げ型の衝突で、総質量の追加がない場合（ただし質量の交換はある）は〇である。つまり、巨大衝突の結果を説明するのは、一つのパラメーターなのだ。

衝突のプロセスは実際には、惑星が激しくぶつかり合う数時間前に始まる。二つの惑星は互いに向かって、一時間あたり直径数個分の距離を進んできて、やがて冥王星とカロンのような二重惑星のようになり、相手の重力にとらえられる。最後の数時間が過ぎていく中で（比較するものが必要なら、月食が進むスピードを考えるといい）、小さいほうの惑星が変形し、巨大衝突が起こる頃には、ラグビーボールに似た形になっていて、結果として生じるトルクによって回転がつく。衝突速度は、脱出速度にその惑星が持っていたあらゆる進行方向の速度を加えた分になるので、地球型惑星の一般的な衝突速度は脱出速度の約一・一倍から一・二倍になる。いってみれば、勢いよく振り向くような感じだ。

そして次に、二つの惑星が物理的に結合する。このプロセスは破壊と爆発をもたらす。幅が何千キロメートルもある巨大な地滑りのようだが、二つの惑星のマントル深部と、熱く溶けたコアが互いに相手

陰陽のシンボル（大極図）は古代中国の象徴である。このシンボルは私に、2つの衝突する惑星が互いのコアを飲み込もうとする様子を思い起こさせる。

を剝ぎ取ろうとする。このプロセスは数時間から数日続く。巨大衝突は、メキシコのチクシュルーブ・クレーターや、月面の雨の海のような巨大クレーターの形成と共通点が多いが、こちらは全球規模だ。岩石物理学の役割は小さく、天体物理学のほうが重要になるが、巨大衝突は、続いて起こるあらゆる地質学的現象の土台を作る。

この巨大衝突というテーマには多くの相違する考えがあるので、どれか一つのシナリオにこだわりすぎるべきではない。それでもやはり、火星サイズの天体が、脱出速度よりわずかに速い秒速約一〇～一二キロメートルで、おおよそ四五度の角度をもって地球に衝突したとする標準モデルを考えるのが現実的である。テイアと地球はライフル弾の一〇倍の速度で結合すると、衝突の最前線では円弧を描くように激しい爆発が起こった。広い表面が互いに接触したため、どの部分がテイアでどの部分が地球なのか、どちらが上でどちらが下なのかは覚えていられないほどだ。ホースの口から噴き出す水のように、マントルや地殻、海洋底を作っていた塊が境界面から放出されて離れていき、奇妙な小惑星や、ダストや水蒸気のしぶきになる。

地殻やマントル、海洋底や、その間のあらゆるものの崩壊が進む。惑星の表面は破壊されて、結合した天体の内部でサンドイッチ状になり、やがてたっぷりのタフィーのように広がっていく。コアは密度が大きいので、互いの岩石質マントルの中へ落下していき、衝突の中心部に沈み込んで、そこで互いを飲み込むようにしてしっかりと結合する。すべてが一日か二日で落ち着くと、コアの上に深部マントル物質がきて、その上に別の岩石が重なる。さらにその上に水和ケイ酸塩鉱物が重なり、海と大気ができる。こうして、どこからきたのか記憶もあいまいな、完全に作り替えられた惑星が生まれる。

合体した二つの天体は角運動量を持っているので、原始惑星系円盤が平らな円盤になったのと同じ原理によって、衝突で生じた物質から渦状の腕ができる。実際のところ、巨大衝突後の構造は、中央の高濃度部分と塊のついた渦状腕部分からなる、銀河の小型版のようだ。巨大衝突の種類にもよるが、結果的に、合体して形成された惑星の周囲には主に衝突溶融したケイ酸塩物質からなる原始月円盤ができる。巨大衝突の熱力学を初めて詳細に研究した惑星物理学者デイビッド・スティーブンソンの言葉を借りれば、この円盤は「空飛ぶマグマオーシャン」だ。

続いて起こるいくつかの奇妙な物理現象を理解するために、衝突の前の日に戻る。すぐに月になる物質の大半を含む、火星サイズの惑星テイアのマントルの中間領域のことを考えよう。この領域は、すぐにずたずたに引き裂かれ、地球を取り巻く円盤になるが、衝突前日の時点では、他の地球型惑星の中部マントルと同じように、テイア内部できわめて高い圧力を受けている。実際のところ、衝突前のテイア内部の物質を一ポンド（約四五〇グラム）取り出して、あなたの目の前の机に瞬間移動させたら、それは一ポンド分のＴＮＴ火薬と同じエネルギーで爆発し、びっくり箱のふたを開けたときのように、その圧力を一気に放出するだろう。テイアのマントルが引き裂かれて円盤の一部になるにあたって、この「エンタルピー」が、やがて月になる物質の溶融や蒸発、膨張に寄与する。

第一世代の惑星があったという説、つまりスーパーアースとミニネプチューンが関与する巨大衝突という説に話を戻すと、一つ確かなことがある。そうした衝突に関与する圧力やエネルギーは大きく、惑星のサイズの二乗以上のペースで増加することだ。これを地球一〇個分以上の質量がかかわる巨大衝突で考えると、爆発のエネルギーがきわめて大きいため、巨大な塊、つまり残った惑星に重力的に束縛されていないものはすべて、原子状態になる。水素などの希薄化しやすい元素は効率的に失われ、「金属」が再結合して酸化物になることで、地球や金星が作られ始める。それ以前のものが生き残ることがないのはほとんど確実だ。これが岩石型惑星のスタート地点である。

第一世代惑星仮説は、ごく簡単なテスト（サニティー・チェック）に合格している。地球型惑星の総質量とミニネプチューンの質量の比は、月の質量とテイアの質量の比とほぼ同じなのだ。つまり、もし海王星質量に相当する天体が集積して、余った物質を残したまま、太陽の中に落下していったとしたら、地球と金星は、巨大衝突の残骸から単純に予想される物質の量にほぼ相当するのである。これは風変わりな説だが、最終的には検証可能である。この説では、金星と水星、地球、月の同位体組成が同じでなければならないと考えられるからだ（水星と金星からのサンプルが得られていないのは、この仮説にとっては好都合だ）。この仮説が正しければ、太陽系の地球型惑星は普通ではないことになるだろう。地球や他の惑星は、当初の物質のごく一部しか残っていない、相当に選択的な減少プロセスの結果なのだ。

第6章

勝ち残ったもの

天文学は臆測からできているにすぎない

沈括、夢渓筆談（一〇八八年）[1]

よく用いられる、面白い種類の仮説が、天体を消滅させてしまうことだ。すべてを説明できる天体を考えたうえで、それを消し去ってしまうのだ。どこかに隠すのでもいい。一〇〇年前の太陽系形成説の中で有力だったのは、気まぐれな恒星が近くを通過したのがきっかけで、太陽の胎内から太陽系が飛び出したという説だ。[2] いうまでもなく、この通過した恒星を銀河系の中で探したところで、決して見つからないだろう。

そうした「犯人」が、やることをやれるほどには近いが、発見されるには遠すぎる位置にいるケースもある。こういった天体についての予測は、見事にうまくいくことも、失敗することもある。すでに見てきたように、小惑星セレスの存在は、惑星の間隔が幾何数列になっているというボーデの法則から予測されていた。一方、天王星が一七八一年に発見されて以来、その軌道につねに不規則性が見られたことから、一八四〇年代には巨大惑星Xが存在すると予想されるようになった。一八四六年には、天体力学理論を使って、はるか遠くの仮説的な天体の弱い引力を計算することで、その天体の詳細な位置が予測された。[3] ベルリン天文台の天文学者は、その予測を手にしたまさにその日の夜に、望遠鏡を空に向けて、外太陽系を構成する巨大氷惑星である海王星が、何もないところに魔法のように現れるのを目にしたのである。

犯人が見つからないこともたびたびあった。かつて、水星軌道に観測される、ニュートン力学では説明できない近日点移動（第一章を参照）を説明するために、ヴァルカンという未知の惑星の存在が考えられた。しかし水星軌道の近日点移動は、最終的にはアインシュタインの一般相対性理論による重力作用で説明された。そして現在では、また別の惑星Xが一つ、あるいは二、三個存在するとされている。そのうちの一つは、地球一〇個分の質量があり、太陽から数百AUの位置にあると考えられている。この惑星Xは、他の惑星の軌道傾斜角をめぐる謎を解決できるくらいには近い距離にあるが、冥王星よりも千倍も暗いため、私たちがこの天体をまだ発見できていないのはしかたないことだ。この惑星が存在するなら、大型シノプティック・サーベイ望遠鏡[4]が夜空の写真を毎晩数十テラバイトも送り出すようになれば、すぐに見つかるだろう。惑星Xが存在しないのなら、この望遠鏡は惑星Yに向けられることになる。

さらに、土星に最初にできた衛星系が、今はタイタンの内部に埋もれているという説がある。はたして本当だろうか？　さらに、スーパーアースとミニネプチューンからなる惑星系が太陽の中に落下して消え、後に水星と金星、地球が残ったとする説もある。こうしたシナリオを検討するには、そのカオス状態を振り返る必要があるが、出発点への道はすでに失われている可能性がある。私は第一世代の太陽系があったという考えを受け入れているが、実際のところ、それを裏付ける証拠はない。その説が登場した背景には、ほとんどの系外惑星系は太陽系よりも密集しており、太陽系が珍しい例だとわかったことがある。これからの一〇年で、十分な数の系外惑星系が詳細に観測されれば、この説をもっとはっきりと考えられるようになるだろう。

月形成の標準モデルでは、テイアは赤ん坊を取り上げて立ち去った助産師のようなものだ。それとも、テイアはまだ近くにいるのだろうか？　標準モデルによれば、テイアの大部分は地球の内部にある。おそらくこのことは、地球のマントル成分の大きな不均質性を部分的に説明できるだろう。しかしテイアの残骸は、かなりの量が最終的に宇宙空間に存在するようになった。巨大衝突のシミュレーションによれば、月の大半はこのテイアという飛翔体に由来するという。[5] それは直感的にも理解できる。つまり、地球にテイアのコアと深部マントルが集積したときに、その直接的な結果として二重の回転楕円体が生まれ、それが侵入者の手足を放り投げたわけだ。走行中の路面電車に飛び乗ったりすれば、バッグをなくすことがあるが、あれと同じだ。[6]

しかし、テイアが物理的に隠れている可能性があって、その状況がある程度は理解されている一方で、化学的に見てもテイアは姿を消したように思える。酸素は地球質量のほぼ三〇パーセントを占めており、月や地球の地殻構成岩石では四五パーセントに相当する。酸素同位体である酸素16（^{16}O）と酸素17（^{17}O）、酸素18（^{18}O）や、チタンやジルコニウム、カリウムといったその他の元素の同位体は、食べ物の風味のようなもので、その割合から岩石の原産地がわかる。そうした同位体や元素の原子挙動は基本的に同じだが、質量（中性子の数）が異なるため、それがラベル代わりになるのだ。地球岩石の酸素同位体の系統的な比率は月と同じであり、そうなるのは、地球が月と共通する同位体リザーバー（貯蔵庫）か、よく混合されたリザーバーを起源とする場合だと考えられる。一方で地球岩石は、火星岩石とは同位体比がまったく異なっており、さらにどちらの岩石の酸素同位体比も、太陽の酸素同位体比とは大きく異なる。隕石でも同位体比はさまざまだが、その点については、リザーバーが異なる理由がわからないことによる混乱があるうえ、データの不確実性も大きい。

月の酸素と地球の酸素は、同位体比の差が最大一〇ppmであり、区別できない。チタン同位体は、酸素とは化学的性質の異なる元素だが、月と地球での同位体比の差は四ppm以内で、やはり区別できない。ジルコニウムでも、カリウムでも同じだ。月岩石と地球岩石が同じ同位体リザーバーに由来するということは、かなり高い信頼度でいえそうだ。それでも違いはある。月にはカリウム41（^{41}K）に比べてカリウム39（^{39}K）が少ない。しかしこのことは、軽い同位体ほど蒸発しやすく、衝突後の強い衝撃状態では水のように失われるという特にこうした「半揮発性」元素に見られる事実と一致する。[7]

巨大衝突説は地球化学者たちがそれに反する証拠を見つけつつあったものの、一九九〇年代末には説得力のある力学モデルとして形をなしていった。この説では、月に金属鉄がないことや、地球・月系の角運動量が大きいこと、そしてアポロ宇宙船の月岩石サンプルに水の存在比が低いことを説明できる。衝撃加熱によって月にはマグマオーシャンが生成されるが、これは斜長岩からなる月の地殻を形成するのに必要な初期条件だ。何より巨大衝突説ではそうしたことの説明に、地球型惑星形成の最終段階に固有であると（すぐに）認識されることになる、原始惑星同士の合体という現象を用いていた。

科学者たちは同時に、惑星形成の問題へのまったく異なるアプローチとして、アポロ計画の月岩石サンプルに含まれる同位体比を、それまで以上に見事な手法で慎重に測定していた。その結果はすぐに、最初に提案された巨大衝突説を根元からばらばらにすることになった。[8] 最も基本的な部分での事実の食い違いは、月の大部分がテイアの物質からできているとされていたのに、月岩石サンプルの地球化学的分析からはテイアの存在をはっきりと示す形跡が見つからないことだ。この食い違いのせいで、それからの二〇年は創造的な研究が盛んにおこなわれた。この時期には、月形成をめぐる説[9]がたくさんの惑星のようにあたりを漂っては、ときに衝突し、集積していった。しかし別のいい方をすれば、これはかつて地球物理学者のハロルド・ジェフェリーズが描写した、一九二九年の研究状況[10]と重なる。その当時、さまざまな理論が林立する様子を、ジェフェリーズは「物置小屋に未検証の仮説が詰め込まれていて、ときどき春の大掃除をして、たき火にして燃やす必要がある」ようなものだったと書き記している。

テイアはきわめて大きなエネルギーを持って地球と衝突したので、あらゆるものが爆発し、均質な混合物の中から月が形成されたのかもしれない。[11] あるいは巨大衝突後に、地球と原始月円盤が何らかの方法で、ほぼすべての酸素を交換したのかもしれない。月の組成は、実際には地球と異なるのだが、後から地球からきた厚さ数百キロメートルの地殻の下に埋もれたのかもしれない。巨大衝突は一回ではなく、たくさんの小規模な衝突があったのかもしれない。あるいはテイアは、地球と同じ同位体リザーバーに由来するのかもしれない。最後の説は、そう考えるとすべてが解決するが、そのためには重要な条件がある。

一八七九年のジョージ・ダーウィンの説は、もしその物理プロセスがうまく機能していたなら、この困難な状況を簡単に解決しただろう。第一章で簡単に説明したとおり、ダーウィンの説では、地球の自転が非常に速かったため、月が地球のマントルから分裂したのだとしており、後になって、その分裂した場所が太平洋海盆になったという説明が追加されている。ダーウィンはまず潮汐理論を構築し、その潮汐作用によって月が地球から引き裂かれたと考えた。月はかつて地球のもっとそばにあり、したがって潮汐による移動の速度もずっと速かった。すべての作用（月の軌道を広げる）には、同じ強さの反作用（地球の自転を遅くする）があるので、最初まで時間を巻き戻して、すべての物質が中心にある一つの惑星に集まると仮定すれば、月形成前の地球は五時間の周期で自転する計算になる。

それほど高速で自転している惑星は、小惑星ベスタ（自転周期五・三時間）のように、球体からやや外れた形をしている。しかし衛星を放り投げるには、その二倍の自転速度が必要だ。巨大衝突のことも、テイアのような、とも綱を解かれた火星サイズの惑星のことも知らなかったダーウィンは、太陽が共鳴作用を通じて、地球の潮汐バルジにエネルギーを与えたと考えた。そしてゼウスの額からアテナが飛び出たように、最高潮に膨らんだ潮汐バルジから月が噴出したという説を提案した。[12] しかし、その分離がうまくいったとしても、月にあたる塊は、すぐに地球に落下するか、遠くに逃げるかだろう。円に近い軌道にとらえられるには、細かな条件を満たす必要があるのだ。そして、大きな塊が軌道に乗ることができたとしても、かなりの高速で公転する（公転周期二時間）ので、進行方向より後ろにできる潮汐バルジに引きずられて、すぐに地球に落下するだろう。ゼウスが生んだ月は特別元気でなければならないのだ。

ダーウィンの説はこうやって、一日中あちこちをつついていられる。実はそれが重要なのだ。ダーウィンの理論は、月の起源についてのモデルとしては初めて、科学的な一貫性があって、それゆえに反証可能なモデルであり、研究の基本となっている。ダーウィンが考えた、月形成のスタート時のシナリオは間違っているが、それは重要ではない。ダーウィンの潮汐モデルは、後に続く理論への土台作りをしたのだ。そして巨大衝突による集積という最終状態は、物理学的にも、力学的にも、ダーウィンの説が求めるものと矛盾しない。地球では多くの角運動量が一カ所に集まってしまったせいで、月がマントルから飛び出した。ただし、ダーウィンが考えたのとは別のマントルから飛び出したということらしい。

どんな月起源モデルでも、地球から少なくとも地球半径の数倍の距離に月を作らなければならない。そうでなければ、月はふたたび地球に落下してしまう。このことは、火星に小さな衛星が二個しかない理由を説明できる。ジャガイモ形のフォボスとダイモスは、火星半径のそれぞれ三倍と七倍の距離を公転していて、直径はそれぞれ二二キロメートルと一二キロメートルだ。火星に大きな衛星がないのは、火星が小さいからではなく、火星の自転速度が遅すぎるせいで、巨大な衛星が落下するのを防げないからだ。

巨大衝突による合体の後に、惑星の周囲にデブリ円盤が形成されると、その円盤の「ロッシュ限界」[13]の内側の領域では、惑星の潮汐力によって衛星が破壊されてしまうため、衛星が集積できない。岩石惑星の場合、ロッシュ限界は惑星半径の約二・五倍の距離にあり、公転周期では約八時間に相当する。たとえば、巨大衝突によってデブリ円盤ができ、大きな衛星がロッシュ限界のすぐ外側にあたる、公転周期が一〇時間の軌道上で形成され始めるとしよう。初期の地球の自転周期は五時間なので、その距離で形成され始めた月は、さらに遠くの軌道に着実に移動していくだろう。衝突から一〇〇〇万年以内に、月は地球半径の数十倍の距離まで移動し、現在の位置までもう少しのところとなる。

地球の場合、ロッシュ限界の外側で集積したことで、月は外側に向かって移動するようになった。火

マーズ・エクスプレスの高解像ステレオカメラで撮影した、直径22キロメートルの火星の衛星フォボス。ESA/DLR/FU Berlin

星の場合は違った。火星が大きな衛星を作れない理由は、一日の長さが二五時間と、初期の地球の五倍あり[14]、おそらく形成以来大きく変化していないと考えられることだ（地球では月が地球の自転を遅くしたが、火星には大きな衛星がないので、自転が遅くなることがなかった）[15]。ボレアリス盆地の成因である衝突でできた原始衛星系円盤が、シミュレーションのとおりであれば、ロッシュ限界のすぐ外側に集積して[16]、新たな火星衛星を作ったという説が提案されている。問題は、この新しい衛星がその危険地帯の内側を、火星の自転よりも速く公転するということだ。この衛星は外側の軌道へ移動する代わりに、内側に移動するので、すぐに火星の表面に衝突するはずだ。その衝突までの時間は、衛星の質量や軌道の位置、潮汐摩擦[17]や大気の効果に左右されるので、数年かもしれないし、数千年かもしれない。

火星半径の二・八倍の距離にあるフォボスは、共回転半径（公転／自転周期）のかなり内側にあるため、火星に向かって移動しつつあり、四〇〇〇万年以内に破壊されると予測されている[18]。その様子が見られたら幸運に違いない。フォボスが崩壊すれば、それはこのうえなく壮観な現象となり、空には新しい小さな土星が残るだろう。フォボスは、ロッシュ限界をずっと内側まで進んだところで、破壊されてデブリのリングになる。このリングが広がっていくと、やがて火星に落下し、ダストを巻き上げクレーターの帯を作るだろう。天体の消滅というテーマをさらに突き詰めていくと、火星にはかつて実際に、フォボスやダイモスの何千倍の質量（小惑星ベスタのサイズ）を持つ、巨大な衛星があったという説が提案されている[19]。この巨大衛星は、巨大衝突で形成されたもので、やがて火星へ落下したと考えられている。この衛星の短い一生は無意味ではなかった。死に向かう間に、外側の小衛星と重力を通して相互作用し、それをより外側の長生きできる軌道へと投げ飛ばしたのだ。こうした衛星が落下して破壊されるプロセスは一度ではなかったかもしれない。
フォボスとダイモスが、最初に存在したより大きな衛星の残骸だとするなら、その巨大衛星のほうは、火星の表面に秒速三〜四キロメートルで衝突して、赤道に帯のように広がっただろう。[20] 地質学的にみると、この帯（あるいは層）は、水による堆積物か火砕性堆積物（空中に噴出したマグマなど）を装っているだろうが、衛星物質も多少混ざっていて、ボレアリス盆地形成後の火星では最も古い地質学的記録かもしれない。それ以降の火星で、浸食や堆積、火山活動が比較的活発に繰り返されたことを考えれば、この赤道上に広がる帯はもうわからなくなっているかもしれない。[21]
地球や金星の存在自体が、大がかりな天体の消滅の一例である。この二つの惑星は、太陽と木星の間にあった岩石物質の九三パーセントを集めて、火星の直径の二倍に成長した。どちらも一〇個ほどの火星サイズの惑星胚が集積したものだが、この惑星胚も、それぞれが数十個の月サイズの微惑星を集積することで大きくなったものだ。これはいわば惑星成長の「食物連鎖」であり、大半の天体が、より大きな天体の内部に消えていったのである。原始地球と原始金星を、内太陽系という海で最も大きなサメだと考えて、この二匹が小さなサメをほとんど食べ尽くしたと想像してみてほしい。これは標準的な考えではあるが、私が重要だと考える「減少バイアス」の観点が見落とされていることで、話にとある微妙な含みが生まれている。
地球と金星が、その小さなサメをすべて集めていたら、小さなサメがさらに小さなサメを食べていたかどうかにかかわらず、このプロセスがどう終わったのかについての記録は一切残らない。小さなサメの間で互いに食い合って、特に大きな三匹か四匹のサメが残り、やがてそれらが地球と金星に食べられたのか。それとも、地球と金星が小さなサメを直接食べ尽くしたのか。それを示す記録は消えてしまっただろう。どちらにしても違いはないし、知りようもない。

しかし惑星の集積というのは、おおよそ効率的ですらない。典型的な特徴の一つが、小さなサメが逃げてしまう場合があることだ。原始地球や原始金星が、小さなサメ九匹につき一匹を逃していたらどうなるだろう？　そして、そうした小さなサメが、さらに小さなサメの一部を逃していたら？　そうなると最終的には、つかまえるのが難しい小さなサメが数匹と、つかまえるのがもっと難しい、もっと小さなサメがたくさん残り、さらに集積現象の「勝者」である地球と金星がいる、という図式になる。

惑星形成が終わった後の天体の集団を見たときに、このずる賢くて幸運なサメたちが、最初にいた集団の構成を表していると考えてしまっても無理はないが、それは正しくない。それはランダムな集団ではなく、つかまることを逃れたことで選ばれた集団なのだ[22]。このいわゆる「減少バイアス」の例をもう一つ考えよう。任務につく一〇〇人の兵士がいるとする。彼らは経験が十分ではない普通の若い新兵たちで、同じような環境で育ってきた（この兵士たちは、内太陽系のあちこちにあって、惑星形成の出発点となる惑星胚を表している）。兵士それぞれには、これから試されようとしている独自の資質があり、運の良し悪しもある。過酷な軍事行動が一回あって、たとえば一〇人だけ無事に戻ってきて、残りは死んでしまったとしよう。戻ってきた兵士たちは、並外れた素質と戦闘スキルの持ち主であるとともに、とてつもない幸運に何度も恵まれていた。敵との衝突を避けた脱走兵も一人か二人はいたかもしれない。埋葬するたびに地面には死者が集積していき、そうやって減少した結果として、後に残るのは、きわめて多様な特徴を備えた伝説的古参兵の集団になる。

惑星系は、カオスの中で生まれ、不安定になりやすく、初めは春の天気くらい予測不可能だ。数百万年かけて安定な状態へと進化したときには、惑星やその衛星はすでに、相手に近づかないことで、あるいは衝突しない共鳴軌道を見つけることで、互いを避けるすべを試行錯誤で身につけている。それは人間に似ているかもしれない。

木星のガリレオ衛星は、軌道共鳴のせいで自由に動けなくなっており、その結果としてイオとエウロパ、ガニメデの軌道は安定している。同じように、海王星が冥王星と衝突することは決してない。テティスとカリプソ、テレストは、土星の周りを同じ軌道上で回っているにもかかわらず、やはり互いに衝突することはない。これよりもさらにわかりにくい共鳴関係もある。たとえば、地球が太陽の周りを八周するごとに、金星はほぼ一三周するが、この動きから五弁花のようなパターンが描かれる。これは、惑星形成の時点で、地球と金星の間に何らかの基本的な関係があった可能性を示している。

地球と金星が最終的に、ほぼ同じ鉄・岩石比率を持ち、ほぼ同じサイズに成長していることから、この二惑星の関連性や相違はどれも重要である。金星は、自転速度が惑星の中で最も遅く（二四三地球日周期で逆向きに自転している）、衛星を持たない。しかし広い視野で見れば、地球との共通点のほうが相違点より重要だというのが私の考えだ。第一世代惑星があったという仮説において、地球と金星は、カオスをうまく操ることで、スーパーアースとミニネプチューンに食べられないようにしてきたずる賢いサメだ。それなら、地球と金星は、水星や火星のように、現在とはずっと異なる姿になっていたはずではないだろうか。しかし実際には、金星と地球は海をともに泳ぎ回り、最大のサメになり、少しだけ違

地球と金星が太陽を公転する場合に、地球がこの「金星のバラ」の図の中心に静止しているとすると、金星は近づいたり遠ざかったりしながら、スピログラフ〔訳注：曲線の幾何学模様を描く定規の一種〕のようにバラのパターンを描く。金星の見かけ上の動きがこの壮麗な五弁花の形を描くのは、地球が太陽を8周するごとに、金星はほぼ13周するためだが、その比率の理由はわからない。

う姿に成長したように見える。

そうしたパラドックスは他にもある。「温暖で湿潤な火星」のパラドックスは、惑星間で生じる力学的カオスが原因だと考えられる。惑星形成から五億年後の、太陽放射が現在の四分の三しかなかった頃、火星には曲がりくねった川や、激しい洪水、鎖のように並んだクレーター湖を作り出すような大気や気候の条件があった。しかし、当時の火星の地表一平方メートルあたりに届く太陽エネルギーは、地球のわずか四三パーセントだった。そのうえ、太陽が放射する熱そのものが現在の四分の三だとすれば、火星の気温はさらに低かっただろう。気候モデル[23]によって、火星に温暖で湿潤な気候を作り出す条件を計算すると、二酸化炭素からなる大気の圧力が二バールなければ、液体の水が存在するような地表温度は望めないことがわかった。そのうえで、温室効果ガスとしての仕事を終えた大量の二酸化炭素が、あとかたもなく消え去らなければならない。この消えた炭素は、岩石記録にははっきりと残っているだろう。それは、地球上に縞状鉄鉱層が形成された二〇億年から二五億年前の時期が、大気中に酸素が急増した時期と重なるのと同じことだ。この話は重要なので、ここで少し脱線して説明しておこう。

地球上では三〇億年以上前に光合成が始まり、酸素が生成され、特に大気中に遊離酸素（O_2）が存在するようになった。地球上の生命のほとんどは、この反応性の高い有毒なガスに慣れていなかったが、それでも大丈夫だったのは、酸素分子は生成後すぐに大気から除去されたからだ。酸素は岩石を酸化して、赤い色に変えたのである（たとえば酸化鉄（FeO）、つまり錆）。しかし約二七億年から二四億年前、光合成をするシアノバクテリアが活発に群集やブルームを作るようになり、水中や陸上で急増した。これによって起こった大酸化イベントが、太古代を終わらせ、原生代の幕を開け、最終的には複雑な生命の登場につながった。つまり私たちが見つけたいのは、初期の火星から残るこうした種類の大規模な記録であり、大気のほぼ全体が崩壊した記録もその中に含まれるだろう。

火星にかつて、大量の二酸化炭素の大気と豊富な表層水があったのなら（「温暖湿潤」シナリオ）、二酸化炭素はその水に溶解して、炭酸塩として沈殿しただろう。それによって二バールの二酸化炭素が失われたのなら、火星全体に厚さ数メートルの炭酸塩の層があり、火星特有の鉱物となるはずだ。しかし実際にはそうした炭酸塩はない。炭酸塩の露頭はいくつかあるが、見つかったものはほとんどの場合、現在の気候条件下でのプロセスで説明できる痕跡だ。これとは別に、二酸化炭素が太陽風で失われたという説がある。火星の磁場は弱く、脱出速度も小さいからだ。しかし火星から二バールの二酸化炭素を取り去るほど太陽風が強力なら、金星は五倍強い太陽風にさらされていて、固有磁場も存在しないのだから、大気のほとんどが失われているはずだ。温暖で湿潤な初期の火星を明確に説明できないのであれば、別の説明を検討してみる価値はあるかもしれない。ここで惑星空間のカオスに話が戻る。

火星は、巨大惑星から力学的な影響を受けて暮らしている。三九億年前に木星と土星が２：１の軌道共鳴によって移動したと考える、当初のニースモデルでは、地球型惑星の軌道は励起した状態になったが、特に火星ではその度合いが大きかった。このことはニースモデルの問題点と受け止められ、前述の「ジャンピング・ジュピター」シナリオにつながった。しかし他方では、火星の軌道が大きく励起したと考えるなら、過去に水が流れていた証拠を厚い大気の存在なしでも見事に説明できた。ただし最終的には、あまり励起していない現在の軌道に落ち着くことが条件だ。

現在の火星の軌道離心率は$e = 0.1$だ。別のいい方をすると、太陽からの距離は、近日点では一・四ＡＵ、遠日点では一・七ＡＵだ。近日点では太陽による加熱が遠日点より四五パーセント強く、これが複雑な季節サイクルを生み出している。過去の火星が励起されて、$e = 0.3$というさらに大きな軌道離心率を持っていたらどうなるだろうか？　この場合の火星は、約六カ月間は一・一ＡＵの位置でほぼ地球と同じような太陽放射を受けると、その後は一・九ＡＵまで振り飛ばされて、約一五カ月にわたってきわめて厳しい真冬の季節を過ごすことになる。この冷凍と解凍を繰り返すプロセスが、力強い水循環のレシピだろう。永久凍土が緩み、氷冠が溶け、破壊的な規模の洪水が北半球の低地に注ぎ込むといったことが、夏のカーニバルの間続くのだ。

ばかばかしい考えだろうか？　たぶんそうだろう。この説では、火星がどのようにして、ふたたび軌道離心率〇・一の「普通の」惑星のようにふるまうようになったのかを説明しなければならない。しかし、二バール分の大気があとかたもなく消えたという説ほどにはばかげてはいない。それに標準的な巨大衝突説にしたがえば、月を作ったのは、もう少しだけわがままの度が強い、火星と同等の惑星だったのだ。そうなると、火星は運がよくて、テイアはそうでなかったとはたしていえるのかどうか、決めるのはあなただ。

現在では、主な惑星の軌道は数十億年のタイムスケールで安定な状態にある。過去二〇億年から三〇億年の間には比較的小規模な衝突しか起こっていない。たとえば、恐竜を絶滅させた小惑星の衝突などだ。直径数キロメートル規模の小惑星は数百万年に一度のペースで地球に衝突し、クレーターや海底の盆地を形成している。ときには、小惑星や彗星が内太陽系で分裂して、しばらくの間、小規模な衝突が連続して起こることもある。直径数百メートル規模のＮＥＯの衝突は約三万年おきに起こっている。その大半は、海に直径数キロメートルの穴を残しているが、それ以外は、ジャングルに埋もれるか、堆積物の下になるかして、発見されずにいる。

私たちは、明白な理由で、地質学的に重要なクレーターが次にいつ、どこで形成されるのかに関心がある。しかし残念ながら、その点については統計的な答えしかない。地球や月に定期的に接近する天体の位置は、約三〇〇年以上のタイムスケールでカオス的なので、はっきりとわかっていることは何もないのだ。こう考えてみよう。同じ直径の任意の小惑星と既知の小惑星を考えた場合、地球に先に衝突する確率は、既知の小惑星よりも任意の小惑星のほうが高い[24]。これが精一杯の答えである。

今でこそ、ＮＥＯを探索し、理解しようという取り組みが数多くあるが、五〇年前には、ＮＥＯについて正しく理解し、その衝突の危険性を認識している人はほとんどいなかった。月面の穴は何十億年も前に形成されたものと信じられていた。天体観測が趣味の人々は、切手収集のように、名前をつけられる珍品として隕石を集めた。隕石を研究対象にしている人はほんのわずかだった。一方で彗星は、もっとわくわくする、風変わりで目新しい存在であり、明るく見える時期には分光観測によってすばらしいデータがもたらされた。地球上で衝突クレーターだとわかっていたのは、メテオール・クレーターの他には、ロシアのポピガイ・クレーターのようないくつかの大きなクレーターだけだった。[25] さらに重要なのは、一九九〇年代になるまで、私たちは小惑星の写真を見たことがなかったことだ。小惑星（asteroid）はギリシャ語で「星の（aster）ような（oid）」という意味だが、かつての小惑星はその名にふさわしく、夜空の点にすぎなかったのだ。

小惑星が科学の世界で主流の研究対象として認められるきっかけは、堆積学という予想外の方向からやってきた。ここで私たちは、白亜紀まで時間をさかのぼる。地球には年間二万トンの宇宙由来の堆積物が降り積もっており、そのほとんどは上層大気に衝突する、ダストか砂利のサイズの流星だ。巨大な岩のサイズの流星は大気深くまで入り込み、上空五〇〜八〇キロメートルで爆発して、ダストと小さな破片（隕石）を生み出す。大気に突入した惑星間ダスト[26]〔訳注：宇宙ダストの一種で、太陽系空間に存在するダストの総称〕は、加熱が大きくなる前に止まるので、地球までほぼ無傷で漂ってきて、屋根に宇宙由来の汚染物質としてたまる。[27]

宇宙ダストは、堆積物の一部となって海底に積み重なる。その量は、地球の泥で濁った川から海へと注がれる、陸地由来の堆積物に比べればほんのわずかだ。大陸が隆起し、雨の量が増えると、陸から放出される堆積物の量が増えるので、宇宙ダストの割合はさらに低くなるだろう。一方で、冷涼で乾燥した気候になれば、陸からの堆積物が少なくなるので、宇宙ダストの割合は高くなる。つまり、化石化した海洋底に含まれる宇宙由来のダストの比率を測定できれば、陸の浸食スピードが速かったか遅かったかがわかり、そこから水循環、つまり雲や雨の活発さがわかることになる。

宇宙ダストは始原的な性質を持っており、地球の地殻ではかなり減少している元素を含んでいる。そうした元素の一つで、比較的簡単に測定できるのがイリジウムだ。この金属の地球地殻内での存在度はわずか二ｐｐｍである。イリジウムなどの「親鉄元素」（金属に取り込まれやすい、金やタングステンなどの元素）は、地球が融解して内部構造の分化が進んだときに、鉄と一緒にコアの中に入り込んだため、地殻からは消えている。惑星間ダストはほとんどが始原的な未分化の物質なので[28]、イリジウムの存在度は地球の地殻岩石の数千倍ある。そのため、惑星間ダストは肉眼では見えないかもしれないが、質量分析計を使えば、過剰なイリジウムを見ることができるのだ。地表に年間二万トンのペースで宇宙由来の物質が降り注いでいるとすれば、ある地層に含まれるイリジウムの量は、時間の経過に比例していることになる。

これにあてはまらなかったのが、中生代・新生代境界での大量絶滅に相当する地層だ（K／T境界や白亜紀の終わりともいわれる）[29]。今から六五五〇万年前にあたる、この重要な地質時代の境界は、世界中の海底堆積物に薄い粘土の層として現れているが、浸食を受ける前に地層となった、地表近くの堆積物[30]に見られる場合もある。この境界の粘土層にはイリジウムが異常に多く、大量の宇宙ダストが含まれていることを示している。イリジウムの量が時間の経過に比例するという従来の考え方にしたがえば、この層は浸食が遅い時代に、長い時間をかけて形成されたことになる。宇宙由来の堆積層が積み重なるには、何百万年もの時間が必要になるものだ。その間には、恐竜が絶滅しただけでなく、トリケラトプスから海中の珪藻やプランクトンまで、あらゆる種類の生物が地球規模でリセットされていたことになる。

そうした強いイリジウム異常が存在するには、地球上の河川の流量が減り、ちょろちょろ流れる程度になっていなければならない。一つの地質時代全体が、その薄い地層の内側に閉じ込められることになる。それは、地球は乾燥するか、凍結して、大陸や海は何百万年も氷に覆われていた、スノーボールアースの時代だ。[31] あるいは地球は砂漠の惑星になり、何百万年も雨が降らなかったのかもしれない。[32] しかしこうした説明では筋がとおらなかった。白亜紀は恐竜の全盛期であり、湿地の生き物やジャングルに住む草食動物はほぼずっと繁栄していたし、海藻類も存在していたからだ。氷河期ではなかったし、地球は火星のような砂漠の惑星でもなく、そうした惑星になろうとしていたという気配すらなかった。そのため結局、K／T境界は説明できず、恐竜の絶滅原因をめぐる大きな混乱につながった。

私が幼い頃にもらったものの一つが「ビューマスター」だ。これは一九六〇年代に人気だったおもちゃだが、最近は見かけない。誰もがスマートフォンを見つめているせいだろうか。私がそれをもらったのは、家族で休暇のためにユタ州南部を旅行したときで、ステレオ写真がいくつも入った画像ディスクの六枚セットがついていた。ビューマスターを双眼鏡のように光に向けて、レバーを押し込んでステレオ写真を次々と切り替えていく。そうすると、ティラノサウルスが本当に飛び出してきた。ステゴサウルスもいて、尾を武器として使って、青い色で描かれた怪物アロサウルスから身を守っていた。背景にはユタ州のような峡谷のある砂漠の風景が広がっていたし、おまけに火山まで噴火していた。なんて大変な時代だったんだろう。しかしそこにはヤシの木もあった。当時の私には、その風景が理解できなかったが、今ならわかる。恐竜のことをちゃんと知っている人が誰もいなかったのだ。

イリジウムが宇宙ダストの落下量を示しているという前提条件が疑わしいとしたらどうなるだろうか？一九八〇年に、カリフォルニア工科大学バークレー校の地質学者ウォルター・アルヴァレズと、彼の父である物理学者のルイス・アルヴァレズ、そして同僚研究者は、K／T境界のイリジウムは百万年かけて堆積したのではなく、一回の巨大な「火球」によって、百万年分のダストが一日で運ばれたという説を提案した。つまり、巨大な隕石の落下だ。アルヴァレズらの論文は、研究分野も視点もまったく異なる人々（家族もいた）が一致団結して、それ以前の理解を破綻させた[33]、争う余地のないデータをうまく説明しようとした場合に実現する、革命的ともいえる分析だった。私にいわせれば、それはコペルニクス的瞬間のようなものだった。

K／T境界に含まれるイリジウムの量は、合計すると、直径一〇キロメートルの小惑星に含まれるイリジウムの量に等しい。このサイズの小惑星は地表に衝突すると、砲丸が着氷する様子をスローモーションにしたように、直径一〇〇キロメートルの穴を開けた。飛び散った小惑星の破片は、地面に平均一ミリメートルの厚さの隕石の層を作った。これにはダストサイズのエジェクタや、エジェクタの落下地点で削り取られた物質が混じっていた。遠くまで飛んだエジェクタは秒速五〜一〇キロメートルでふたたび地面に衝突した。このエジェクタによって風景が破壊されただけでなく、再突入した火球が火災を起こして、森林を焼き尽くし、熱で動物を焼死させた可能性がある[34]。海が酸化し、森林が燃え、煙のせいで空は何週間も暗くなった。その状況を乗り切った生物は多くなかった。

灰の層の存在、穴に身を隠した動物（私たちの祖先だ）が生き残ったこと、酸性化した海でのプランクトンの死滅、光合成の地球規模での停止といったことは、K／T境界は何百万年もかけて形成されたのではないという、新たに提案された科学的理論の枠組みでも説明できた。K／T境界は一日で形成され、その後、暗い世界の中で焼け野原が広がっていったのである。そして科学者が調査を続けて、さらにパズルのピースが見つかると（衝突によって誘発された海中での地滑りや、炭素同位体の変動など）この説はますます興味深くなっていった。決め手になったのが、一九九〇年代初頭にクレーターそのものが発見されたことだ。このクレーターは、観測でわかった中心地付近にあるチクシュルーブという漁村にちなんで名づけられた（これは地球上で最大のクレーターの一つだが、かなり浅く、第三紀の堆積層に完全に埋まっている）。最終的には、K／T境界の堆積物の中からコンドライト隕石が見つかった。すべてはアルヴァレズ親子のいう「火球」のしわざだったのである。[35]

クレーターで最小サイズのものは、割れた岩石にできた小さな穴である。これほど小さな隕石が表面まで到達できるのは、月などの大気のない惑星に限られる（多くの月岩石サンプルにはこうした小さなクレーターがある）。次に、つるはしで掘ったかのような、壁が垂直になった穴がある。そして次に、露天掘りの鉱山か、火山のようなサイズのクレーターがある。惑星のクレーターが大きくなりすぎると、その底部が埋め立てられて平らになり、幅が数キロメートルある、入口や出口のない丸い谷のようになる。クレーターの直径が地球では約二～三キロメートル以上、月では一〇キロメートル以上（月は重力が小さいため）になると、崩壊して浅いパイ皿の形になり、複雑な地殻構造を持つようになる。さらに大きい場合は、クレーターが崩壊して跳ね返ったところに「中央丘」が形成される。大規模で複雑なクレーターの場合、物質が内側に移動したり、後退したり、隆起したりすることで、地域的な応答と巨大な震

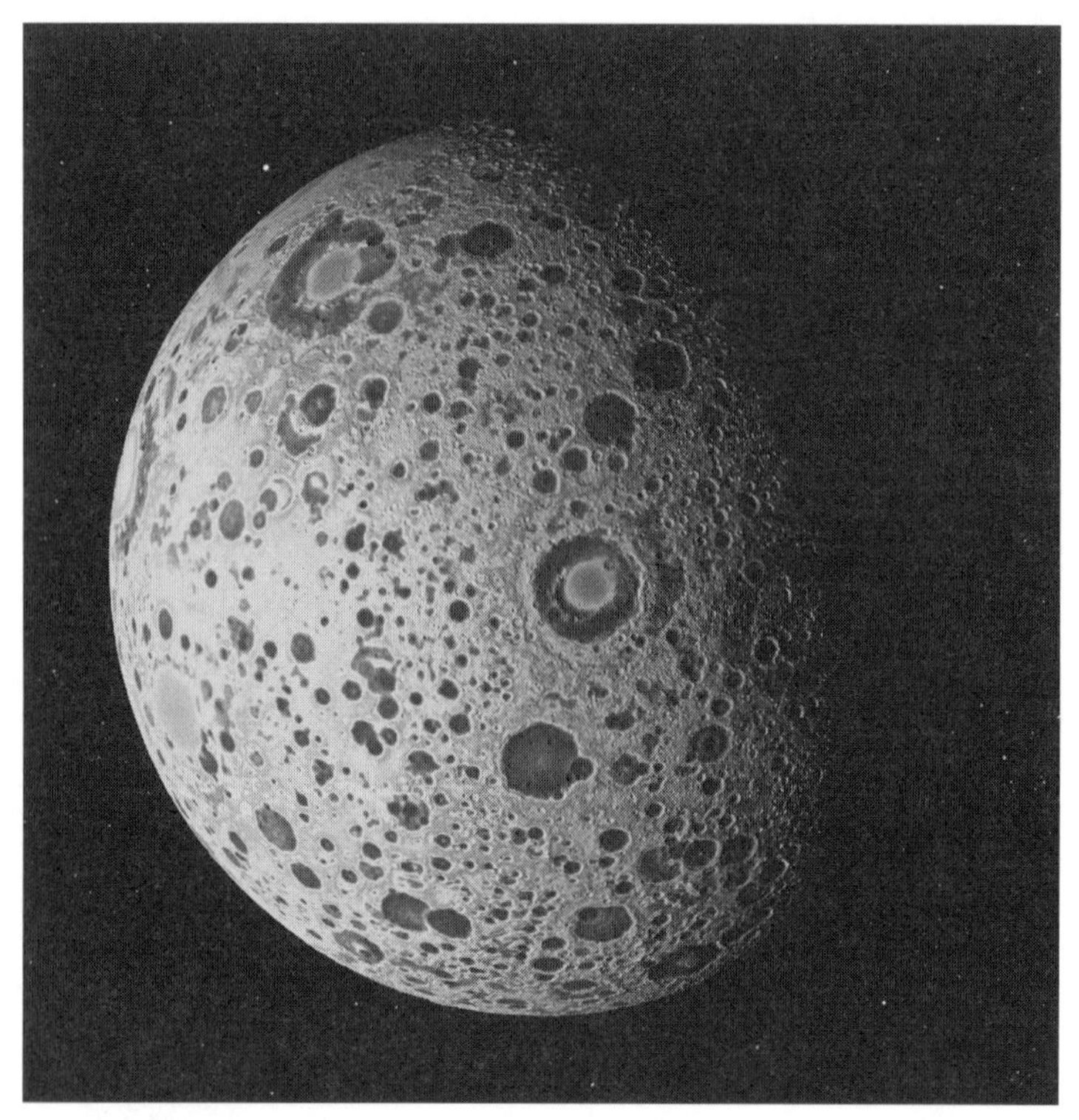

NASAの月探査機GRAILが2012年に観測した、月の重力場の微妙な変化。こうした重力変化は、質量集中(マスコン)（大きな衝突クレーターの内部を高密度のマントルプラグが満たしている地形）や、質量不足（衝突による物質の除去）に関連している。カラー画像をグレースケールに変換したため、暗い部分は重力が高いか、低いかであり、地殻に長寿命の穴を作る大規模なクレーターに関連している。画像の中心は、月の裏側にある「モスクワの海」。
NASA/JPL-Caltech/MIT/GSFC

動が生じ、惑星地殻の性質さえ変えることがある。

木を植えるために穴を掘ることを考えよう。初めにシャベル何杯分か掘るのは簡単だ。少しばかりの土をこちらからあちらへ移動させているだけだ。しかし深く掘るにつれて大変になってくる。土はどんどん固くなり、シャベルが刺さりにくくなり、一回ごとにより高く、より遠くへとシャベルを運ばなければならない。圧力と重力に逆らって作業をするには、より多くのエネルギーを使うのだ。これを惑星上の数キロメートル、さらには数百キロメートルというスケールにあてはめてみると、ある時点で、岩石を掘り出すのに必要なエネルギーがとてつもなく大きくなって、その岩石を変質させ、掘削強度によって岩石を融解してしまう。惑星上の衝突盆地が広くなるほど、シャベルで一回掘るのに必要なエネルギーが増えるので、最大クラスのクレーターの場合、それが形成されつつある領域全体が融解され、クレーターが残らないことがある。唯一の手がかりは、更新された惑星表面だけだ。

「嵐の大洋」は、これが一個の衝突クレーターだとすれば、月面最大のクレーターであり、円周の四分の一以上に相当する、ほぼ三〇〇〇キロメートルにわたって広がっている。「月の男」〔訳注：ヨーロッパでは月の模様を男の顔に見立てる〕の大部分を占めており、さらにその内側には、それより小さい直径一一〇〇キロの「雨の海」がある。この衝突構造は、嵐の大洋よりは不明瞭ではあるが、重力地図でははっきりと見えている。月の重力は、宇宙飛行士にとってはかなり一定に感じられるが、実際には場所によって異なっている。雨の海などの大きな衝突構造では、高密度のマントル物質が地下から上昇してきて、より軽い地殻岩石内にできた大規模な衝突クレーターの穴を埋めている。嵐の大洋には、そうした質量集中（マスコン）にあたる部分は本質的に存在しない。とても大規模なため、領域全体がふたたび重力平衡状態になっているからだ。しかしその外周は、重力勾配によってはっきり浮かび上がっていて、まるで広大な放牧場を囲む柵かなにかのようだ。この原因不明のパターンは、地殻や上部マントルの密度における深く急激な（とはいえわずかな）コントラストを示すものであり、あたかも「月の五芒星（ごぼうせい）」のよう

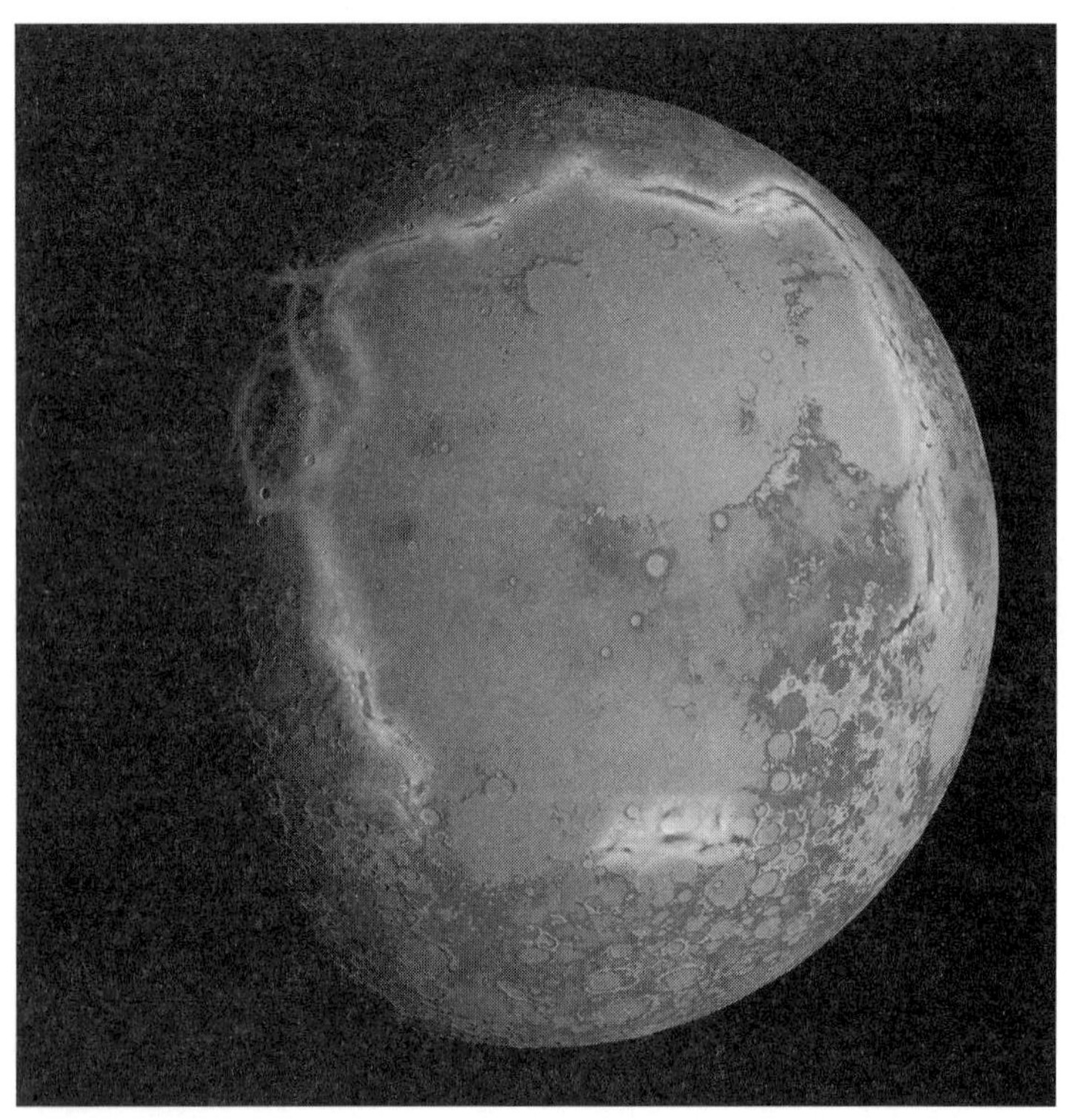

重力場の「勾配」を月の表側の地形図に投影すると、嵐の大洋の周辺に「月の五芒星」が現れる。この図は局所的な重力場の変化量を測定したもので、弱すぎて宇宙飛行士が感じることはないが、地質学的には重要だ。グレースケールに変換したせいで、データの値がわかりにくくなっている。にぎやかなカラーの動画はこのサイト（https://svs.gsfc.nasa.gov/4014）で見られる。月探査機GRAIL[36]のデータと、ルナー・リコネサンス・オービターのデータを組み合わせて作成した。画像処理はコロラド鉱山大学とNASAのサイエンティフィック・ビジュアライゼーション・スタジオによる。
NASA/JPL-Caltech/MIT/GSFC/CSM

に見える。あるいは、地球物理学の分野で似ているものを探すなら、マッドクラック〔訳注：泥が乾いてできる亀の甲羅のような亀裂〕に似ているというべきだろう。

嵐の大洋が一個の衝突構造なのか、いくつかの衝突構造が重なってできたものなのかは不明だ（それぞれの確率はどのくらいになるだろう?）。その境界を示す「月の五芒星」が衝突に関連するものなのか、それとも衝突後に全球規模で生じた補償の一部として生じたのかもわかっていない。そうした衝突後の補償は、ある種の地殻変動プロセスであり、それは月の表側と裏側での構造面の二分性に関連している可能性がある。月の裏側の地殻は厚く、表側は薄いのだ。

月で初期に形成された大規模な衝突クレーターは他にもある。裏側の南部にある、直径二五〇〇キロメートルの「南極エイトケン盆地」（SPA）だ[37]（この盆地の南の縁に南極点があり、北側にエイトケン・クレーターがある。想像力に欠ける命名法だ）。SPAは、現存する月のクレーターでは最も深く（一三キロメートル）、おそらく最も古い。この領域は、その後の時代にも隕石の衝突が繰り返し起こり、新しいクレーターの下に埋もれている。そのため、SPAの存在は一九七〇年代から知られていたものの、ガリレオ探査機が重力アシストによって木星に向けて加速するため、地球・月系をフライバイしたときまで、この盆地の地質はよくわかっていなかった。ガリレオ探査機は最先端の分光計とカメラを月の裏側に向けて、この種類では初めてのデータを取得し、SPAには岩石組成が他と異なる中央地域があることを明らかにした。SPAは、衝突によって分厚い高地の斜長岩が掘り返されてできたクレーターだったのだ。

SPAや、表側の巨大な衝突盆地を作った衝突体（小惑星か彗星）の直径を見積もるには、衝突直後に存在していた巨大な穴の体積が推定可能であることが条件だ。この穴は、地球の海にできたエルタニン・クレーターと同じように、衝突直後に崩壊したが、完全には崩壊しなかっただろう。結果的には浅くて幅の広い盆地ができたが、四〇億年にわたって進化しているため、どうしてその形になったかは推測せざるをえない。嵐の大洋とSPAを作った飛翔体の大きさとしては、月の一〇分の一というのが妥当な見積もりだろう。これはプシケやベスタのような大型の小惑星に相当する。巨大衝突ではないものの、それに近い規模だ。

巨大クレーター形成の物理的プロセスは、ありふれた現象をスケールアップすることで理解できる。もうおなじみの比較だが、弾丸が木のブロックに初めて衝突するときには、弾丸の直径分の距離を一ミリ秒で通過する。巨大クレーターを作る衝突の場合は、より大きなスケールに比例して、相互作用の速度が数百万分の一まで遅くなる。かなり大きな小惑星が月の地殻を貫通するには一、二秒かかる（地殻の厚さを衝突速度で割ると求められる）。嵐の大洋やSPAを形成するほど大きな衝突の場合、月の中にめりこむのにさらに二〇秒かかる。そしてこの「接触と圧縮」段階が完了すると、クレーターそのものが開くのに一〇分かかるだろう。その様子を見逃してはいけないが、クレーター形成が進む間に、コーヒーを一杯飲むくらいの時間はあることになる。

かつて月は二つあり、そのうち一つが現在の月の裏側の高地になったという考えは、科学ではよくあるように、まったく別のことを考えたことから始まった。ベルン大学のマルティン・ユッツィと私は、彗星の集積を理解することを目指して、彗星の奇妙な形状について研究し、衝突による粉砕と変形のモ

より目にして見てみよう。アヒル形をしたチュリュモフ・ゲラシメンコ彗星（67P）とジェットのステレオ写真。画像を横に並べると、脳が1.2度ずれた2枚の写真を結合させて立体画像を作り出す。この写真が撮影されたとき、直径4キロメートルの彗星はダストとガスを1秒間に数十キログラムのペースで噴き出していた。
ESA/Rosetta/MPS

デルを構築していた。[38] つまり、どこからどんな速度で衝突したのか、ということだ。それ以前の観測結果から、彗星は、チュリュモフ・ゲラシメンコ彗星（67P）のように、二つの大きさの異なる塊が結合して「アヒル形」になる場合が多いことがわかっていた。ニューホライズンの観測対象だった太陽系外縁天体のウルティマ・トゥーレもアヒル形をしている。一方で、物質を層状に積み重ねたような見た目をした彗星もある。これは彗星の物理学のパイオニアであり、ガリレオ探査機による木星観測での画像撮影の中心人物でもあった、キットピーク国立天文台のマイク・ベルトンが提唱した説だ。

初期の外太陽系では、自動車が衝突して積み重なったような形で集積がおこっていたと考えられている。[39] その構成物質は羽毛まくらのように柔らかくて、ふんわりしていたので、「タルプス（talps）」［splat（スプラット、液体などがぴしゃっと音を立てて広がること）を反対に綴った単語〕という集積構造を形成したとベルトンは考えた。観測された彗星の密度は、水の氷のわずか半分である。つまり、彗星は実際にふんわりしていて、変形しやすいもののはずなのだ。[40] 雪で砦を作ったことがあったら、そのプロセスはわかるだろう。雪の塊をぴしゃっと音がするくらい強くたたきつけて、壁にくっつける。それを何度も繰り返すのだ。

層状の集積構造が見える彗星もあれば、おもちゃのアヒルのように見える彗星もある。彗星探査機ディープインパクトが、大規模な層構造が見えるテンペル第1彗星に接近[41]した後で、マルティンと私は、観測可能量の観点から衝突が物理的に何を意味するのかを解明するために、そうした衝突を仮定したシミュレーションに着手していた。微彗星同士がわずか秒速数メートルの衝突で集積するとしたら、その衝突は巨大衝突の縮小版のような形で、数時間かけてゆっくりと起こるだろう。自転車の衝突くらいのスピードしかないが、運動量がとても大きいので（山が自転車に乗っているようなものだ）、この種の衝突はあらゆる室内実験の範囲を超えており、私たちの限られた直感のまったく及ばないところにある。

こうした遅い衝突を調べるために、私たちは天体の空隙や破砕、摩擦を組み込むようにプログラムを改良し、テストしていた。ホッパー〔訳注：逆円錐形や逆四角錐形の容器〕内の砂や、小規模な地滑りなどの実験をコンピューターで再現しようというわけだ。わかったのは、分裂や破砕、強さや摩擦を組み込むことは、コンピューターを使った計算ではとても難しいということだ。土砂のモデリングにスーパーコンピューターが必要だというのは驚く話に思えるかもしれないが、実際そうなのだ。私たちはシミュレーションを高速化する方法を検討していた。[42] 結局、その研究は一休みしなければならなかった。

毎週金曜日、私の所属する学科では弁当持参（ブラウンバッグ）セミナー[43]が開かれていて、そのときのテーマは月の形状

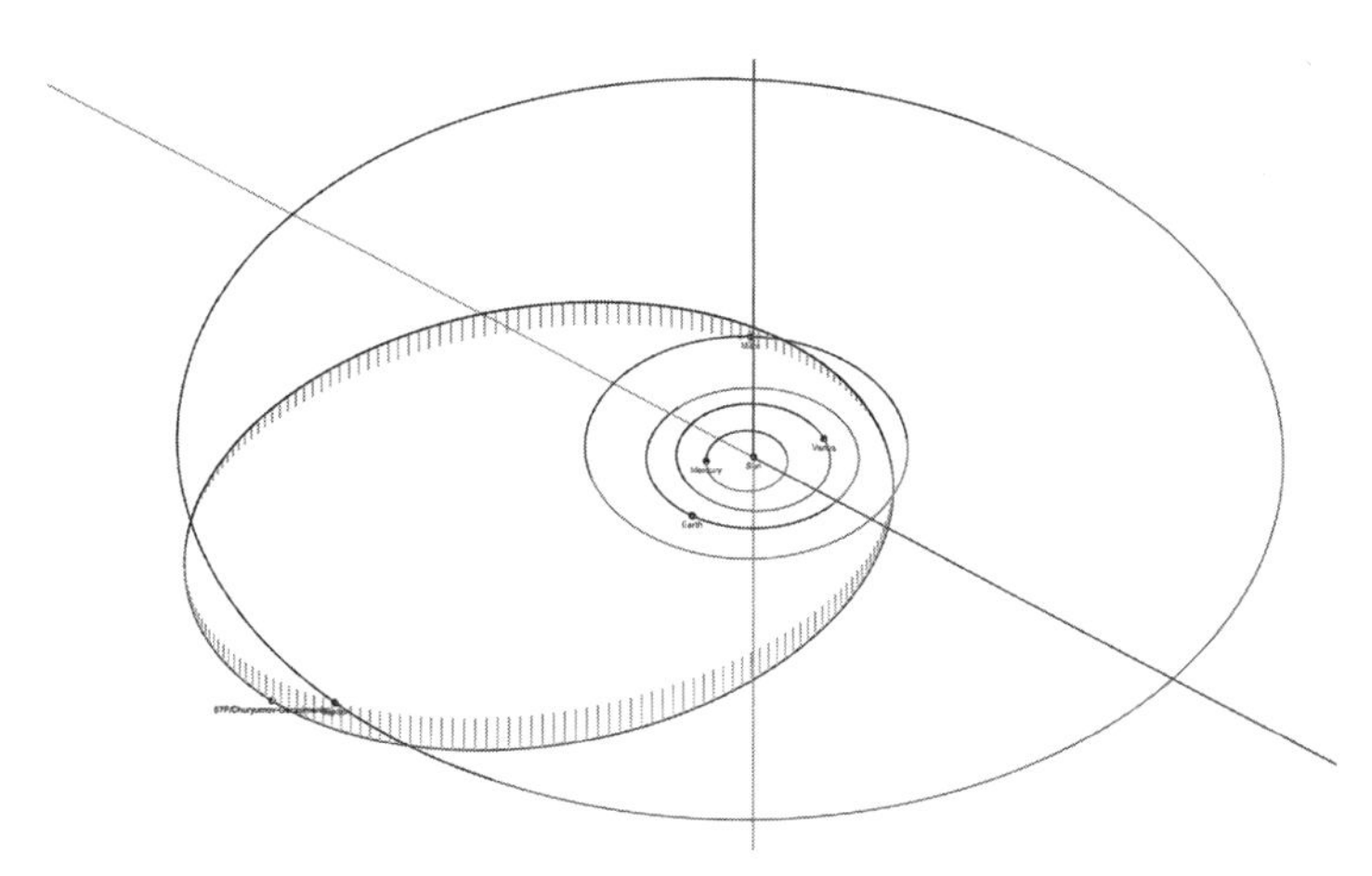

これを書いている時点で、彗星探査機ロゼッタが目指すチュリュモフ・ゲラシメンコ彗星（67P）は軌道上の興味深い位置にいる。木星を軌道のやや外側からぴったりと追跡し、スケーターが引き綱をぐっと引っぱるようにして、わずかながら加速しているのだ。2021年と2027年、さらにその後も木星に接近する。これは典型的な木星族彗星の軌道で、彗星はつねにいろいろな惑星を気にしなければならない。画像はNASA/JPL/CNEOS（http://ssd.jpl.nasa.gov）で提供されているオンライン可視化ツールを使って、著者が作成。

だった。出席者はみな、基本的なことは知っていた。月は地球の方向に沿ってわずかに細長くなった形をしているとか、そういうことだ。しかし、その変形は大きすぎて、現在の潮汐では説明できなかった。また、重力モデルによれば、マントルより約二〇パーセント密度が低い岩石でできた月の地殻は、月の裏側では表側よりも二倍厚く積み重なっていて、最大で厚さが七〇キロメートルである。そのセミナーでは、月の細長い形が固定されたのが約四四億年前で、その当時はもっと地球に近い距離を公転していて、自転も速かったという説[44]を検討した。力学の部分はさておき（これを機能させるのは難しいか、不可能だ）裏側のバルジの地形計測結果は、この説の予測によく一致することがわかった。しかし、と私は考えた。自転していて、潮汐で変形している月には、表と裏の両半球に同じバルジができるはずではないか？　月の表側で何が起こったのだろうか？

一九五九年になるまで、月の裏側についての直接的な情報はなかった。[45]米ソの競争の末、月への初到達という人類史上最高の偉業を達成するまで、月の裏側は想像の中にしか存在しない場所だったのだ。一九五七年のスプートニク打ち上げで宇宙時代の幕を開けたソ連は、一九五九年になる頃には月に宇宙船を送る力があることを証明して、多くのアメリカ国民を震え上がらせていた。一九五九年九月、ソ連はルナ2号を月の表側に激突させた。ルナ2号は人類が地球以外の惑星に送った初の物体となったのである。その数週間後に打ち上げられたルナ3号は、巨大で（重さは三〇〇キログラム近くあった）、科学観測をより強く志向し、五〇年代テクノロジーの粋を極めた探査機だった。偵察機用から転用したフィルムカメラを搭載していて、これで広角写真と望遠写真を撮影することになっていた（デジタル撮影が発明されるのはその数十年後だ。アメリカは翌年、世界初のテレビカメラを宇宙に送っている）。しかしロシア人たちには、重要なテクノロジーが一つ足りなかった。宇宙空間の強い放射線と極端な温度条件にさらされても、曇りのない写真を撮影できるフィルムだ。

実は、そうしたフィルムはアメリカ軍がすでに開発していて、当時は高高度気球からソ連の動きを密かに探るために使われていた。アメリカは気球をヨーロッパで打ち上げてジェット気流に乗せ、アラスカで回収し、フィルムを現像して、他のデータとともに分析していたのだ。とても寒いシベリアの朝には、この気球が高度を保てなくなって、最終的にはソ連のミグ戦闘機に撃墜されることがあり、そこに搭載されていたアメリカのテクノロジーは技術者によって分解されていた。彼らの戦利品の中に、放射線と温度への耐久性に優れたフィルムがあって、多くが感光していなかった。後年、ルナ3号のカメラ

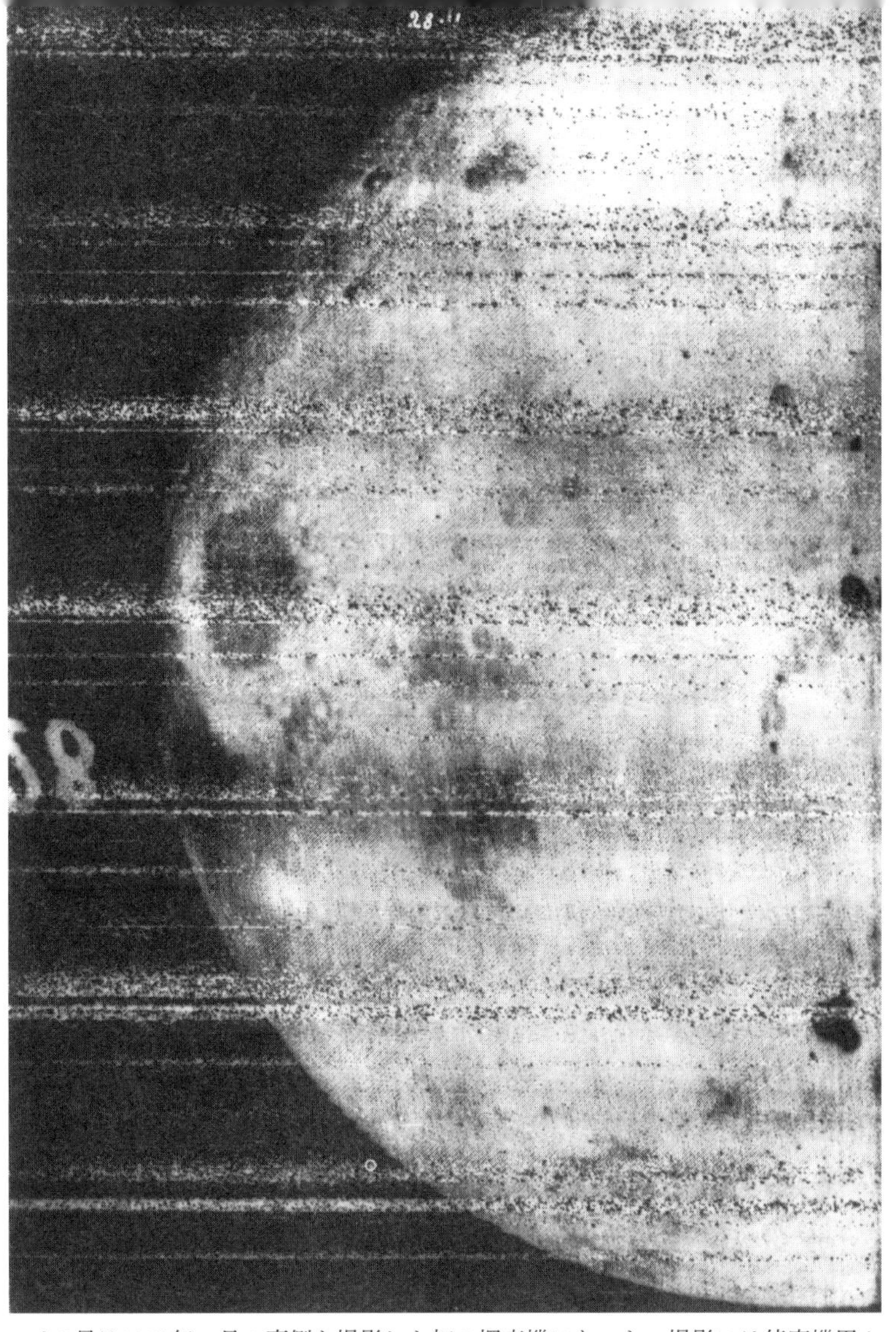

ルナ3号は1959年、月の裏側を撮影した初の探査機になった。撮影には偵察機用カメラを使い、アメリカの高高度スパイ気球用のフィルムを無断使用した。この件についてはこのサイト（http://www.svengrahn.pp.se）が詳しい。画像はノイズがひどく、解像度が低いものの、表側とは地形が大きく異なることがはっきりわかる。
Roscosmos/IKI

システムの主任技術者は、自分がこのアメリカの気球のフィルムを密かに入手し、ちょうどよいサイズにカットして月へ向かうカメラに装塡したことを明らかにしている。

結果として、月の裏側を初めて撮影した写真は、ロシアのカメラによってアメリカのスパイ気球用フィルムの上に映し出され、探査機上で化学的に現像処理された。この写真をラスタデータに変換するために、定着後の写真の裏側に明るい光源を走らせ、透過光を光電子増倍管でスキャンし、それをアナログ電波信号に変換した。この信号を地球に伝送できたのは、月への接近から数週間後だった。ルナ3号の中にあるフィルム写真自体は、現代の月の画像に匹敵する品質があったはずだが、スキャンプロセスのせいで、地球に届いたのは低画質のファックスだった。その後も宇宙でのフィルムを使った写真撮影がしばらく続けられたが、その理由の一つは、同じ技術が軍事分野で応用されていたことだった。一九六六年から一九六七年にかけてアメリカが打ち上げた五機のルナーオービターミッションでは、それまでで最も美しくて高品質な画像を生み出すために、高性能なフィルムスキャン技術が使われた。[46]

月の裏側を初めて撮影した画像は衝撃だった。そこは、色の濃い海や弧を描く山脈ではなく、巨大な平野が何千キロメートルも広がる世界だった。その平野は、クレーターの多い楯状地だった。月にはそうした楯状地を作り出すプレートテクトニクスはないものの（熱が十分になく、重力が小さすぎる）、表側に海が集中し、裏側に厚い地殻がある様子は、片方の半球に超大陸パンゲアがあり、もう片方の半球にはパンサラッサ海があった、比較的最近（ペルム紀後期、二億五〇〇〇万年前）の地球と似ているところがある。地球にも非対称だった時代があったのだ。そうなると、月のマントル対流が表側を分裂させたのだろうか。あるいは、雨のように降り注いだ隕石が原因で、たまたま片方の半球を削ったのかもしれない。または地球の潮汐が原因かもしれない。
もしかしたら、二つ目の月のせいかもしれない。

そのセミナーが終わりに近づき、私はあれこれと考えをめぐらせ始めた。月の表側だけを破壊するにはどのくらい大きな衝突が必要になるのか考えた。おそらく、直径約五〇〇キロメートルある、ベスタほどの大きさの衝突体だろう。それが、楕円体をした月の片方のバルジにまともに衝突する可能性や、月が固化しつつある時代には地球半径の一〇倍ほどの距離にあった地球が、この衝突にどんな影響を与えるかを考えてみた。もしかしたら、何らかの理由で、大量の気体が表側だけに閉じ込められて、それが火山によって放出されたせいで、表側はパンクしたタイヤみたいにしぼんだのかもしれない……いつしか私は思考のウサギの穴に落ちていった。私はマルティンのほうをチラリと見て、手のひらと握りこぶしをぶつけるしぐさをしてみせた。私たちが進めていた、微彗星のびしゃっと(スプラット)という衝突の研究のことだ。マルティンは肩をすくめるようなしぐさをしてみせた。もちろん、当然ありえるな、という意味だ。
私たちはマルティンのオフィスに戻って、月で「ビッグスプラット」を起こすようなシミュレーションの初期条件を決めた。それが比較的低速の衝突でなければならないことはわかっていた。秒速一〇キロメートルの衝突だったら、月を粉々に吹き飛ばすだけだからだ。私たちの彗星モデルでは、衝突は脱出速度で起こると考えていて、その場合の速度はわずか秒速数メートルという自転車くらいの速度になる。私たちはその点についてはそれ以上考えていなかったが、衝突速度を月の脱出速度と同じ、秒速二・四メートルに設定すると、これにはある特定の種類の天体が必要になることがわかった。

この衝突のターゲットとして、小さな鉄のコアに、岩石質のマントルと地殻がある、現在の月をまず考えることにした。ただしそれは現在の月より数パーセント小さい。それは同じような岩石物質からできているがコアのない衝突天体の分だ。その衝突天体には、月の片方の半球に広がった場合に厚さが三〇キロメートルになるのに十分な質量を与えた。その質量を持つ天体は、セレスよりも大きい、直径一三〇〇キロメートルの球体に等しい。衝突角度はどうしようか？　正面衝突は好条件といえるだろう。その天体がどすんと衝突して、その場所でぴしゃりと広がるようになるからだ。しかしそんな好条件が整うことにはしたくなかったので、最も可能性の高い衝突角度である四五度を採用した。もしかして、衝突天体はジャイアント・スプラットの代わりに、月の周りに投げ飛ばされて、奇妙な分厚い環を作るだろうか？　私たちは大学キャンパス内のコンピューターでシミュレーションを走らせておいて、家に帰った。

月の縁は、月の表側と裏側の境界であり、地球上の観測者から見える範囲の限界である。この縁のすぐ外側にあるジョルダーノ・ブルーノ・クレーターは、月の地質学における謎の一つだ。直径が二二キロメートルしかないこのクレーターは、固化したマグマで満たされており（このサイズのクレーターでは珍しい）、明るい色をした新しい光条をあらゆる方向に伸ばしている。これは、小さな彗星が衝突して、揮発性物質と強い熱をもたらしたのだろうか？　それともその反対で、何か大きくて、比較的速度の遅い物体が衝突したため、衝突融解がクレーター内部にとどまったのだろうか？　その光条は地質学的に新しいため、ジョルダーノ・ブルーノ・クレーターが形成されたのは有史時代であり、一一七八年六月

自転していく月を真昼側（太陽側）から撮影した写真。左下が、地球から見て裏側の面にあたる。小さなモスクワの海や、奇妙な形のツィオルコフスキー・クレーターが、自転によって移動しているのがわかる。色の濃い物質は地下から押し出された溶岩。特に明るい色の物質は、最近できたクレーターから放出されたエジェクタ。
NASA/GSFC/ASU

一八日の夜に五人の修道士が目撃した現象と一致するのではないかという臆測がしばらくの間あった。

この年、聖ヨハネの日の前の日曜日に、新月後の初めての月が見えるようになった日没後に、月に向かって座っていた五人あまりの男たちがすばらしい現象を目撃した。空には明るい三日月があり、いつものように三日月の先端は東に向かって傾いていたが、突然、上の先端が二つに裂けたのだ。この分裂した部分の間から、たいまつのような火が舞い上がり、炎や火の粉、火花がかなり遠くまで飛び散った。一方で、その下にあった月は不安げに身もだえし、それを自分の目で見て、私に報告した人々の言葉によれば、月は手負いのヘビのように身を震わせた。その後、月は正常な状態に戻った。この現象は一〇回以上繰り返され、炎は予想できないような、さまざまなねじれた形を帯びたが、やがて正常に戻った。こうした現象の後の三日月は全体が黒っぽく見えた。筆者はこの報告を、この現象を自らの目で見た人々から受けており、彼らの名誉を賭けて、上記の話には一切の付け足しや歪曲がないことを誓うものである。

イングランドのカンタベリーの年代記編者が書き記したこれらの記述は、データそのものである。ここに登場する五人の修道僧は宣誓証言をしているので、彼らの正直さを疑うのは難しい。嘘をつくことは、生きている間にもあの世でも深刻な結果をもたらすし、そもそも動機がない。月が「手負いのヘビのように身を震わせた」という描写には引きつけられるし、何よりも、ジョルダーノ・ブルーノ・クレーターを形成した衝突の明るさについての仮説として信頼できる。衝突は月の縁に近いところで起こったので、観測者の視点では、使われた最大の核爆弾の何千倍にもなる。[47] その運動エネルギーは、これまでに火柱が実際に宇宙へと噴き出して、「炎や火の粉、火花」のように見えただろう。「この現象は一〇回以上繰り返され」という部分は誇張だろうが、許せる範囲だ。月が二つに裂けたという主張も同じである。[48]

しかし、この現象の記録が他にないというのは信じられない（当時は他に誰も空を見上げていなかったのだろうか？）ので、このデータは疑わしいといわざるをえない。修道士が衝突を見たという仮説の問題点は、ジョルダーノ・ブルーノ・クレーターを作った衝突が比較的最近起こった可能性がかなり低いことだ。統計的には、直径二〇キロメートル規模のクレーターができるのは数百万年に一回だが、この観測は一〇〇〇年前だ。この規模のクレーターが月面のいずれかの場所に、過去一〇〇〇年以内にできる確率は、〇・一パーセント以下である。この確率の低さばかりでなく、さらに重大な問題もある。月面でそんな爆発があれば、地球・月系（「地球月圏」とも）はその破片だらけになるだろう。その結果として起こる現象は十分に観測可能である。宇宙空間に脱出した数十億トンを超えるエジェクタは、地球に向かってくるので、見事な流星雨が数百年にわたって起こり、[49]一八世紀まで続くはずだ。そうした流星雨は起こらなかった。仮説の最後の矛盾点は、ジョルダーノ・ブルーノ・クレーターの底には直径数十メートルの小さなクレーターが散らばっていることだ。こうしたクレーターの生成率はある程度はわかっているので、ジョルダーノ・ブルーノ・クレーターの年齢は約一〇〇万年となる。[50]有史時代に形成されたクレーターではないのだ。

とはいえ、修道士たちが幻覚を見ていたのでないかぎり、このきちんとしたお墨付きのある、注目に値する現象を説明する必要がある。そこで問題を拡張して、もっと多くの事実を取り入れるようにしよう。彼らが月面での衝突を見たということを、私たちが先験的に知っているわけではない。それは彼らの解釈だ。修道士たちが見たのは、夜空の炎と火の粉、火花であり、彼らはそれが月面で起こっていると信じていた。しかし物事が直線上に並ぶことはある。この話からは遠くなるが、月と太陽はときおり、まったく同じときに同じ場所にあるように見えることがある。それが皆既日食だが、実際には一方の天体は他方より四〇〇倍も近い距離にある。その確率はどのくらいだろうか？

月は、形成されてからの数十億年で、地球から遠ざかるにつれて、見かけのサイズが小さくなってきている。たまたま、月は約一〇〇万年前から、視直径が太陽とほぼ同じになっている。このため地球から見ると、数年に一度、食の最中に月が数秒間、太陽の真正面に並ぶ場合がある。惑星を公転している衛星と、恒星の見た目の大きさがまったく同じというのは、かなり珍しい状況だ。数百万年後には、月の軌道はもっと遠くなっているので、太陽より小さく見えるようになり、皆既日食が見られるこの輝かしい時代は終わりになる。エイリアンの観光客なんてものがいれば、「地球からの皆既日食観測」が彼らの「死ぬまでにやりたいこと」に選ばれるかもしれない。[51]

皆既日食は狭い弧の上で起こる。狭い（幅一〇〇〜三〇〇キロメートル）本影は、自転する地球がその影に遅れないようについていこうとするので、月の公転（毎秒一キロメートル）よりやや遅い速度で地表を移動する。皆既日食帯へいって日食を見るというのは現代の現象で、私も三〇年前に一度見にいったことがある。日食は、自分でも理解できないような方法で私を変え、この空間と時間の中にいる自分は何者なのかということについて、新たな認識が得られた。私は、やはり天文学者である友人二人と、そのうちの一人の知り合いであるパイロットと一緒に、一九五〇年代のセスナ機を借りて南へ向かった。このセスナは、翼がついたフォルクスワーゲン・ビートルのようなもので、載せられる荷物の量も似たようなものだった。前日にバハ・カリフォルニア半島の真ん中あたりまで飛び、日食当日の朝早くに出発して、太陽と月、地球が一列に並ぶと計算されていた場所と時間を目指した。

地球の空を抜けて進んでいくにつれて、私は巨大な時計じかけの中を上っていくネズミのような気分になっていた。歯車がかみ合い、振り子が動き、ベルがもう少しで鳴りそうだ。太陽と月が投げかける細い影が、宇宙空間を通って地球へと進んでいた。私たちはそれに追いつこうとこの空飛ぶ機械で急いでいた。晴れた美しい日の対流する空を通り、山々を右に、海を下に見る。同じ考えの人たちは他にもいたので、私の仕事は、日食を目指して飛ぶ他の飛行機を監視することだった。ある時点では、六機の飛行機が見えた。一時間後、私たちの飛行機は、海辺の小さなホテルの裏手にある土の滑走路に着陸し、二〇機か三〇機の飛行機が駐機してある場所まで移動した。そこから素朴ですてきな中庭を抜け、階段を下りると、美しいビーチフロントだった。そこにはすでに他の時空の旅人たちが何十人も集まっていて、予言されている奇跡を待っていた。

その後の一時間で私が経験することになるように、皆既日食は見るものではない。だから、皆既日食を撮影するなんていうのはばかげている。それは他の誰かに、つまり写真撮影がずっと上手で、何万ドルもする撮影機材を持っている人にやらせておけばいい。特に最近は、太陽コロナの動きまで見事に伝わるような、高解像度の動画を撮影できるフォトグラファーがいてありがたい。[52] しかし写真がどんなに鮮明でも、自分の二つの目と体中の骨でただじっと見上げて経験したものの一部分すら、その写真は伝えられないだろう。

アーサー・C・クラークの小説『2001年宇宙の旅』には、初期のヒトザルのリーダーである〈月を見るもの〉が、月をつまもうとする場面がある。聞こえるのはコオロギの鳴き声だ。翌朝、〈月を見るもの〉の仲間たちが目を覚ますと、ねぐらの真ん中に黒くて背の高い、まばゆく光る石柱があった。[53] 彼らは、叫びながら飛び上がり、それに触れた。するとそれはヒトザルたちの心を圧倒した。皆既日食はそれに似ている。ただし近頃では、叫んだり、驚喜したりはあまりしないが。知識を得た私たちの頭脳は、何が起こりつつあるかをしっかり理解している。私たちはまさにこの体験をしようと、ずっと前から計画を練っていた。一方で先史時代のヒトの一族には、なんの警告も、先立つ経験もなかったのである。

月が太陽の前に移動し始めると、それからの三〇分は、空が高層雲に覆われて、どんどん暗くなっていくような印象を受けた。欠けた太陽でさえまぶしすぎて見ることができないくらいだから、太陽から最初の小さな一口がかじり取られるところは見えなかった。目は徐々に慣れていく。しかし三〇分たつと、あらゆるものが不思議なほどより鮮明に見えるように感じてきた。それは、いつもの太陽が点光源ではなく分散光源だからだ。見かけの大きさは、腕を伸ばしたときの小指の爪くらいある。実際、ピンホールを通った太陽光は、ピンホールの形になるのではなく、太陽の逆転像を投影する（実際にやってみよう）。結果として、ピンホール写真でも、空気のない月面を歩く宇宙飛行士の場合でも、太陽光を受けてできる影は輪郭がいつも少しぼやけるのだ。

太陽が細い三日月形になると、周囲のものにできる影の輪郭がくっきりしてくるが、輪郭は必ず影が細くなる方向に移る。現実的にはそれで行動が影響を受けることはない。まだたくさんの光があるからだ。しかしヒトの視覚野はコントラストに注意するようにできているので、そうした初めての状況に気づいている。そのため、周囲が少し超現実的に見えてくるのだ。木陰にいって休もうとすると、地面には小さな三日月形をした太陽の光が何千個もあって、それぞれが小さなピンホール写真になっているの

2017年8月21日の皆既日食。ワイオミング州ジャクソン郊外で撮影された。この写真では、太陽コロナと、新月自体の表面の特徴の両方が見えるように、露出ブラケットを使用している。グレースケールに変換。撮影：Michael S. Adler（CC BY-SA 4.0）

がわかった。目をこらして見ると、太陽が光り輝く三日月刀と化している。太陽が月に食べられているのだ！

沖で輪を描いて飛んでいたペリカンの群れが、舞い上がってクエスチョンマークのような形を作った。年配の女性が立っている岩に、穏やかな波が寄せて砕けた。私たちは、日食用メガネをかけて砂に寝そべっていた。皆既日食が始まったときのために双眼鏡も手元に置いていた。[54] あたりには落ち着かないエネルギーが満ちていて、まるでパーティーで飲み物の入ったパンチボールに誰かが変なものを混ぜたときのようだった。そして、それが起こった。「海を見ろ！」年配の男性が叫んだ。彼がいる場所の先を見つめると、広々とした海が弾性のある無限の空間のように広がっていた。相変わらず雲はなかったが、急に色が渦巻き、変化が巻き起こった。太陽光の最後のひとかけらが月の山脈の頂で屈折し、そこで生まれたパターンが波になり、紫の帯になって、地球をかけめぐった。そうした光学的現象はどれも互いに追いつこうと先を争うようにして起こった……。

私は自分で見たものをこれ以上説明できないが、そのときの音は思い出せる。巨大なドラの音だ。そして、すべてが静まりかえった。波はひたひたと寄せ続け、ペリカンたちはもういなくなっていた。始まったばかりの不思議な黄昏の中で、惑星が光り始め、やがて明るい恒星も見えた。それからのすばらしい六分間、誰かが空に穴を開けたかのような黒い太陽が、燃える王冠を戴いて私たちの頭上で輝いていた。

食は世界各地で見られる大規模な天文現象であり、最古の記録についてはよくわかっていない。紀元前四世紀のアリストテレスがいた時代に、中国の甘徳が惑星について書き記したが、今では失われている。甘徳は、木星の隣にある明るい星として、ガニメデを見つけていた可能性もある。時間を早送りして、西洋科学がどん底にあった、カンタベリーの修道士たちの前の世紀には、中国では博学の政治家沈括が平穏な隠居生活の中で『夢渓筆談』を書いた。[55] 一〇八八年に完成した『夢渓筆談』は、音楽、地質学、天文学、冶金学、植物学、医学、さらにはUFOのことまで論じた体系的な書物だ。西洋で地質学が科学になるよりも七世紀前に、沈括は化石記録や、それがはるか遠い過去について持つ意味を理解していた。[56] 高い崖に海洋生物の化石を含む地層があることは、陸地の隆起か海の後退を暗示しており、砂漠の露頭で竹の化石が見つかることは気候変動の証拠だと沈括は書いた。さらに沈括は月が球体であり、太陽の光を受けて光っていることも理解していた。「球の半分に粉を塗り、それを側面から見ると、塗った部分が三日月形になる」。満月や新月のたびに食が起こらない理由については、こう説明している。「黄道と月の通る道は二つの環のようであり、互いに重なっているが、少しずれているためだ」。[57] 周期がそろうのを待たなければならないのだ。

その後の宋代に月から炎や火花が上がっていたりすれば、正確に記録されていただろう。宋代は火薬や紙幣が発明された時代だ。それでは、聖ヨハネの日の前の日曜日に修道士たちが見て、面食らった現象は実際には何だったのだろうか？　実は、その時期はたまたまおうし座ベータ流星群の時期にあたっている。この流星群は、周期彗星であるエンケ彗星（2P）の軌道上にあるデブリを通過するときに起こることが現在ではわかっており、それは毎年必ず起こる。そこで修道士の説に対する代替的な仮説が考えられる。あるものが別のものの上ではなく、正面にあったのだ。つまり、修道士たちに真っすぐ向

太陽、月、木の枝、地球。
Meryl Natchez / http://www.dactyls-and-drakes.com

かっていた明るい流れ星が、[58]ちょうど月の前に位置していたのである。

　ありそうもないことのような気がするが、実はそうでもない。私は人生で一度だけ、自分に向かって飛んでくる流星を見たことがある。その流星の進路上にいたので、まるで酔っ払っているようにふらついて見えた。世界中で過去数千年の間に、裏庭での集まりは何百万回とおこなわれてきたので、そのうちの誰かには、明るい流星が真っすぐ飛んできて、なおかつその流星が位置的には月の真ん前にあるということも起こっただろう。

　私たちは時空の中に存在している。そして私たちが見るものは認知力に左右される。私たちが早まった結論を出すこともあれば、どう見ても現実だというものも存在する。銀河系のはるか上方にある恒星を公転する惑星があって、そこに住むエイリアンが毎晩巨大な銀河系の渦を見下ろしているとしたら、彼らは最初から、自分たちの世界の外に巨大な宇宙が存在することを知っているだろう。この混雑した銀河系中央面に住む私たちがそのことを理解するには、数世紀にわたる天文学研究が必要だった。あるいはトラピスト1〔訳注：太陽から約四〇光年の距離にある恒星〕の密集した惑星系で、惑星の表面から見た宇宙は、初めはどのように感じられるのか考えてみよう。この惑星系では、隣り合う惑星がかなり近い距離で通過するので、互いの空に満月のようにぼうっと現れる。ただし満月と違って、互いの周りを回っているわけではない。そうした惑星は太陽の周りで楕円形のループを描き、互いに追い越したり、追い越されたりするときに接近する（惑星もそれぞれ自転していて、その小さな衛星が周りを回っている）。このくるくる回る遊園地のティーカップに乗っていれば、数日、数週間と時間が進み、惑星での一年が過ぎるうちに、驚くほど多彩な空の神話を紡ぎ出せるかもしれないが、天文現象を物理的に理解することには失敗するだろう。

地球・月系はかつて、それなりに荒っぽい動きをしていた。地球上の一点にとどまったままで、タイムマシンに乗って時計を巻き戻すことができたら、月がどんどん近づき、大きくなってくるのを観測できるだろう。半月、満月、新月というように満ち欠けをしながら、地球の周りを今より速く回るようになる。地球がその角運動量を取り戻すと、一日の長さが短くなる。潮はぱちゃぱちゃと高くなっていき、ある時点で沿岸地帯と重なり合うまでになる。最古の陸地は大変な目に遭っていただろう[59]。さらにできるかぎり遠い昔にさかのぼると、月はダーウィンが最初に思い描いた位置にある。公転する天体が地球に落下するか、それとも遠ざかるかの境目である、地球半径の三倍の距離の外側だ。

さらに時間をさかのぼった先は巨大衝突そのものなので、ここでしばらく立ち止まって、眺めを楽しもう。この距離にある月は六時間周期で公転しており、これは当時の地球の自転より少し遅い。それが地球から遠ざかっていった理由である。地球上から見ていると、月は空をどうにかゆっくり進む程度で、ほとんど静止軌道にあるようなものだ。ただし毎晩、背景の星々に対して動いている。

この時代には、月による日食はしばしば起こる。満月から満月までを意味する一カ月は、初めは六時間の長さで、月の軌道が広がるにつれて長くなっていった。地球の一日は長くなり、自転は潮汐固定により遅くなる。過去にこうしてそばで踊っていた間に、地球と月との共鳴や、太陽との共鳴が、月の公転軌道面に影響を与え、さらに地球・月系から角運動量を奪った可能性がある。[60]

冥王代の早い時期に地球から月を見上げると、手のひらほどの大きさがある。あまりに大きいので、宇宙飛行士が惑星の表面を見下ろすように、月を地質学的に詳しく眺めることができただろう。色が濃く、ひび割れのある塊が火山の噴火で赤く輝き、衝突によって穴が空き、岩塊が積み重なってできた灰色の山が帯をなしている。月の周りには、直径の数倍の距離にわたって、数度傾いた帯状の環が取り巻いている。それは土星の環に似ているが、氷ではなく岩石鉱物でできている。地球の重力の気まぐれを受けて、この環は消えてなくなるが、最終的に一掃されるまでは衝突によって補給される。[61]

月が一個もない頃の地球の周りには、巨大衝突の名残である、月の約二倍の質量を持つ円盤があった。これほど時間をさかのぼると、地球には腰を下ろす場所がない。地殻は完全に溶けていて、ケイ酸塩蒸気の大気の下はうだるような暑さだった。しかし地球の周りにある円盤では、状況がすっかり変わろうとしていた。円盤が重力的に不安的になったのだ。最も可能性が高いのは、円盤内に巨大な鉄の塊があったことだ。これは標準モデルで考えればテイアのコアの破片だが、非常に密度の高い金属の塊が集積してできた、ベスタサイズの天体かもしれない。この巨大な鉄の塊は、密度が岩石の三倍あり、円盤から他の物質を急速に捕獲して、直径一〇〇〇キロメートルまで大きくなった。さらに二〇〇〇キロメートル、やがて三〇〇〇キロメートルへと成長した。その存在が、地球周囲の重力のダイナミクスを大きく変えた。この天体は、物質をすっかり集めただけでなく、「ポテンシャル場」を変えて、地球の周囲にトロヤ衛星が存在できる可能性を作った。

重力は、ゴムシートの上に置いた物体によって作り出される、時空のへこみだというたとえには聞き覚えがあるかもしれない。太陽は、ゴムシートの真ん中にある重い砲丸であり、惑星は砲丸のせいで湾曲した時空に沿って公転している。それは、空港でよく見かける漏斗形の募金箱に五セント硬貨を投げ入れると、内側を回転しながら落ちていくのに似ている。重力はポテンシャル場の勾配だ。そして木星は鋼鉄製のビー玉のようなもので、太陽に向かって落ちていきながら、それ自体がゴムシートをへこませる。そうなると、二個のくぼみが互いの周りを回っていることになる。

この二個のへこみをグラフ化する場合には、簡略化のために、必ず木星をグラフの右側に置く（グラフが回転していることを忘れないかぎり、それで問題ない）。この回転している座標系内で物理法則を書き出すには、「コリオリ力」と呼ばれるメリーゴーランドのような物理プロセスを考慮する必要がある。そうしたグラフ（メリーゴーランド）上で、真っすぐボール（惑星）を投げても、真っすぐ進まない。ボールはカーブするのだ。さらに重力を追加して（最初からずっとそこにあるのだが）コリオリ力と足し合わせると、ゴムシート上には二個の大きなへこみの他に、二個の小さなへこみができる。これは惑星の軌道上で、惑星の六〇度前方の位置（Ｌ４）と六〇度後方の位置（Ｌ５）にあたり、トロヤ点と呼ばれる。この回転する座標系には他に三つの安定点Ｌ１、Ｌ２、Ｌ３（ラグランジュ点と総称される）があるが、これらはへこみではなく、重力の勾配が平らな点と、鞍のようになった点である。

トロヤ点は物質を捕獲できる。ただし、それは一時的なものだ。木星のトロヤ点周辺には七〇〇〇個以上の「トロヤ群小惑星」が発見されている。火星にもそうした小惑星がわずかにあり、大半が火星後方のＬ５周辺にある。海王星にもやはりわずかにトロヤ群小惑星があって、主に前方のＬ４にある。地球のトロヤ群小惑星は一個しか見つかっておらず、その直径は数百メートルだ。金星にも一個あって、広い幅をもってループする「オタマジャクシ」軌道上にあるため、おそらくは不安定だろう。金星や地球にトロヤ群小惑星が少ないことは何かを物語っている。それが何かはわからないが。

トロヤ点には小天体を保護する役割もある。太陽の周りを五ＡＵの距離で回るようになった小惑星や彗星は、トロヤ点にとらえられて、強い力学的海流に囲まれた宇宙のサルガッソー海をすみかとしないかぎり、木星に衝突したり、はじき飛ばされたりする可能性が高い。木星のトロヤ群小惑星は、ＮＡＳＡが今後おこなうルーシー計画の探査対象になっており、そこで重要な科学上の疑問とされているのが、それらが木星形成時にできた破片なのか、それとももっと後になってトロヤ群にとらえられた落ちこぼれなのか、ということだ。いずれにしてもトロヤ群小惑星は、太陽系の惑星がどのようにして形成されたかがわかる、情報の宝庫だといえる。[62]

ここで月の形成に話が戻る。地球と、地球半径の約三倍の距離で集積した巨大な原始の月を考えよう。この二つの天体を先ほどの回転するグラフで示すことにする。この場合、地球をグラフの原点に、原始の月を右側に置く（先ほどは木星を置いた位置だ）。原始の月は地球にかなり近く、質量は地球の一パーセントであるので、グラフ上にできる二つのへこみ、つまりトロヤ点Ｌ４とＬ５はかなり大きくなる。そしてここから二つの月の物語が始まるのだ。

　地球は形成し終えていたが、荒れ狂って大混乱状態だった。月は原始月円盤から急速に集積しつつあった。そして地球・月系のトロヤ点の周囲には、小天体がいくつもつかまっていた。ここから何が起こるのかを知るために参考にできる天体は、土星しかない。土星は現在の太陽系で唯一、トロヤ衛星〔訳注：惑星・衛星系のトロヤ点にある衛星〕を持つ惑星だからだ。カリプソとテレストは、質量は二倍の違いがあり、テティスと同じ軌道上にある。ヘレネとポリデウケスは質量が二〇〇〇倍異なり、ディオネと同じ軌道上にある。つまり月の前後にあったトロヤ衛星も、質量が一〇倍から一〇〇倍違う可能性があると考えられる。重要なのは、それらが月と同じ材料から集積したが、鉄は含んでいないことだ。

　この「二つの月」シナリオは、巨大衝突がもたらす結果についての適切なシナリオが土台になっているが、それでもいくつかパラメーターを選ぶ必要がある。トロヤ衛星が追加されたことが、月の裏側の地殻が厚いことの理由だとすれば、トロヤ衛星の一方の直径は月の約三分の一（質量が三〇分の一）[63]でなければならない。そしてもう一方のトロヤ衛星は、その数分の一のサイズである可能性が高く、その後一〇〇万年にわたって地球・月系全体を吹き荒れる、巨大衝突の残骸の嵐による被害を受ける。この小さなトロヤ衛星は地質学上の重要性がはるかに低い。数千年後には、大きな二つの月が生き残っていて、固化を終えている。二つの月は手を取り合って、地球から離れていった。そしてある日、あまりに遠くまで漂っていってしまったせいで、空想から覚めたのである。

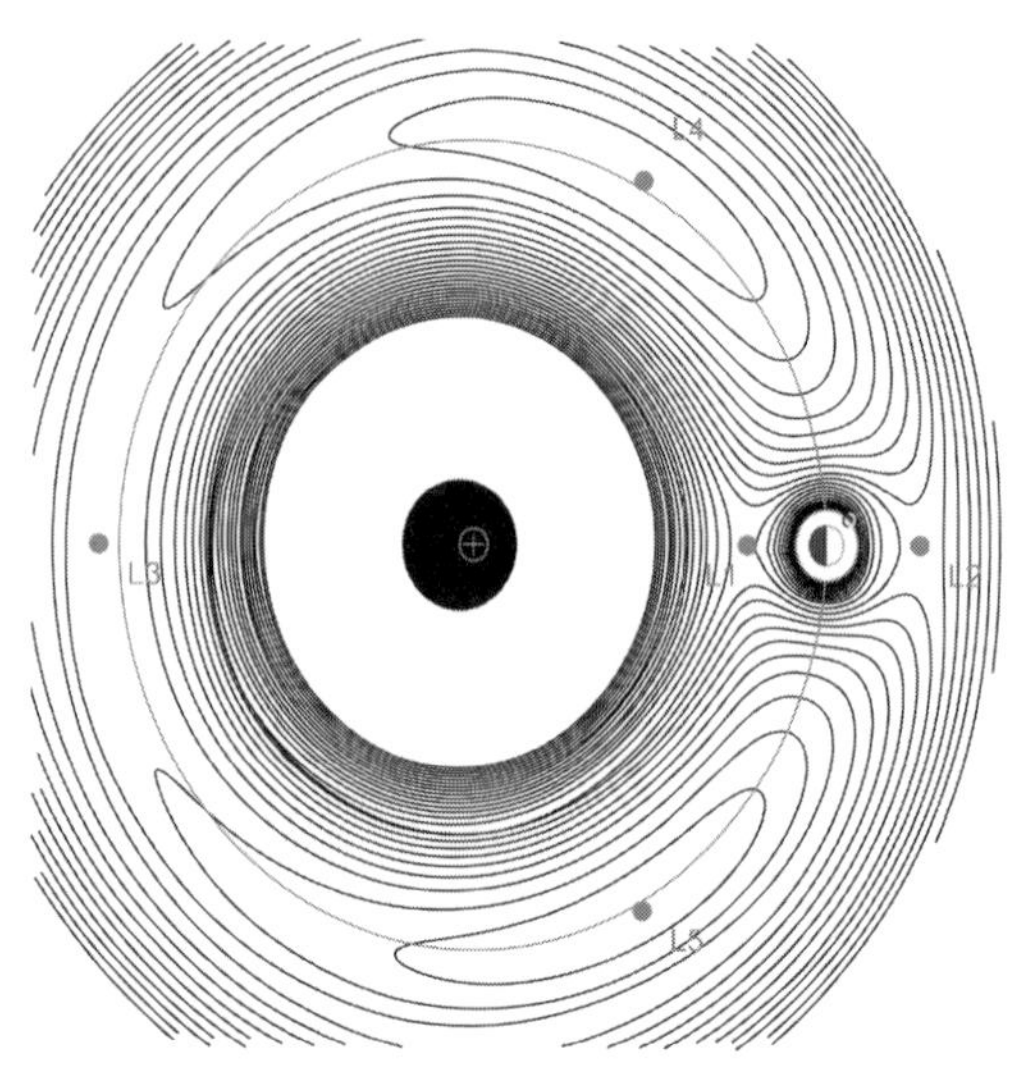

惑星周囲の軌道を共有する衛星は、惑星の重力ポテンシャルに影響を与える。衛星がつねに右側になるようにグラフを書くと、コリオリ（メリーゴーランド）力を組み込まなければならない。そのようにすると、グラフ上の線は等ポテンシャル線を表す。これは重力場の強さを表した線に似ているが、へこみがトロヤ点（L4とL5、グラフの上と下）にあるのが違っている。月と同じ軌道上にある物質はこのトロヤ点にとらえられる可能性がある。他にラグランジュ点がある。たとえば、L1は惑星と衛星の間に、L2は衛星のすぐ外側にある。
画像はgnuplotを使用して筆者が作成。

マルティンは数日後に、例のコンピューターモデリングの結果を手にした。そして私に、三三二ページにある図と同じだが、これよりは解像度が低く、少し工夫をする前の図を見せてくれた。私たちの研究結果がすぐに地元紙や国際的なニュース誌で大きく取り上げられるとは思ってもいなかった。このときはただ、何かわかるかとわくわくしていた。私たちは結果をじっくりと見た。それは、私たちの彗星のスプラット衝突モデルを思い出させた。その衝突モデルでは、摩擦によって飛翔体が一つにまとめられているように見えた。しかし、今回の巨大な月の衝突では、質量がもっと大きく、衝突速度も速いので、飛翔体はむしろパンケーキのように平らになっていた。それ以上に重要なのは、それが穴の中にとどまっていたことだ。私たちの手の中で、何十億台もの自動車が衝突して積み重なっていたようなものだ。

これで私たちのアイデアが仮説になったので、この仮説を検証する方法、つまり疑ってみる方法をさらに慎重に考えなければならない。何かを発表しようとしたのはいいが、結局は明らかな間違いだったということになるのは最悪なので、まずそれが間違いであることを証明してみるのが得策だ。私たちのアイデアがうまくいったのは、衝突速度を遅く設定していたからにすぎない。高速で衝突すれば、飛翔体は月にもっと深くのめり込んで、SPAのような衝突盆地を作り、ビッグスプラットにはならなかっただろう。そのため、彗星や小惑星の衝突は候補から除外された。衝突した飛翔体として唯一考えられるのが、地球の周りを回る別の衛星だった。地球・月系の外からきたものはなんであれ、秒速一〇～二〇キロメートルで突っ込んでくることになるからだ。[64] 別の月が衝突するというのはありうるだろうか？私たちがトロヤ衛星ならうまくいくと思ったのには理由がある。月が地球から遠ざかるのにつれて、トロヤ衛星の安定軌道はだいたい数千万年後に崩壊するからだ。それはまるで爆発に近づく時限爆弾の導火線のようだ。

自分が提案している現象が起こった時期がわかれば、仮説を立てるための戦いに半分勝ったことになる。地質学的な面を説明するためには、この仮説で考えているトロヤ衛星と月との衝突は、どちらも大部分が固化した後に起こる必要があっただろう。惑星の冷却モデルによれば、それにはだいたい一〇〇万年から一〇〇〇万年かかる。タイミングの観点からいえば、それはちょうどよかった。形成からおよ

月の裏側の高地を形成した衝突現象のスナップショット４枚（Jutzi and Asphaug (2011)）。最初の接触と、それから0.6時間、1.4時間、2.8時間経過後を示す。直径1300キロメートルの飛翔体は確かにクレーターを作るが、やがてそのクレーターからあふれ出る。月で最も軽い物質は、固体の地殻の下にある液体のマグマオーシャンで、それが絞り出されて反対側の面に移動し、KREEP異常の原因になる。
Martin Jutzi, University of Bern, Switzerland

その一〇〇〇万年後には（潮汐モデルによれば）、月の軌道は地球半径の約二〇倍まで拡大しており、その位置では、軌道力学上の「ラプラス面」が太陽に支配されるようになる。するとゴムシート上の「へこみ」が小さくなり、トロヤ衛星は自由に動くようになる。

その日の遅い時間になって、マルティンはモデル上の地形を実際の月の地形と比較できる図を作成した。すると、それは潮汐固定モデルと同じくらい、高地の化石バルジの輪郭に一致したうえ、表側に潮汐バルジがない理由を説明する必要もなかった。やった！　うまくいった！　私たちはそれまで、天体物理学や地球物理学、天体力学の上での意味合いについてじっくり考えていなかったが、こうなると考えなければならなくなった。[65]

これは粉体摩擦のある巨大な固体惑星がゆっくり衝突するという、新しい種類の計算だったので、結果を確認する必要があった。私とマルティンは、空隙の状況や粉砕、摩擦、分裂についてのプログラムを基本的な物理学の面から長年にわたり検証していたので、自分たちのモデルについて（ある程度までは）信頼していたが、その計算では、その範囲を実験室の外まで広げようとしていた。私たちには、何か比較になるもの、つまりベンチマークが必要だった。平らで半無限大の惑星に適用された、試験済みのクレータースケーリング則があったので、これに月のパラメーターを入れたところ、直径一三〇〇キロメートルの飛翔体が秒速二・四キロメートルで衝突する場合には、[66]飛び出したのは飛翔体の体積の五分の一だけだった。つまりシミュレーションは、飛翔体が、それ自体が作ったクレーターにいっぱいに満たされるという予測と合致していたのである。

こうした基本的な部分が検証できたことで自信を得た私たちは、もっと現実に近づけたモデリングをすることにした。解像度を三倍に高め、コンピューターをはるかに長時間稼働させる計算に取り組むのだ。計算を始める直前になってから、マルティンは、厚さ三〇キロメートルの固体地殻の下に、一〇キロメートルの融解層を追加することを思いついた。ＫＲＥＥＰ物質と呼ばれる、深部にあるマグマオーシャンの名残の物質を表すためだ。物理的には他の部分とあまり違いはなかったが（同じ物質で、温度が高いだけだ）それがあることで話が大きく変わった。ＫＲＥＥＰ物質は、表側には広く分布しているが、裏側にはほとんど存在しない。ウランやトリウムなど、ＫＲＥＥＰ物質内に濃集している放射性元素によって、比較的遅い時期のマグマ加熱が活発になり、そのマグマが月の海にあふれたと考えられている。一方、小さいほうの月は、月のマントルと同じ成分の単一の物質から作り、重力による圧縮度が小さいので、少しだけ密度が小さくなった。

私たちには決めるべきことがあった。飛翔体とターゲットの性質、そして衝突の設定パラメーターの選択だ。スーパーコンピューターで失われるのは、答えを待っている間の時間（数週間から数カ月）と費用（一回の計算で数万ドル）だけではない。それだけの費用と時間を費やしてしまったら、自分の仮説から他には動けなくなる可能性がある。いったん始めたら、やり抜くしかないのだ。さらに、きれいなグラフィックスを作成し始めたら、自分の作品に夢中になってしまって、客観性を失うおそれもある。私たちの高解像度シミュレーションは完成まで一〇日かかった。試験的なシミュレーションと比べて大きく異なる結果が出るとは予想していなかったので、スーパーコンピューターがガタガタと計算を進める間、私たちは論文の草稿をまとめ、トロヤ衛星の力学的シナリオを考え出す作業を始めていた。

ＫＲＥＥＰ層の動きを追う新しいシミュレーションでは、予想外の驚きがあった。チェリーパイを握りこぶしで押しつぶすように、スプラット型の衝突がＫＲＥＥＰ層を圧縮して、パイの中身にあたるＫＲＥＥＰが別の半球に押し出されたのだ。この濃集したＫＲＥＥＰは、放射性崩壊による熱源を含むため、大規模な溶岩流が月の表側に限られていて、そこには熱流量が高い地域や、新しい海がある理由を説明できた。一方で月の裏側は、キャンプファイヤーの燃えさしの上にシャベル一杯分の冷たい土をかけたように、地質学的には死んだ状態になった。

この仮説は、月の裏側の地殻が二倍厚いことを説明するために立てられたものだが、裏側にKREEP物質がないことや、月の地質活動の二分性についても説明するものになった。残念ながらこの仮説は、その正しさを直接確かめられるはずの検証手段の前から逃げおおせてしまった。重力だけを調べても、この衝突は検出されないのだ。

月の裏側の高地は、私たちが知るかぎり、基本的には表側の高地と同じ物質でできている。裏側のサンプルが直接採取されたことはないものの[67]、数百個の月隕石のうち、約半分は（統計的には）裏側からきていることになる。しかし、どの隕石がどこからきたかはわからない。トロヤ衛星は月と同じ原始月円盤から形成されたので、鉱物組成は判断基準にはあまりならない。トロヤ衛星の内部は、月と同じ成分のマグマオーシャンから固化したと考えられるが、その際の内部圧力はずっと小さかった。その結果、かんらん石を豊富に含み、密度の大きい内側部分と、斜長石に富む外側部分という、月にかなり似た内部構造を持つことになった。つまりは、コアのない小型の月だ。

私たちのシミュレーションの条件には含めていなかったが、この直径一三〇〇キロメートルのトロヤ衛星の内部にある、かんらん石に富む層は、最終的には月面に広がったパンケーキの間に挟まれ、スプラット衝突が終わると、月の裏側の地下で厚さ約一〇キロメートルのかんらん石層になる（ただし鉄は存在しない。鉄は最初の集積の段階で月のコアに集められているからだ）。月の表面には、説明のつかない奇妙なかんらん石の露出部が数多くあり、日本の月探査衛星かぐやによって最も鮮明な分布図が得られている。その分布は、チェシュルーブ隕石サイズの衝突でも到達する、比較的浅いところにできるかんら

「2つの月仮説」のシミュレーション開始後数百秒の状況。トロヤ衛星がターゲット衛星の半球にゆっくりと衝突して飛び散っている。
Martin Jutzi, University of Bern, Switzerland

ん石帯と特徴が一致している。私たちのモデルでも、表側と裏側の境界（縁）に沿って多少のかんらん石が露出することがわかった。ただし四四億年がたっているので、そうした露出部は識別できなくなっているだろう。

もう一つの判断基準は、地球物理学に基づくものだ。秒速二キロメートルでの衝突はあまりに遅いので、強い衝撃波は発生しないことが、岩石物質を使った室内実験でわかっている。[68]それでも、その衝突の激しさは、相当な損傷を与えるのに十分なレベルだ。このモデルからは、トロヤ衛星のかつての表面が元の月の表面にぶつかって急停止した場所にあたる、平らな「せん断帯」があると予測される。この接触ゾーンでは岩石が粉砕されて、大きく変形しており、三〇〜四〇キロメートルの深さに、直径数十メートルから数百メートルにもなる摩擦溶融岩ができている。その境界は、実際に存在するならば、地震波の反射を用いた地下探査ではっきりと見えるはずなので、私は、それが間違いだと証明してみる機会がすぐにくることを期待している。

第7章

10億の地球

惑星集積プロセスに見られる枝分かれした構造は、惑星の成長を表す一本の木である。最も小さな微惑星は葉で、そうした微惑星からできる大きな微惑星は茎だ。テイアサイズの惑星胚が枝であり、それが幹、つまり惑星につながっていく。この地球を作り上げた可能性のある特定のプロセスを細かく考える代わりに、物事をもっと大局的にとらえてみたい。そのために、他のたとえも考えてみよう。

大きな惑星は、どのように集積するにしても、小さな惑星に比べると破局的な破壊は起こりにくい。それは直感的にもわかる。大きな惑星は重力が強く、大きな質量をばらばらに破壊しなければならないからだ。衝突進化モデルから、直径が約二〇〇キロメートル以上の小惑星は、惑星形成プロセスを比較的無傷で切り抜けてきた天体だろうといわれている。とてつもなく巨大なせいで、それを破壊するほどのエネルギーを持つ衝突が起こる可能性が低いためだ。その名を冠したNASAの探査機が二〇二六年に訪れることになっているプシケのような大きな小惑星では、時間の流れが止まっていて、その点では月に似ているといえる。数十億年にわたって飛翔体の雨を浴びてきたが、その飛翔体の中には、プシケのような小惑星を完全に破壊するほど大きなものはなかった。

一方で、直径一〇〇キロメートル以下の小惑星は、計算によれば、過去に衝突によってめちゃくちゃに破壊されたものである可能性が高い。早い時期には、そうした小惑星がもっと数多くあったので、小惑星同士の衝突が頻繁に起こった。そして小さいほど破壊されやすい。その意味では、ある特定サイズの天体が大きくなって、勝利をおさめる傾向があるのか、それとも小さくなって、浸食され、ばらばらになりやすいのかの分岐点は、惑星形成プロセスのどの段階にあるかで決まるといえる。現在のメインベルト小惑星は、衝突を繰り返して、徐々に小さくなりつつあるが、四五億六〇〇〇万年前のメインベルトでは、小天体が集積し、成長していた。

直径一〇〇キロメートル以下の小惑星は、「衝突粉砕」の結果であり、岩石が分裂したときに、無数の一〇メートルの天体と、数十億個の一〇〇メートルの天体、そして数百万個のキロメートルサイズの天体が生まれたと考えられている。その状況を室内実験でたとえるならば、まず大きな岩石をいくつも用意して、それを円筒型破砕機に投げ入れ、スイッチを入れる。まず大量のダストが生成され、弱い岩からばらばらになっていく。最終的にはすべてがダストになるが、それまでの間に大半がいくつかの大きな破片になる。現在の太陽系では、惑星が立ち去ってしまっているので（つまり破砕機の威力がずっと弱くなっている）、質量の大半が大きな小惑星であり、小さな塊はゆっくりと壊れていっている。

現在ある小惑星の質量の半分が、ベスタ、セレス、パラス、ヒギエアという四つの小惑星に集中している。この四つは「準惑星」と呼ばれることもあり、直径は四〇〇キロメートルから一〇〇〇キロメートルほどの範囲にある。地球型惑星の質量の半分が地球一つに集まっていると考えれば、これはそれほど驚くことでもない。これまで見てきたとおり、集積プロセスでは、少数の天体に質量が偏りがちなのだ。私が思うに、ベスタやセレスなどの大きな小惑星は、最初の段階で集積した天体か、それらの直接の残骸だろう。その次には、直径数百キロメートルの小惑星が数十個あり、そのいくつかは始原的な小惑星の可能性がある。さらにその半分のサイズの小惑星が数百個ある、というふうに続いていく。こうしたサイズ分布は幾何数列になっていて、一個の小惑星に対して、質量が約一〇分の一より小さな小惑星がいくつか存在する。これは、クレー射撃の標的が割れると、元どおりにつなぎ合わせられるわかりやすい断片が数個〔小惑星の「族」（グループ）にあたる〕と、一〇個ほどの破片、数百個の小片、数千個の粒子、そして最終的にはダストが生じるのと同じことだ。

　このような破砕現象に見られるヒエラルキーは、小惑星の表面と、表面付近のゾーンのヒエラルキーに対応していると考えることができる。揮発性物質を含んだ外部が、そうした自己重力を持つ破片と相互作用するのだ。一番外側は光学的表面である。つまり、反射や屈折によって太陽光をカメラのレンズに向ける、外側の数ミクロンの層だ。写真で見ているのはこの光学的表面である。最初の数ミクロンの下のことは、カメラだけでは何もわからない。次に熱的表面がある。これは太陽の熱の存在を感じているゾーンであり、日単位のタイムスケールでは表面から約一センチメートルまで、年単位では数メートルまで広がっている。私たちは、作物の地下貯蔵庫やワインセラーを、そうした年単位で熱が伝わる層の下に作るし、海岸のやけどするほど熱い砂に爪先を潜り込ませるとひんやりするのは、そこが毎日加熱される層の下にあるからだ。

　光学的および熱的な境界の下には浅部地下層がある。これは外にある大気や、大気がなければ宇宙放射とやりとりをしているゾーンだ。大気のある惑星では、浅部地下層で、土壌に吸収された水（気体または液体）が、空気との間で交換されている。地球では、バイオマスの大半が見つかるのがこのゾーンだ。彗星のような空気のない天体では、浅部地下層は、蒸発しやすい氷[2]がジェットやテイルとして放出されるゾーンである。火星では、上部レゴリスの地下数メートルまでの範囲にあたる。このレゴリスは、季節ごとに呼吸をするように、大気との間で水と二酸化炭素を交換している。海王星の衛星トリトンでは、浅部地下層の範囲は、ボイジャーのフライバイの最中に見えた窒素の間欠泉の源泉まで及んでいる。

　惑星形成の初期に由来する始原的な小惑星（プシケ、ベスタ、セレスなど）や、破壊された破片（より小さな小惑星や彗星）を調べることで、いわば最初に打ち落とされたクレー射撃の標的をつなぎ合わせて元どおりにしたい。しかしここで、ごくわずかな破片だけが無作為に入っている箱を与えられたと想像してみよう。そこからいったいどんな話を組み立てられるだろうか？　つまり、どんな種類の標的ができるだろう？　初めの段階では、あらゆるサイズの小惑星が現在の何千倍もあっただろうから、その箱に入っている破片の大半は、遠い昔に失われたパズルの一部をなしていたピースだといえる。

直径一〇〇キロメートル以下の小惑星にとっては、破壊は実は創造につながる。それぞれの小惑星は、より大きな母天体の崩壊から生まれており、その形成は階層的だといえる。上位にある天体の崩壊によって、次々と連続的に生じるからだ。一方で、一〇〇〇キロメートルでは、集積が創造につながる。衝突は合体を引き起こし、惑星胚を原始惑星に、原始惑星を惑星に成長させる。これもやはり階層的だが、下のレベルから栄養を受け取る、成長の木の構造になっている。これが実際にどう展開するのかはわからない。したがって、NASAが予定している、プシケやパトクロス[3]のような中間的サイズの小惑星を目指した、時代の先端に立つ探査計画が重要になる。

地球の集積は階層的に起こったため、地球が形成された時期を特定することは不可能だ。地球のコアがマントルから分かれた時点までにどのぐらいの時間が経過したかを判断することはできるが[4]、これは地球形成にかかった時間の下限である。地球の形成に使われた、より小さな惑星胚の内部で鉄がすでに分離していた可能性があるからだ。そう考えると、月形成イベントは、その時点から約五〇〇〇万年後に起こったと思われる。これは、月形成が原始惑星の最後の集積現象の一つであるという考えと矛盾しない。

地質学の面からいえば、テイアが衝突した後の地球は、古い成分をリサイクルして作られた真新しい惑星だった。ただし成分がどの程度まで混合していたのか、そしてテイア由来の大きな塊が、成分が変化しないままでマントル内の「下のほう」に残っているかどうかについてはかなりの議論がある。それを考えると、衝突のエネルギー論や、特定の月形成シナリオの話になる。きわめてエネルギーの高い巨大衝突があらゆるものを融解し、地質学的なリセットボタンを押したのだ。合体が穏やかであれば、テイアの残骸は、地球深部の層として残っているかもしれない。

月を形成した巨大衝突の後に、地球の地殻が固まると、地質学的なプロセスが始動して、初めはついていけないほどのスピードで地球を変化させる。やがてマグマオーシャンの濃度が高くなって、こんろにかけた粥(かゆ)のような、表面が固まった動きの遅いマントルが生まれる。大型の天体の衝突は続き、ときにはこの初期の地殻を破壊したので、スタートからやり直しになることは何度もあっただろう。熱モデルによれば、[5]巨大な地球が部分的に融解したままだったのと異なり、月は一〇〇〇万年で固化した。皮肉にも月は、地殻が薄い時期に隕石の衝突を激しく受けたことで、かえって速く冷えた。衝突が起こるたびに地殻が多少はがれて、マグマオーシャンが外にさらされ、粥がかき混ぜられて、熱が逃げることができたのだ。その点を考えると、月はわずか一〇〇万年で固化した可能性がある。[6]ただし、熱源になる放射性元素を含むKREEP物質は例外だ。

地質学者たちは、イベントを時間の中に位置づけられるのであれば、必要がないかぎり、物事を直線的な時間の中で考えることはない。そのため、ユージン・シューメーカーの先駆的な研究以来、私たちは太陽系全体について、地質学的な時間を、イベントと強く結びついた時間として関連づけ、それによって決定的証拠(スモーキングガン)や究極の目的(ホーリーグレイル)を手に入れようと努力してきた。こうした結びつきを見つけるのに最良の場所は、地球の裏庭であり、「第七の大陸」である月だ。月は、地質学的な変化を起こすエネルギーをきわめて短時間で失ったので、地球が形成直後に味わっていた試練の名残がよい状態で残っている場所があるとすれば、それは月だ。

天体衝突が活発に起こった月のネクタリス代とインブリウム代初期、つまり三五億年前から四〇億年前は、地球上で初めて生命が大量に存在するようになった時期と重なる。激しい天体衝突は地球でも起こった。その結果として生じた衝突盆地は、地質構造の大変動によって地球内部に飲み込まれたり、変化させられたりしたものの、衝突によって大量の地殻物質が宇宙に放出された。月から放出された隕石が地球に落下することがあるのと同じで、月には地球から放出された岩石が衝突し、そこで月のレゴリス(小さな石や粒子、大きな礫(れき)など)と混ざり合った。そうした岩石は、生命が誕生した時代にふんだんに月に到達し、その大半が、月の脱出速度をわずかに上回る秒速二〜三キロメートルという比較的穏やかな速度で衝突した。地球の生物が月でコロニーを形成していた希望はほとんどないが、原初の生命の痕跡が保存されているかもしれない。

ジルコンは、前に触れたとおり(第一章)、高温で形成されるケイ酸塩鉱物であり、実験室で分析すると、放射年代測定法によって年代を求められるほか、形成時の圧力や温度の記録を読み取れる。地球上のジルコンは、私たちに冥王代について教えてくれるが、特に初期地球の火山活動や、当時の環境がよくわかる。具体的には酸化状態や遊離酸素の量などで、それには水が存在したかどうかが関係している。[7] ジルコンは月岩石サンプルからも見つかっていて、その大半は、化学的性質から月に由来するものだとわかっている。しかしアポロの月の石「14321」は、地球からきたものである可能性がある。この石には、石英と長石の小岩塊が含まれていて、その中のジルコンは、四〇億年前に酸化環境において結晶化したように思われる。[8] また、結晶化したときの圧力と温度は、他の月のジルコンとはかなり異なっており、初期地球の大陸地殻の地下で一般的だった、流体に富み、温度の低い環境に見られるものに近い。

つまり、その月の石は氷山の一角だということだ。宇宙飛行士たちのブーツの下のどこかに、もっと興味深くて、冥王代の地球の物質をもっとよい状態で保存したずっと大きな石が、見つけられるのを待っていたのだ。それは時空を超えたサンプルリターン・ミッションだといえる。しかし、月面で地球の石を探すのは本質的にあてのない作業なので、土壌をふるいにかけ、分類する作業を何年も飽きずに続けられるロボットに向いているだろう。隕石はどこでも見つかる可能性がある。そしてそれは、おばあちゃんの屋根裏部屋にある写真のようなもので、[9] 私たちが決して知ることのない時代に由来する、ほこりだらけの遺物だ。しかし、まず箱を開けなければならない。

しばらく話がそれていたが、惑星の多様性の話に戻ろう。このことを考えると、トルストイの『アンナ・カレーニナ』の冒頭にある、「幸せな家族はどれもみな同じようにみえるが、不幸な家族にはそれぞれの不幸の形がある」（『アンナ・カレーニナ』、望月哲男訳、光文社古典新訳文庫より引用）という有名な一節を思い出す。統計学者たちはこの一節の意味を少し広げて、「アンナ・カレーニナの法則」と呼んでいる。それは「いくつかの要素のうちのいずれかの不備が失敗の原因になるのであれば、成功するためには、その要素のいずれにも不備がないことが求められる」というものだ。一方で、アンナ・カレーニナの一節を目下の話題に置き換えるなら、「集積によってできた惑星はすべて似ている。集積によらない天体は、集積しなかった原因がそれぞれ異なっている」ということになるだろう。集積によらない天体とはなんだろうか？　その典型が水星である。またメインベルトにある、驚くほど多様性に富んだ小惑星や、その他の天体の残骸もそうだ。そうした天体は、勝者が、つまり集積によってできた惑星がほぼすべてを持ち去った後の残りだといえる。

アンナ・カレーニナの法則によれば、惑星胚はそれよりも大きな惑星とあらゆる種類の接近を何回でもできる。ただしそれは、接近のたびに集積されずにすむことが条件だ。あるいは、それを集積するような大きな惑星とそもそも接近しないかだが、それには、惑星胚自体がその周辺で最大の惑星であるか、力学的に孤立した軌道上にあるか、どちらかの条件が必要だ。太陽は、太陽系内の質量の九九・八パーセント以上を集積し、木星はその残りの七〇パーセント以上を集積しているので、どの惑星もその意味では幸運だといえる。地球と金星が残りの物質の九三パーセント以上を集積しているので、地球型惑星が存在する領域の天体がこの二天体のいずれかに集積されないためには、さらなる幸運が必要になる。火星、水星、月、小惑星は、すべて足し合わせても、太陽と木星の分を差し引いた質量の七パーセントにしかならないので、こうした天体を見るときには、それらが存在する可能性がいかに低いかということに驚嘆せずにはいられない。

メインベルトでは、ベスタやセレス、プシケのような特に大きな小惑星が、このうえない多様性を示している。ベスタは岩石、セレスは氷、プシケは金属の世界だ。この三つの小惑星が、太陽系の同じ領域で形成され、微惑星を材料として成長し、メインベルト最大の天体になったとしたら、少なくとも何らかの共通点があると期待するものではないだろうか。そうではなく、前の章のたとえ話で出てきた生き残った兵士のように、それぞれが運命の気まぐれの影響を受けていたとしたら、多様な特徴を持つ小惑星になっただろう。しかしこのことは、かつてメインベルトを巨大な惑星がうろついていて、ほとんどすべての小惑星、つまりこの三つのぼろぼろの小惑星以外のすべての小惑星を集積したことを暗示する。その惑星はどうしたのだろう？　消え去ったのだ。

水星は、生き残った兵士の最もわかりやすい例かもしれない。この兵士は、地球と金星に集積されるのを逃れてきた。探査機による水星の重力測定から、この惑星にある鉄のコアは半径の五分の四を占めていることがわかっている。ケイ酸塩鉱物を成分とする地殻とマントルは、いってみればカップケーキの上のアイシングだ。他の地球型惑星（地球、火星、金星。月はもう一つの奇妙な例外である）では、コアは半径の半分、質量の約三〇パーセントにすぎない。水星は、岩石質のマントルのほとんどすべてをどのようにして失ったのだろうか？　巨大衝突説を最初に研究した科学者の一人である、スイス人天体物理学者のウィリー・ベンツが提案したように、原始水星が存在していて、それが破壊されたと考えることもできる。しかしそうなると、水星がそのマントルをほぼすべて失って、その後に太陽の周りを回りながら素早く再集積することになるという問題につながる。さらに、揮発性元素はすべて消え去るはずだ。

私は博士課程の学生だった頃、ベンツのシミュレーションコードを実行する方法を学んでいたときに、軽い気持ちで、ベスタサイズの分化した小惑星二つが、それぞれの脱出速度の二倍にあたる秒速数百メートルで衝突するという条件を設定してみた。それは当て逃げ型衝突になった。それがなんと見事なのだろうと思ったことを覚えている。無傷だった二個の天体が、最終的にはマントルが引き延ばされて渦を巻いた状態になるのだ。その後、天体物理学者のロビン・カナップとの月形成についての共同研究として、テイアと地球の衝突を何度もシミュレーションするうちに、衝突したテイアが、ぼろぼろだが見分けはつく状態で進み続ける場合が多いことに気がついて、私はとても驚いた。ただ、そうしたシミュレーションでは巨大な原始月円盤はできなかったので、私たちは研究を先に進めた。[11]

私は、そうしたテイアがいなくなるケースについて考え続けた。一方で科学研究は、探査計画が実施されたり、大型実験装置が導入されたりすると盛んになるものだ。そして二〇一一年には水星が、最大の謎を抱えた惑星といわれて、ありとあらゆる学会の発表テーマになった。当時、水星探査機メッセンジャーがすばらしいデータを取得しつつあった。それまでは白黒の小さな惑星を描いた、大まかな画像しかなかったのが、驚くほど豊かな色合いの画像が得られるようになり、さまざまなデータが赤や緑、青といった色を使って、高解像度で表されるようになった（視覚的には、水星は人間にはグレーに見える）。そして最大の謎は、水星の表面と内部に揮発性物質が豊富に存在することを示す、明らかな証拠が見つかったことだ。具体的には、地殻にある、浸食で崩れたような複雑な形の「穴」や、永久影領域の地下氷、そして岩石内に月よりはるかに多量に存在する、半揮発性元素のカリウムである。高温で、空気がなく、ある種の巨大衝突で生まれたと考えられる水星には、揮発性物質はないはずだ。

水星が巨大衝突の結果だったとしたらどうだろうか？　それも、何かに衝突されたのではなく、例のシミュレーションで進み続けたテイアのように、自分から衝突していったのだとしたら？　月は巨大衝突の副産物であり、最終的には揮発性物質が水星よりはるかに少なくなった。しかし当て逃げ型衝突の場合はそれとは異なり、大きな惑星の重力を使って、小さな惑星のマントルが取り去られる。私はその可能性に興味をそそられた。惑星のマントルの半分をうまく取り去るというだけではない。原始水星では、より大きな天体との衝突の前には、内部の岩石にきわめて高い圧力がかかっていただろう。当て逃げ型衝突の後には、内部の圧力が下がり、あらゆる種類の火成活動や、脱ガス、急冷が発生したと考えられる。

この説には二つ問題点がある。そのうちの一つが、この説のようになる可能性が低いと思われることだ。原始水星を原始地球か原始金星（ここでは金星としよう）に衝突させた場合、原始水星がふたたび金星に衝突する可能性が高い。最終的に金星に集積したとすれば、そしてその可能性は高いと思われるが、水星はなくなってしまい、話題にもならなくなる。しかし水星が衝突後に進み続ければ（当て逃げ型衝突）、それは二番目に大きなサメの一匹となって、何度衝突しても逃げていくだろう。その可能性がどれだけ低く思えても、それはありうる。

しかし実際のところ、それはそこまで可能性が低くはない。水星の地質学的特徴の奇妙さを説明するのに十分な程度の低さにすぎない。私たちのシミュレーションによれば、原始水星サイズの天体が金星サイズの天体に衝突するときはいつも、当て逃げ型衝突がほぼ二回に一回の確率で発生する。そのため、水星が軌道に戻り、惑星との衝突をやめるまでには、その幸運が一回か二回、もしかしたら三回重なる必要があった（そして最終的に状況が落ち着いた）。それはコインを投げたときに三回連続で表が出るようなもので、その確率は八分の一だ（1/2×1/2×1/2）。原始地球や原始金星は、もっと運の悪い原始水星が八個以上は集積して形成されているので、水星のような惑星が一個存在するのは実際にあ・り・う・ることだ。

一方、火星は違った方法で生き延びた可能性がある。より大きな惑星との巨大衝突すべてを当て逃げ型衝突で切り抜ける代わりに、危機一髪にはなりながらも決して衝突せずに、自分より小さな惑星とだけ衝突したのだろう。力学的に孤立していたのかもしれないし、運がよかったのかもしれない。さらに細かい点を説明して話を面白くしたくなるが（これが金星が地球と大きく異なる理由だとするなど）、金星のサンプルを採取できるまでは、混乱しそうなのでそこまで話を進めないように注意したい。しかしモデルによれば、ある系で最大クラスの惑星同士は、成長すると組成がほぼ同じになる一方で、その次に大きな惑星グループでは組成の多様性が大きくなると予測されている。この予測は最終的には検証可能だ。金星と地球をそれぞれ細かく砕いて、ビーカー一杯ずつ採取したら、どちらがどちらか見分けるのは難しいだろう。水星と火星、月の間ではそうはならない。ベスタとセレス、プシケを比べた場合でもそうだ。

太陽は平均的な恒星だとよくいわれている。しかしそうではない。恒星の中で最も多いのは「赤色矮星」だ。太陽よりもずっと小さく、コアで水素核融合に点火できるほどの大きさはあるが（木星質量の数十倍）、光や熱が大量に放出されるほどではない。そのせいで、赤色矮星を発見するのは難しい。実際のところ、太陽系に最も近い恒星はプロキシマ・ケンタウリではなく、未発見の赤色矮星かもしれない。

惑星がそうした赤色矮星の周りで生命を育みたいと思ったら、その炎から近い距離にいて、一AUの数百分の一の距離を公転している必要がある。このことが赤色矮星を生命存在可能な系外惑星を探すのに絶好の恒星にしている。赤色矮星は数が多いうえ、惑星はとても近い距離を公転しているので、適切な位置関係にあれば、惑星が赤色矮星の光をときどき遮るのが見えるだろう。必要なのはとにかく観測に観測を重ねること、そして多くの赤色矮星を観測することだ。地球がそうした惑星系の黄道面上に位置していて、惑星の影に入るには、運が必要だからだ。公転軌道面上に位置していれば、惑星が恒星の正面を通過する「トランジット」が起きたときに、恒星のわずかな減光が観測される。

数年前、ベルギーとチリの天文学者のコンソーシアムは、系外惑星を発見したいと考えて、あまり大きくはない二四インチ望遠鏡をいくつかの「超低温M型矮星」に向けた。その系外惑星探しは大成功をおさめた。彼らがまず発見した「トラピスト1」と呼ぶ恒星の惑星系[12]は、七つもの惑星がある宝の山だったのだ。それぞれの惑星がトランジットの際に遮る光の量から、どれも地球に匹敵するサイズがあることがわかっている。そうした地球質量の惑星のうち五個の公転軌道は、惑星表面で水が液体として存在できるハビタブルゾーンにあると推測されているため、この惑星系は地球外生命の候補リストの一番上に置かれている。

トラピスト1発見時のデータは単なる点の集まりにすぎないので、ここで私がこの惑星系内を少し案内しよう。トラピスト1の惑星を直接観測することは、最高性能の望遠鏡でも不可能だが、私たちはその惑星系を真横から見ているので、各惑星は一惑星年（一公転周期）に一回、恒星の前でウインクをする。一惑星年の長さは、最も外側の惑星でも一二地球日、最も内側の惑星では一・五地球日しかない。トラ

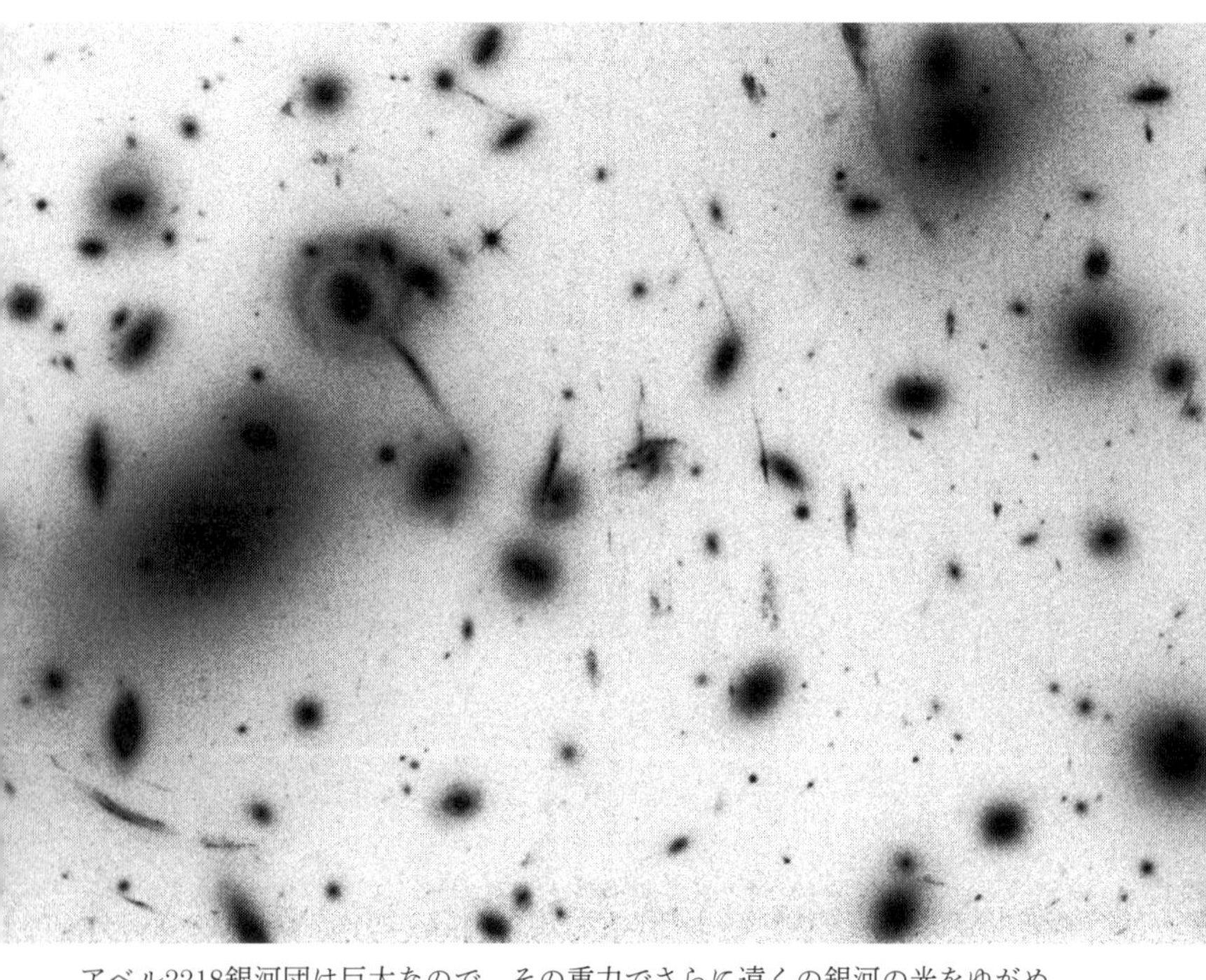

アベル2218銀河団は巨大なので、その重力でさらに遠くの銀河の光をゆがめ、宇宙空間にレンズフレアのような現象を発生させている（カラー画像をグレースケール画像に変換するために、ネガ画像に変換するという一昔前の方法をとった。こうすると細かな部分がある程度見えやすくなる）。
NASA/HST/A. Fruchter

ピスト1の惑星は小さな中心星からかなり近い距離を公転しているからだ。惑星が正面を通過すると、恒星の光は数時間にわたり数パーセント弱まる。数週間かけて数惑星年が過ぎていくにつれ、天文学者たちの手元にはデータが増え、どんな観測でもつきもののノイズと、シグナル（実際の光）を区別することで、惑星系のモデルが改善されていく[13]。

このトランジット法は、遠方の惑星の特徴を知るための最も強力な観測ツールだが、トランジットが見えるのは、地球がその惑星系の公転軌道面上にある場合に限られる。それ以外の場合には、惑星の影は地球を通らない。それは、月はいつでも太陽を遮っているが、その影はたまにしか地球上に落ちないのと同じだ。その反対のこともいえる。エイリアンの天文学者が地球を詳しく知るには、地球の公転軌道面（黄道面）上に位置している必要があるのだ。エイリアンの天文学者の大多数は、黄道面の北と南に位置する恒星の周りの惑星に住んでいるので、地球の存在を知らない可能性が高い。しかし、天文学者がいるのが地球の公転軌道面上で、特に数百光年以内なら、地球が太陽の正面を横切ってできる影は宇宙空間を真っすぐ進んで、その天文学者に届く。それによって、地球の大気の五分の一が酸素であることを発見するのに十分な情報が伝わる。それを知ったエイリアンの天文学者は、地球に生命がいると推測するかもしれない。

惑星系の中心にあるトラピスト1の質量は、惑星にケプラーの法則を適用することで導かれる。それは木星の八四倍で、太陽の八分の一だ。一方でトランジットの継続時間から、トラピスト1は木星よりも五〇パーセント大きいことがわかっている。つまりこの恒星は、鉄の一〇倍の密度に圧縮されている。これほど密度が高いのは、内部での燃焼が比較的弱いため、大きくて活発に燃焼する恒星のように熱で膨張しないためだ。トラピスト1の惑星のサイズも、トランジットの観測からわかっている。さらにそこから、詳細な軌道決定により惑星の質量を推定できる。恒星と惑星は互いに引き合っているからだ。こうしたことがわかれば、惑星の密度を導き出して、経験的な方法で組成を推定できる。

こうした観測には不確定要素があるが、時がたてば小さくなっていくだろう。運がよければ、いつか系外惑星に海があるかどうかがわかる。大型の宇宙望遠鏡を使って、恒星から直接届いた光を差し引き、

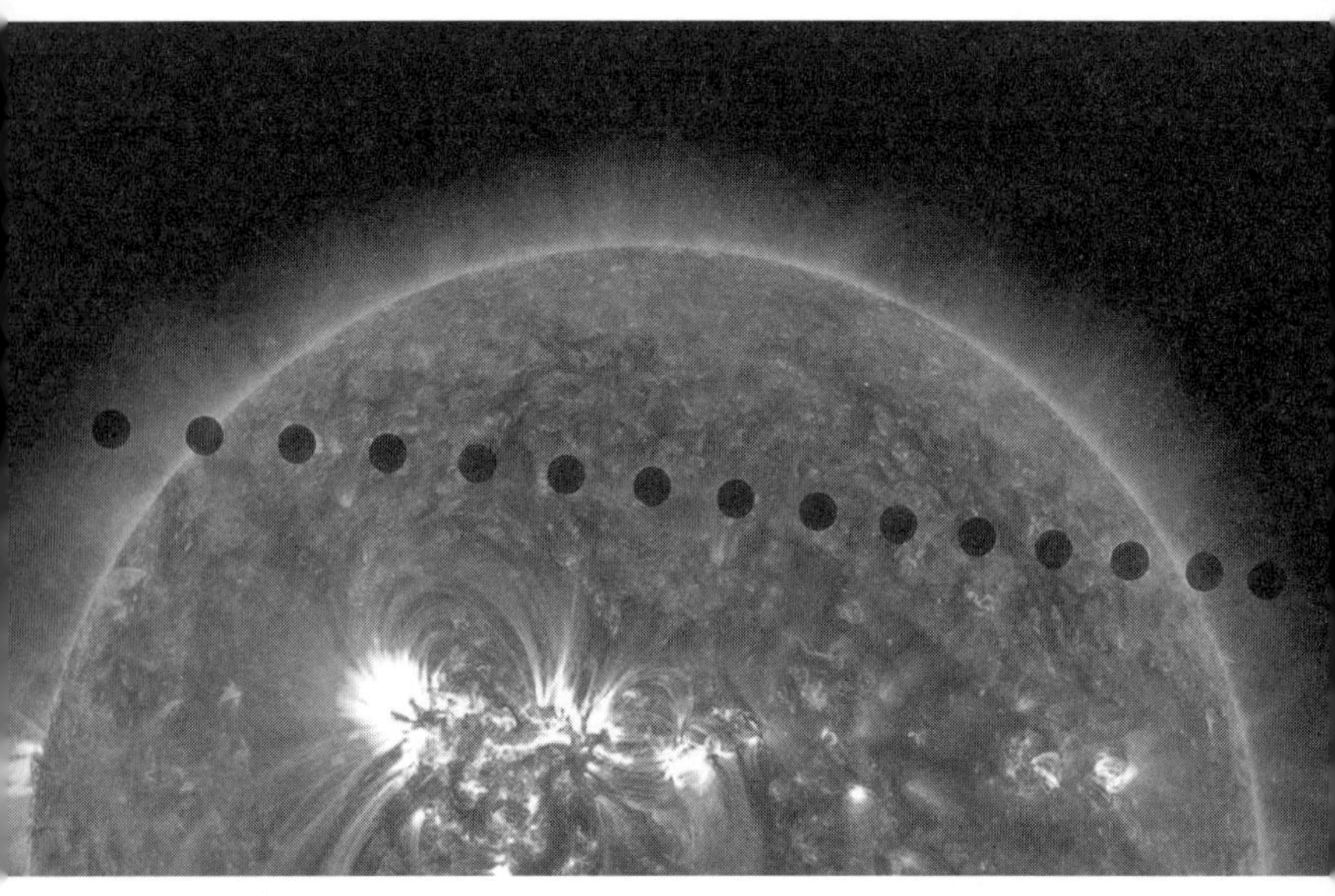

金星の太陽面通過（トランジット）の合成画像。2012年6月5日にNASAの太陽観測衛星ソーラー・ダイナミクス・オブザーバトリーにより、極端紫外光で撮影。このトランジットは、数百光年の範囲内にいる天文学者には検出可能だった。ただし公転軌道面上にいることが条件だ。
NASA/Goddard/SDO

惑星表面で反射された光のみを分離して、惑星の色や組成を突き止めるようにもなる。そうなれば、そこから大気の存在を明らかにできるし、雲や大陸、衛星があるかどうかもわかる。私がここで予想しているのは三〇年後の世界だが、見込みは十分にあるように思える。三〇年前には、系外惑星はまだ発見されていなかったのだから、正直なところ、この先のことは誰にもわからないだろう。

トラピスト1の惑星系は、木星のガリレオ衛星と幾何学的配置が似ている。ガリレオ衛星と同じように、惑星は軌道共鳴によって、永遠に続くパターンの中に閉じ込められ、永久に運命をともにすると考えられる。惑星の公転周期の比は、内側から外

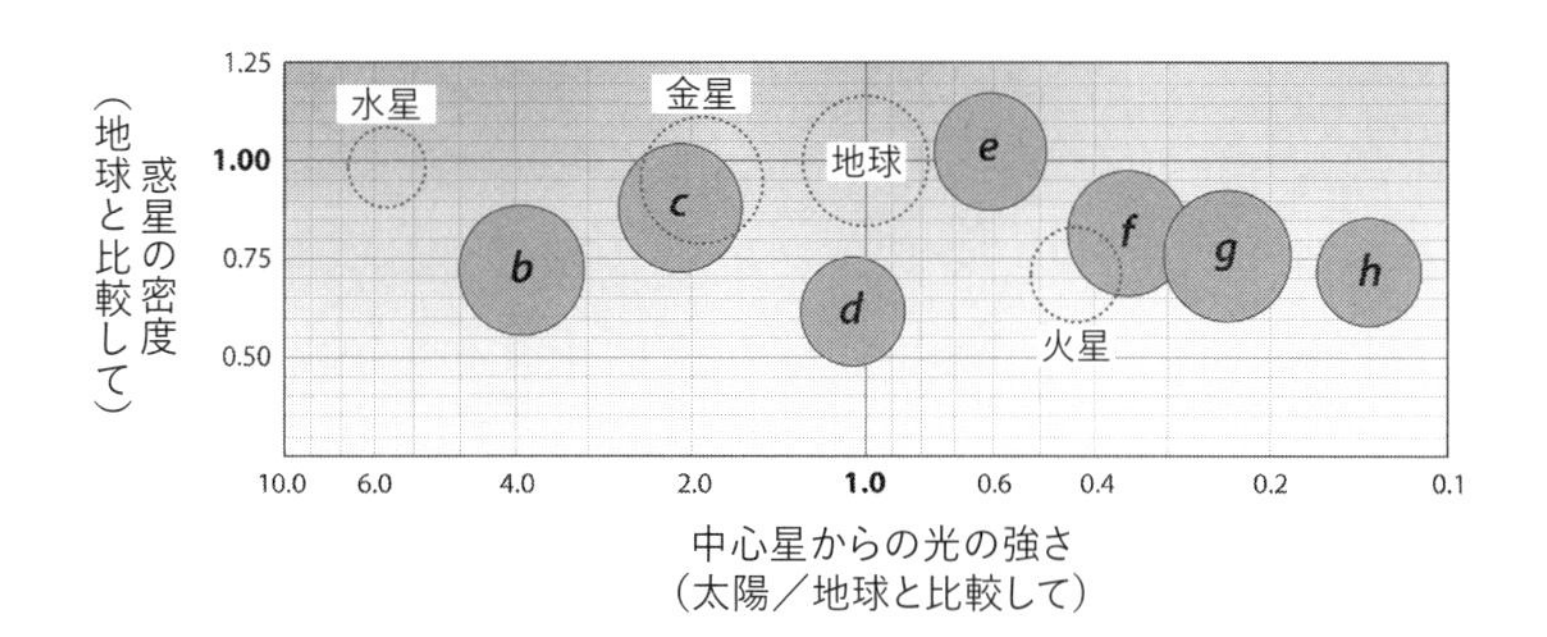

トラピスト1の周囲で発見されている7個の系外惑星（bからhまで）の特性を、地球型惑星（水星、金星、地球、火星）と比較したグラフ。縦軸は平均密度の推定値（主成分が金属、岩石、水のいずれかがわかる）、横軸は中心星から受ける光の強さだ。相対的なサイズを円で表した。トラピスト1の惑星の質量と密度は、公転周期のわずかな変動から推定した。その推定の際には、NASAのスピッツァー宇宙望遠鏡とケプラー宇宙望遠鏡による重点的な観測の結果に、ハッブル宇宙望遠鏡や数多くの地上望遠鏡のデータを組み合わせたうえで、観測データを理論モデルと比較した。密度の低い惑星には多くの水があることが予想される。
NASA/JPL/Spitzer Space Telescope

側に向かって、おおよそ8：5、5：3、3：2、3：2、4：3、3：2という整数比になっている。ガリレオ衛星の場合と同じで、惑星を一つ移動させるには、共鳴で結びついた惑星全体を移動させる必要があることから、惑星の集団は力学的にきわめて安定した状態になる。これは、冥王星が海王星と力学的に結びついているのと似ている。ただしそれは、ＩＡＵの定義では冥王星がもはや惑星とされない理由でもある。それなら、地球に近い質量を持つトラピスト1の惑星も、惑星ではないのだろうか？

低温赤色矮星は、広葉樹の木炭のようにゆっくりと燃焼する。原子核物理学に基づいた予測では、超低温赤色矮星は数兆年（数億年ではなく）かけて燃焼するとされている。これは現在の宇宙の年齢の一〇〇倍だ。惑星の力学的安定性も数千億年の間は保証されている。そうなると最大のリスクは、惑星系の外から侵入者（放浪惑星）が入ってきて、惑星の一つと衝突することだ。複数の天体によるラプラス共鳴を断ち切ることができれば、惑星系が分解する可能性がある。これは大変な惨事だが、数兆年というタイムスケールでしか起こらないだろう。

そうした惑星のいずれかに生命が存在するなら、生命が進化するチャンスは、地球上でこれまでに生命が進化してきた回数の一〇〇〇倍あるだろう。まだ進化が始まっていなくても、急ぐ必要はまったくない。もしかしたらその進化は、宇宙が終わりを迎える頃に、何らかの完成の域に達するのかもしれない。五〇億年後に、彼らの夜空を見上げたら、私たちの太陽が膨張して赤色巨星になって、やがて美しい星雲が光るのが見えるだろう。そして太陽は記憶から遠ざかっていき、消えゆく星座の中でまた一つ消滅した星になるのだ。太陽のようなずっと明るい恒星が一つずつ、急に燃え上がった後に暗くなっていく中で、トラピスト1やその他の赤色矮星の周りにある惑星系はどれも生き続ける。一〇〇〇億年後、宇宙は年老いて、今より静かになっているが、依然として小さくて頑丈な赤色矮星の周囲では生命が高度に進化し、活気にあふれているだろう。

トラピスト1の惑星の鎖状共鳴によってもたらされる天体の動きは、惑星の住民たちの暦としても、二度と繰り返すことのない、目を見張る光景であるという意味でも、とても興味深いものだといえる。隣の惑星との距離は地球と月の距離の数倍であり、惑星自体の大きさも月の数倍なので、接近時には空に満月のように見えるだろう。ただし色や表面の模様は月とは違っている。惑星のペアは、恒星の周りを競争しながら、ときには追いつき、ときには遅れて動く。実際の動きとしても、見かけ上の動きとしても、急ターンをすることもある。近くの惑星は、一惑星年に一回、つまり数週間おきに、夜空で衝の位置にきて、「満月」に見える。もちろん、惑星自体にも「月」があるだろうし、環を持つ惑星もあるかもしれない。地球の夜空は感動的だが、トラピスト1の惑星の夜空にはかなわないといってもいいだろう。

しかし、超低温M型赤色矮星の周囲の環境には大きな欠点がある。トラピスト1のトランジットの観測データを詳しく見ると、惑星が恒星の光を遮る場合に生じる減光だけでなく、恒星で大規模なフレアが発生したときの急激な増光もわかるだろう。観測されるのは可視光の閃光だが、それぞれのフレアには、なんとか燃焼している赤色矮星内部の不安定な反応によって爆発的に発生する、あらゆる種類の電離放射線が伴う。トラピスト1のような恒星周囲の惑星に生命が存在するならば、生物に有害な放射線を避けるために、地下に移動するか、海をすみかとする必要があるかもしれない。地下に住むのは、細菌にとってはそんなに悪いことではない。火星やエウロパ、タイタン、さらに水星にも、[14]地表の下には、地球に生息する生物でも生存できる可能性のある領域が存在すると考えられている。そして海に住むのは困難なことではない。いずれにしても、こうした恒星フレアが生命誕生のための適切なきっかけをもたらす可能性もある。強い電離放射線が、適切な前生物化学的反応を引き起こすと考えられるのだ。

地球以外のどこかで生命が発見されるまでは、生命の存在確率を数字で表せるかどうか私にはわからない。そしてこのことは、ドイツの哲学者ルートウィヒ・ウィトゲンシュタインが「哲学の正しい方法」として仮定した、「論じえぬことについては黙さねばならぬ」(『論理哲学論考』、中平浩司訳、ちくま学芸文庫より引用)という言葉を思い起こさせる。[15]それでも、私たちは地球外生命について考えるし、話題にもする。そして惑星探査にとっても、地球外生命というのはかなり重要なテーマだ。そういう意味では、地球外生命がどのくらいの確率で存在するのかという疑問を組み立ててみることにはなんの害もない。古生物学者のピーター・ウォードと天文学者のドナルド・ブラウンリー[16]はこの問題をより深く考察するうち、二〇年前の著書『まれな地球』で、複雑な生命は宇宙においてきわめてまれである、なぜならあまりに多くの条件をそろえなければならないからだ、という結論に達した。[17]また一九五〇年には物理学者のエンリコ・フェルミが、銀河系には何千億もの恒星があるのだから、複雑な生命がきわめてまれでないかぎりは、人間はすでに地球外文明から接触を受けているはずだと述べている（「フェルミのパラドックス」）。もしかしたらそのとおりかもしれない。

ここで、生命の起源が「決定論的」だと仮定してみよう。つまり、初期条件を正確に設定すれば生命が発生すると考えるのだ（神の啓示がかかわっていたというなら、ガニメデの塩水が満ちた洞窟に生命を根づかせて、プレートテクトニクスや太陽、月などはなしですませることができなかった理由が私には理解できない）。生命が決定論的だとすれば、結局重要なのは、生命が存在するための条件がどこまで厳しくなければならないかということだ。その条件が有限の範囲を持ち、その範囲をεと呼ぶと仮定しよう（ギリシャ文字のε（イプシロン）は数学で「とても小さいもの」を意味するために用いられる）。このεというパラメーターボックス内で惑星を作ると、生命が誕生する可能性が高い。これは危険な賭けだ。私たちには、自分自身の経験が普通のことだと考えるバイアスがあるからだが、とりあえずやってみよう。

このボックスを狭くして、海とプレートテクトニクスを持つ惑星が含まれるようにしよう。「地球に似た」惑星と呼ばれることの多い種類の惑星だ。そうした惑星が存在する確率は、一万分の一かもしれない（実際にはわからない）。そうした惑星には大きな衛星があって、その初期の海で潮汐作用を引き起こし、海と陸地の境界領域で十分な相互作用が生まれる必要があることにしよう。その確率はたぶん十分の一だろう（月と地球、冥王星とカロンのペアが知られているので、それほど珍しいことではない）。さらに、その惑星より遠くの軌道には、一つかそれ以上の巨大惑星があって、後期重爆撃期を引き起こす小惑星や彗星を一掃するフィルターの役割を果たす必要があるとしよう。後期重爆撃期が始まるとすぐに、その衝突によってすべての生命が消滅してしまう。ここでは、私たちの太陽系がこれまでに発見された数千個の惑星の中では珍しい存在に見えることを考えて、確率を一万分の一と見積もる。そうすると、ここまでで一〇億分の一だ。生命には火星のような近傍の惑星が必要だとも考えよう。長期にわたってハビタブルな惑星（地球）が超高温状態から冷却している間に、先に近傍の惑星で生命が発達する場合がある。これは十分の一だろう。さらに、最終的には、小惑星や彗星の一つが火星似の惑星に衝突して、地球似の惑星へ生命をはじき飛ばせるように、十分な数の小惑星や彗星が周囲に存在している必要がある（しかし多すぎてもいけない！）。これは十分の一の確率だろう。ここまでくると、そうした惑星は銀河系内に二つくらいしかない。中心星も比較的安定で、数十億年の寿命がなければならない。おそらくそれは太陽に似た惑星であることが求められるので、この確率は一〇〇分の一としよう。この時点で、銀河系全体で一個以下だ。さらに、その惑星に惑星系内の別の場所から、小惑星の落下によって、リンや炭素を含む物質のような生命活動に不可欠な分子が後から届けられる必要もある。弾丸パンスペルミアを考えれば、そうした分子はただで手に入ると思うが、念のためここでも一〇分の一としておこう。そしてその惑星は、恒星活動やガンマ線バーストによって生命を消し去られないように、銀河系内で適切な領域に位置していなければならないとすると、これは一〇〇分の一である。最後におまけとして、最近になって惑星上のどこかでK／T境界を作るような種類の衝突が発生して、大量絶滅が起こった結果、「弱者」の種（地球の場合には哺乳類）が巣穴から這い出して、惑星を支配できるようになる必要があるとしよう。これが一〇〇分の一だ。全部合わせると、一兆分の一のさらに十億分の一の確率になる。このεの値は、地球に非常によく似ているという条件ならば、そうした惑星が宇宙には少なくとも一〇万個あることを意味している。ダーツをいつもランダムに投げるとすればだが。

こうした種類の議論は、つまりダーツを一〇〇兆×一〇億回投げれば、的の中心に一〇万回的中する可能性があるという類いの話は、何かを予測するうえでの有用性は限られているが、一つの枠組みにはなる。たとえば、惑星それぞれの独自性があまりなくて、一〇〇兆×一〇億回の実験の代わりに、たった数十億とおりの惑星形成の設計図が一〇〇兆枚あるのだとしたら、どうだろうか？　そうなると、εのボックスの中で何かを見つける確率は、ゼロに近くなる可能性がある。惑星形成が雨粒を作るようなものだとしたら、無限の数の雨だれを作ることができて、その雨粒はすべて、塩分濃度や直径、温度など、判別可能な違いがあるが、それらはすべて雨粒である。

実際にはこれとは反対で、惑星にはかなりの多様性があるという証拠が存在している。私が考えているのは、惑星集積の効率の悪さが惑星の多様性を最大化しており、単なる雨粒だけではなく、氷の球や岩石の球、水の世界や金属の世界、そしてその間のあらゆるものが存在しうるようにしているということだ。εがどれだけ小さくなるように条件を定めたとしても、こうした多様性があれば、いつかどこかで的の中心にあたり、生命が生み出されることが保証されているのである。

人間が本当に稀有であり、今にも宇宙に進みだそうとしている高次の意識の輝きという、まれにみる存在だったらどうだろうか？　私がふと思い出すのは、何度も経験があるのだが、寒い中でなんとか火をつけようと三〇分も苦労して、乾燥した小枝を使い果たしてしまった後で、やっと火がついたのに、よそ見をしている間に炎が消えてしまったことだ。それは私たちのことだろうか？　この銀河系には本当に私たちしかいなくて、私たちが現在のことを気にかけなかったら、つまりこの優れた家が崩壊するにまかせていたら、私たちの最高の創造物のすべてである、過去と現在の文明の総和は失われて、回復不能になり、間違いなく無意味になるだろう。そしてこうしたものが存在したことなどなかったように宇宙は続いていく。

　人間のような、知覚を持った複雑な生物が銀河系全体でありふれていて、心地よい小さなたき火があちこちにある場合に、私たちがうかつにも自分たちの小さなたき火を消してしまったら、この地球でしてきたことの記録は、未来のエイリアン地質学者が解くべき謎になるだろう。炭素-酸素同位体のグラフに現れる不規則な曲線や、合成分子を含んだ海底堆積物のコアサンプルが、はるか昔に工業化した生物種が存在したことを示すかもしれない。現在は完新世から人新世への地層の移行が進んでいる。新しい堆積物や火山岩が大量のプラスチック片とともに積み重なっている。そして、水温が高くなり、酸性化した海水や、以前より規模が大きくなった嵐による季節的な表面流水によって、炭酸塩やサンゴの溶解が進んでいる。数百万年後の地球は、ちょうどエイリアンたちが見ることに心を開いた頃に崩壊した、創造的かつ先進的な文明の典型的な例になっている可能性がある。そして残念なことに、そうした例は銀河系の中でありふれているだろう。

ニュージーランドのウェリントンから見た天の川（2013年10月25日撮影）。
Photograph by Andrew Xu（CC BY-SA 2.0）

結びとして

惑星探検でも特に無謀な手だったといえるのが、クリストファー・コロンブスが自分の部下たちの命を危険にさらしてまで、ある不確かな賭けをしたことだ。コロンブスは、地球が丸いことではなく、地球が**小さい**ことに賭けたのである。インドとの間にはすでに陸路によってスパイスや他の貴重な品物の貿易がおこなわれていた。コロンブスは、より楽に、より速く、より低コスト[1]でインドに到達する方法があることを証明するための外洋航海を提案した。スペインのイサベル一世は、地球が丸いことをよく知っていた。コロンブスが女王に断言し、納得させたのは、地球の直径が五〇〇〇キロメートルしかないということだった。つまり西に向けて航海すれば、インドはたった二〇〇〇キロメートル先にあることになる。私は、地球が実際はその二倍の大きさがあることをコロンブスはよくわかっていたのではなさせるために、その費用や複雑さ、航海期間を意図的に低く見積もったのではないか。向こう見ずな楽観主義者が探査計画を売り込むのは、これが最初でもなければ、最後でもない。

後にアメリカと呼ばれることになる予想外の陸塊に、具体的にいえばバハマの小さな島にゆく手を塞がれることがなかったら、コロンブスの冒険は大失敗に終わっていたろう。コロンブスはアメリカ大陸を発見したのではない。意に反してそこにたどり着いたのだ（コロンブスの他に、バイキングがその数百年前にアメリカ大陸に到達していたが、彼らは航海するにあたって、世界が丸いと信じる必要はなかった。バイキングはアイスランドからグリーンランド、そしてニューファンドランドへと、島から島へわたっていったからだ）。アメリカ大陸にはすでに数千万人の先住民がずっと以前から居住していた。彼らの祖先は数万年前にアジアから陸橋をわたってやってきた後、南北アメリカ大陸に広がった。先住民の天文学者の中にも、地球が丸いことを突き止めた人がいたかもしれない。彼らも地球が月に丸い影を落とすのを観測していたのは間違いない。しかし、海の向こうからやってこようとしているものは予想していなかったはずだ。

コロンブスの最初の航海は二カ月以上かかった。月にいくには三日しかかからない。それは天気のよいときに英仏海峡をバスタブでわたるようなものだ。ＮＡＳＡはそれを何度もやり、月に旅行して帰ってきた宇宙飛行士たちはみな幸運に恵まれた。火星にいくのは、大西洋を越える片道航海のようなもので、一〇〇倍の時間がかかり、嵐も一度か二度は起こるだろう。バスタブで挑戦しようものなら、間違いなく死ぬ。もっと大きな船を建造することはもちろん可能だが、火星への航海で宇宙飛行士たちがす

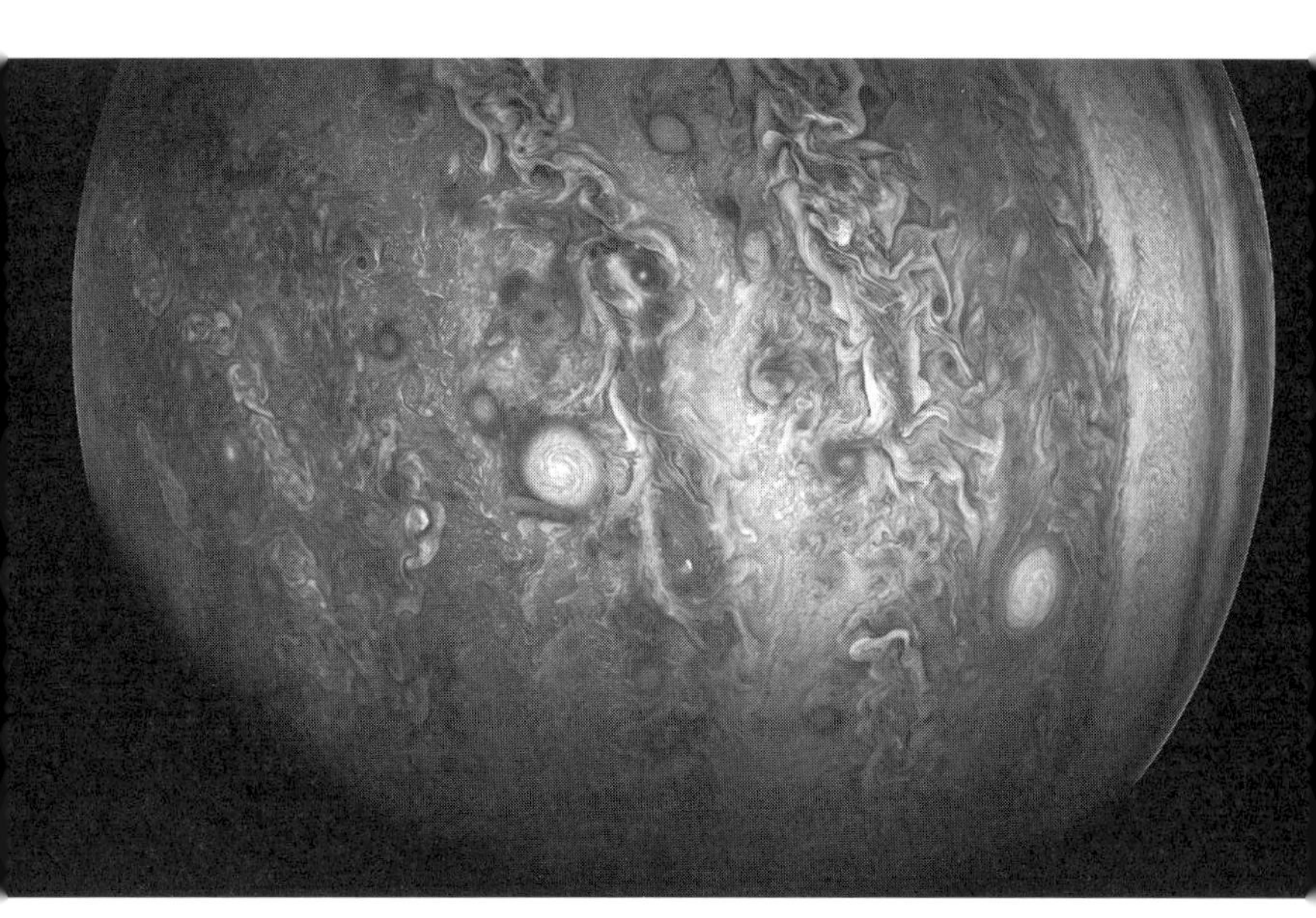

太陽系惑星の父である、老いた木星の雲頂。木星探査機ジュノーで撮影。この画像をカラーで見ると息をのむ美しさだ。ジュノーのカメラ自体は実験装置ではなかったので、科学運用の開始時点から、ほとんど誰も触れていない未処理の生データがパブリックドメインとして公開されている。創造力に富んだ科学者やアーティスト（アマチュアもプロも）がそうしたデータを処理して、とても美しい画像を作り出しており、見事なフライオーバーの動画も数多くある。音楽（グスターヴ・ホルストやルーカス・リゲティ）を組み合わせている動画も多く、木星を間近で見ているような気分になる。
NASA/JPL-Caltech/SwRI/MSSS

ぐに直面する問題は、体が受ける深刻な放射線被害だ。その原因となるのは、太陽からの高エネルギー粒子や（これは大規模な太陽活動が起こる可能性も高くなっている）、銀河系で起こるモンスター級の爆発で生じる宇宙線だ。

大量の放射線被ばくは、人間やその他の生物を死に至らしめる。放射線がDNAを傷つけ、修復が追いつかないからだ。放射線は、コンピューターのハードウェアやメモリーにも損傷を与える。交換が不可能な状況では、そのリスクは決して小さくない。月への飛行では、宇宙飛行士たちはかなりのリスクを受け入れた。火星への宇宙旅行は、最も条件のよい軌道でも九カ月かかる。その状況では、宇宙船に大規模なシールドを設置しないかぎり、放射線はリスクではなく、死刑宣告になる。このシールドは、分厚い金属の外殻構造でも、水タンクと供給システムでも、最適な小惑星からすくってきたレゴリスでもいい。しかしそうしたシールドを備えた宇宙船を設計し、建造し、打ち上げて、推力を与えるところまで考えなければならない。映画で描かれているのとは違って、人間が火星に行けるのはまだ先のことだ。

火星は、目を見張る眺めが広がっていることや、大気がほんの少しだけあること、そしてその土地で育ったものを食べて暮らせることを考えると、未来学者にとってはより魅力的かもしれないが、少なくとも近い将来のことをいえば、月に入植地を建設するほうがはるかに簡単だ。一つには、放射線の問題が難なく解決されるからだ。三日間の宇宙飛行なら、太陽フレアを避けられる時期を選べば何とかなる。その飛行の後で月面に着陸したら、地下シェルターに移動して、そこで眠ったり、放射線量が増大している間に待機したりする。そしてそこから限られた範囲の船外活動をおこなうことができる。月に欠けているのは、水と食料、空気だけだ。これらを自分たちで作る必要がある。

月面基地の建設候補地の一つが、月の南極付近にある直径二〇キロメートルのシャクルトン・クレーター[2]の高いリムの上だ。このリムの最高地点は、ほぼ定常的に太陽光があたるだけでなく、地球がほぼつねに見えているので通信にも都合がよい。クレーターの壁を数キロメートル下ると、真っ暗なクレーターの底に行き着く。そこは何十億年もの間、太陽からの光子が直接届いたことのない暗い場所だ。そこに向かって落ちていくのは楽しいことではない。この極寒の荒れ地は、冥王星と同じくらい温度が低く、氷と炭化水素の分子が分厚く積み重なって、貴重な資源の備蓄になっている。月に欠けている大きなものが水だが、ここにはそれがある。上方のリムに注ぐ太陽エネルギーを利用して水を電気分解すれば、水素と酸素に変換することができるので、呼吸も可能になる。そうしたクレーターの底や、表面のレゴリス内で見つかったものを利用して、ロケット燃料や、化学肥料、プラスチックなど、あらゆる種類のものを製造することが可能だ。セメントやモルタルのような材料を製造し、それを型から押し出すことで、三次元建築物や住宅をプリントすることもできる。

人間が月をめちゃくちゃにしてしまうことが心配だろうか？　私はそうなることを考えて動揺している。砂漠のような土地に人間がやってくると、それが産業目的であっても、あたりをうろついて自分たちの足跡を刻むという、退屈だが悪意のないことが狙いでも、その土地が踏みにじられ、醜くなるのはとても残念なことだ。私は、月面に有人基地を築いたり、さらには植民地を建設するために月で資源を採掘したり、また月を火星などの惑星への足がかりとして使ったりするという考えを強く支持しているが、私たちは分別をきかせる必要がある。月は私たち人間にとって、何にも代えがたい特別な存在だ。子どもの頃の私は、月面へのはしごを人間が初めて下りていく様子をじっと見ていたときに、あのブーツがつけた足跡はいつまでもあそこにあるのだと教えられた。着陸地点である静かの海には雨も降らなければ、風も吹かないからだ。宇宙観光旅行が始まっても、あの足跡は残っているだろうか？

そういうわけで、この本の始まりに話は戻ってきた。月は宗教や人間の精神の象徴であり、何よりも平穏な美を体現した物体である。しかし同時に、科学研究の対象であり、すばらしい目的地である。月がもたらす資源にかんしては、私たちは地球上で、景観を無視した資源採掘が引き起こす大惨事や、最後まで残された手つかずの自然が不必要に失われるのを目にしている。月の表側への入植を制限することも、一つの例としてはありうる。しかし、ある真実のほうが別の真実より優れているというのは間違いだ。なぜなら、真実のあらゆる面が人間という存在の本質を表しているのだから。

夕焼けの赤い色を眺めるとき、それが光の散乱のしかたが違うためだと知っていると、なんともいえない感動に包まれる。ダイヤモンドを見て、ダイヤモンドは地殻底部からマグマの噴出によってキンバーライト鉱脈としてもたらされたと知っていれば、ダイヤモンドのイヤリングは美しさを増す。自然界の知識があれば、つまり私が座っているもの、私がいる場所、私が見ているものの知識があれば、森羅万象に近づくことができる。どの色が一番か、私には答えられない。神は存在するのかどうかについて、あなたを説得することもできない。一方で、どの鉱物がより堅いかとか、あの雲の上での風速はどのくらいかとか、アンドロメダ銀河は銀河系と衝突するのかといった疑問は、答えることが可能であり、物事の根本にたどり着きたいという私たちの情熱を燃え立たせる。それは、人間が持つ「好奇心」という感情であり、私たちの手や指、目や耳、そして脳として肉体化された精神の特質である。

「事実であるところのもの」の範囲内において、科学は途方もない実際的意義を持つ。基本的なニュートンの万有引力や固体摩擦の法則が、いつの日か誤りであると証明されたら、人間が床から浮かび上がったり、家が滑って海に落ちたりしてしまうだろう。それは夢の中の話であり、そこでは自然法則が有効ではなくなる。そして、人生は夢にすぎないのではないとは誰もいわないだろうが、科学者がいてもいなくても、世界はこの先も、今と同じように動き続け、同じ存在であり続けるだろう。重力や慣性の法則を信じていようといまいと、高い崖の上から飛び降りたら死ぬのだ。

科学には、今すぐ重要ではない理論があふれている。月は巨大衝突によって作られたとか、月の裏側の高地はビッグスプラット衝突によって生まれたとかいった理論は、じっくり考えてみるには面白いが、それが正しいか、間違っているかは直接的には重要ではない。しかしそれらが演繹法を通して、間接的に重要である可能性は相当にある。Aが正しければ、すなわちBであるというふうに考えることで、私たちは疑問点を変更し、ささいに思えるものや、奇妙でつじつまが合わないという印象を受けるものから学ぶ。行き詰まったときに、必要なのは見方を変えること、つまり十分な散歩だけ、ということもある。その意味では、タイタンや金星への探査ミッションは、地球の気候変動への対応という点で、私たちがおこなう最も重要なことなのかもしれない。

科学研究というのは、外国に出かけていって、運動場で子どもがゲームをするのを見ているのにどこか似ている。あなたはそのゲームを見たことがなく、ルールがわからない。質問をすることはできるが、言語がわからない。そのゲームに加われるように、ルールを解明したい。ルールの一部はすぐにわかる。二チームが相手のネットにボールを入れようとしているのだ。それは重力法則のようなものだ。つまり、たくさんの観測から明らかだと思われ、それがなければゲームが成り立たないという、最も基本的なルールである。他のルールは、ゲームを何十回も観戦するまで理解できないだろう。子どもたちは足を使い、たまに頭も使うが、手を使うのは各チーム一人だけだ。さらに、ルールのない行動やパターンが存在している。運動場に入っていって、ゲームに参加し、失敗をしてそこから学ばないかぎり、そうした行動やパターンを理解しようとするのは無謀だ。

もう一つのたとえ話として、科学者たちは絵を描いて、それを乾燥させるためにつりさげているとしよう。そうした絵の配置は、一部の絵を展示し、一部を地下に移動させるというコミュニティとしての取り組みによって決まっている。このプロセスはいつも公平とは限らない。最もよくできた作品が地下にあったりするのだ。ときどきは、特に人気のある絵を何枚か外して、もっとよいと思われる絵と交換する必要が出てくる。あなたはいつでも地下室に下りてゆける。特にこのコンピューター時代には、ネット接続が普及し、アーカイブ化も進んでいるのだから。しかし話題にのぼるのは、展示されている絵、つまり書籍や注目度の高い論文雑誌に見事掲載された論文だ。ときには、地下室にあったものが上の階に戻ってくる。またあるときは、ハロルド・ジェフェリーズがいったように、春の大掃除をして、たき火で燃やす。

絵の具の展色剤やキャンバスを客観的な真実とするのなら、絵筆は論理学や数学だと私は思う。人類最古の天文学の登場が幾何学の発明と同時だったことは偶然ではない。数千年前に、地球が丸いことや、月が地球半径の六〇倍の距離にあり、地球の四分の一の大きさであることを特定することによって、近代的な地球物理学が始まったのも同じことである。空間の測定に幾何学を適用すれば、証明を要しない真理が得られるのだ。時間とともに、よりよい観測結果とより改良された幾何学法則を用いるようになって、天文学者はさらに遠くの惑星の距離や軌道、恒星への距離を決定するようになり、さらに最近数百年で、銀河の距離や、宇宙のサイズや膨張速度がわかるようになった。

科学的真実は発明されるのか、それとも発見されるのか？　科学そのものや、現代の人間にとっての科学の役割をあなたがどのように考えていようとも、科学には効果があるという主張には、経験に基づいた説得力がある。何百トンもある航空機が空を滑空する間、機内では満員の乗客が朝食をとっている。妹からのビデオ通話が腕時計にかかってくる。長さ十数キロメートルの橋やトンネルが超巨大都市を拡大させているし、そこにそびえる一〇〇階建てのビルは台風で揺れても損傷しない。新薬が病気を撲滅している。こうしたあれこれの偉業の根底にあるのは、科学的手法を利用して根本的な法則を見つけ出し（帰納法）、さらにその法則を利用して、数学を使って予想どおりに機能するシステムを設計する（演繹法）ことだ。さらにこれらすべてが、望遠鏡や、実験室内のレーザー、深宇宙への探査ミッションといった新しいテクノロジーを実現し、それがさらに、分子レベルや地球深部、恒星内部、太陽系の最外部や他の惑星を対象とした調査や分析、さらに宇宙での人間の居住地の構築を可能にする。多くを知るほど、私たちは先に進み、さらに多くを知ることになる。

謎めいた古代世界の賢人や聖職者は、惑星それぞれに記号を与えた。そうした惑星記号を使うのが特に便利なわけではないが（惑星記号はコンピューターの標準フォントに含まれていない）、天文学者は今でもこの記号を大切にしている。論文雑誌では、土星半径を$R_♄$、水星質量を$m_☿$と表す。科学は念のために、この記号の魔法に少しだけ頼っているのだ。さらに私たちは惑星の名前を毎週唱えている。英語の曜日の名称では、惑星と関係のある神々が奇妙な形で混ざりあっている。太陽、月の次は、北欧の火星の神（ティウ）、水星の神（オーディン）、木星の神（トール）、金星の神（フレイア）、そして豊かな黄金時代を支配した土星の神（サトゥルヌス）と続くのだ。

2018年にハッブル宇宙望遠鏡で撮影された土星。衝に近い位置にあり、太陽と地球、土星がほぼ直線に並んでいた。土星の環は、地球から見た傾きが最大に近かった。
NASA, ESA, A. Simon（GSFC）and the OPAL Team, and J. DePasquale（STScI）（CC by 4.0）

ある夏の夜に、友達の裏庭の望遠鏡で初めて土星を見たときに、私にとって土星はより深い意味を持つ存在になった。当時の私は五歳くらいで、望遠鏡の接眼レンズになかなか届かなかった。友達の望遠鏡は安価で使いづらかったが、友達はそれが誇らしく、嬉しそうにしていて、私のために踏み台になる箱を用意してくれた。その小さな接眼レンズの中には（「見てごらんよ！」）土星があった。本当にそこにあって、写真とはまるで違っていた。私の目の中に入ってきたのは太陽光だった。光は、太陽から土星までの十数億キロメートルを進み、一時間かけて土星に到着すると、反射されて、さらに一時間かけて地球へと進んできた。そうした光子のごく一部が集まってフォーメーションを組み、目の中で、環のある惑星の世界を生み出していたのだ。

黄色とサーモンピンクの薄い縞模様がある円盤と金色の環は、右から左下へと移動した〔訳注：

この望遠鏡内では倒立像になっているためこの向きに動いた」。望遠鏡は自転する地球に固定されているので、土星は高倍率の視野内でずれていってしまった。私は土星を視野の中央に戻そうとして、結局見失ってしまい、友達が土星をもう一度見つけるのに一〇分かかった。そんなことは気にならなかった。真実のピントは合っていたのだから。裏庭の空にぼんやりと見える土星は、もうただの星ではなかった。空に浮かぶ宝石になったのだ。

エピローグ

科学が見つめる範囲がより遠く、より深くなり、万物の起源に近づいていく中で、私たちは同時に地球の限界を後押しし続けている。現在、人間と家畜は哺乳類のバイオマスの九六パーセントを占めており（ハンバーガーの時代だ）、世界規模での破壊をもたらす強力なテクノロジーと、無駄の多い習慣によって、私たちの生活は高められている。同時に私たちは、宇宙がとても広大で入り組んでいることを発見し、自分たちがちっぽけで、孤立した存在のように感じながら、ハッブル・ディープフィールドを見つめている。そこにある数千個の銀河のそれぞれに、数十億個の惑星がある。窮地に追い込まれながら、迷子になっているのである。

空にある天球の殻（星が描かれた半球の壁）を破って外に出て、現実の説明が存在するより広い世界に踏み出すためには、地球や、その中での私たちの立ち位置も含めた、惑星探査の視点が必要だ。私がこの本を書いた理由はそれである。惑星探査予算を二倍にして、一九六〇年代のレベルにすべきだと私は考えている。それは、地球や月、火星、金星、タイタン、そして冥王星（どれかではなく、全部だ）についてもっと知り、近くの系外惑星系を目指す探査機の設計を始めるためだ。今すぐその設計に取りかかれば、私たちのひ孫の代には近くの惑星系にたどり着けるかもしれない。もちろん、一九六〇年代のやり方はもう終わった、せいせいしたという人はいるだろう。とにかく今は気候問題が優先だ、宇宙（アウタースペース）は後回しだ、というかもしれない。しかし外の宇宙（アウタースペース）というものはない。私たちは宇宙の中にいて、私たちの気候はその境界なのだ。

　世界規模の問題の現実的な解決法に関心があるなら、ホモサピエンスは集まってコロニー、つまり「国」を作り、互いに戦闘即応性や技術力の高さを競う傾向があるという事実がスタート地点になるかもしれない。このことは、古代ギリシャの哲学者タレスの時代以前からの真実である。そして、よりよい投石器、よりよい軍艦、よりよいレーザーというように、科学力に依存する部分はますます大きくなってきた。しかし軍事分野というのは先のビジョンのない産業であり、最高の科学技術の破壊的な利用法である。アポロ計画は、それ自体には明確なビジョンがあったが、やはりまさにその軍事分野と結びついていた。その結びつきは何によるものだったのだろうか？　アポロ計画は軍事分野で使われているのと同じロケットをベースとし、同じ工場や企業、そして多くの同じシステムや社員に頼っていた。ロケットには何も問題はない。問題なのは、そのロケットで何をするかだ。

　アポロ計画は、勇敢な超大国のたくましさを見せつけるものであり、新型の戦闘機や原子力潜水艦を発表するよりもはるかに印象的で、費用はずっと少なくてすんだ。この前の夏〔訳注：原書刊行は二〇一九年〕で五〇周年を迎えた、月着陸船イーグルの月面着陸は、二〇世紀の出来事では最も長くたたえられるべき偉業であり、その時代にあった戦争とは違って、短い間ではあったが、私たちを一つの種として結びつけた。そしてアポロ計画は、さまざまな発見以外にも、アメリカの資本価値を高めることでコストの何倍も元をとり、コスト自体が重要なのではないことを証明した。ロケットの場合と同じように、重要なのはそれで何をするかだ。

私たちはこの地球に、フラクタルの中にあるフラクタルの、さらに中にあるほこりの上に、理解しがたいスケールで存在している。私、あなた、子どもたち、ホッキョクグマ、ウミガメのいるサンゴ礁、人間のあらゆる行動、人間のあらゆる創造物。どれもみなちっぽけだ。ときには何かのきっかけで、直感にしたがわずにはいられなくなり、外へと出ていく。私が抱いている直感は、生態学上の危機というのは、ヒト科の種が最終的に直面する警告であり、通過儀礼であるということだ。勝つことがあまりに簡単になった今、意図の変化が求められる。成果を定義する方法を変えて、拡大と支配という古い習慣（支配力を高めるためにあらゆる新しいツールを使うこと）ではなく、子どもを養育し、協力して生活するという、基本的に哺乳類的な特質を重視するようにするのだ。

国家は月へのレースで激しく争っているが、このレースからは同時に、私たち人間には協力という最も基本的な性質があることが浮かび上がってきた。オリンピック選手は、試合にいく途中で車がパンクしたら、協力し合って修理するだろう。かなり古いソユーズ宇宙船は、もともとはロシアの宇宙飛行士（コスモノート）を月に運ぶことを意図していたが、何十人ものＮＡＳＡの宇宙飛行士（アストロノート）を国際宇宙ステーションに運び、そこから地上に帰還させている。スペースシャトル退役後、ソユーズ宇宙船はNASAにとって唯一の選択肢だったのだ。データの共有も広くおこなわれている。NASAが撮影した月の高解像度画像や、あらゆる種類の科学データは公開されているので、中国の探査計画の立案者が、独自の有人宇宙船の着陸を準備するために使うことも可能だ。中国による月面有人着陸は、あなたが考えるよりも早く実現するだろう（それは、ああ、大きなニュースになるだろう）。そしてアポロ時代を終わらせ、冷戦を緩和させたのが、アポロ・ソユーズテスト計画だ。カザフスタンのバイコヌール宇宙基地と、アメリカのケネディ宇宙センターから別々に打ち上げられたクルーは、地球低軌道上でそれぞれの宇宙船をドッキングさせ、二日間にわたって密接な共同作業をおこなった。それは、何年にもわたって前例のない形で進められてきた、計画策定と極秘技術情報の共有の集大成だった。そのわずか一〇年前に、まさにこの二カ国の人々が世界をもう少しで熱核戦争に向かわせるところだったことを考えれば、よくそんなことが実現したものだ。有人宇宙ミッションは、たとえ地球低軌道上で実施されたものでも、エンジニアや宇宙飛行士、地上スタッフが参加する、信頼に基づいた共同作業になる。そしてそのミッションを支える政治と軍の指導者たちは、現実主義者でありつつ未来主義者でもあり、人間には宇宙空間で協力する潜在能力があると知ることになる。

なかには、エイリアンか神々にビームで地上から引き上げられるのを待っているような人たちもいる。本当に解決策が宇宙からやってくるかもしれないが、そうだとしても、それは小惑星、つまり惑星形成のもとになった小さなはぐれ天体の形をとる可能性が高い。六五〇〇万年前のあの大きな小惑星は、恐竜を絶滅させ、哺乳類の地位を向上させたが、それと似たことになる。私たちが何もしなければ、遅かれ早かれ、そうした小惑星の一つがふたたび破壊をもたらすだろう。そして私にとってそれは幸運なニュースだ。二〇二九年四月一三日金曜日、直径三七〇メートルの小惑星アポフィス（仮符号は2004 MN4、質量五〇〇〇万トン。アポフィスはエジプトの混沌の神であり、ラー神の敵であるアペプ神のこと）は、軌道周回通信衛星よりも地球に近いところを通過する。アポフィスは、裏庭でも見える天文ショーになるだろう。夜空を動いていくのが肉眼でも見えるようになる、この小惑星は、発見時には地球に衝突する可能性が非常に高いとニュースになった。今では衝突の可能性はなく、地球の重力がアポフィスの軌道を円弧上に曲げて、別の方向に送り出すことがわかっている。どの大国がアポフィスに偵察ミッションを送るだろうか？　大学生のチームが大国を出し抜いて、「キューブサット」をフライバイさせるだろうか？この不規則な形の天体が接近してきて、約一時間にわたって地球の空に大きく見え、やがて遠ざかるまでの動画を、高解像度で撮影するのは誰だろうか？　海氷に閉じ込められた船体のように、アポフィスが地球の潮汐場に応えてきしむ音を聞くために、接近前のアポフィスに着陸して、地震計を設置できる人もいるかもしれない。

ＮＥＯにかかわる国や大学、民間の研究チームが、月面や、地球と月の間の有人基地計画にも加わる可能性も高い。さらに遠く離れたところでは、日本が実施予定の火星衛星探査計画（ＭＭＸ）は、フォボスとダイモスの国際前哨基地への準備段階となる可能性があり、その前哨基地では、ＮＥＯ向けに開発されたのと同じテクノロジーを利用するだろう。小惑星そのものの経済価値にかんしては、ありふれたS型小惑星であるアポフィスの場合、もし到達できれば、レアメタルとして一〇〇億ドルの価値がある。もっと面白いのが始原的な炭素質隕石の軌道を操作して、月周囲の安定した逆行軌道に入れられる

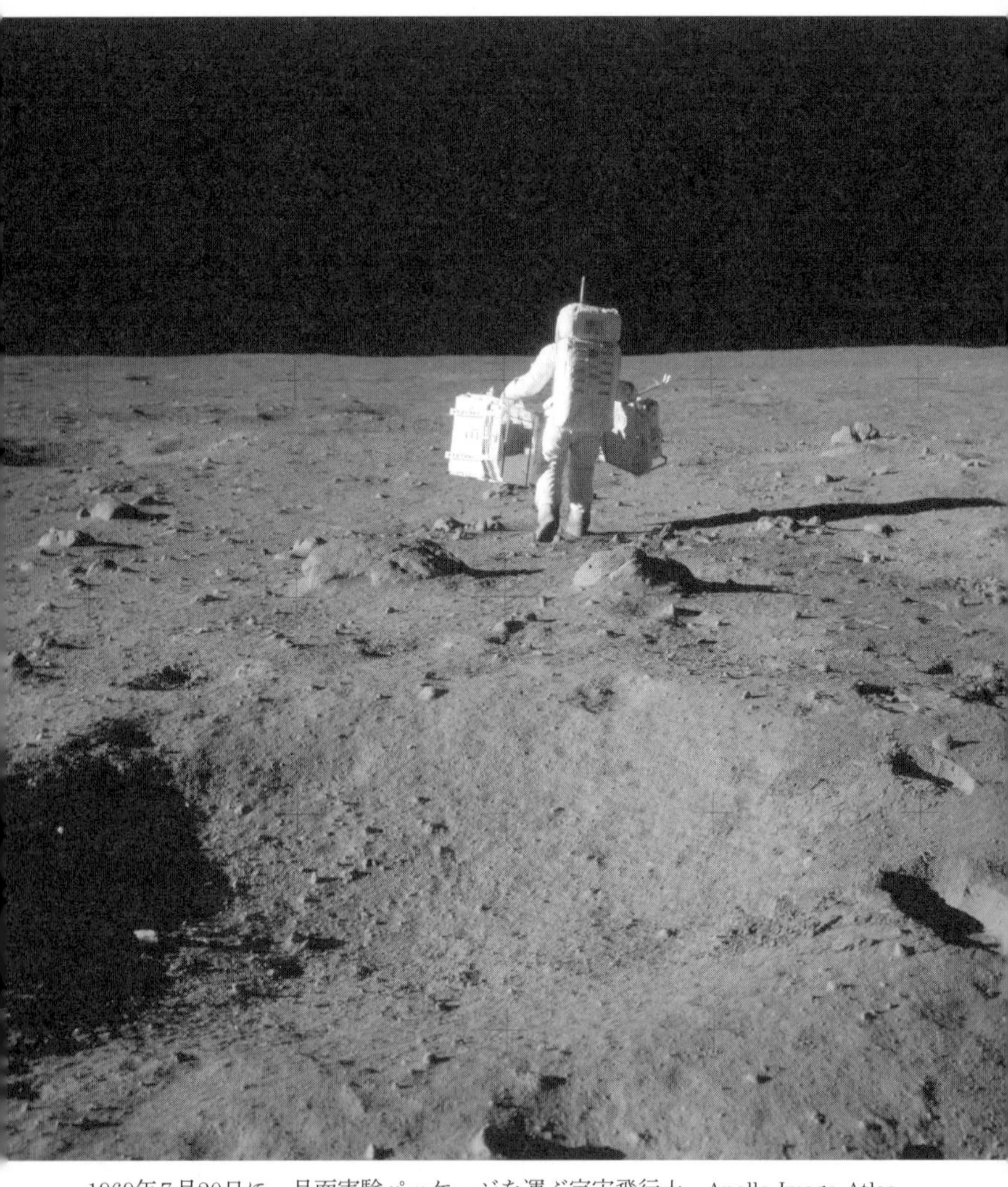

1969年7月20日に、月面実験パッケージを運ぶ宇宙飛行士。Apollo Image Atlas AS11-50-5944（70ミリハッセルブラッドカメラで撮影）
NASA/LPI

場合だ。炭素質隕石には、ケイ酸塩とレアメタルに加えて、水やその他の揮発性元素が含まれているからだ。資源採掘やロケット推進にも、閉鎖系での生命維持や農業を実現するためにも、さらに大規模なシールドを備えた構造物を作るための原材料としても、水や揮発性元素は必要になる。

しかし小惑星の資源が目の前にぶら下げたニンジンなら、むち、つまり小惑星の危険もそれと同じだけある。私たちは頑固なロバだ。だから危険な小惑星に打たれて、正気を取り戻したほうがいい。そうした衛星の一つで、軌道をそらせるための宇宙競争が必要になったら、協調的な取り組みがその対応策になるだろう。それは、一九八六年にヨーロッパとロシア、日本の探査機がハレー彗星に接近したときに似ているが、もっとたくさんの腕力が必要になる。小惑星の資源で金をもうける話だが、それが実現する未来はまだ先であり、宇宙で経済が発展するまでは実現しないだろう。しかし、かつて危険とされた小惑星をつかまえて、国際的な資源基地とする考え方自体は、ＳＦの中の話ではない。一八五〇年代のカウボーイには、飛行機の窓から外を見ながらタブレットで本を読むことのほうがよほどＳＦのように思えただろう。

謝辞

すばらしい才能の持ち主である先生方、教えられて光栄に思えた生徒たち、私とアイデアや発見を共有してくれた同僚に感謝したい。この本で同僚たちの研究をきちんと説明できているといいのだが。この本の写真や図版に才能を注いできたアーティストや写真家たち、そして、あらゆる場所の惑星の画像やデータを地球に送ってきた宇宙飛行のエンジニアや探査ミッションを支えた専門家、天文学者や宇宙飛行士にも感謝する。一枚の画像が、数十年にわたる努力と冒険の蓄積だということもある。担当編集者のジェフリー・シャンドラーにも感謝の言葉を述べたい。シャンドラーは、集積した原稿からデブリを取り除いてくれた。特に、段落が太陽に衝突したり、他の章に飲み込まれたり、太陽系の外側に散乱していったりしたときに。そして私の大切な両親であるグンナルとチュラのアドバイスがなかったら、宇宙という無限の世界に取り組む代わりに、一七世紀の詩人ジョン・ダンの作品における隠喩の用法についての本を書いていたかもしれない。そして妻と子どもたちは、私が惑星についての分厚い本を書いている間、ずっと思いやりがあり、協力してくれた。愛してるよ。

用語集

ISRU

その場資源利用。ロケット推進や生命維持、居住などにその場で手に入るものを利用すること。

当て逃げ型衝突

惑星衝突の中で一般的なタイプ。衝突天体とターゲット天体が同等の大きさで、現象の進行中はともに損傷するが（特に小さいほうの天体が大きく損傷する）、集積はしない。

アポロ

一二人の宇宙飛行士を月面に無事到達させ、地球に帰還させた有人宇宙計画。地球に近い軌道をとる小惑星グループ（アポロ群）の名称でもある。

隕石

惑星物質の破片が地球に落下したもの。

宇宙風化

天体の表面が赤化または暗化するプロセス。鉱物や含有金属が宇宙空間の高エネルギー放射線にさらされて起こる。

エイコンドライト

進化した、あるいは一度融解した成分を持つ隕石。

S型小惑星

地球近傍宇宙で最も多いタイプの小惑星。普通コンドライト隕石の母天体。

遠日点

惑星の軌道上で、太陽から最も遠い点（→近日点）。

還元的

酸化物の形成を妨げる環境。原始太陽系星雲初期の水素が豊富な環境や、巨大惑星の大気など。

かんらん石

地球のマントルで最も多い鉱物。Mg_2SiO_4からFe_2SiO_4までさまざまな化学組成がある。

幾何数列（等比数列）

それぞれの数が、一つ前の数に決まった数をかけた答えになっている数列。例：1, 3, 9, 27, . . .

軌道共鳴

公転する二天体の周期が同期していること。一般的には、軌道周期が小さな整数の比で表せる場合をいうが、永年共鳴の場合には軌道の歳差運動が同期する。

吸収線

分子結合や電子軌道遷移などによって、特定波長の光が吸収されて生じる、スペクトル内の特徴。吸収の強さからは対応する元素の多さを示す。

共回転半径

衛星が惑星を公転する周期と、惑星の自転周期が等しくなる軌道の距離。

近日点

惑星の軌道上で、太陽に最も近い点。地球軌道はわずかに楕円形なので、毎年一月三日頃には、遠日点よりも約三パーセント太陽に近くなる。

グランドタック仮説

木星が現在のメインベルトの位置（約三AU）で生まれた後、現在の火星の位置（約一・五AU）まで移動し、その後、土星が形成された時点で、土星と木星がともに外側に移動して、現在の位置（五AUと一〇AU）に落ち着いたとする仮説。

KREEP（クリープ）

カリウム（K）と希土類元素（REE）、リン（P）の頭字語。原始マグマオーシャンの名残で、ウランやトリウムといった不適合元素が濃集している。月の表側に豊富に存在し、裏側ではまれである。

原始太陽系星雲

太陽と太陽系が形成される元になった、ガスとダストの雲。単に「星雲」とか「円盤」と呼ばれる場合もある。また、宇宙の他の場所での同じような惑星形成領域のこと。

原始惑星

秩序だった成長を終えた最終的な惑星胚で、巨大衝突後期の最初の段階にあるもの。テイアは原始惑星である。

玄武岩

地球の表面で最もよく見られる岩石。ケイ酸塩を含んだ溶岩が固まってできる。

光合成

光を受けた葉緑素を含む細胞内でおこなわれる、二酸化炭素と水素源から炭水化物を生成する反応。

コンドライト

最初の原始太陽系星雲に含まれていた、凝縮が可能な固体物質から分化していない成分(太陽成分とも)を持つ隕石。

三重点

液体、水蒸気、固体という純水の基本的な相が共存する温度と圧力。大気を持つ地球の表面環境は、三重点付近にある。

C型小惑星

メインベルトの外側領域にある暗赤色の小惑星。炭素質コンドライト隕石の母天体である。

斜長岩

主に長石からなる沈積岩で、月の高地地殻の成分。

集積

惑星円盤からの質量の蓄積による、個々の天体の成長。

小天体

彗星や小惑星、小型の衛星など。重力がきわめて小さなあらゆる天体。

消滅核種

アルミニウム26(^{26}Al)や鉄60(^{60}Fe)のように、半減期が太陽系初期進化の期間よりも短く、かつては豊富に存在していた可能性があるが、現在は存在しない核種。

小惑星
地球型惑星領域を起源とする、小さな岩石質天体。

初期集積
星雲内で最初の微視的凝縮物が形成されること。凝縮物のサイズはセンチメートルスケールの塊から、キロメートルスケールの微惑星まで。

彗星
太陽を公転する、氷を多く含む小さな天体。地球型惑星領域よりはるか外側の領域を起源とする。

スイングバイ（重力アシスト）
宇宙船が、恒星を公転する惑星や、惑星を回る大きな衛星を利用して、燃料を使わずに速度や軌道を変化させること。

スケーリング則
実験室での実験結果を、ある領域から別の領域（はるかに大きな空間スケールや、はるかに長い時間など）に外挿することを可能にする、物理学に基づいた数学的変換。

太陽放射圧
太陽の電磁場が持つ線運動量の密度。これによる圧力の影響は、微粒子や宇宙船にも及ぶ。

炭化水素
炭素と水素からなる化合物。メタン、エタンなど。還元的な条件で存在する。

炭素循環

大気中の炭素は海中に溶け込み、炭酸塩として海底に堆積すると、プレートテクトニクスによって上部マントルに取り込まれ、火山の火口から大気に戻ってくる。

地球型惑星

支配的なプロセスが地球上での主要プロセスときわめて似ている惑星体や衛星。

地球近傍天体（NEO）

近日点が一・三AUより内側にある小惑星や彗星。

地球低軌道

地球大気の数百キロメートル上空にある、容易に到達できる軌道。国際宇宙ステーションはこの軌道上にある。

超新星

核融合プロセスの最終段階に到達し、コア崩壊と爆発を起こした大質量の恒星。

潮汐進化

惑星の自転から衛星への角運動量移動を原因とする、衛星軌道の変化。

Δv（デルタブイ）

太陽内のどこかに到達するのに必要とされる速度増分。あるいは任意のロケットエンジンで達成できる、宇宙機の速度変化の量。

天文単位（AU）
　地球と太陽の平均距離。一億四九六〇万キロメートル。
トロヤ天体
　重力的に安定なラグランジュ点Ｌ４とＬ５のいずれかに位置する天体。共軌道天体とも。
半減期
　放射性物質内にある原子の半数が崩壊するまでの時間。
微彗星
　氷を主な成分とする微惑星。
氷殻
　水が豊富な惑星や衛星の外側にある氷の地殻。
微惑星
　重力によって束縛されるだけの大きさがある、始原的な惑星体。
分化
　惑星でコアやマントル、その他の層が形成されるプロセス。通常は融解と、重力による分離によっておこなわれる。
分解能
　データ上で何かを測定できる最小のスケール。たとえば、一般的な動画の時間分解能は一秒の三〇分の一。画像分解能は通常数ピクセル。

マスコン

月や惑星の地殻に存在する重力異常（質量集中）。大規模な隕石衝突によって取り除かれた体積部分に、高密度のマントル由来岩石が浮上することで生じると考えられている。

密度

体積あたりの質量。鉄の密度は岩石のほぼ三倍であり、岩石の密度は水の三倍である。

メインベルト

火星と木星の間にあるデブリ円盤で、小惑星の大半が存在する。メインベルトの総質量は月の五パーセントに相当し、その半分は四つの大きな小惑星（セレス、ベスタ、パラス、ヒギエア）の質量である。

メテオロイド

宇宙空間にある、小惑星より小さい（五〇メートル以下）固体物質。

ラブルパイル天体

主な結合力が自己重力であるが、中心圧力は岩石の強度よりもはるかに小さい天体。ラブルパイル天体が高速で自転する場合には、結合した破片を保つことができない。

レオロジー

圧力条件に応答した物質の流動や変形、逆にいえば、変形されているときの物体内部での圧力の蓄積についての研究。

レゴリス

空気のない天体表面にある、固まっていない粒状物質。

ロッシュ限界

それより内側では、集積する衛星が必ずある種の表面せん断応力を受け、破壊される可能性がある軌道距離。衛星は液体ではないので、潮汐破壊半径はロッシュ半径よりも小さくなる。

惑星胚

急速に成長しつつあるが、集積される危険性がある惑星。

訳者あとがき

　当時の私は三歳くらいだっただろうか。夕方暗くなってから、祖父に抱かれて家の周りを散歩していると、満月が昇ってくるのが見えた。祖父が歩くと、月は家の陰に隠れたが、もう少し歩くとまた見えてきた。どれだけ歩いても、月は変わらずにずっと真横に見える。

「月が追いかけてくる！」

　私がそう言うと、祖父は笑った。私自身の記憶ではなく、後から祖父に聞いた話かもしれない。いずれにしても、子どものころに見た満月のはりつめるような美しさは、今も心に刻まれている。

　人間は古くから夜空の月を見上げてきた。人間だけではなく、恐竜も月を「見た」だろうし、地球の海で誕生したばかりの生命の上にも、月の光は降り注いだだろう。

　しかし、月が最初から今のような姿だったわけではない。地球にはかつて月が二つあったかもしれないというのだ。本書の著者エリック・アスフォーグが共同研究者とともに二〇一一年にネイチャー誌で発表したこの新説は、月形成の謎の解明につながる新たな考え方として注目されている。

　本書『地球に月が2つあったころ』（原題：When the Earth had two moons）では、こうした月形成の新理論を軸に、惑星や小天体がどのようにして生まれ、現在のような太陽系の姿になったのかという大きな疑問に挑んでいる。生まれたばかりの太陽の周りにあった惑星の材料から直接地球が生まれたわけではない。木星も始めから現在の位置にあったのではない。かつて存在したが、今は消滅してしまった惑星や衛星もあるという。太陽系の惑星が現在のような姿になるまでに経験してきた、予想を超えるようなドラマを本書は描いている。

著者のエリック・アスフォーグは惑星科学者で、アリゾナ大学教授。惑星の形成段階における巨大衝突と、彗星や小惑星の地質学を研究テーマとする。木星探査機ガリレオや月探査機ＬＣＲＯＳＳ（エルクロス）、さらに小惑星探査機オシリス・レックスといった惑星探査計画にもかかわっている。

本書でも、木星探査機ガリレオや、冥王星を初めて探査したニュー・ホライズンズ、土星とその衛星を探査したカッシーニといった惑星探査の成果が詳しく紹介される。著者は「探査することが科学における陰陽の『陽』だとすれば、理解することは『陰』だ」という。探査すればするほど謎が増える。それを理解しようと思えば、新たな場所の探査が必要になる。どちらも重要で、互いを必要とするのだ。そして著者が一番理解したいと考えているのが、惑星の多様性の源である。惑星は太陽の周りをめぐる物質の雲から生まれたのに、どれも同じではないのはなぜなのか、ということだ。さらに惑星の多様性は生命の起源にもつながるという。

すでにお読みいただいた読者はお気づきのとおり、本書は、太陽系形成の時系列を追っていったり、太陽に近い惑星から遠い惑星へと順番に取り上げたりという直線的な説明の形を取っていない。惑星にかんする多彩なテーマを実に自由自在に行き来する。ときに文学的ですらある筆致は、大学で数学と同時に英語を専攻していたという著者の経歴によるのではないかと推測している。個人的には、読んでいくうちに、惑星同士が重力を通じて影響を与え合い、時間を越えて変化し続けてきた太陽系の姿が、一つの壮麗な織物のように浮かび上がってくるように思えた。

「宇宙探査の第二波」と著者がいうように、私たちは宇宙探査の新たな時代のまさに入口に立っているようだ。原書刊行（二〇一九年）以降、すでに惑星探査をめぐる大きなニュースがいくつもあった。NASAとアリゾナ大学の宇宙探査機オシリス・レックスは、二〇二〇年一〇月に小惑星ベンヌにタッチダウンし、サンプル採取に成功したとみられる。二〇二三年に地球にサンプルを持ち帰る予定だ。また日本のはやぶさ2は、小惑星リュウグウで採取したサンプルとともに地球へと帰還途中であり、二〇二〇年一二月にサンプルカプセルの投下を予定している。この本が刊行されるころには、サンプルがどのくらい入っていたかが確認できているだろう。カプセル投下後のはやぶさ2は、ふたたび別の小惑星を目指すことになっている。

二〇一九年に嫦娥4号で月の裏側への着陸に世界で初めて成功した中国は、二〇二〇年一一月二四日に嫦娥5号を打ち上げた。この嫦娥5号は月の表側に着陸して、約四〇年前にアメリカとソ連が実施して以来となる、月土壌サンプルの採取をおこなう。サンプルを収納した回収機が地球に戻るのは一二月中旬の予定なので、これも本書が刊行されるころには結果について何かわかっているだろう。一方、本書でも触れているNASAの火星探査機マーズ2020（愛称パーシビアランス）も、二〇二〇年七月に打上げに成功しており、二〇二一年二月には火星に着陸予定だ。

こうした探査機による観測データが実際に手に入るまでには時間がかかるし、その意味が理解されるのはもっと先だ。それでもこの一年の動きを見れば、新しい時代が始まりつつあるのを感じられる。本書を通して、そんな時代の幕開けに立ち会っている科学者とともに、新たな視点で太陽系を眺める経験をしてもらえれば幸いだ。

本書の翻訳にあたって、いくつもの質問にタイムリーに答えてくださった著者、また力を貸してくださった専門家の方々に感謝したい。最後になるが、本書を翻訳する機会をいただき、訳稿に数多くの貴重な助言をくださった柏書房の二宮恵一氏に心よりお礼申し上げる。

二〇二〇年一一月

熊谷玲美

前がある場合には、その周囲で最初に見つかった系外惑星には通常、「ペガサス座51番星b」(51 Pegasi b)のように番号がつけられる(bはある主系列星の周囲に最初に発見された惑星を意味する。aは恒星本体)。

13. オーディオマニアなら、これがSN比(信号対雑音比)のことだとわかるだろう。
14. 水星の両極付近の地下数十メートルには、少量の液体の水が、長期にわたって安定して存在している層がある。
15. Ludwig Wittgenstein, *Tractatus Logico-Philosophicus* (1918). "Wovon man nicht sprechen kann, darüber muß man schweigen."〔邦訳:『論理哲学論考』(中平浩司訳、ちくま学芸文庫)〕
16. Peter Ward and Donald Brownlee, *Rare Earth: Why Complex Life Is Uncommon in the Universe* (New York: Copernicus Books, 2000). 宇宙には「莫大な数の」惑星があるにもかかわらず、微生物はありふれているとしても、複雑な生命が存在できる条件はきわめてまれであるというのがウォードらの主張だ。
17. 『まれな地球』への批判の1つが、それが地球中心的な見方をしているという点だ。地球のような条件(プレートテクトニクス、月のような衛星など)はまれであると主張しているが、だからといって、そうした条件すべてが複雑な生命に必要不可欠ではないのだ。天文学者デヴィッド・ダーリングの*Life Everywhere* (New York: Basic Books, 2002) を参照。

結びとして

1. これは何度か、NASAの小規模ミッションのスローガンになった。「より早く、よりよく、より安く」というのがそれだ。それに対する答えはたいてい、「どれか2つに決めてくれ」である。
2. イギリスの極地探検家アーネスト・シャクルトンにちなむ。

射性崩壊は半減期が900万年である。惑星が融解して、マントルとコアに分化する場合、ハフニウムは必ず岩石にとどまり、タングステンは他の金属元素とともにコアに入る。惑星が数百万年以内に分化して、その後固化したとすれば、その岩石の結晶内には生きたハフニウム182がそのまま残っているだろう。このハフニウム182は固体結晶内で崩壊してタングステンになるので、科学者はこのタングステンの蓄積量を（数十億年後に）計測し、時計として使う。ハフニウムは「短寿命（消滅）放射性核種」と呼ばれる。時計としては遠い昔に動かなくなってしまった（つまり放射性ハフニウムすべてが崩壊を完了した）ものの、その針は今も特定の時間を指しているからだ。

5. マントルと海の進化のタイミングに関するレビュー論文は、地球化学者のリンダ・エルキンス-タントンによる次の論文がある。"Formation of Early Water Oceans on Rocky Planets," *Astrophysics and Space Science* 332, no. 2（April 2011）: 359-64.
6. Viranga Perera et al., "Effect of Re-impacting Debris on the Solidification of the Lunar Magma Ocean," *Journal of Geophysical Research* 123（2018）.
7. 酸化還元（「レドックス」）状態は、水の中での遊離水素または遊離酸素の量を表している。酸化状態とは、酸素が存在していて、パートナーを探していることを意味する。地球の表面は酸化状態であり、あらゆるものが錆びるのはそのためだが、私たちが呼吸できるのも酸化状態であるおかげだ。木星大気はきわめて還元的であり、その中では遊離酸素はすぐに相手となる水素を見つける。
8. Jeremy Bellucci et al., "Terrestrial-Like Zircon in a Clast from an Apollo 14 Breccia," *Earth and Planetary Science Letters* 510（2019）: 173-85.
9. John Armstrong, Llyd Wells, and Guillermo Gonzalez, "Rummaging Through Earth's Attic for Remains of Ancient Life," *Icarus* 160, no. 1（2002）: 183-96.
10. ウィリー・ベンツは、惑星科学分野で初めて、巨大衝突のシミュレーションのために平滑化粒子流体力学（SPH）法のコードを書いた。SPH法のような「ハイドロコード」の利用によって、現代惑星物理学に数値実験室がもたらされた。この数値実験室では、基本的な制約である質量と運動量、エネルギーの保存を前提条件とし、観測に基づく物理方程式を組み合わせたコードを作成することで、実験では再現できない問題を調べることが可能だ。
11. Canup and Asphaug, "Origin of the Moon": 708-12.
12. トラピスト（TRAPPIST）は、「トランジット惑星および微惑星小望遠鏡（Transiting Planets and Planetesimals Small Telescope）」の略称であり、ビール生産で有名なベルギーの修道会の意味もある。恒星の周りにある系外惑星の命名法はまだ、彗星や小惑星の命名ほどには系統的ではない。たとえば「タビーの星」と呼ばれる星がある。これは、ほとんど不規則な減光が起きていて、力学的に不安定なデブリが周りを回っていると考えられ、その不思議な恒星系を長年観測してきた天文学者タベサ・ボヤジアンにちなんでいる。また「ペガサス座51番星」（51 Pegasi）のように、恒星に名を獲得できたり、惑星探査ミッションなどの面白いことに参加できたりするようになる。さらに利用者は、評価が高い宿だけに滞在するだろう（誰かの論文を信頼することと同じ）。研究者は優れた学術誌で優れた論文を発表し、さらに公正だが批判的な視点でみることのできる審査員だという評判を得ようとする。査読は、論文が正しいことを保証するものではない。科学的価値のある論文であることを保証するだけだ。

66. 月は1,300キロメートルのスケールでは平らではない。そのため私たちは、クレーターのスケーリング則をガイドとしてのみ使用している。クレーターのスケーリング則は、「半空間」（平らな表面の下の全方向に無限に広がる幾何学的形状）として記述されるもののために開発されている。月面にあるティコ・クレーターのサイズか、それより小さな衝突クレーターは、実質的には半空間である。
67. 中国は、嫦娥4号で月の裏側への初着陸に成功した。さらに嫦娥5号でのサンプルリターンを目指して準備を進めている。
68. 衝撃波は、衝突速度が大きくなると発生する。ボートが自分で作った航跡の先頭を走るように、波のエネルギーが波自体を追い越すのだ。強い衝撃波は、飛翔体がターゲットに音速を超える速度で衝突した場合に生じる。そのエネルギーは、入射したときと同じ速度で出ていくことができない。地球型惑星では、これは秒速約5キロメートルである。氷惑星では秒速約3キロメートルである。現実的には、岩石や地層にある塩分層や割れ目が原因となって、低速での衝突で衝撃が発生して、粉砕や損傷、摩擦過熱を引き起こすだろう。衝突の物理学や熱力学、地質学の側面については、次の教科書に最も優れた説明がある。H. Jay Melosh, *Impact Cratering: A Geologic Process*（New York: Oxford University Press, 1989）.

第7章　10億の地球

1. 質量は大きな天体のグループに集中するが、表面積となると、最も小さな天体のグループ、つまりダストが大半を占める。これが、ときおり黄道光が現れる理由だ。黄道光は、メインベルト由来のきわめて細かなダストで、太陽光が反射される現象だ。小惑星を肉眼で見ることは不可能だが、ダストならときどき見える。ただし、その質量は無視できるほど小さい。
2. 厳密には氷ではない。彗星活動は部分的には、結晶化して氷になったことのないアモルファス固体に由来すると考えられている。しかしそれは氷のように冷たく、同じ物質（水やメタン）からできている。違いは結晶の形をとらないことだけだ。
3. プシケは小惑星プシケに2028年に到着予定だ。ルーシーは6つの木星トロヤ群小惑星を探査する予定で、2025年から2033年の間に到着する。
4. ハフニウム-タングステン年代測定法は、最も面白い放射性同位体年代測定法の1つだ。ハフニウムは、岩石質マントル（リソスフェア）に取り込まれやすい。ハフニウムの同位体の1つであるハフニウム182（^{182}Hf）は放射性があり、自発的に崩壊して安定なタングステン182（^{182}W）になる〔タングステンは、かつてウォルフラム（wolfram）と呼ばれていた〕。この放

and the Earth (Cambridge: Cambridge University Press, 1959).

58. これは、ジョン・S・ルイスがNEOに関する著書で主張した解釈だ。*Rain of Iron and Ice*, rev. ed. (New York: Basic Books, 1997)
59. 冥王代の地形についての優れた概説論文は、そうした論文が存在するという点で、次の論文を推薦する。Kevin Zahnle et al., "Emergence of a Habitable Planet," *Space Science Reviews* 129 (2007) : 35-78
60. Matija Ćuk and Sarah Stewart, "Making the Moon from a Fast-Spinning Earth: A Giant Impact Followed by Resonant Despinning," *Science* 338, no. 611 (2012) : 1047-52. この論文は、角運動量が必ずしも保存されないことを示し、初期の地球が破壊限界に近い2.4時間周期で自転していた可能性があると提案した点で、議論を呼んでいる。これはダーウィンの説で必要とされていた自転速度にそれほど遠くない。
61. イギリスの天文学者アラン・ジャクソンとマーク・ワイアットは、地球と月に、最初の巨大衝突の後に戻ってきた物質が大量に衝突したという説を研究してきた。この物質の総量は月質量よりも多かったとされる。
62. それゆえに、NASAのトロヤ群小惑星探査ミッションは、1974年にエチオピアで発見されたアウストラロピテクス・アファレンシスの骨格にちなんで、「ルーシー」と名づけられた。この骨格は石器使用の最初期のもので、その名はビートルズの「ルーシー・イン・ザ・スカイ・ウィズ・ダイアモンズ」という曲にちなんでいる。そう考えると、ルーシーというのはこのミッションにもふさわしい名前に思える。
63. 似たような大きさのトロヤ衛星が2個あって、片方だけが月と衝突し、もう片方は地球と衝突したという可能性もある。これは力学的にはかなりもっともらしいが、2つのトロヤ衛星の大きさが異なり、おそらくは一方がもう一方の30〜100倍の質量があるというシナリオは、土星のトロヤ衛星のデータと一致する。どちらの場合でも、小型のトロヤ衛星が、月の地質学的記録に影響するほど長く存在しなかった可能性もある。もし長く生き延びたとすれば、月のどこかにもっと小規模な別のスプラット型衝突の痕跡があるかもしれない。
64. 月が地球の近くを回っていたときには、飛来する飛翔体は地球の重力によって加速された。月に衝突するものはすべて、月の脱出速度の何倍もの速度でやってくるので、潮汐進化をして、地球半径の数十倍の距離に移動するまでは、月にとっては危険な時期が続いた。衝突が続き、秒速2.4キロメートルしかない月の脱出速度に比べて、その速度はかなり速かったため、結果として月は砂吹きで磨かれるような形になり、半径数百キロメートル分が削り取られるまでになっただろう。このことは、月の地殻形成に関するどの理論でもまだ考慮されていない点だ。
65. 研究成果を論文として発表するためには、「査読」に合格しなければならない。つまり、論文は同じ分野の1名の専門家か、(一流学術誌の場合は) 2人の専門家と1人の編集者の承認を受ける必要があるのだ。査読は科学の基本であり、それが役に立つ理由には理解できないところはない。ある人の研究上の評価は、Airbnb (民泊サービス) のホストになる場合と似ている。星5つの評価 (研究の信頼性と価値) があれば、より多くの研究費出すエジェクタが、しばらく地球の周りを回ってから、クレーターが完成した後で戻ってきて衝突する場合もある。これがばらばらに飛んできた隕石のように見える場合があるが、実際には一度に衝突したものであり、そのせいで古いクレーターだという印象を与えている。そのためジョルダーノ・ブルーノ・クレーターは100万年よりずっと新しい可能性はあるが、それでも有史時代のものではない。

51. 幸運にも皆既日食帯にいたら、変装したエイリアンかタイムトラベラーがいないか、あたりを見てみよう。おそらく彼らは「最優先指令」に従っているだろう。最優先指令は、テレビドラマシリーズ「スタートレック」に出てくるもので、惑星連邦宇宙艦隊が定めた、ワープ以前の文明の自然な内部発展に干渉することを禁じる規則だ。
52. 私が気に入っている高画質の実時間日食動画は、オ・ジュンホとチェ・ヨンサムが2017年にワームスプリングスインディアン居留地で撮影したものだ。https://vimeo.com/231484786.
53. この黒い長方形のオベリスクは、各辺が1×4×9という完全平方の比になっている。それはある夜、〈月を見るもの〉の一族が眠っていた洞穴に現れた。それが人類の夜明けとなった。毛むくじゃらなヒトザルがその周囲を跳ね回り、叫び声を上げた。1968年のスタンレー・キューブリックによる映画版では、小説版の衝撃的なエンディングを取り去って、代わりに宇宙船が制御を失って、実存的な多色世界の中をエウロパの表面へと導かれる様子を描いている。それは、当時かなりの注目を集めていた有人宇宙計画をサイケデリックに描いたものであり、キング牧師やケネディ大統領の暗殺、ベトナム戦争といった出来事を忘れさせてくれるものだった。
54. 双眼鏡で太陽を見てよいのは、皆既日食の状態にある間だけだ。完全な皆既食状態以外のタイミングで、双眼鏡で太陽を見ると失明してしまう。自分の双眼鏡用の日食観測レンズカバーを買うこともできるが、私が勧めるのは、太陽を見ることだけを目的とした太陽観察専用双眼鏡だ。
55. 「語り合う相手は筆と硯だけであるから、『筆談』と名付ける」*Complete Dictionary of Scientific Biography* (New York: Charles Scribner's Sons, 2008).（邦訳：『夢渓筆談』、梅原郁訳注、平凡社東洋文庫）
56. 沈括は多くの物語の1つで、次のように書いている。「沢州の男が庭園に井戸を掘っていて、身体をくねらせたヘビ、あるいはオオトカゲのような形のものを掘りあてた。その人はそれを怖がるあまり、触れる勇気がなかったが、しばらくたってそれが動かないのをみると、調べてみて、それが石であることに気づいた。無知な田舎の人たちはそれを粉々に砕いてしまった。……」これは海洋生物の骨格が遠い昔に土に埋まり、岩と置き換えられたものの例で、他にもたくさんあると沈括は書いている。さらに、彼の時代の気候では竹が育つことのできない場所に、竹の化石が見つかったことについても触れ、気候自体が変化したと結論した。Joseph Needham, trans., *Science and Civilisation in China*, Volume 3, *Mathematics and the Sciences of the Heavens and the Earth* (Taipei: Caves Books, 1985).
57. From Shen Kuo, *Dream Pool Essays* (1088), as translated by Joseph Needham and Ling Wang in *Mathematics and the Sciences of the Heavens*

ころには、探査機は軌道を1,000キロメートル進んでいた。

42. 小規模な巨大衝突のモデリングには、コンピューターのタイムステップを小さくする必要がある。したがって、シミュレーションを完了させるには、より多くのサイクルが必要になる。さらに、ここで述べたような新しい物理プロセスでは、圧力や重力、気温だけでなく、損傷や圧縮、応力テンソルも計算する。圧力は、応力テンソルの規模を測るスカラー（単なる数値）である。応力テンソルは、物体に「軸外」の方向に作用するもので、固体が強さを持つことを可能にする。せん断抵抗は、x軸に平行な面上でのy方向の動きに対する抵抗である（つまり、すべりに対する抵抗）。このせん断応力はs_{yx}と表され、他の面でも同じになる。つまり、固体にかかる応力には9つの成分（s_{xx}、s_{xy}、s_{xz}、s_{yx}、s_{yy}、s_{yz}、s_{zx}、s_{zy}、s_{zz}）がある。圧力は、同じ面にかかるすべての応力（つまりせん断力応力以外）と定義されるので、$P = (s_{xx} + s_{yy} + s_{zz})/3$となる。そしてさらに、その物質の応力や圧力への応答も定義する必要がある。つまりは「レオロジー」と「状態方程式」だ。ここで使う数学はどれも基本的な代数だが、答えは近似値であり、コードにバグがある可能性も増えてくるので、計算には時間がかかる。
43. ブラウンバッグセミナー〔訳注：ブラウンバッグは昼食持参用の紙袋のこと〕というのは、発表者は自分の研究を説明している間は昼食にありつけないのに、聞き手は食べているという残酷な習慣のことだ。
44. その日の発表者はイアン・ギャリック-ベセルで、初期の月が固化したのは、非常に離心率の高い3：2の自転・軌道共鳴にとらえられていた時期であり、この共鳴によって月は円軌道からかなり外れていたとする彼の説がテーマだった。問題は、この共鳴に入ったり、そこから抜け出したりするのが難しいことだ。
45. 月の裏側を「夜側」（暗い側）と呼ぶ人がいて、確かにそこは地球からの電波の影になってはいるが、月面上のあらゆる場所と同じように、そこでも昼と夜が28日周期でやってくる。
46. ルナーオービターの画像はじっくりとスキャンされ、アメリカ地質調査所（USGS）と月惑星研究所で再処理されて、次のサイトで閲覧できる。https://www.lpi.usra.edu /resources/lunarorbiter/
47. 1961年に60メガトンの「ツァーリ・ボンバ」〔訳注：ソ連の水爆〕が高高度で爆発した（1メガトンはTNT火薬100万トンの爆発エネルギーに相当する）。広島型原爆の爆発は15キロトン（0.015メガトン）である。ツァーリ・ボンバは、広島型原爆の数千倍の爆発規模であり、ジョルダーノ・ブルーノ・クレーターを形成した衝突は、その爆発のさらに数千倍にあたる規模だ。ツァーリ・ボンバが高高度での大気圏内核実験ではなく、地下核実験としておこなわれていたら、メテオール・クレーターの現代版の双子のようなクレーターができていただろう。
48. 聖クアルーン54章1「時は近づき，月は微塵に裂けた。」
49. これは次の論文で確認されている。Paul Withers, “Meteor Storm Evidence Against the Recent Formation of Lunar Crater Giordano Bruno,” *Meteoritics & Planetary Science* 36, no. 4 (2001) : 525-29.
50. ただし、ジョルダーノ・ブルーノ・クレーターの規模のクレーターが生み

「生きたまま焼かれる」仮説だ。

35. 最初に特定された、K/T境界の原因となった小惑星の破片は、カリフォルニア大学ロサンゼルス校の宇宙化学者フランク・カイトが発見し、確認したものだ。カイトはエルタニン隕石の破片も発見している。どんなものであれ、地球に秒速20キロメートルで衝突した後の破片が残っているというのは奇妙に思える。しかし、小惑星か彗星が惑星に衝突する場合には、単に運よく強い衝撃を避けられた小さな部分など、その体積のごく一部が残る。小惑星の衝突は、宇宙船が「リソブレーキ」を使って着陸するようなものだ。つまり、アブレーション（大気圏突入時に表面が融解する機能）によって減速すると同時に、内部の一部分を保護するのである。
36. GRAIL計画は、実際にはマサチューセッツ工科大学の地球物理学者マリア・ズーバーのチームが「エブ」と「フロー」と命名した〔訳注：アメリカの小学校から募集した名称から選定〕2機の探査機でおこなわれた。この2機は、互いを追いかけて月に近い軌道上をめぐった。月の重力場が完全に一定ではないため、2機の距離は公転しながら近づいたり、遠ざかったりした。この伸び縮みをきわめて正確に計測することにより、ズーバーのチームは月の詳細な重力モデルを導き出すことができた。
37. 南極エイトケン盆地は、盆地の北の端にあるエイトケン・クレーターから、南の端にある南極点まで広がっている。したがって、南極点にあるわけではないので、正しい名前ではない。ひとまず本書ではSPAと呼ぶことにこだわった。
38. Martin Jutzi and Erik Asphaug, “The Shape and Structure of Cometary Nuclei as a Result of Low-Velocity Accretion,” *Science* 348, no. 6241 (2015): 1355-58.
39. 微彗星の集積という説は、やはりトゥーソンにある惑星科学研究所で10年前に提唱されるようになった。その中心となったのが、スチュアート・ワイデンシリングの理論研究と、1986年の彗星探査機ジオットによるハレー彗星（1P）への見事な接近を受けてポール・ワイズマンなどが提唱した、始原的なラブルパイルの物理的概念である。
40. レーダートモグラフィーを使って医療用のような高分解能スキャンをおこなえば、理論を立てる代わりに、こうした疑問に直接答えられる。2004年にマイク・ベルトンがNASAにディープ・インテリア探査構想を提案し、その後同じ構想を、2009年と2014年に私がコメット・レーダー・エクスプローラー（CORE）として提案した。この探査では、3D撮像技術（地震学や超音波、CTスキャンに似ている）を使って、彗星の内部の様子を高分解能で詳細に調べる。提案はカテゴリー2（「選定可能」の意味）まで2度進んだが、NASAにいわせると、そうした探査にはなんの価値もないそうだ！　彗星やその他の始原的天体の三次元構造の高分解能画像があれば、この本で取り上げたたくさんの未解決問題の答えが見つかるだろう。
41. 彗星探査機ディープインパクトで重要なイベントは、300キログラムの銅製の銃弾を表面に撃ち込んだことだ。その衝撃からは期待したほどの情報は得られなかった。衝突によって立ち上った濃いダストに遮られて、探査機からよく観察できなかったからだ。太陽光を浴びたダストの柱が消えるの沖合にある大陸棚に、隕石の衝突でできた構造があることを発見したのは、メキシコの国営石油企業PEMEXの地質学者で、PEMEXはこの発見を何年も企業秘密にしていた。

26. 惑星間ダストはさらに細かく分類されている。その1つであるプレソーラー粒子は、まったく異なる同位体特性を持つダスト粒子で、太陽が形成される前から存在していた。
27. 宇宙起源物質の年間流入量のうち、約6トンは微隕石である。オスロのジャズミュージシャンのヨン・ラーセンがリーダーとなっておこない、2017年に発表された、屋根に落下した微隕石の研究によれば、1年間で陸地の1平方メートルあたり約2個の小さな隕石が落下しているという。M. J. Genge et al., “An Urban Collection of Modern-Day Large Micrometeorites: Evidence for Variations in the Extraterrestrial Dust Flux Through the Quaternary,” *Geology* 45, no. 2 (2017) : 119-22.
28. 分化していないというのは、「融解したことがない」という意味ではない。重力がゼロに近い微惑星では、内部の流動応力は数けた大きく、磁気応力や熱応力も同じである。そのため、天体がたとえ完全に融解していても、直径数十キロメートル以上になるまでは、重力の作用でコアができることはないだろう。
29. Kは、中生代の最後の時代である白亜紀を意味する〔ドイツ語でチョーク（白亜）を意味するKreideから〕。一方Tは、新生代の最初の時代である第三紀（Tertiary）を表す。ただし、最近では第三紀の前半を古第三紀（Paleogene）と呼ぶようになっているため、K/T境界はよく使われるが時代遅れであり、K/Pg境界がより正確な用語である。これを「中生代末（白亜紀末）の大量絶滅」とも呼べるが、一般的な用語としては「K/T境界」がかなり普及している。
30. 水深数キロメートルに形成される海底堆積層は、地表での出来事の正確な記録になる。陸上では、どんな現象もすべて一般的には浸食されてしまうので、証拠を手に入れるのがより難しい。
31. 「スノーボールアース」は、地球の地質史においては、少なくとも数回起こっている。この現象が起こると、ちらりとのぞく火山を除いて、惑星全体が氷と雪で白くなる。スノーボールアースの状態は、独特な岩石記録に残る。酸素と炭素の同位体が変化することと、最後に炭酸塩が急激に沈殿することからわかるのだ。海の氷が溶けると、海水がふたたび二酸化炭素を溶解できるようになり、縞状炭酸塩岩（キャップ・カーボネート）が堆積する。これは、スノーボールアースによって堆積作用が停止した層を覆う（キャップ）層ということだ。K/T境界にそうした痕跡はない。
32. 「アラキスは、カラダンとはまったく異質な土地だ。ポールの心は新たに得た知識で混乱していた。（アラキス――デューン――砂漠の惑星）」（フランク・ハーバート『デューン　砂の惑星』、酒井昭伸訳、早川書房より引用）
33. 現在これに相当するのは、月岩石が地球岩石と区別できないという「同位体危機」だろう。
34. これはパデュー大学の地球物理学者ジェイ・メロシュが提唱した、いわば

Geoscience 10, no. 4 (2017) : 266-69.

20. 火星はその後、自転軸が変わっている可能性がある。古い赤道上にあった帯が、現在の火星ではボレアリス盆地を通る別の大円になったかもしれない（もしボレアリス盆地が、巨大衛星の衝突に対応するとすれば)。
21. 最近の情報を詳細にまとめた論文としては、惑星地質学者のエドウィン・カイトによる次の論文がある。“Geological Constraints on Early Mars Climate,” *Space Science Reviews* 215 (2019).
22. 減少バイアスの例は他にもある。ある日、帰宅してみると、家には何千匹ものハエがいた。何かが死んで、そこでハエが孵化したのだ……。2日かけてハエを殺した。窓枠から掃除機で吸い取り、ぴしゃりとたたき、扇風機でドアから外に吹き飛ばした。最終的に、8匹のハエが残った。この黒くて小さな悪魔たちは、他のハエよりも賢くて、力を蓄えており、優れた戦略を持っていた。掃除機のホースで襲いかかられると、そのハエたちは飛び上がって私の手に止まる。そこは私が唯一掃除機で吸えない場所だ。このハエたちはどうやってそんなやり方を知ったのだろうか？　最後の8匹目を殺すのに3日かかった。2匹は逃げたようなので、「スーパーハエ」が増えているだろう。
23. カリフォルニア州のNASAエイムズ研究所に所属するロバート・ハベールの研究チームなどの計算で、二酸化炭素に気候強制力があることがわかった。しかしペンシルバニア州立大学のジム・カスティングによる計算はその結果を否定するように、二酸化炭素の雲ができると温室効果を弱めることを示した。
24. 小惑星アポフィスは、2029年4月13日グリニッジ標準時21:46に、月の距離の10分の1まで地球に接近する。この小惑星が地球に衝突しないことはわかっているが、この接近によってアポフィスの軌道は非線形性の強い形で摂動を受ける。つまり、近距離への接近時に起こる小さな変化が拡大されて、その後の軌道の大きな変化につながるということだ。つまりその接近が観測されるまで、アポフィスが次に向かう方向はおおよそしかわからない。もちろん、戻ってきて地球に衝突する可能性はあるが、実際には、アポフィスが戻ってくるまでの間に、同じサイズか、もっと大きな任意のNEOが衝突する確率のほうが大きい。つまり、レーダーにはまだ何も見えていないのだ。しかしアポフィス程度の大きさの小惑星は、それより大きな小惑星の半分ほどしか見つかっていない。最近になってこの差が急激に縮まりつつあるのは、米国議会の指示を受けたNASAの取り組みによるところが大きい。最終的に未知の危険は、直径数百メートル未満の隕石か彗星だけになるだろう（「彗星は猫のようだ。しっぽがあるし、したいと思ったことをそのままやってしまう」というのは、シューメーカー・レヴィ第9彗星の共同発見者である、彗星天文学者のデイヴィッド・レヴィの言葉だ）
25. 最初に発見された衝突クレーターの中には、高い経済性を有するものもあった。メテオール・クレーターは、ニッケル鉄採掘権を目的として購入されている。ポピガイ・クレーターにあるダイヤモンド鉱山は、スターリン体制下で強制労働収容所として運営された。メキシコのチクシュルーブ村んだ結果だからだ。残念ながら、神話とぴったり一致するように、惑星の名前をいちいち変えて回ることはできない。

13. フランス人天体物理学者のエドゥアール・ロッシュにちなむ。ロッシュは1848年に潮汐破壊の限界という概念を考え出し、土星の環は小衛星が潮汐によって壊滅的に破壊されたことで作られたとする説を提案した。
14. 1火星日は24.6時間で、形成時から大きく変化していない。一方地球の1日は、形成時の5時間から長くなっており、現在はたまたま火星日とほぼ同じ長さになっている。火星の自転軸の傾斜角も地球とほぼ同じなので、同じように基本的な季節がある（こういう話は、すべて偶然だ。それとも違うだろうか？）。火星の探査ローバーの運用担当者にとっては、ある時点で「火星時間」と自分の地方時がかなり一致していても、その2カ月後には正反対になるので、火星で実施中のミッションの運用チームに加わりたい人は、睡眠時間を柔軟に変えることができると仕事上便利だ。
15. クレーターの形成は、惑星の自転を速める効果はあまりないので、ボレアリス盆地が形成されて以来、火星の自転が大きく変化したとは考えられないだろう。
16. この問題には高い数値的分解能が必要なので、巨大衝突後に火星周囲にできる円盤についての研究は比較的少ないが、次のようなものがある。Margarita Marinova et al., "Geophysical Consequences of Planetary-Scale Impacts into a Mars-like Planet," *Icarus* 211, no. 2 (2011) : 960-85; Robin Canup and Julien Salmon, "Origin of Phobos and Deimos by the Impact of a Vesta-to-Ceres Sized Body with Mars," *Science Advances* 4, no. 4 (2018) : eaar6887; and Ryuki Hyodo et al., "On the Impact Origin of Phobos and Deimos," *Astrophysical Journal* 860 (2018).
17. 初期の火星にあった可能性のある、相互に連結した海や帯水層、あるいは地殻が部分融解した広い領域は、近くの衛星における潮汐散逸を大きく強めるだろう。
18. 最初にフォボスは潮汐によって破壊され、火星を取り巻くリングになる。それはアマチュア天文家にとってすばらしい眺めになり、火星の見かけの明るさは3倍になるだろう。
19. フランスの惑星科学者パスカル・ローゼンブラットは2016年に、小惑星ベスタほどの大きさの原始フォボスが、他の衛星を外側の軌道に投げ飛ばし、それ自体は火星に落下したとする説を提案した。その後、デイヴィッド・ミントンとアンドリュー・ヘッセルブロックが、衛星の形成に特別なタイミングは必要ないという考えを提案し、「火星リングサイクル」というプロセスを考えた。この説では、巨大衛星が内側に落下して、破壊され、いくつかの直径100キロメートル規模の小衛星をより遠くの軌道に投げ飛ばしたと考えた。この小衛星が内側に落下して、破壊され、フォボスの大きさの小惑星を作る、というプロセスだ。これでいくと、今から4,000万年後には1キロメートル程度の小さな衛星がいくつかあるだけになっていて、この場合にも私たちは「この最後の2個の衛星を見られてなんて幸運なんだろう」と思うだろう。A. Hesselbrock and D. Minton, "An Ongoing Satellite-Ring Cycle of Mars and the Origins of Phobos and Deimos," *Nature*

遠鏡をその位置に向けると、海王星はその夜のうちに見つかった。

4. 大型シノプティック・サーベイ望遠鏡〔LSST、シノプティック（Synoptic）＝決してその目を閉じない〕は、チリのパチョン山に建設中だ。北半球のパンスターズ望遠鏡と、南半球のLSSTがそろえば、巨大な惑星Xを簡単に検出できるほどの感度と分解能で全天を観測できるようになる。
5. スイス人天文学者ウィリー・ベンツによる最初の巨大衝突シミュレーションに基づいて、ロビン・カナップと私がおこなった計算〔"Origin of the Moon in a Giant Impact Near the End of the Earth's Formation," *Nature* 412（2001）: 708-12〕による。
6. スイスの天体物理学者アンドレアス・ロイファーのチームが提案している〔"A Hit-and-Run Giant Impact Scenario," *Icarus* 221, no. 1（2012）: 296-99〕当て逃げ型衝突のシナリオでは、巨大衝突後、テイアの大部分はそのまま前進を続ける。テイアが戻ってきて、地球にふたたび衝突したのだろうか？　それとも金星の内部にあるのだろうか？　アリゾナ大学のアレクサンドル・エムゼンフーバーと私は、この問題の後半部分を研究している。月の起源が「当て逃げして戻ってくる」型の衝突だったら、最初の巨大衝突では、地球は自転が速くなるが、テイアはそのまま進み続ける。2回目の地球への巨大衝突は速度がもっと遅いため、テイアが集積し、それによって発生した円盤から月が生まれた。このダブルパンチによって、テイアと地球の成分が混合されるとともに、地球の自転軸に対して大きく傾いた原始衛星系円盤ができた。
7. この点も議論は多い。水や他の揮発性物質が気化するからといって、それが蒸気雲から失われることにはならない。この雲は重力によって結合しているので、揮発性物質の損失は、月に関する解決ずみの問題とはいえない。
8. Uwe Wiechert et al., "Oxygen Isotopes and the Moon-Forming Giant Impact," *Science* 294, no. 5541（2001）: 345-48.
9. これらの理論については、次の論文で概説している。Asphaug, "Impact Origin of the Moon?" *Annual Review of Earth and Planetary Sciences* 42（2014）: 551-78.
10. ジェフェリーズは太陽系形成について幅広く書き記している。当時は競合する2つの仮説があり、さらにその変形版の理論もあった。1つは円盤モデルで、もう1つは通過する恒星によって太陽のマントルから惑星系が引き出されるという仮説だ。後者の仮説は当時、微惑星仮説と呼ばれていた。Harold Jeffreys, "The Planetesimal Hypothesis," *Observatory* 52（1929）: 173-78.
11. これは、カリフォルニア大学デービス校の惑星物理学者サラ・スチュワートが提唱する「シネスティア」仮説だ。高い衝突速度が一貫性のある形で生成されれば、強力な衝撃状態がすぐに起こり、爆発がさらに強力になる。その結果、重力的に不安定な、溶融による蒸気雲ができ、これが再凝縮して惑星が形成される。私の大学院生は「シネスティアの症状が4時間以上続いたら、医者に診てもらいなさい」なんていうしゃれをいっていた。
12. この神話は実際に、巨大衝突の標準モデルのよい比喩だといえる。アテナがゼウスの額から飛び出したのは、ゼウスがアテナの母メティスを飲み込氏0度以下では氷、セ氏100度以上では沸騰する)。カ氏は人間を基準とした温度である(カ氏0度以下やカ氏100度以上では、人間は長時間生存できない)。

15. 遠方の巨大天体の三重系は、何十億年にもわたって「強制秤動(ひょうどう)」状態にあり、表面にわずかに衝突する光子によって、深部に液体の塩水が維持されている可能性がある。
16. 輝く彗星の尾は、強く電離された気体から光子が放出されるという、オーロラと同じ物理プロセスに基づいているが、同じような動きを見せないのは、彗星がはるかに大きく広がっており、地球磁場の乱れの影響を受けないからだ。太陽観測衛星ユリシーズは、1986年に百武彗星の尾を通過したと推定されており、尾が3.8AUの長さに伸びているという驚きの結果をもたらした。核が直径4キロメートルしかないことを考えれば、かなり大規模な構造だといえる。
17. 彗星のアルベドは約3パーセントである。これは100個の光子が(ある特定の周波数で)届いた場合、その97パーセントが吸収されるということだ。可視光では、彗星やC型小惑星〔訳注:炭素質成分を主成分とする小惑星〕のような始原的な天体は、アルベドが3〜5パーセントであり、木炭のような色をしている。地球のアルベドの値は複雑で、変化が大きい(そして重要だ!)が、約30パーセントだ。「スペクトル勾配」はアルベドと関係する指標だ。アルベドが青よりも赤の波長で高ければ、小惑星は「赤い」。
18. キャサリン・フォルクとブレット・グラッドマンは2015年に、金星の内側にあった複数の大きな惑星がぼろぼろに破壊され、その残りが水星になったという説を提案した。またコンスタンティン・バティギンとグレゴリー・ラフリンは2016年に、破壊された内太陽系惑星が存在したという説を提案している。どちらの説でも、木星と土星が内側に移動してきて、最初にあった惑星を破壊し、その後は外側に移動するという「グランドタック」仮説を取り入れている。
19. ウィリアム・B・イェイツ「復活祭、一九一六年」(『W・B・イェイツ全詩集』、鈴木弘訳、金星堂書店所収)

第6章　勝ち残ったもの

1. 次の英訳文献に基づく。Nathan Sivin, *Cosmos and Computation in Early Chinese Mathematical Astronomy* (Leiden, Neth.: E. J. Brill, 1969).
2. 「マクダフ仮説」とでもいうべきか。「そんな呪いは、ないものと思え。貴様が当てにしている悪魔の手先に、もういっぺん訊いてみるがいい。このマクダフは、女が産んだ男ではない。産み月前に母親の腹を切りさいてこの世に生まれ出てきた男だぞ」(シェイクスピア『マクベス』、安西徹雄訳、光文社古典新訳文庫より引用)。
3. パリ天文台のユルバン・ルヴェリエと、ケンブリッジ大学のジョン・クーチ・アダムズは同じ計算をし、海王星の存在について基本的には同じ予測に数日違いで到達した。数日早かったルヴェリエから、予想位置についての手紙を受け取ったベルリン天文台の天文学者が、自分たちの大型反射望

7. すなわち、「天から石が落ちてきたというよりも、2人の米国北部人の教授が嘘をついていると考えるほうが合理的だ」という言葉に代表されるような議論だ。これはトーマス・ジェファーソンの言葉として知られるが、それはおそらく作り話だろう。
8. スイフト・タットル彗星は1862年に発見された彗星で、133年おきに地球のすぐ内側まで入り込むが（近日点は0.95AU）、ほとんどの期間は海王星や冥王星よりも遠い位置にいる（遠日点は50AU）。次回の地球への接近（わずか100万キロメートル、0.01AUの距離）は3044年で、いつか地球に衝突するだろう。この彗星は木星と1：11の共鳴にある。そのため惑星工学の面からいえば、外太陽系の植民地化を進める段階になれば、この彗星を「利用可能」だといえる。
9. 脂肪を含むダイエットポテトチップスで、右手型キラリティを持つ脂肪を使った商品が短期間販売されていたが、「便失禁」を引き起こす傾向があったため、そうした食品の市場は縮小した。
10. 厚さ1メートルのじゃかご〔訳注：鉄線で編んだかごに採石を詰めたもの〕の壁を、10センチメートルから30センチメートルのサイズにふるい分けた小惑星のレゴリスから作ることができる。シールドの構造全体は、宇宙船の居住区から1メートルの厚さで広がっている軽量のかご状の枠組みで支えられている。直径50メートルの小惑星（ベンヌの10分の1のサイズ）を材料として使えば、長さ200メートル、直径100メートル、厚さ1メートルの円筒形の壁を作ることができるので、宇宙放射線のシールドは問題にならない。
11. 同じであるという意味は、0.001G相当で加速している小さなカプセル内にいることと、小さな小惑星の上に静止している同じカプセルの中にいることを区別できないということだ。
12. 物理学者のルイス・アルヴァレズらは、K/T絶滅境界でのイリジウムの過剰濃集は、直径10キロメートルの小惑星の衝突によるものだとする説を提案している。これをふまえると、ツングースカ大爆発を起こした直径30メートルの隕石も、検出可能な「イリジウム異常」を残したと考えられる。一方でこの隕石が、氷の多い隕石（イリジウムは含まない）や、分化したマントルの破片（やはりイリジウムを含まない）だった可能性もある。冬は寒さが厳しく、夏は蚊が多いじめじめした湿地という環境を考えると、1908年の大爆発から1927年の初調査までの時間が長すぎたのかもしれない。
13. 1970年代初頭、アーサー・C・クラークは小説『宇宙のランデヴー』で、ロボット望遠鏡を使ってツングースカ大爆発クラスの衝突を起こす天体を探すという、スペースガードプログラム計画を思い描いた。この望遠鏡では最終的に、休眠状態で太陽系に侵入してきた異星人の宇宙船を発見する。その筋書きは、NEO探査に使われていたパンスターズ望遠鏡による、恒星間天体オウムアムアの発見を思わせる。
14. 外太陽系にある彗星内部の平均温度は、約30～40ケルビンだ。絶対温度0度（0ケルビン）は最も低い温度で、セ氏マイナス273度に等しい。原子が振動しなくなる温度だが、現実には決して到達できない。絶対温度0度が物理学者にとってゼロ点だ。セ氏は水を基準にした温度である（水はセくある。崩壊した場合には、カウンター内で放電が起こって、リレー装置に電流が流れ、ハンマーが青酸入りのフラスコを割る」。1時間後に、私たち（観測者。それが何を意味するかはともかく）がふたを開けるまで、猫は、生きている状態と死んでいる状態の両方で等しく存在する。

34. タイタンの軌道上に通信中継用宇宙船を別に用意しておけば、ボートの設計をもっとすっきりとさせて、帆走用の帆を小さくできる。ボートの設計に通信アンテナを含めるほうが、費用が安く、複雑ではないかもしれない。しかし突風が吹く場合を考えると、この判断には問題があるだろう。

第5章　ペブルと巨大衝突

1. 次のウェブサイトでは、現時点で整理ずみの系外惑星データを好きなようにグラフにできる。http://www.exoplanets.org
2. 小惑星上で最も表面温度が高いのは、太陽に最も近い地点ではなく、地球と同じように少し「午後」側に入った地点だ。温度の高い午後側の表面から放射される、より高エネルギーの光子は、量子力学的運動量がわずかに大きいため、熱は、根本的には太陽が原因で、午後側を向いたきわめて小さなロケットエンジンのように作用する。これによって、自転軸の方向に応じて小惑星の公転が速くなったり、遅くなったりする。この「ヤルコフスキー効果」は数百万年という時間をかけて、小さな小惑星を数AUも移動させることがある。これによって小惑星は、木星や土星との影響力の強い共鳴状態に捕まり、メインベルトから内太陽系に移動して、地球近傍天体になる。似たような効果であるYORP効果は、同じように熱力学が原因だが、小惑星の形状に（球体のように完全な対象な形でないかぎり）つねにある程度の偏りがあることに関係している。熱光子が小惑星の表面全体からある種のジェットのように放射されると、熱による推力によって自転が速くなる。こうした力はきわめてわずかだが、どちらも一般的なサイズの小惑星の長期的な力学進化にとってはきわめて重要になる。ヤルコフスキー効果は1901年に、ポーランドの鉄道技術者のイワン・ヤルコフスキーによって予言された。科学的な問題の解明はヤルコフスキーの趣味だった。しかし、それが小惑星にとって重要であることが認識されたのは、1990年代になってからだった。
3. 念のため説明すると、熱による自転の加速（YORP効果。上の説明を参照）は、太陽系の年齢と同じくらい古くて、直径が数十キロメートル未満の天体でしか起こらない。そのため、地球の自転の加速によって月が分裂するというダーウィンの問題の役には立たない。
4. それゆえに、テレビで天気予報を説明する人を「meteorologist」（気象学者、気象予報士）という。
5. イギリスの鉱物学者ヘンリー・ソービーによる論文。"On the Structure and Origin of Meteorites," *Nature* 15（1877）：495-98. ソービーはコンドリュールを、太陽からやってきた「燃える雨のしずく」ではないかと考えた。
6. William Thomson, Lord Kelvin, "On the Age of the Sun's Heat," *Macmillan's Magazine* 5（1862）：388-93.

ようになるまで、私たちは待つべきなのだ。

23. これは偶然だが、地球上の典型的な海盆がプレートテクトニクスでリサイクルされるまでの時間と同じだ。
24. 大学院生は「Mimas、Enceladus、Tethys、Dione、Rhea、Titan、Hyperion、Iapetus、Phoebe」の頭文字を並べて「Met Dr. Thip」(ティップ博士に会った)と暗記する。
25. 1ギガワットはフーバーダムの発電量の約半分に相当する。
26. タイタンの軌道距離は土星半径の20倍。一方イオ、エウロパ、ガニメデ、カリストはそれぞれ、木星半径の6倍、9倍、15倍、26倍の距離を公転している。
27. Erik Asphaug and Andreas Reufer, "Late Origin of the Saturn System," *Icarus* 223, no. 1 (2013) : 544-65.
28. Matija Ćuk, Luke Dones, and David Nesvorný, "Dynamical Evidence for a Late Formation of Saturn's Moons," *Astrophysical Journal* 820, no. 2 (2016) : 97.
29. このミッションは、惑星科学者のエリザベス・タートルがリーダーで、詳細は次を参照。*Dragonfly: A Rotorcraft Lander Concept for Scientific Exploration at Titan* (R. Lorenz et al., 2018, Johns Hopkins APL Technical Digest 34) およびdragonfly.jhuapl.edu. 探査機はクアッド・オクトコプター(4組のデュアルローター)になっていて、放射性同位体熱電気転換器を動力とする。
30. 火星への宇宙旅行は現時点では、気にしてはいるが誰も触れようとしない話題だ。惑星保護方針は宇宙機関の間の合意である。民間企業が火星にいきたいと考えた場合、惑星保護方針の遵守は任意だ。地球の生命を持ち込まれてしまう前に、火星の固有の生物を発見できる機会は限られているのかもしれない。
31. イオンエンジンは、太陽電池パネルか原子力電池からの電気を使用して、キセノン(Xe)のような重い中性ガスの原子を電離し、電荷を与える。そして電離した原子を電気によって秒速数百キロメートルで放出することで、大きな推力を生み出すのではなく、宇宙船に大きな加速を徐々に与える(Δv、前進する速度の変化)。つまり化学ロケットは速さが、イオンエンジンは効率がメリットだ。
32.「タイタン表層海探査」は2009年にエレン・ストファンのチームが提案したもので、リゲイア海に着水し、潮流と風で漂流することを計画していた。このミッションは、選定プロセスの最終審査まで進んだが、必要とされた原子力電池が最終的に実現しなかった。
33. オーストリアの物理学者エルヴィン・シュレーディンガーは、1935年にナチュールヴィッセンシャフテン誌に投稿したレター論文で、量子力学という現実を表すための新しい「ぼやけたモデル」(シュレーディンガー本人がそう呼んだ)に対する懸念を表明した。その中で、鋼鉄の箱に猫を入れてふたを閉めるという思考実験について説明した。「(箱の中の)ガイガーカウンター内には少量の放射性物質がある。それはきわめて少量なので、1時間以内に原子のうちの1個が崩壊する可能性と、しない可能性が等し心からの距離の三乗にほとんど同じくらい比例している。ということは、他の天体を支配しているのと同じ引力の法則によって、この二つの衛星が支配されていることを、明らかに示している。(『ガリヴァー旅行記』、平井正穂訳、岩波文庫より引用)

13. これを現代に置き換えるなら、誰も読まないような無名の論文雑誌でアイデアを発表しておいて、それを後から自分で引用することだ。インターネット時代になって、このやり方は不可能になった。それよりもこのアナグラムに似ているのは、暗号化した文書かもしれない。自分の理論や発見の全体を暗号化した文書の形でオンラインに投稿し、後からその結果を解読するための鍵を公開するのだ。
14. これは、知識が「正当化された真なる信念」かどうかを問う認識論的問題に対する、よくある反例だ。火星に2個の衛星があることは真である。かつ、ケプラーはそれを信じていた。かつ、ケプラーがそれを信じることは正当化された。しかし、それは知識ではなかった。
15. Kevin Walsh et al., "A Low Mass for Mars from Jupiter's Early Gas- Driven Migration," *Nature* 475 (July 14, 2011) : 206-9.
16. かつては、惑星科学分野の輪講〔訳注：新たに発表された論文について発表しあう少人数のセミナー〕では、どんな論文がテーマでも、誰かがそれをニースモデルと結びつけるまで議論が終わらない、というジョークがあった。
17. これは、マン・ホイ・リーや、スタン・ピール、ロビン・カナップ、ビル・ワードなどが作り上げた、すばらしいいくつもの理論をまとめようとするものだ。そうした理論は、詳細の部分は一致しない。
18. カリフォルニア工科大学のデイビッド・スティーブンソンは、巨大惑星の内部構造や、木星が土星とは大きく異なる理由について、数多くの論文を執筆している。
19. Adam Showman and Renu Malhotra, "Tidal Evolution into the Laplace Resonance and the Resurfacing of Ganymede," *Icarus* 127, no. 1 (1997) : 93-111.
20. 塩水が電気をよく通すのは、分子が電離して、正の電荷を持つナトリウムイオンと、負の電荷を持つ塩素イオンになっているからだ。木星探査機ガリレオが木星の磁場を測定したときに、その磁場はエウロパによって乱されていた。それは磁石をくぎのような導体の近くに置くと、その磁石の磁場が乱されるのと同じだ。エウロパは電気をよく通すが、金属が材料ではないので、導体の役割を果たしているのは塩分を含んだ液体の海だということになる。
21. 木星は地球から明るい点のように見えるが、木星の磁場は、空に向かって腕を伸ばしたときの握りこぶしくらいの範囲に広がっている。木星の衛星はすべてその内側を公転している。
22. 内部で核熱反応を起こすプローブで氷を溶かして進むというエウロパ探査ミッションの構想さえある。プローブは通信ケーブルをひきながら氷の中をどんどん沈み、その後は再凍結する。またもや巧みな悪しきアイデアの登場である。テクノロジーが進歩して、エウロパ探査を適切におこなえる

Journal 714, no. 2 (2010) : 1789 - 99 .

5. 冥王星は惑星だと考える人々は、質量が地球の10倍で太陽から1,000AUの距離にある、未発見の遠い天体を「プラネット・ナイン」(9番目の惑星)と呼ぶ動きを快く思っていない。本書では、存在が予言されている惑星をすべて「惑星X」と呼ぶ。
6. ガウスが最小二乗法を発明したことで、小惑星セレスの最も確からしい「軌道」を求めたように、エリオット・ヤングの研究チームは、おおよその明度と色値の差異が得られている冥王星とカロンの白地図に画素データを投入することで、2つの天体の最も確からしい「イメージマップ」を作成した。ヤングらは、観測時間ごとに惑星モデルを調節し、画素の値を合わせて、惑星全体（両方の天体）の望遠鏡観測データすべてに最もよく一致するようにした。
7. この説にかんする新しい考え方として、クレイグ・アグノールとダグ・ハミルトンは1999年に、トリトン自体が実は捕獲されたカイパーベルト天体であるという可能性を示した。ただし、月が地球への直接捕獲では形成されないのと似たような理由で、トリトンの場合も直接捕獲ではうまく説明できない。アグノールらが工夫したのは、冥王星とカロンのような、連星になったカイパーベルト天体が海王星に遭遇したと考えることだ。カイパーベルト天体の連星が海王星に十分接近したために「電離」される、つまり連星が別の方向に進むようになる現象がときどき起こっていたと考えられる。そして長い時間のうちには、そうした「電離」された天体の片方が海王星に捕獲される一方で、質量の大きいほうの天体ははじき飛ばされ、後に海王星と衝突する（その天体が存在しない理由が説明できる)。そして、カイパーベルト天体の遭遇の方向が海王星の自転方向と逆向きである場合に、電離による捕獲が起こる可能性が最も高くなるのかもしれない。
8. 偉大な理論は、重要でありつつ間違っているということがあり得る。
9. 後期重爆撃期（late heavy bombardment）はかつて「後期月面大変動（late lunar cataclysm)」と呼ばれていた。太陽系全体で隕石の爆撃が起こったことを前提としていないので、こちらのほうがやや客観的な名称だといえる。
10. 次を参照のこと。Barbara Cohen, Tim Swindle, and David Kring, "Support for the Lunar Cataclysm Hypothesis from Lunar Meteorite Impact Melt Ages," *Science* 290, no. 5497 (December 1, 2000) : 1754-56. この論文は、このようなタイトルがついているが、隕石の急増がなく、衝突溶融岩の年齢が27億年前から42億年前までの幅広い期間に広がっていると結論している。
11. これは最初に提案されたニースモデルのことだ。巨大衝突説と同じように、ニースモデルにはさまざまなバージョンがある。
12. 『ガリヴァー旅行記』より

    内側の星は、そのもととなる惑星つまり火星の中心から、火星の直径のまさに三倍の距離を保っており、外側の星の場合はそれが五倍である。前者が一回転するのに要する時間は十時間、後者は二十一時間半である。したがって、この二つの衛星の周期の二乗が、その火星の中も軽い分子で満たされていなければならない。熱気球ならうまくいくだろう。酸素タンクを用意して、大気中に存在する水素を使って燃焼させればいい。

31. 「液体」ではなく「流体」と呼ぶのは、この水素は高密度で液体状ではあるが、気相から液相へとはっきりと相転移したわけではなく、単に密度が高いだけだからだ。
32. イラクでの戦争には、推定3兆ドルから6兆ドルかかっている。アメリカ監察総監によれば、2003〜04年財政年度には半年間で90億ドルの使途不明金があったという。そんなわけで、100億ドルというのは出せない金額ではない。
33. E. M. Shoemaker, R. J. Hackman, and R. E. Eggleton, "Interplanetary Correlation of Geologic Time," *Advances in the Astronautical Sciences* 8 (1963) : 70-89.
34. 他の惑星との表面物質の交換は、ずっとまれだが、やはり起こる。水星から地球、あるいはその反対の輸送には、大きな放出速度が必要になる。金星から地球への輸送はもっと簡単だが、金星の分厚い大気を貫通する必要があり、それが最後に起こったのは数十億年前だ。
35. この地域で最初に実施された地球物理学的調査の1つにおいて、ドイツ人地球物理学者のライナー・ゲルゾンデと、UCLAの隕石学者のフランク・カイトは、深さ5メートルの泥土から引き上げた掘削コア内の堆積物に、小石サイズのメソシデライト（金属を多く含む隕石の一種）が埋まっているのを発見した（カイトはそれ以前に、チクシュルーブ・クレーターを作った小惑星に由来する隕石の破片の「決定的証拠」も見つけている)。衝突したのは小惑星で、特に金属を豊富に含むものだった。船で引っぱった地震計アレイによる探査で、エルタニン衝突のあった海底に広範囲にわたる乱れがあることがわかっている。この結果は、直径約1キロメートルの小惑星が秒速20キロメートルで落下してきて、深さ4キロメートルから5キロメートルの穴を作る爆発現象と一致した。これにより、数億トンのエジェクタ（この場合は海水）が放出されただろう。

第4章　奇妙な場所と小さなもの

1. このモデルについては次の論文で説明されている。Erik Asphaug, Martin Jutzi, and Naor Movshovitz, "Chondrule Formation During Planetesimal Accretion," *Earth and Planetary Science Letters* 308, no. 3-4 (2011) : 369-79.
2. 彗星は発見者にちなんで命名される。そうなると、チュリュモフ・ゲラシメンコ彗星やシュワスマン・ワハマン彗星のような長い名前になるので、67Pや29Pのように番号で呼ばれることが多い。
3. Dante Lauretta et al., "The Unexpected Surface of Asteroid (101955) Bennu," *Nature* 568 (2019) : 55-60.
4. Zoë Leinhardt, Robert Marcus, and Sarah Stewart, "The Formation of the Collisional Family Around the Dwarf Planet Haumea," *Astrophysical*

25. 大学院生に配布される、この話題についての基礎的な論文が、カリフォルニアの地球物理学者のピーター・ゴールドレイクとスティーブン・ソターによる「太陽系におけるQ」(Q in the Solar System) だ。
26. Stephen Vance et al., "Ganymede's Internal Structure Including Thermodynamics of Magnesium Sulfate Oceans in Contact with Ice," *Planetary and Space Science* 96 (2014).
27. 大きな惑星は最初の段階で、集積による熱をかなり多く持っていて、さらに多くの放射性崩壊熱を生成する。しかしさらに重要なのは、大きな惑星では熱が逃げるのに、より長い時間がかかることである。月が数百万年で固化した一方で、木星がいまだに冷却の途中なのはそのためだ。スーパーアースは、形成当初の熱を失うのに10億年かかる可能性がある。また放射性崩壊熱を継続的に生成するので、それを海経由で逃がす必要がある。惑星は巨大な熱機関なのだ。
28. ESAのウェブサイトより。http://sci.esa.int/juice/50074-scenario-operations/:

    木星探査機JUICEは、2022年6月にアリアン5ロケットで打ち上げられ、7.6年の宇宙飛行の中で金星と地球でスイングバイをして、木星に向かう。2030年1月の軌道投入後、木星衛星系を2.5年にわたり探査して回る。(中略) この探査の間に、カリストとガニメデをスイングバイして、飛行コースを変える。探査対象のエウロパには2回接近し、水以外の氷の組成を調べ、氷衛星では初めてとなる地下音波探査をおこなう。(中略) このミッションのクライマックスとして、ガニメデ周回軌道からの集中探査を8カ月かけておこなう。この間、JUICEはガニメデとその環境を詳細に調査し、最終的にはガニメデに衝突する予定だ。

29. 運動エネルギーの公式は$E = 1/2mv^2$。ここでmは突入カプセルの質量、vはその速度だ。カプセルが停止するには、このエネルギーが熱に変わる必要があり、そうでなければ速度エネルギーがターゲットに移行する必要がある(実際にはこの両方が起こる)。速度が速いほど運動エネルギーが大きくなり、最終的には爆発のようになる。大気への突入は大気中での制御された爆発現象だといえる。そのために、突入カプセルの底部(前面)全体を、融解によってカプセルから熱を除去するよう設計された素材(アブレータ)で包み、熱を遮蔽する。熱は、十分に大規模なアブレータシールドを使えば逃がせるが、振動は別の問題だ。空気は乱れているので、飛行機が暑い日の午後に着陸しようとする場合と同じで、減速が遅いエアポケット(低圧部)や減速が速いエアポケットが存在する。その結果として、単位時間あたりの加速度の変化(これは加加速度、躍度とも呼ばれる。単位はメートル毎秒毎秒毎秒)が生じ、生物の頭を混乱させる。こうした突入方法は、人間ではなく、頑丈な探査プローブにまかせるほうがずっといいだろう。
30. 木星や土星では、水素やヘリウムを封入したバルーンは、地球での小型飛行船のようには機能しないだろう。木星や土星の大気中にはすでに水素やヘリウムが含まれているからだ。バルーンが浮かぶには、周囲の気体より

（ジリスやアリ）が土壌をひっくり返す場合は、「生物擾乱作用」であるが、これは火星では起こらないと思う。

14. これは、ゴルディロックスという女の子が出てくる童話にちなんでいる。ゴルディロックスは、3匹のクマの家にやってくると、彼らのベッドの1つ、椅子の1つ、お粥のボウルの1つが自分にちょうどよいことに気づく。天文学者らはこの童話を、ハビタブルゾーンを指すたとえとしてよく使う。
15. 火星と金星を、もっと地球のようにしたかったら、この2惑星の位置を入れ替えるだけでいいかもしれない。90バールの気圧がある二酸化炭素の大気の下で、暑さにうだる金星を、太陽から2倍の距離にあって、太陽放射の入射量が3分の1の位置に移動させよう。火星を1.5AUから0.7AUに移動させれば、水と二酸化炭素の氷が溶けて、大気がもっと濃くなるだろう。
16. 1バール（bar）は、地球の表面での大気圧にほぼ等しく、1気圧＝1.01バールだ。メートル法では、1バール＝10万パスカル（Pa）であり、1パスカルは、1平方メートルの面積に1ニュートンの力がかかる場合の圧力に相当する。英単位では、地球の表面気圧は14.7重量ポンド毎平方インチ（psi）であり、さらに高さ760ミリメートルの水銀柱の重さに等しく（mmHg）、かつてはこの方法で気圧を測っていた。そのため、天気予報で気圧をmmHgと表しているのを見かける。
17. 光合成の基本的な式は、$6CO_2 + 6H_2O$ ＋光エネルギー＝ $C_6H_{12}O_6 + 6O_2$。この式にある大きな分子はグルコースだ。
18. 二酸化炭素のO-C-Oの分子構造には、変角振動モードと伸縮振動モードがあり、惑星表面から放出される熱赤外線の光子の振動数と共鳴する。そのため二酸化炭素が光子を吸収し、大気が加熱される。V型をした水のH-O-H分子構造には、赤外線波長でさらに多くの振動モードがあり、したがって天文学者にはさらに大きな悩みの種だが、高山の頂上にいけばその影響の大半を避けることができる。
19. 大気中の二酸化炭素が増加すると、海が酸性化する。これは世界中のサンゴ礁や、石灰質プランクトン、さらに軟体動物にとって最大の脅威である。
20. 弱い酸である酢は炭酸カルシウムを溶かす。
21. しかし深すぎるのはよくない。約4,000メートルより下では、炭酸カルシウムの溶解度が急に高くなる。この炭酸塩補償深度より深いところでは、炭酸塩は海水に溶解したままになる。
22. 過去の火星に二酸化炭素の厚い大気があり、それが消えたとしたら（「温暖で湿潤」な過去の気候の説明として提案しているように）、炭酸塩も存在するはずだが、見つかっていない。
23. 基本的な事実は100年以上前から知られている。地球の二酸化炭素と温室効果ガスについての最初の研究は、スウェーデンの化学者スヴァンテ・アレニウスによる次の論文だ。“On the Influence of Carbonic Acid in the Air upon the Temperature of the Ground,” *Philosophical Magazine and Journal of Science* series 5, 41（1896）: 237-76.　工業由来の二酸化炭素が地球の気候に与える恐ろしい影響は、40年以上前からしっかりと知られている。科学者の話に誰も耳を傾けてこなかったのはなぜだろうか？
24. 軌道の角運動量が同じ場合、エネルギーが最も低いのは円軌道だ。

8. 低圧下での氷の物理学を研究している研究室もあれば、惑星内部の条件を達成するために、高圧アンビルセルを使って温度と圧力をコントロールし、水や氷、塩水、その他の物質の物理学的・熱力学的性質を調べている研究室もある。その高圧アンビルセルには宝石グレードのダイヤモンドを使い、そこにレーザービームを通して、アンビルセル内で何が起こっているかを探る。
9. 純氷の層の他に「クラスレート」というものがある。クラスレートでは、水分子がメタンやその他の分子を中に閉じ込める固体のかごの役割を果たしている。メタンクラスレートは、低温の海の深層に安定して存在しており、その塊を引き上げると、氷のように見えるが、火をつけると燃えるのである。
10. カート・ヴォネガット『猫のゆりかご』(ハヤカワ文庫)。アイス・ナインは氷の相の1つで、セ氏45.8度以下で他の水と接触すると、触媒として作用して、その水をアイス・ナインに変えてしまう（念のためにいうがこれはフィクションだ)。これは、兵士が泥を気にしなくてもよいように、軍が発明したものだった。結末は明かさないでおくが、終わりのほうには「巨大なズシーン」という章がある。
11. 水の結晶化はエネルギーを解放するので、温度を氷点よりわずかに低い程度に保つ。同じように、氷の融解は温度を変えずにエネルギーを消費するので、温度をセ氏0度以上に上げるのは難しい。冷凍庫の中に水が入ったグラスを入れ、その中に温度計を入れると、水はある程度の時間で0度まで下がる。その時間は水の体積とスタート時の水温、そして冷凍庫内の温度で決まる。0度になると、氷の結晶ができはじめる。水はエネルギーを冷凍庫内に放出し続けるが、水温は下がらない。熱エネルギーを失うが温度が下がらないということは、何を意味するのだろうか？　それは「エントロピー」という概念だ。水から氷への相転移で表すと、固化のために熱エネルギーを放出するが、温度を変えないことということになる。水がより高い（より乱雑な）エントロピーから、低い（結晶化した）エントロピーに移動するのである。
12. 湿気が多いときに涼しくならないのは、汗が蒸発できないからだ。空気がすでに飽和していて、水分子をそれ以上取り込めないのである。
13. アメリカの北東部や、ノルウェー、チリやアルゼンチンの南部などの地域は、岩石の凍上が起こることで有名だ。凍上現象は、温かい季節に水が岩石に向かって引き寄せられる場合に起こる。この岩石は最も冷たい物体である。水がそこに引き寄せられるのは、岩石がまだ凍っているために乾燥しており、水は乾燥している場所に移動する性質があるからだ（平衡の原理)。その水がそこで凍ると、より分厚い塊になる。その塊が岩を押し上げる。その氷が溶けると、泥や小さな粒子が、溶けた氷が残した空間を満たす。そうすることで、岩は数百年のうちに地表へと徐々に押し上げられるのだ。悩ましいことに、この岩石循環プロセスは火星でも起こるようだが、それには液体の水が存在するか、それに近い条件が必要だと思われる。その温度条件は、数十億年にわたり火星が経験してきたレゴリス内部の温度よりずっと高い。一般的な用語としては「凍結撹乱作用」という。生物い。あらゆる単位は分解すると、時間（秒、s）、距離（メートル、m）、質量（キログラム、kg）という基本的な単位、つまり次元のいずれかになる。他の単位はこの基本の次元から導かれる。たとえば、速度（単位時間あたりの距離、m/s）、密度（単位体積あたりの質量、kg/m^3）、重力加速度（単位時間あたりの速度、m/s^2）、力（$kg{\cdot}m/s^2$）などだ。クレーターの直径（m）の関係式を求めたい場合に、わかっているのが飛翔体の速度（平均15,000 m/s）とターゲット天体の重力加速度（月の場合は1.6 m/s^2）、密度（月の地殻では2,700kg/m^3）だけだとしよう。数式では両辺の単位が同じでなければならないという決まりがあるので、数式の範囲がかなり狭められる。そこで、実験室で実験をして、数式をそのデータに適合させれば、その結果が「スケーリング則」である。科学者はこの方法によって、実験室での実験データと核実験データから、数百キロメートルから数千キロメートルのスケールを持つ衝突クレーター形成の物理過程を予測している。

3. このしくみを利用して人工衛星などを制御するのがリアクションホイールだ。モーターでフライホイールを回転させると、人工衛星がその反対方向に回転する。これにより人工衛星の向きをさまざまに変えたり、太陽発電パネルを太陽に向けたりできる。
4. 幾何学を少し使えば、その確率が$\sin(2\theta)$になることを証明できる（θは衝突角）。この関数は45度のときに最大値をとるのだ。一方、確率がゼロになるのは、完全な正面衝突（$\sin(0)=0$）と、完全なかすり衝突（$\sin(2{\cdot}90^\circ)=0$）だ。
5. 万有引力定数$G=6.6741\times10^{-11}m^3g^{-1}s^{-2}$である。この定数は、万有引力の法則$F=GMm/r^2$にも登場する。ここで$F$は、それぞれ質量$M$と$m$を持ち、距離が$r$の2物体間に作用する万有引力である。私は、万有引力の法則がこんなに単純に、あるいは単純そうに見える理由が何かあるはずだという気がしている。
6. スイス人天体物理学者のアレクサンドル・エムゼンフーバーは、1回の巨大衝突による合体よりも、連鎖的な衝突が起こる可能性のほうが高く、原始惑星がかなり短い時間でターゲットからターゲットへと飛び移れる（たとえば金星と当て逃げ型衝突をしてから、次に地球と衝突する）ことを確かめている。連鎖的な衝突がどのようにして起こるにしても、最終的な原始衛星系円盤は、最後の衝突による合体の結果として形成される。なぜなら原始衛星系円盤は主に、合体するコアの角運動量によって回転するからだ。これは月形成の標準モデルがおそらく正しいということを意味する。集積が起こるためには、衝突は遅くなければならず、衝突角が30度から60度の範囲である可能性が高い。しかし原始テイアと原始地球の間でそれ以前に発生し、2天体の物質をすでに混合させていた可能性のある巨大衝突を考慮する必要がある。そうした衝突は1回か2回あっただろう。もしかしたら、テイアは実は金星との当て逃げ型衝突の後に地球にやってきたのかもしれない。
7. 水の化学的性質は、pHや塩分濃度などの要素で表される。地球の表面の大部分は開けた塩水の海で、弱アルカリ性のpH 8.1かそれ以下である（7が中性）。

Santosh, T. Arai, and S. Maruyama, "Hadean Earth and Primordial Continents: The Cradle of Prebiotic Life," *Geoscience Frontiers* 8, no. 2 (2017) : 309-27.

27. チクシュルーブ・クレーターができた時期には、現在のインド中部にある、広大な火成岩台地であるデカン・トラップも形成中だった。この活動ではマントルから大量のガスが放出されたことから、天体衝突と同じくらい大気環境を大きく変えたと考えられるが、この変化はもっと徐々に進んだだろう。そのために、一部の生態系はすでに減少傾向だったといえるが、K/T境界での大量絶滅は小惑星の衝突が原因である。
28. この衝突が特に生物に大きな影響を与えたのは、小惑星が衝突した堆積岩から、大量の硫酸塩エアロゾルや微粒子が大気中に放出されたためだ。硫酸塩イオンと水が反応すると硫酸になり、これが海のpHを低くして、上層数百メートルに生息する石灰質プランクトンを溶かすほどの酸性度になる。
29. 衝突の後、チクシュルーブ・クレーターの上には大量の石灰岩が堆積した。そこには現在、かつて探検された中で最もすばらしい洞窟がいくつか見つかっている。有名なのは、メキシコにあるセノーテという深い縦穴型の湖で、これはトゥーソンのタコス料理店でも壁のマヤカレンダーを優雅に飾っている。このセノーテは、チクシュルーブ・クレーターの周囲で第三紀に石灰岩層が形成され、そこにカルスト地形ができた結果だ。上層にある石灰岩が浸食で失われると、厚さ数キロメートルの堆積岩が露出し、そこに割れ目や、互いにつながった洞窟ができる。私は、潮汐力が作用するとともに、クレーターが非常に多いガニメデでは、地下に広がる海に全長数千キロメートルの洞窟網があるのではないかと考えている。
30. このクレーターは最終的に、PEMEX（ペトロレオス・メキシカーノ。メキシコの国有石油企業）が所有する地震データと重力データから発見された。1970年代末に石油地質学者のグレン・ペンフィールドが最初に発見してから、（当時）惑星科学を研究する大学生だったアラン・ヒルデブランドが「発見の発見」をするまでには、探偵小説さながらの驚くような経緯があった。

第3章　システムの中のシステム

1. 水素原子が核融合を起こしてヘリウム原子になるときには、毎回わずかに質量を失う。原子構造がよりコンパクトになるからだ。このとき、アインシュタイン方程式$E=mc^2$にしたがってエネルギーが放出される。太陽は水素の核融合によって、毎秒400万トンの質量を失っている。銀河系はmc^2として、1000年間で太陽約1個分の質量を失っている。
2. 大きな衝突ほど、衝突クレーター形成のタイムスケールは長くなる。これは理解しやすい。他の物理的側面も「スケール」する。「次元解析」と呼ばれる理論（あるいは手順）は、どんな関係式を考えたとしても、両辺の単位は同じでなければならないということが基本になっている。何かの速度の式を作りたいとき、その答えの単位はメートル毎秒でなければならなな鉛筆書きの注釈がある。たとえば、直径93キロメートルのコペルニクス・クレーターから外に向かって、鎖のように連なっているクレーターは、爆発的に噴火をする「マール火山」だと書いてある。現在では、こうした鎖状に連なるクレーターは、最初のクレーターから放出されたエジェクタによる二次クレーターだとわかっている。

18. 月面を歩いた最初で最後の地質学者は、アポロ17号のハリソン・シュミット博士だ。
19. 「最も弱いものが残る」という説は、1970年代から1980年代にかけて、トゥーソンのドナルド・R・デイヴィスが主張していた。デイヴィスは、現在トゥーソン在住の天体物理学者で、特に巨大衝突による月の形成を共同で提唱したことで知られている。小惑星マチルダの巨大クレーターについて考えていたデイヴィスは、アリゾナ州南西部にある砦で、アドベ壁にサグアロサボテンの茎が埋め込まれてあったのを思い出した。それと同じように、小惑星に空隙が多ければ、破壊をもたらすような衝突があっても無事なのである。以下を参照のこと。E. Asphaug, "Survival of the Weakest," *Nature* 402 (November 11, 1999) : 127-28.
20. Margarita Marinova, Oded Aharonson, and Erik Asphaug, "Geophysical Consequences of Planetary-Scale Impacts into a Mars-Like Planet," *Icarus* 211, no. 2 (2011) : 960-85.
21. Gregor Golabek et al., "Coupling SPH and Thermochemical Models of Planets: Methodology and Example of a Mars-Sized Body," *Icarus* 301 (2018) : 235-46.
22. 合成開口レーダーは、探査機の進行方向を用いて波場を作り出すことで「開口」を構築して、レーダー反射画像のピントを合わせる技術だ。確かに複雑だが、うまく働く。
23. ヴェーゲナーがこの説を提唱したときには嘲笑された。
24. 海洋底が開き、海溝で沈み込み、大陸が形成されるサイクルは、カナダの地球物理学者ジョン・ウィルソンにちなんで「ウィルソンサイクル」と呼ばれる。その期間は2億年から3億年で、海洋地殻の平均的な年齢の数倍だ。
25. この部分は、理論と推測が混じり合っているところだが、地震学データによる裏づけもある。地震波の速度を図にすると、地溝の下から上昇してくる高温の（地震波が遅い）物質と、スラブとともに沈み込む密度の高い（地震波が速い）部分が見えるのだ。地震波を使えば、弾性エネルギーが地球内部のさまざまな層や領域を高速で通過する様子を描き出すことができる。地震波は、低温で固体のスラブや、固体の内核の中では、部分的に融解したマントルや、液体の外核の中よりも高速で伝播する。数多くの地震観測点から集めた大量のデータを処理すれば、地震波の3次元モデルを構築できる。そうすることで、高温でどろどろした鉱物であふれる低速度領域と、沈み込んでいる冷たいスラブからなる高速度領域を「見る」ことができる（かなりぼんやりとではあるが）。初期のプレートテクトニクスで生じた「スラブの墓場」が存在することは、コア-マントル境界にある低速度の反射波領域から推測されている。
26. 次の論文は、冥王代の地質学への独創的なアプローチの1つである。M.

ると信じているかもしれない（そう、そこはピザレストランだ）。
9. この短い手紙は、発見について書かれた、はるかに長い専門的な文書を要約したもので、その文書自体は残っていない。
10. アルキメデスは、指数表記に加えて、任意の大きさの数の計算方法も発明した。2つの大きな数の割り算は、その指数の引き算をするだけで得られる。つまり$10^a \div 10^b = 10^{a-b}$となる。同じように、大きな数のかけ算は指数を足せばよい。$10^a \times 10^b = 10^{a+b}$（なお、アルキメデスが実際にたどり着いた値と、彼が使った宇宙の大きさと砂粒の直径から私が求めた数は同じではない。しかしアルキメデスの書いたものは残っていないので、この点は議論しようがない）。
11. まず、$1/2 + 1/4 + 1/8 + ... = x$という数式を書き、それを2倍すると、$1 + 1/2 + 1/4 + ... = 2x$となる。2つ目の数式から1つめの数式を引くと、あら不思議、すべての項が打ち消されて、$x = 1$となる。2つ目の証明については、正方形の紙を1枚用意して、そこから同じサイズの正方形を4個作り、さらにそれらから同じサイズの正方形を作る、ということを繰り返していくと証明できる！
12. 太陽風が活発な時期には、高エネルギーの太陽陽子が宇宙飛行士にとって危険な存在になるが、この太陽陽子は探査に役に立つ。地表付近のレゴリス層を貫通して、その部分の成分を探ることができるからだ。表面のレゴリス層に水が何らかの形で存在する領域では（たとえば日のあたらない極域や高緯度地帯）、太陽陽子の反射が減少するだろう。入射する陽子が別の陽子、つまり水分子内の水素原子と衝突する可能性が高いからだ。衝突によって陽子の速度が遅くなり、跳ね返らなくなる。一方、質量の重い原子と衝突した陽子は反射する。つまり、月の地下には場所によってたくさんの水があることがわかるのは、月に太陽陽子が衝突し、その多くが水素として埋め込まれる現象があるからだ。
13. ミクログラフィアのことを知らなかったら、ぜひ次のサイトで読んでから、ここに戻ってきてほしい。http://www.gutenberg.org/ebooks/15491.
14. 「クレーター（crater）」という単語は、ギリシャ語の「krater」（儀式用のワインの杯）に由来する。「crater」という場合に、それが火山の火口（volcanic crater）と衝突クレーター（impact crater）のどちらなのかは、文脈から判断する必要がある。
15. カメラ画像の範囲（地面が何メートル見えるか）をDとしよう。この範囲の面積はD^2になる。サイズDのクレーターが惑星上の単位面積あたりに存在する数がD^{-2}であれば、カメラ画像の範囲にあるクレーターの数は、惑星からの距離に関係なく一定になる。指数部分がキャンセルされるので、この理想化された風景はどのスケールでみても同じに見えるだろう。
16. 現在ではコンピューターシミュレーションから、鉄の飛翔体は衝突時の爆発によって周囲に飛び散り、クレーター内にほとんど残らないことがわかっている。
17. 私は月面のさまざまな地域を描いた古い地図を数枚持っている。1967年に、開校直後のカリフォルニア大学サンタクルーズ校で開催された、アポロ計画の科学調査会合の残り物だ。その地図には、当時書き込まれたいろいろに緯度で約23度離れている。

4. アレクサンドリア図書館は、全盛期だった紀元前3世紀から2世紀にかけては、数学や自然科学についてのエジプト語の書籍を数十万冊、バビロニアやアフリカで書かれた文献の翻訳書を数千冊所蔵していた。中国やインドの数千年前の文献と同様、このアレクサンドリア図書館の文献は散逸してしまっている。古代バビロニア文化は、特に紀元前8世紀や7世紀には最も進んでいて、他にない詳細な天文観測記録を作成し、たとえば月食が223カ月周期で起こることを発見していた。バビロニア人は、天文学に観測の基準や、時間の計測、角度などをもたらした（アレクサンドロス大王が紀元前331年にバビロニアを占領したとき、天文学者のキディンヌは、バビロニアの天文表を翻訳することを拒んだために殺害されたとされている）。西洋社会には、マヤやアステカ、インカといった古代文化が残した奥深い天文学的遺産はわずかしか伝わっていない。こうした文化や他のアメリカ文化は、スペイン人によって壊滅させられ、文書記録はほぼすべてが意図的に破壊された。多くの場合、残っているのは遺跡が土で覆われてできたマウンドだけだ。同じように、カンボジアや中央アフリカで、古代の人々が天文学や数学について何を考えていたかは、荒れ果てた寺院や彫刻、粘土板などに残る手がかりから推測するしかない。
5. エラトステネスが見積もった直径は、専門の歩行係がある距離を進むのにかかる時間に基づいていたので、誤差が生じやすかった。ロープを使えば距離を直接測定することは可能だったが、短い距離に限られていた。ギリシャ語の「スタディオン」(*stadion*）に類似する単位が、英語の「ハロン」(*furlong*）だ。これはすきで耕した溝のことで、8分の1マイルに相当し、10チェーンにあたる。(1チェーン×1ハロンの面積が1エーカーである。その名称からわかるように、チェーン（chain、鎖）は測量技師が持ち歩いたリンク（link、鎖の輪）で測定し、1チェーンが100リンクである）
6. 角度の自然単位は「ラジアン」だ。ラジアンは、ある円の弧の長さをその円の半径で割ったものとして定義される。つまり2πラジアンが円1周分、つまり360度に相当する。月の直径を月までの距離で割ると、月の視直径をラジアンで表したものになる。月の視直径は0.5度で、これは2πの1/360の半分であり、およそ1/110ラジアンと表せる。したがって、月の直径は月までの距離の1/110である。
7. もし地球がバスケットボールで、通常サイズのコートに設置されたゴールリングの下にあるとしたら、月はスリーポイントライン〔訳注：ゴール前の半円のライン〕上にあるテニスボールだ。太陽は、東に1.6キロメートルの距離にある公営プールである。地球近傍にある大型の小惑星は、コート上にまいた塩の粒になる。メインベルトの小惑星は数キロメートル離れたところにあり、ブドウかレーズンほどの大きさのものもあるが、ほとんどは米粒のように地面にまいてある。
8. 私がよくいく地元のレストランのオーナーは、そこのウェイターがいうには、地球が平らだとかたく信じているらしい。さらに、世界は透明なドームに覆われていて、虹ができるのは太陽光がそのドームで反射するからだと考えているそうだ。もしかしたら、太陽はヘリオスの戦車に引かれてい

43. 金属量の高い恒星は、そのすぐ近傍を巨大ガス惑星が公転していることが多いようだ。その理由は、大量の材料がある場合には、固体が早い段階で凝縮し、水素やヘリウムが恒星風で吹き飛ばされる前に、この固体を種として集積するためだろう。
44. 恒星の外側にある光球が十分に混合されていれば、その金属量はその恒星全体の成分のうち、中心核での核融合の生成物以外の部分を典型的に表す。そしてこの恒星成分は、その恒星や、周囲に形成された、惑星系を作り出した分子雲の成分を表している。
45. 天文学者のジョナサン・フォートニーの論文によれば、太陽に似た恒星のうち約1パーセントでは、炭素／酸素比が0.8〜1.0になっている可能性があるという。“On the Carbon-to-Oxygen Ratio Measurement in Nearby Sunlike Stars: Implications for Planet Formation and the Determination of Stellar Abundances,” *Astrophysical Journal Letters* 747 (2012).
46. 炭素惑星の場合、地殻上層部（グラファイト）が地殻下層部（ダイヤモンド）よりも弱い可能性がある。これはおそらく、地球上で花崗岩の楯状地の上に氷河がある状況に似ているだろう。
47. 皮肉なことに、現在、コロナ質量放出の影響を最も受けやすいのは、私たちの人工的なネットワークである。コロナ質量放出に伴う電磁パルスによって、配電網が広範囲にわたって、数週間から1年、あるいは2年も遮断される可能性があるからだ。1859年には、近代史上最大のコロナ質量放出が発生し、電報局のケーブルに火花を発生させるとともに、目を見張るようなオーロラを生み出した。2013年にはロンドンの保険会社ロイズが、同様のコロナ質量放出が発生した場合のアメリカでの損害額を6000億ドルから2兆6000億ドルと試算した。
48. Pierre Kervella et al., “The Close Circumstellar Environment of Betelgeuse V. Rotation Velocity and Molecular Envelope Properties from ALMA,” *Astronomy & Astrophysics* 609 (2018).
49. 上付文字は質量数（原子核内にある陽子と中性子の合計個数）を表す。
50. キロノヴァの爆発は、宇宙全体での金やモリブデンのような多くの重元素の生成プロセスかもしれない。
51. 重力波は2015年9月に、レーザー干渉計重力波観測所（LIGO、NSF/Caltech/MIT）によって初めて検出された。この発生源は、13億光年以上彼方での2個のブラックホールの合体だった。

第2章　流れの中の岩

1. 『アリストテレス全集2分析論後書』（高橋久一郎訳、岩波書店）
2. ピタゴラスは、孔子や他の古典世界の人物たちと同じように、単に1人の人物としてのみならず、1つの時代や思想の学派を代表する存在として記憶されている。ピタゴラスは、アポロンが人間との間になした子だという伝説もある。
3. 現在では、シエネのように夏至（または冬至）に太陽が天頂にくる地点は「北（南）回帰線上にある」といわれる。回帰線は赤道から北（または南）

35. 放射性同位体を用いた隕石の年代測定や、後で説明する集積の力学モデル計算の両方を考慮すると、火星や水星のような最初の惑星コア形成の時期が約100万年から300万年、地球や金星を生み出す巨大衝突の時期が1000万年から1億年という、矛盾のない結果が得られる。最もありふれた古い隕石であるコンドライトは、太陽系誕生から30万年から300万年の間に形成された。さらに最も古い隕石は、最も始原的なコンドライトの内部に多くの鉄やカルシウムアルミニウム包有物を含んでおり、太陽系誕生から30万年未満で形成されている。
36. もちろん、そうした円盤が「見えない」（解像できない）場合は、赤外線の増加が実際に意味するものを考えなければならない。最もシンプルな答えが原始惑星系円盤だ。しかし、他よりも変則的な観測結果の一部に対して、「エイリアンの巨大構造物」という説が提案されたことさえある。私はその説を疑っている。恒星の形成は、惑星形成と同じように、物質のリングを生み出す。その物質は、赤外線による熱の観測とよく一致する加熱状態にあるだろう。時間変化をする奇妙な円盤もあるが、それはもちろん、建造中のエイリアンの巨大構造物などではなく、その円盤内で若い惑星同士の衝突が起こっているというだけだろう。
37. 望遠鏡（口径7メートルと12メートル）を、たとえば検出効率を高めたいのか、それとも画像の分解能を向上させたいのかなど、観測の性質によって最適な展開位置に移動させる。それぞれの望遠鏡は、実際には精密なギガヘルツ帯アンテナであり、そこで検出されたシグナルをすべて同調させて画像にする。
38. 恒星の光に含まれる、ヨウ素などのガスのスペクトル線がシフトしていることが、地球上の参照用ガスのスペクトル線との比較でわかる。
39. 1995年、スイスの天文学者ミシェル・マイヨールとディディエ・ケローが、次の論文で発表した。“A Jupiter-Mass Companion to a Solar-Type Star,” *Nature* 378, no. 6555（1995）: 355-59.
40. アマチュア天文学者が大きな影響を与えてきた分野が、予測されているトランジット現象の継続観測だ。惑星系内の他の惑星の重力が原因で生じる、トランジットのタイミングの微妙な変化は、小型望遠鏡で観測できる。
41. 30光年離れた恒星を公転する惑星にある、100キロメートル規模の構造を検出するには、500億分の1秒角の分解能が必要だ。望遠鏡の分解能は口径の逆数なので、少なくとも20キロメートルの範囲に広がる望遠鏡のネットワークが必要であり、さらに望遠鏡の設置精度は観測波長以下、つまり1ミリの1万分の1未満でなければならない。さらに惑星の明るさは、中心にある恒星の明るさの10億分の1なので、恒星の光を遮るためにそれぞれの望遠鏡に掩蔽板を設置するか、何か他の対策をとる必要がある。これは不可能に思えるかもしれないが、現在の天文観測で日常的にしていることも、30年前には奇跡に近かったのだ。
42. 連星や三重星が生まれることもある。実際には、太陽のような単一星よりも連星のほうが、いくらか数が多い。夜空に連星があまり見えないのは、多くの場合、連星の片方がもう片方よりも何倍も暗いか、2つの恒星の距離が近いせいだ。

する、特徴的なサイズスケールが与えられる。多くの天文物理学や惑星物理学の研究ではこのような方法で、あれこれと結果を比較しながら、特徴的なサイズスケールやタイムスケールを求めている。

26. 1銀河年は、銀河回転1回にかかる時間で、約2億2500万年から2億5000万年である。つまり46億年の間には、18回から20回回転したことになる。
27. マゼラン雲は銀河系の最大の伴銀河である。昔のヨーロッパの天文学者には知られておらず、天体写真が発達するまでは、マゼラン雲を見るには高価な観測装置とともにはるばる旅行する必要があった。
28. 最も近い独立銀河であるアンドロメダ銀河は、銀河系の3倍の質量があり、約1兆個の恒星を含む。宇宙は膨張しているものの、アンドロメダ銀河は銀河系に向かって秒速約110キロメートルで不規則に進んできている。これは、太陽が赤色巨星の段階に進むより少し前の、今から40億年後に銀河系と衝突することを意味する。
29. カントのモデルを数学的により詳しくして、惑星の質量の予測を含めるようにしたモデルは、フランスの高名な数学者で物理学者でもあるピエール＝シモン・マルキ・ド・ラプラスによって1790年代に考案された。
30. 電離とは、原子から電子が1、2個はがされて、原子が全体として正の電荷を獲得した状態だ。
31. かつて私は、ハル・レビソン（ニースモデルの共同提唱者で、ルーシーミッションの研究代表者）から「人間にハンマーを渡したら、何でもくぎに見える」といわれた。それに私はこう答えた。「実際、何もかもがくぎじゃないか！」
32. この後で議論するとおり、恒星からの光は連続スペクトルではなく、ヘリウムと水素、カルシウム、鉄などの元素の原子内で発生する特定の軌道遷移に対応する吸収線と輝線のスペクトルになっている。そのため宇宙赤方偏移を測定するには、認識可能なスペクトル線を比較する。
33. 現代宇宙論によれば、空間はあらゆるところで時間とともに増大している。サイレンを慣らした車が通りを走ってくるときには、近づいている最中はトーンが高くなり、離れていくときには低くなるが、膨張する宇宙では、光はそのように観測者から見て相対的に波長が長くなっているのではない。むしろ、空間が膨張しているせいで、その空間を進む光の波が分散するのである。光は空間を長い距離進むほど、より長く引き延ばされる。そのため、これは宇宙赤方偏移と呼ばれ、ドップラーシフトとは異なるものだ。
34. 皮肉なことに、ハッブルが最初に出した定数の値は、ほぼ10倍の膨張速度に相当し、宇宙の年齢が20億年未満であることを示していた。この結果が問題とされたのは、1920年代末にはウラン・鉛年代測定法によって、最も古い地球の岩石や隕石がその2倍古いことが明らかになりつつあったからだ。さらに天体物理学の別の分野の研究から、20億年という年齢は、最古の恒星（熱核反応による進化モデルに基づく）の年齢が数百億年だという事実を説明するには短すぎることがわかった。結局、ハッブルは銀河までの距離を10倍程度間違えていたことがわかった。原因は、恒星としてグラフに書き込んでいた近傍銀河内の天体が、実際は数千個の恒星の集団であることにハッブルが気づいていなかったためだ。

は「不適合元素」であり、結晶内に居場所を見つけられない。したがって、結晶内で鉛が見つかった場合は、すべてウランの放射性崩壊で生じたものということになる)。

18. 別の方法が「フィッショントラック法」だ。これは、ケイ酸塩結晶内のウラン原子が崩壊するときに放出する粒子が、結晶格子を局所的に傷つけ、飛跡(フィッショントラック)を残すことを利用している。この飛跡を顕微鏡下でカウントして、数十億年という経過時間の記録として用いる。また宇宙線によって生じた飛跡も見つかることがある。この方法では、隕石が小惑星や月、その他の空気のない天体の表面で、高エネルギー粒子にさらされていた期間がわかる。そうした宇宙線は岩石内に数十センチ入り込んで、放射線による損傷を引き起こすためだ。ついでにいえば、これは、宇宙飛行士が宇宙に長期滞在するときには必ず、厚さ1メートルの岩に相当するシールドを必要とする理由である。
19. とはいえ、K/T境界の原因である隕石衝突の日の数時間に、小さな丘で起こっていた一連の出来事を私たちが知っているのは面白い。
20. この法則を広めた、ベルリン天文台の所長ヨハン・ボーデにちなんでいる。最初に発表したのはウィッテンベルク大学の自然哲学者ヨハン・チチウスだ。そのためしばしば「チチウス-ボーデの法則」と呼ばれる。
21. 惑星が解像されない場合、つまり単なる光の点である場合でも、面積が大きいほど太陽からの光を多く反射するので、惑星の大きさや明るさはわかる。そかしそれは惑星の「アルベド」、つまり惑星の物質(たとえば雪や土、炭素質など)がどのくらい明るいか、または暗いかに左右される。セレスは月よりもかなり暗く、直径は4分の1しかない。
22. 系外惑星の大半を、私たちはまだ見たことがない。データが不完全なので、十分な数の自由なパラメーターがあって(たとえばボーデの法則で水星を説明するように、3、6、12…という数列に先頭の0を恣意的につけるようなこと)測定値やその他の十分なエラーを受け入れ、特別な例外(小惑星など)やデータ不足を許容すれば、ほぼどんな惑星系でもボーデの法則のようなパターンを作ることができる。トランジットによって検出された系外惑星系では、他の惑星に対して傾いた軌道を持つ海王星サイズの惑星は観測されないかもしれない。ある研究論文では、ボーデの法則(あるいはその変形版)を使って、見落としている惑星を探すにはデータのどこを見るべきかを予測しており、その方法で惑星が発見されたケースもすでにいくつかある。
23. 考えると夜も寝られなくなる疑問がある。他の人の視点でみれば、私たちはつねに過去にいるのに、「現在」などというものが本当にあるのだろうか?
24. 「Galaxias」はギリシャ語で天の川を指し、ギリシャ語のgala(乳)を語源とする。女神ヘラの乳が空にこぼれたという逸話に由来する。
25. 基本的にはどのガス雲にも音速が決まっている。たとえば、地球の空気中にも音速が決まっている。この音速は、温度と密度の関数である。ガスが「かたく」、音速が重力収縮よりも速い場合、凝集が起こるよりも速く、そのしわがなめらかになるだろう。これらが互いに等しくなるように(重力収縮が音速と等しくなるように)設定すると、恒星になる塊の質量を支配だ。画鋲2個と厚紙、そして紙を1枚用意して、紙の上で鉛筆を動かせば、きれいな楕円を描ける。1個の画鋲を紙の上の太陽にあたる位置に刺し、もう1個の画鋲を少し離れたところに刺す（この距離が離心率に相当する）。画鋲の間に多少のゆるみをもって糸をかけ、鉛筆で糸をピンとはるようにしながら動かしていくと楕円が描ける。

11. ニュートンが一生涯にわたり敬虔なキリスト教徒だったことは、信仰心を打ち砕かなくても自らの世界観を打ち破れることを証明している。

ケプラーの第3法則は、ニュートンの万有引力の法則の観点で表せば、$P^2 = 4\pi^2 a^3/G\ (M+m)$ となる。ここでPは周期（1回の公転にかかる時間）、aは軌道半径、Gは重力加速度$6.67 \cdot 10^{-8} cm^3 g^{-1} s^{-2}$、Mとmは質量である。ただし$M$がきわめて大きな天体なら、$m$は無視できる。惑星の質量が大きいほど（$M$が大きいほど）、周期は短くなる（公転が速くなる）。これはあなたが投石器のひもに強い力をかけるほど、石の回転が速くなるのと同じことだ。

12. Philip C. England, Peter Molnar, and Frank M. Richter, "Kelvin, Perry, and the Age of the Earth." *American Scientist* 95（2007）: 342-49.

13. ケルビン卿は、聖書の教えを文字どおり守りつつ、物理学に論理的な結論をもたらそうとした、敬虔なキリスト教徒だった。

14. そうした放射性元素が地殻岩石内に濃集するのは、地球のマントルが固化したときに、その放射性元素が「不適合」だった、つまり形成中の結晶内に原子が入り込むことができなかったためだ（もっと身近な例は塩水だ。塩水を凍らせていくと、凍っていない部分の塩分濃度が高くなるのは、氷の結晶内に塩が入れないからだ）。したがって、放射性元素の原子は大半が液体中に残る。それゆえに、地殻岩石を作り出したマグマの噴火や貫入で、不適合放射性元素が多く含まれるようになる。この後取り上げる、ウランやトリウムの濃度が高い月のマグマ（KREEP）もこれと同じだ。

15. ケルビン卿は、地球内部の潮汐散逸を、現在の大陸と海洋の配置に基づいて推定した。海を陸に近づけたり遠ざけたりする方向の大きな抗力があるので、強い散逸が生じる。そのため、軌道拡大の速度は大きくなる。しかし地球の地質学的な歴史を振り返ると、超大陸と超海洋が1つずつあるだけか、海だけがあって大陸がない時代が大半だったので、散逸は弱かった。

16. こうした測定では、鉛の混入の問題があり、算出される年代が大きくばらつく原因になるため、パターソンは鉛を調べる場合のクリーンルーム手順を策定した。その結果パターソンは、それまで知られていなかった、環境における産業用鉛の拡散を明らかにするという重要な成果をあげ、その研究がやがて、ガソリンや塗料、自治体の水道管での有害な鉛の使用禁止につながった。

17. ジルコン（$ZrSiO_4$）は、ジルコニウム（Zr）を含むケイ酸塩鉱物で、高温で形成され、地球の最古の岩石だけでなく、月岩石サンプルや古い隕石といった、きわめて古い岩石の一部に保存されている。ジルコンが結晶化するとき、計測可能なレベルのウランが取り込まれるが、鉛は取り込まれないので、優れた年代測定手段になる（ウランは結晶構造に入り込みやすい「適合元素」なので、ジルコニウムと置き換わって結晶の一部になる。鉛これは宇宙飛行士のことだろう。さらに、宇宙旅行の始まりに宇宙飛行士が経験することについての説明を読むと、ケプラーが加速度と慣性を理解していたことがわかる。

> 出発にあたって人間の体はたえず激しいショックを受ける。なにしろ、大砲で空高く打ち上げられて海や山を越えるようなものだからである。それゆえ前もって麻酔剤やアヘン剤をかがせてたちまちのうちに眠らせておく必要がある。また、尻と胴体がちぎれないように、胴体から頭だけが飛んでしまわないように、そしてショックが四肢に分散するように、四肢をうまく按排(あんばい)にしておかなければならない。次に新たな困難が出てくる。極度の寒さ、それに呼吸困難だ。だが寒さはわれわれが生まれながらもっている力でやわらげられるし、呼吸は湿った海綿を鼻孔に当てておけばどうにかなる（以上ヨハネス・ケプラー『ケプラーの夢』、渡辺正雄・榎本恵美子訳、講談社より引用）。

6. Nを任意の数とする場合に、N個の正多角形から作られる立体は5種類しか存在しない。最初が正四面体で、これは4個の正三角形からなり、頂点で3個が接する。正六面体（立方体）は6個の正方形からなり、頂点で3個が接する。正八面体は8個の正三角形からなり、頂点で4個が接する。正十二面体は12個の正五角形からなり、頂点で3個が接する。そして正二十面体は20個の正三角形からなり、頂点で5個が接する。これですべてであり、他にはない。
7. 冥王星は肉眼でも（ときおり、なんとか）見えるので、古代のギリシャや中国の天文記録にもその存在の手がかりが残っている。しかしケプラーは、そのことを知らなかったようだ。
8. 花崗岩の上に建てられた家では、ラドンガスが発生していないかチェックする必要がある。ラドンは、ウランから鉛への崩壊系列上にある元素の1つだ。
9. 距離がr離れている、質量mとMの2物体間に作用する重力は$F = GmM/r^2$である。ここでGは万有引力定数で、宇宙全体で一定と考えられる数だ。あなたを椅子にとどめている力は、あなたの質量mに地球の質量Mをかけ、それを地球の半径rの二乗で割り、それに万有引力定数$G = 6.6741 \times 10^{-11}$ $m^3kg^{-1}s^{-2}$をかけることで求められる。この$m^3kg^{-1}s^{-2}$という単位は、それにmM/r^2をかけて力を求めるのに必要なものだ〔この場合、質量はキログラム(kg)、地球半径はメートル(m)で表す〕。あなたの体重が100キログラムなら、あなたの椅子が受ける力は981kg m/s^2である。この単位を短縮して981ニュートン(N)と表す。この力をあなたの体重で割ると、あなたの体は体重1キログラムあたり9.81ニュートンの力を感じる。ニュートンの第2法則は、力＝質量×加速度($F = ma$)なので、言い換えると、地球の表面であなたが感じる加速度は$a = F/m$、つまり9.81 m/s^2になる。そのため、1秒間自由落下したリンゴは、あなたの頭に秒速9.81メートルで衝突することになる。
10. 水星の近日点（太陽に最も近い点）は$a_p = 0.31$AUであり、遠日点（太陽から最も遠い点）は$a_a = 0.47$AUなので、軌道の「離心率」eは$e = (a_a - a_p)/(a_a + a_p) = 0.21$となる。完全な円軌道の離心率は$e = 0$であり、地球は$e = 0.017$

48. NASAは、すべての探査ミッションの科学データについて、通常はミッション終了から6カ月以内にアーカイブし、永久的に一般公開することを求めている。
49. 2016年に1日でYouTubeにアップロードされた動画データ量にほぼ等しい。
50. 1000年後は実際には約30代目の孫にあたる。
51. ミッションの研究責任者アラン・スターンと共著者デイヴィッド・グリンスプーンによる、次の書籍内で述べられた内容。*Chasing New Horizons: Inside the Epic First Mission to Pluto*（Picador: New York, 2018）.

第1章　朽ち果てた建物

1. これまでの科学は男性中心の世界だったので、こうした道標的存在は20世紀まではもっぱら男性であった。野心を抱いた創造的な女性研究者たちを脇に追いやってきたせいで、科学の可能性が狭められ、目標の達成が妨げられてきた。この状況は変わりつつあり、その影響は歴史的な規模になるだろう。
2. ニコラウス・コペルニクスは、『天球の回転について』がひどい反発を招くことが予想されたので、刊行時期を自分の死後すぐとすることでそれを回避した。この本は1543年、神聖ローマ帝国の一都市だったニュルンベルグで刊行された。
3. 当時も現代と同じように、一番重要なのはデータだった。ケプラーは、かつて師事していたティコ・ブラーエが1601年に亡くなると、その観測記録をすべて受け継いだ。この膨大な記録を土台に、惑星の運動にかんする法則を作り上げたのである。
4. 30年後にガリレオは、地球が太陽を回っていると主張したかどで裁判にかけられると、自説を撤回したため、太陽が地球を何千回もめぐるまで生き延びた。著作は発禁処分になり、ガリレオ自身は1642年に亡くなるまで自宅軟禁での生活を余儀なくされた。ガリレオは個人的な会話では、「それでも回っている」といったとされている。
5. ここで『夢』からの引用を紹介しよう。この部分で、ケプラーは月（レヴァニア）へ航海できる人物について説明している。これを読むと、ケプラーの説がジョナサン・スウィフトの心を強くとらえた理由がわかるし、スウィフトの『ガリヴァー旅行記』への影響も多少感じられる。

   五万ドイツマイルかなたの空中に、レヴァニアの島がぽっかり浮かんでいる。ここからそこへの道、あるいはそこからこの地上への道はめったに開くことがない。だが道が通じた時には、われわれは精霊の仲間であればいともたやすく行き来ができる。ところが人間どもを運ぶとなるとこれは大仕事だ。生命の危険をはらむといっていい。だがどうしても道連れにというのなら、まず無気力な人間とか、デブとか、めめしい奴ははじめからお断りだ。反対に、いつも馬術の訓練に余念なく、航海するなら遠くインド諸島にまで出かけるといったぐあいに体を鍛え、しかも堅パンやらニンニクやら干魚などうまくもない食物で命をつなぐのを常にしたたくましい面々を選ぶのだ。

は大気の物語があり、酸素には酸化物（岩や水）の物語がある。ハフニウム（灰色の金属）にはコアの形成、鉛には結晶化にまつわる物語がある。

39. 酸素の同位体比が異なる理由は盛んに議論されている。太陽の酸素は、隕石や、地球や月、火星の岩石のいずれと比べても、7パーセント軽い（酸素16が豊富）。そのため、原始太陽系星雲で起こった何らかのプロセスが、軽い酸素同位体を大量に取り去ったと考えられる。おそらくは、地球の氷床の凍結と融解によって、海中の軽い酸素同位体の量が増減したのと同じしくみだろう。この除去プロセスが、原始太陽系星雲内の位置によって異なる方法で進んだために、後に火星の距離と、地球の距離では、蓄積した酸素の同位体比の違いが生まれたのだろう。少なくとも仮説としてはそういわれている。
40. 念のために、十分大きな岩石が火星由来のNEOになり、それがやがて分裂して、火星隕石を地球にもたらすという可能性もおさえておこう。
41. 地球から放出された岩石が、数千年後、あるいは数百万年後に隕石としてふたたび地球に衝突したというシナリオはありうるだろうか？　月面の岩石は、それほど大きくないクレーター形成イベントでも宇宙空間に放出されやすく、それが月の重力を逃れれば、地球に衝突する可能性は高い。地球はそうではない。地球には厚い大気があるので、あり得ないほど大きな衝突クレーターでなければ、地球の強い重力を逃れるような大量のデブリを放出することはない。そうしたデブリのほぼすべてが、100万年以内に地球に衝突するか、ちりぢりになるので、地球上に巨大なクレーターがかなり最近形成されたのでないかぎり（そうしたクレーターはないが）、仮に地球由来の隕石があっても、数はきわめて少ない。後から議論するように、地球上で古い時代に発生した大規模なクレーター形成イベントの噴出物は、地質活動がない月に保存されている可能性のほうが高いだろう。
42. そう、「biogeochemistry（生物地球化学）」で1つの単語だ。地質学者が、自分が生物学者であるとは言い切れないが、ほとんどの時間を化学実験室でのサンプル分析に費やしている場合、この単語が出てくる。
43. 火星はどうかと思うだろう。火星はとても低温なので、気候を支配する役割がある水の三重点にはないが、二酸化炭素の凝固点ではある。火星の水はほぼすべてが固体であり、量も多くない。
44. 「sapience（サピエンス）」という語は、「知恵」を意味するラテン語「sapientia」に由来する。ただし「*Homo sapiens*（ホモ・サピエンス）」に知恵があるという保証はない。
45. アリゾナ州立大学によるルナー・リコネサンス・オービター・カメラ（LROC）の画像ギャラリーとホームページは、次のサイトで閲覧可能。http://lroc.sese.asu.edu.
46. アリゾナ州立大学によるマーズ・リコネサンス・オービターの高解像度撮像装置（HiRISE）の画像ギャラリーは、次のサイトで閲覧可能。https://www.uahirise.org.
47. ピクセルスケールは、画像の1ピクセルが何メートルにあたるかを示す。これは画像内で判別できる最小の地形を意味する「分解能」とは異なる。分解能はピクセルスケールの約2～3倍。

画像にする。

34. 三次元地震動イメージング（トモグラフィーとマイグレーション処理）をレーダーエコーデータに応用することで、原理上は、医療用のCTスキャンや高解像度超音波スキャンと同じようなことを、彗星核や小型カイパーベルト天体に対しておこなえる。それによって科学探査が容易になるだろう。P. Sava and E. Asphaug, “3D Radar Wavefield Tomography of Comet Interiors,” *Advances in Space Research* 61, 2018.
35. William Blake, “Auguries of Innocence” (c. 1803).〔邦訳：ウィリアム・ブレイク「無垢の予兆」(『対訳ブレイク詩集』、松島正一訳、岩波文庫所収)〕
36. 「知覚できない事実」の発見は、たとえばイオンビームをナノメートルの精度で照射するとか、大型の宇宙望遠鏡を打ち上げるといった、物理と工学の進歩にかかっている。ジェイムズ・ウェッブ宇宙望遠鏡は自動で展開するよう設計されており、地球から見て太陽と反対方向にあるラグランジュ点（L2）という安定点で、複数のセグメントが結合して口径6.5メートルの主鏡になる。これはハッブル宇宙望遠鏡の3倍以上だ。宇宙空間では、重力や風、大気の心配をしなくてよく、遮光シールドによって温度が正確に調整されるので、巨大な光学ミラーの悩みの種を解決できる。つまりは、宇宙に打ち上げてしまえばいいのだ。これは奇妙な話に聞こえるかもしれないが、口径数キロメートルの光学望遠鏡は可能であり、多数の超小型衛星を協調的に配置して、それで主鏡を支えることも可能だろう。そうすれば、現在では想像もしていないような恒星や惑星などが見つかるようになる。科学の未来は、知覚にかんするテクノロジーとともに進んでいくのだ。
37. 太陽光をエネルギーとし、グルコースを生成する光合成の基本的な式は、$6CO_2 + 6H_2O \rightleftharpoons C_6H_{12}O_6 + 6O_2$となる。岩石の風化も二酸化炭素によって起こる。二酸化炭素は水に溶けると（海など）弱い炭酸（H_2CO_3）溶液を作り出し、これが鉱物を分解して粘土と炭酸塩にする。光合成が起こらなかったら、遊離酸素はすべて、川に浸食されて海に流れ込んだ岩石から海底の泥を作り出すのに使い尽くされるだろう。つまり、大気中の遊離酸素の存在は、光合成が起こっていることの証拠だといえる。ただし非生物的な遊離酸素の生成プロセスもある。
38. 質量分析計は、最もすばらしい発明品の1つだ。基本的なしくみは次のとおりだ。まず、原子を電離させ（電子を1個取り去る）電荷を持つイオンにする。次に、そのイオンのビームの近くに磁石を置くと、ビームが曲げられる。同じ電荷が与えられた場合に、原子の質量が大きいほどビームの曲がり方が小さくなる。つまり基本的には、原子の質量を測定して、他の原子よりも中性子1個か2個分重い原子を探せばいい。たいていの元素は、1種類か2種類の安定同位体（放射線を出して他の元素に変化することがない同位体）を持っている。特に興味深い元素がキセノンで、これには安定同位体が8種類ある（^{132}Xe、^{129}Xe、^{131}Xe、^{134}Xe、^{130}Xe、^{128}Xe、^{124}Xe、^{126}Xe)。キセノンは貴ガスであり、他の元素と反応しない。そのためこうした安定同位体の存在比は、安定同位体を質量に基づいてふるい分けするプロセスが起こらないかぎり、惑星やその大気の地質学的進化の間に変化しない。それぞれの元素やその同位体には異なる物語がある。キセノンにガリレオはデータの保存にオープンリール方式の磁気テープを使っていた。データセクタが損傷すると、エンジニアはその損傷したセクタをスキップさせるコードを送信した。
26. ガリレオは、約22キログラムの酸化プルトニウムの放射性崩壊で得られるエネルギーを動力源としていた。酸化プルトニウムの半減期は87年なので、電池のパッケージは放射性崩壊の影響を受けなかった。
27. しかしガリレオのソフトウェアが完成した80年代初めには、画像圧縮技術などというものは存在しなかった。エンジニアは、木星探査データの問題をきっかけに最新のウェーブレットベースの圧縮技術を研究した。考案したアルゴリズムは、ガリレオのコンピューターシステムにアップロードされ、探査機上で徹底的にテストする必要があった。すでに大きな負担を背負っていた探査機にとって、これはかなりのリスクだった。ガリレオは、当時のアップルIIと同等レベルの性能を持つ、放射線耐性を高めたコンピューターに頼っていた。
28. 学校で1クラス分の生徒たちと1時間、あるいは午前中ずっと、一緒にできる活動のアイデアがあったら、ぜひとも近くの学校に出向いてみてほしい。教師にとってはありがたいことだ。また顕微鏡や望遠鏡などの実験器具で状態のよいものを小さな学校に寄付できるなら、それも歓迎される。
29. ウィリアム・ワーズワースは19世紀始めのイングランドの詩人で、私はそのさすらい方が好きだった。ジェームズ・ハットンは18世紀中頃のスコットランドの地質学者で、もとは農場主だったが、西洋思想に堆積学と、地質学的な「ディープタイム」の概念をもたらした。
30. ウォッシュ（wash、涸れ川）は砂漠にある小川で、雨期の豪雨時にのみ水が流れて大きな川になる。
31. 大型シノプティック・サーベイ望遠鏡（LSST）の主鏡は、重さが17トン、直径が8.5メートルある。この鏡は、巨大な回転する炉で鋳造することで、遠心力によってほぼパラボラ形にしてある。アルキメデスが見たら感心しただろう。
32. 陸の哺乳類の体長が1メートル程度なのは、地球の重力に耐える必要があるからだ。それには、10キログラム分の皮膚のほかに、体内にある数キログラム分の筋膜や結合組織を垂直方向に支える、骨格や長くて強靱な筋肉が必要になる。体格がそれより大きくなると、さらに優れた構造上の一体性とエネルギー消費、より多くの仕事をする大きな筋肉が求められる。そうなると熱の発生が増えるので、それを巨大な体の中から外に送り出さなければならない。つまり体の大型化には構造がすべてなのだ。私たちの体は、大きな脳を支えるのに十分な大きさがなければならないが、自分で移動できる程度には小さくなければならない。その点では、私たちの体のサイズは、地球レベルの重力がある惑星上に住む知能を持った生物にはちょうどよいのかもしれない。
33. 最も一般的で費用のかからない三次元表示法はアナグリフだ。ステレオ写真の左側を赤で、右側の写真を青で映し出しておいて、それに対応するフィルターがついためがねをかけて、左目には赤い光、右目には青い光だけが入るようにする。脳が2組のデータを組み合わせて、1枚の三次元白黒ていた時代だ。液体式印刷機はシリンダー型の小型印刷機で、シリンダー部分に軽油（みたいなもの）を満たしてから、ハンドルを回すことで、22枚の紙に均等にインクを転写して、複写原本からコピーを作り出す。この複写原本は、前の晩にひどく苦労して（機械式タイプライターを使って）タイピングして作成したものだ。あなたがこの印刷機でリズムよく印刷している間、友人は自分のコーヒーを用意したり、喫煙室にいったりしているし、それ以外の友人は、あなたが遅いので先に教室にいたものだ。

17. 海洋生物学者のジョン・メンケは教えることが大好きで、多くの学生が教師になるきっかけとなった。私の場合は、教師から科学者になるきっかけを与えられたわけだが。
18. 小さな学校だったので、私は2年生の英語も教えていた。そのときに思ったのは、採点作業や教室でのやり取りがあれだけあるのだから、英語教師というのはもっと高い給料をもらって当然であり、そうでなければクラスの人数をもっと減らすべきだということだ。
19. 微積分方程式は簡単だ。速度をvとすると、加速度はdv/dtと書ける。ここでtは時間（time）、dは差分（differential）の意味だ。つまり加速度は、ある時間の差分における速度の変化であり、単位はメートル毎秒毎秒となる。
20. 博士候補生というのは、候補生としての認定試験に合格し、単位はすべて取得して、その分野での世界的専門家になるために研究している学生のことだ。
21. バイコヌール宇宙基地からのソユーズ宇宙船による宇宙飛行士の打ち上げは、もっと繰り返しおこなわれていたが、テレビ放送はされていなかった。
22. クリスタ・マコーリフは、ニューハンプシャー州の教師で、宇宙にいく初の教師として1万1000人以上の応募者の中から選ばれた。
23. 打ち上げロケットの故障はおおよそ25回に1回の確率で起こると予想されていたので、それは特に驚くべきことではなかった。事故調査委員会メンバーだった物理学者のリチャード・ファインマンは、予測されていた気象条件にOリングの設計が対応しておらず、これがチャレンジャー号の外部燃料タンクの破裂につながったと結論した。そしてそもそも、シャトルの前方にロケットのノーズコーンがあるのが設計ミスだった。その後、2003年のコロンビア号の打ち上げ時には、ロケットの外壁から氷のかけらが剥がれて、シャトル本体の断熱タイルを破損させた。これが原因で、コロンビア号は大気圏再突入時に分解し、搭乗していた7人全員が死亡した。
24. その後のNASAの有人宇宙飛行プログラムの中断は、ロシアの宇宙船でアメリカの宇宙飛行士を宇宙に運んでもらうという、地政学的に興味深い状況も生み出した。ロシアのソユーズロケットは、歴代の大型打ち上げロケットで最高の成功率を記録し続けており、開発以来、大規模な設計変更がおこなわれていない。うまく動いているものを下手にいじってはいけないのだ。アメリカもサターンVロケットを使い続けるべきだった。
25. 木星探査機ガリレオのテクノロジーは、1970年代のテクノロジーで止まっていた。どの探査機にも、宇宙環境で使用可能と認定済みの部品だけを選定する「テクノロジー・フリーズ」の手続きがあるからだ。たとえば、

7. ヒンドゥー教の曜日も惑星を使っているが、順番は太陽、火星、木星、土星、月、水星、金星の順番である。中国の暦では、惑星は太陽、月、火星、水星、木星、金星、土星という順番で循環する。私はこういった、ある文化における惑星の曜日への割り当て方には、何か意味があるのではないかと思っている。
8. 1日は地球の自転1回分の時間だが、その1日のうちに地球は太陽の周りを365分の1周するので、「太陽日」〔訳注：太陽を基準とした1日〕はその分だけわずかに長い。同じように月にも恒星月と朔望月がある。恒星月は、宇宙空間を基準として月が地球を1周する期間だ。一方の朔望月は満月から満月までの期間をいう。この場合、月の1周期で月から太陽への矢印は1年の約12分の1だけ進む。そのため恒星月は27.3日であり、朔望月（太陰暦の基本である満月の間の時間）は29.5日である。
9. 天文学における「フォートナイト」（fortnight）は新月から半月までの期間（14.77日）のことである。fortnightという語自体は「14の夜」を意味する。
10. 間違っている可能性のある説を唱える人がいることが重要なのであり、それこそが大学の終身在職権の意義だ。たとえば、ハーバード大学天文学科の学科長であるエイブラハム・ローブは、太陽系外からやってきたオウムアムアという天体が、実は恒星間宇宙船か、ライトセイル（光帆）の一部だという仮説を唱えている。ローブがそう主張するのは大切なことだ。そうすれば、その仮説から得られる結論を考え抜いて、理屈に合わない点が見つかれば、この仮説を除外できる。反対に、仮説があらゆる検証をくぐり抜けて説得力が高くなれば、除外しなければいい。そのどちらでもなければ、その仮説は、ブルーノが唱えた説のように反証不可能な仮説ということになる。
11. ガリレオ・ガリレイ〔最も有名な著書『星界の報告』（1609年）の表紙で「フィレンツェの紳士」を名乗った〕は、自らの30倍望遠鏡が月をいかに近くしたかを、生き生きとした表現で綴っている。「月の体を見るのは、最も美しく、喜びを感じる眺めだ。月は約30倍の大きさに見えた」
12. 創世記1章9（日本聖書協会口語訳より引用）
13. Edward Tarbuck and Frederick Lutgens, *Earth Science* (Columbus, OH: C. E. Merrill Publishing Company, 1985).
14. 後で説明するとおり、これは19世紀末から1920年代半ばまでは一般的だったパラダイムで、1960年代になっても多くの人が信じていた。当時この考え方は、「カント・ラプラスの星雲説」と区別するために、「微惑星（planetesimal）仮説」と呼ばれていた。現在では、「planetesimal」という語がまったく別のものを指すので、「恒星衝突仮説」と呼ばれている。
15. ロシアが1970年代と1980年代初めに打ち上げた一連の金星着陸機はすばらしい成功をおさめた。ベネラ7号は1970年に、月以外の天体に着陸した初めての探査機になった。その後、6機の金星着陸機が続き、金星の大気や土壌の化学成分を調べ、地表の詳細なクローズアップ写真を送信してきた。
16. 当時はマドンナのファーストアルバムが発売され、液体式印刷機が使われ

注

主な惑星と衛星のリスト

1. 惑星と衛星のデータはこのサイト（https://ssd.jpl.nasa.gov)、月と惑星の軌道はこのサイト（https://nssdc.gsfc.nasa.gov/planetary/factsheet）による。ハウメアのデータは次の文献による。D. L. Rabinowitz et al., "Photometric Observations Constraining the Size, Shape, and Albedo of 2003 EL61, a Rapidly Rotating, Pluto-Sized Object in the Kuiper Belt." *Astrophysical Journal* 639 (2006)：1238-51, および D. Ragozzine and M. E. Brown, "Orbits and Masses of the Satellites of the Dwarf Planet Haumea (2003 EL61)," *Astronomical Journal* 137 (2009)：4766-76.

イントロダクション

1. 望（衝）というのは、太陽と月が地球から見て正反対の位置にあるときのことだ。そのときの月は完全な満月になる。ほとんどの望では、太陽と月、地球は完全に一直線ではないので、月は地球の直接的な影の外側にいる。いわゆる「衝効果」によって非常に明るい満月になるのはそのときだ。衝効果は、粉末状の砂に覆われた月面で太陽光が反射して、地球に真っすぐ戻ってくる現象で、ヘッドライトの光を浴びた猫の目が光るのと同じだ。完全な望になると月食が起こり、月が数時間かけて地球の影を通過する。
2. 相生の順序では木、火、土、金、水、相剋の順序では木、土、水、火、金である。こうした循環は、木が有機物質を表すと考えれば、地球型惑星形成のパターンといえるかもしれない。
3. 太陽フィルター付きの愛好家用双眼鏡が40ドル程度で買えるので、それがあれば太陽を直接見ても安全だ。科学の先生が持っているかもしれない。
4. ただし経理担当者にとっては重要だ。実業家で、写真術の草分けであるジョージ・イーストマン（コダック創業者）は、モーツ・コッツワース（アメリカ人の鉄道会社の経営コンサルタント）が開発した、13カ月ある「国際固定暦」を支持していて、1920年代には他の実業家にも勧めていた。イーストマンが経営するコダック社は1989年まで、年間13回ある給与期間を決めるために、毎月28日あり、最後の月だけ1日多いこの暦を使っていた（私の以前の雇い主は、年に18回ある20日の給与期間と、1回の賞与期間を採用していた。あの職場ではバビロニア暦を使えばよかったかもしれない)。コッツワースはもともと、「ソル」(Sol）という13番目の月を6月と7月の間に置くことを考えた。もちろん、それでも月は自分の好き勝手に、このリズムからずれたふるまいをしただろう。朔望月（満月から次の満月までの期間）は29.5日なのだ。
5. John Keats, "Ode on a Grecian Urn" (1819).〔邦訳：ジョン・キーツ「ギリシャ古壺のオード」(『キーツ詩集』、中村健二訳、岩波文庫所収)〕
6. すなわち、正午から正午までの1回転である。

ち

つ

く

け

こ

お

か

き

索　引

著者
エリック・アスフォーグ（Erik Asphaug）
アリゾナ大学の惑星科学教授であり、トゥーソンにある世界的に名高い月惑星研究所の一員。NASAのガリレオ、エルクロスミッションや、現在飛行中のオシリス・レックスミッションのチームの一員。彗星や小惑星の地質学に関する画期的な研究でアメリカ天文学会から名誉ある惑星科学部門でのハロルド・C・ユーリー賞を受賞した。過去20年間、惑星や月を形成した巨大衝突とその多様性を理解しようと研究してきた。家族とともにアリゾナ在住。

訳者
熊谷玲美（くまがい・れみ）
翻訳家。東京大学大学院理学系研究科地球惑星科学専攻修士課程修了。訳書にサラ・パーカック『宇宙考古学の冒険』、アランナ・ミッチェル『地磁気の逆転』（以上光文社）、『WOMEN 女性たちの世界史大図鑑』（河出書房新社）トム・クラインズ『太陽を創った少年』、スティーヴ・コトラー『超人の秘密』（以上早川書房）、『数学魔術師ベンジャミンの教室』（岩波書店）など多数。

地球に月が2つあったころ

2021年1月8日　第1刷発行

著　者	エリック・アスフォーグ
翻　訳	熊谷玲美
発行者	富澤凡子
発行所	柏書房株式会社
	東京都文京区本郷2-15-13（〒113-0033）
	電話（03）3830-1891［営業］
	（03）3830-1894［編集］
装　丁	加藤愛子（オフィスキントン）
DTP	有限会社一企画
印　刷	萩原印刷株式会社
製　本	株式会社ブックアート

ISBN978-4-7601-5286-5　C0044